22 개정 수학 교과서 출판사별 단원

KB000228

출판사	3-1	3-2	4-1	4-2
동아출판	1. 덧셈과 뺄셈 2. 평면도형 3. 나눗셈 4. 곱셈 5. 길이와 시간 6. 분수와 소수	1. 곱셈 2. 나눗셈 3. 원 4. 분수 5. 들이와 무게 6. 그림그래프	1. 큰 수 2. 각도 3. 곱셈과 나눗셈 4. 평면도형의 이동 5. 막대그래프 6. 규칙 찾기	1. 분수의 덧셈과 뺄셈 2. 삼각형 3. 소수의 덧셈과 뺄셈 4. 사각형 5. 꺾은선그래프 6. 다각형
디딤돌교육	1. 덧셈과 뺄셈 2. 평면도형 3. 나눗셈 4. 곱셈 5. 길이와 시간 6. 분수와 소수	1. 곱셈 2. 원 3. 나눗셈 4. 들이와 무게 5. 분수 6. 그림그래프	1. 큰 수 2. 각도 3. 곱셈과 나눗셈 4. 평면도형의 이동 5. 막대그래프 6. 규칙 찾기	1. 분수의 덧셈과 뺄셈 2. 삼각형 3. 소수의 덧셈과 뺄셈 4. 사각형 5. 꺾은선그래프 6. 다각형
미래엔	1. 덧셈과 뺄셈 2. 평면도형 3. 나눗셈 4. 곱셈 5. 길이와 시간 6. 분수와 소수	1. 곱셈 2. 원 3. 나눗셈 4. 무게와 들이 5. 분수 6. 그림그래프	1. 큰 수 2. 각도 3. 곱셈과 나눗셈 4. 평면도형의 이동 5. 분수의 덧셈과 뺄셈 6. 막대그래프	1. 소수의 덧셈과 뺄셈 2. 삼각형 3. 규칙 찾기와 식 만들기 4. 사각형 5. 꺾은선그래프 6. 다각형
비상교육	1. 덧셈과 뺄셈 2. 평면도형 3. 나눗셈 4. 곱셈 5. 길이와 시간 6. 분수와 소수	1. 곱셈 2. 나눗셈 3. 원 4. 분수와 소수 5. 들이와 무게 6. 그림그래프	1. 큰 수 2. 각도 3. 곱셈과 나눗셈 4. 삼각형 5. 막대그래프 6. 관계와 규칙	1. 분수의 덧셈과 뺄셈 2. 사각형 3. 소수의 덧셈과 뺄셈 4. 다각형 5. 꺾은선그래프 6. 평면도형의 이동
아이스크림미디어	1. 덧셈과 뺄셈 2. 평면도형 3. 나눗셈 4. 곱셈 5. 길이와 시간 6. 분수와 소수	1. 곱셈 2. 나눗셈 3. 원 4. 분수 5. 들이와 무게 6. 그림그래프	1. 큰 수 2. 각도 3. 곱셈과 나눗셈 4. 평면도형의 이동 5. 막대그래프 6. 규칙과 관계	1. 분수의 덧셈과 뺄셈 2. 삼각형 3. 소수의 덧셈과 뺄셈 4. 사각형 5. 꺾은선그래프 6. 다각형
와이비엠	1. 덧셈과 뺄셈 2. 평면도형 3. 나눗셈 4. 곱셈 5. 길이와 시간 6. 분수와 소수	1. 곱셈 2. 원 3. 나눗셈 4. 분수 5. 들이와 무게 6. 그림그래프	1. 큰 수 2. 각도 3. 곱셈과 나눗셈 4. 평면도형의 이동 5. 막대그래프 6. 규칙 찾기	1. 분수의 덧셈과 뺄셈 2. 삼각형 3. 소수의 덧셈과 뺄셈 4. 사각형 5. 꺾은선그래프 6. 다각형
지학사	1. 덧셈과 뺄셈 2. 평면도형 3. 나눗셈 4. 곱셈 5. 길이와 시간 6. 분수와 소수	1. 곱셈 2. 원 3. 나눗셈 4. 무게와 들이 5. 분수 6. 그림그래프	1. 큰 수 2. 각도 3. 곱셈과 나눗셈 4. 평면도형의 이동 5. 막대그래프 6. 규칙 찾기	1. 분수의 덧셈과 뺄셈 2. 삼각형 3. 소수의 덧셈과 뺄셈 4. 사각형 5. 꺾은선그래프 6. 다각형
천재교과서 (박만구)	1. 평면도형 2. 덧셈과 뺄셈 3. 길이와 시간 4. 나눗셈 5. 곱셈 6. 분수와 소수	1. 곱셈 2. 나눗셈 3. 원 4. 들이와 무게 5. 분수 6. 그림그래프	1. 각도 2. 큰 수 3. 평면도형의 이동 4. 곱셈과 나눗셈 5. 규칙 찾기 6. 막대그래프	1. 삼각형 2. 분수의 덧셈과 뺄셈 3. 사각형 4. 소수의 덧셈과 뺄셈 5. 다각형 6. 꺾은선그래프
천재교과서 (한대희)	1. 덧셈과 뺄셈 2. 평면도형 3. 나눗셈 4. 곱셈 5. 길이와 시간 6. 분수와 소수	1. 곱셈 2. 나눗셈 3. 원 4. 분수 5. 무게와 들이 6. 자료와 그림그래프	1. 큰 수 2. 각도 3. 곱셈과 나눗셈 4. 평면도형의 이동 5. 자료와 막대그래프 6. 규칙 찾기	1. 분수의 덧셈과 뺄셈 2. 삼각형 3. 소수의 덧셈과 뺄셈 4. 사각형 5. 자료와 꺾은선그래프 6. 다각형

추천의 글

'왜'라는 질문에 답을 주는 힌트북

이 책은 아이들의 '왜'라는 질문에 '원래' 또는 '그냥'이라는 말로 답하지 않고 수학적 개념을 '위치와 질서'에 따라 차분하게 설명합니다. 교과서 문제를 활용하여 친숙하게 다가온 점, 개념 따라쓰기로 개념을 머릿속에 각인시킨 점도 이 책의 강점입니다. 힌트북을 통해 '왜'라는 질문에 수학적 개념으로 답변할 수 있는 실력 있는 학생들이 되기를 기대합니다.

정성윤 선생님(서울세검정초등학교)

과제집착력을 길러주는 효과적인 구성!

학급에서 수학 수업을 할 때 최대한 답을 나중에 알려주면서 힌트를 주거나 문제를 이해할 수 있도록 풀어 설명해 줍니다. 과제집착력, 즉 문제를 끝까지 풀어내고자 하는 태도가 결국에는 수학 실력 향상에 도움이 된다고 생각하기 때문입니다. 힌트북은 아이들이 혼자 공부할 때에도 과제집착력을 기를 수 있는 효과적인 구성을 가진 교재라고 생각합니다. 힌트북은 수학을 잘 하고 싶어하는 아이들에게 기본기를 꼼꼼히 다져주는 좋은 친구이자 선생님이 되어 줄 것입니다.

류윤정 선생님(중앙대학교 사범대학 부속초등학교)

문제의 실마리를 주는 힌트

문제를 풀다 막히면 답지부터 찾아본 경험, 누구나 있을 거예요. 그런데 이 책엔 힌트북이 있어 답지를 보지 않고 문제의 실마리를 찾을 수 있습니다. 또 본문에서 개념을 따라 쓰는 코너가 있어서 학생들이 개념을 얼마나 잘 알고 있는지를 점검할 수 있다는 점도 매우 유익합니다.

박명선 선생님(덕은초등학교)

새 교육과정에서 중요시하는 과정 중심 평가에 맞는 학습서

새로 개정된 수학과 교육과정은 학습 결과 평가뿐만 아니라 과정 중심 평가도 중요시하여 종합적인 학습 평가를 지향하고 있습니다. 과정 중심 평가에서의 핵심은 학생들의 요구에 맞추어 피드백이 즉각적으로 이루져야 한다는 것입니다. 그런 점에서 이 책은 단계별로 효과적인 수학 학습이 되도록 학생 본인의 사고에 맞게 학습을 조절할 수 있습니다. 목표에 도달했다고 하더라도 어떤 과정으로 도달했는지, 혹은 어떤 이유로 도달하지 못했는지에 대한 학습 방향을 알려주는 나침반 같은 역할을 할 수 있기를 기대합니다.

최현아 선생님(서울가락초등학교)

수학에 자신 있는 친구들에게도 추천해요.

힌트북에서는 귀여운 캐릭터들이 설명해 주는 힌트를 통해 아이들이 개념과 원리를 지루하지 않고 흥미 있게 집중하여 이해할 수 있습니다. 수학을 많이 버거워하는 아이들도 캐릭터들이 차근차근 설명하는 힌트를 따라가며 자신감을 키우게 될 것입니다. 풀이가 힘들고 귀찮아 힌트를 먼저 펼쳐보게 되는 아이들도 힌트 속에 녹아 있는 개념과 풀이 과정을 통해 자연스레 개념을 복습하게 되고 차근차근 풀이 과정을 밟아가는 연습을 할 수 있을 것입니다. 아울러 수학에 자신 있어 하는 친구들에게도 추천합니다. 어렵지 않게 푼 문제들도 '힌트' 속 설명을 통해 수학 실력을 더욱 탄탄히 다질 수 있을 테니까요.

강상미 선생님(서울송례초등학교)

생각하는 힘과 인내심을 길러줘요.

수학은 암기과목이 아닙니다. 한 문제를 풀어내는 과정은 마치 미로 속에서 출구를 찾아내는 과정과 비슷합니다. 많은 문들을 인내심을 갖고 하나하나 열어가며 출구를 찾아냈을 때 비로소 빛을 보는 기쁨을 누릴 수 있는 것과 같습니다. 모르겠다고 처음부터 답을 봐 버리면 생각하는 힘을 얻을 수 없고, 수학 문제를 해결하는 데 반드시 필요한 인내심도 기를 수 없습니다. 이 책은 문제를 해결하기 위해 통과해야 하는 많은 문들을 하나하나 열어갈 수 있도록 적절하게 힌트를 주고 있습니다. 이 책을 통해 필요한 만큼의 힌트를 참고하여 스스로 문제를 풀어내는 기쁨을 누리며 진정한 수학 실력을 높일 수 있기를 바랍니다.

채현정 선생님(서울대명초등학교)

수학을 고등까지 꾸준히 잘하도록 도와줘요.

수학을 고등학교 때까지 꾸준히 잘하기 위해서 가장 중요한 것은 개념을 완전히 이해하고 문제에 적절하게 적용하는 능력입니다. 책속 힌트북을 통해 학생들이 그 능력을 자연스럽게 기를 수 있고, 자신감까지 얻을 수 있을 것 같습니다.

김지우(서울대 인문계열)

문제 읽는 방법을 배워 '진짜 실력'을 길러요.

문제를 풀다 어렵다고 해설을 바로 보면 실력이 잘 늘지 않기에 과외 수업을 할 때도 힌트를 종종 주곤 합니다. 문제 접근법을 다시 생각해보게 하는 거죠. 힌트북은 '문제를 읽는 방법'을 학생 스스로 배울 수 있게 합니다. '진짜 실력'을 기르기에 참 좋은 교재입니다.

전가원(서울대 수의예과)

개념을 문제에 적용할 수 있는 힘을 길러줘요.

수학 문제를 풀 때 가장 중요한 능력은 문제를 분석하고 올바르게 개념을 적용하는 능력입니다. 힌트북은 시중 초등 참고서에 없던 '힌트북'을 통해 처음 공부하는 학생이라도 개념을 문제에 스스로 '적용할 수 있는 힘'을 길러주고 있습니다.

현승환(서울대 자유전공학부)

스스로 답까지 도착하도록 도와줘요.

귀여운 그림과 예쁜 색감을 사용하여 학생들이 좀 더 관심을 가지고 집중할 수 있을 것 같아요. 답과 풀이만 있는 다른 교재와는 달리 힌트북은 '힌트'라는 스캐폴딩을 설정하여 스스로 생각하고 고민하여 답까지 도착할 수 있도록 도와줍니다. 전체 구성이 개념 → 확인 → 쉬운 문제 → 어려운 문제 순으로 단계별로 이루어져 있어 스스로 공부하기에 정말 좋습니다.

송지혁(서울대 아동학과)

언제나 필요했던 게 바로 이런 책이었어요.

학원이나 선생님 도움 없이 혼자 책을 보며 공부하길 좋아했던 내가 언제나 필요했던 게 바로 이런 책이었습니다. 개념을 쉽게 설명하는 책은 많지만, 개념을 어떻게 받아들이고 어떻게 적용하는지 알려주는 책은 많지 않죠. 힌트북은 선생님이 옆에서 가르쳐 주듯 하나하나 알려주는 든든한 교재입니다.

이승은(서울대 대학원 보건학과)

문제와 풀이 사이에 힌트가 있다면?

막힐 땐

힌트북

막힐 때 힌트 보며 혼자서도 척척

초등 혼공 기본서

슬기로운 공부

이 책의 구성과 특징

기본 개념 학습

개념 > 확인문제 > 교과서문제 > 개념 따라쓰기

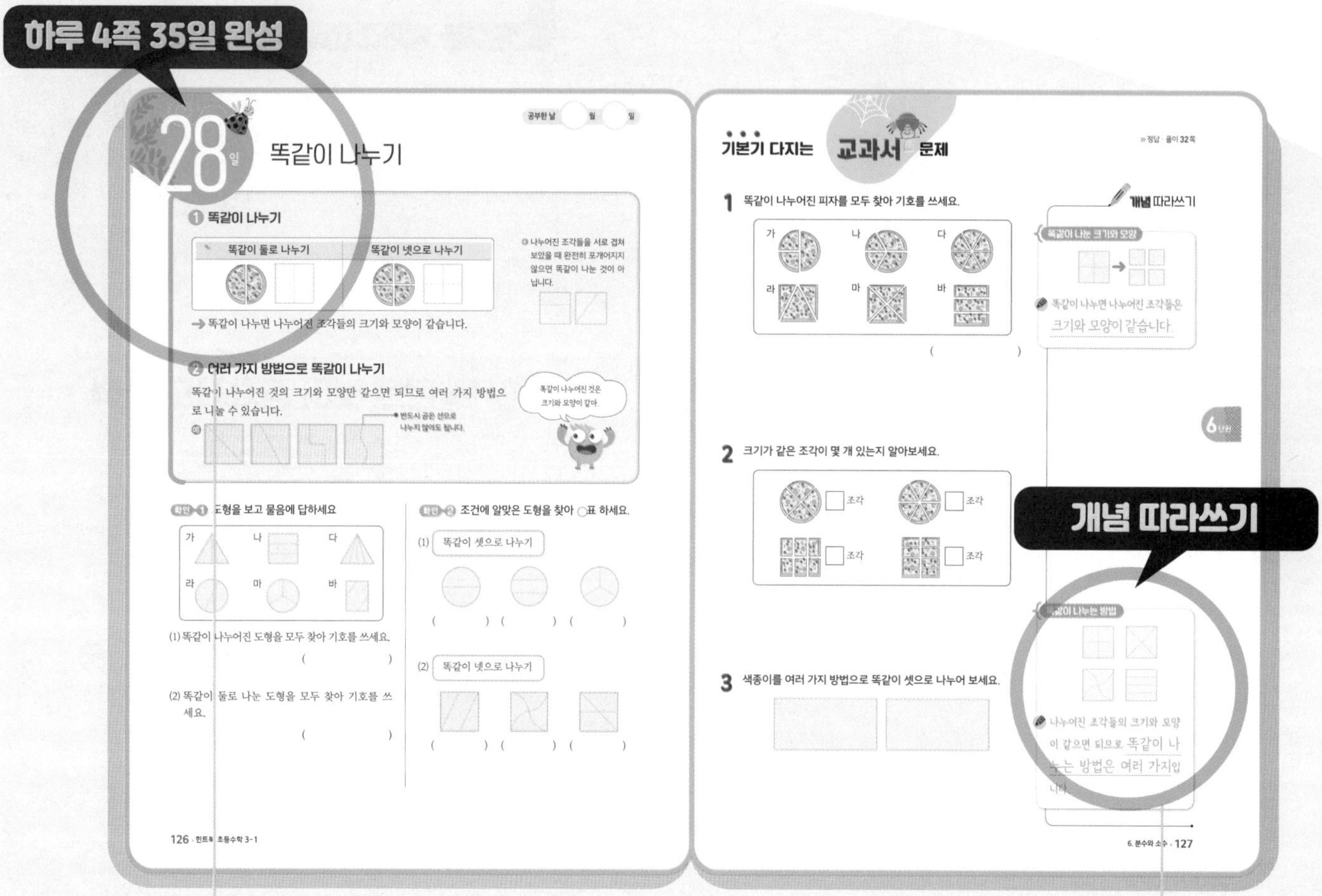

하루 4쪽 35일 완성

하루 4쪽 공부로 단기간에 수학의 기본기를 탄탄하게 완성할 수 있습니다.

개념 따라쓰기

눈으로 확인한 개념을 직접 손으로 따라쓰며 머릿속에 새길 수 있습니다.

10문제면 충분해!

스스로 풀어내는 도전 10 문제

기본문제 > 응용문제 > 독해력문제 > 표현력문제

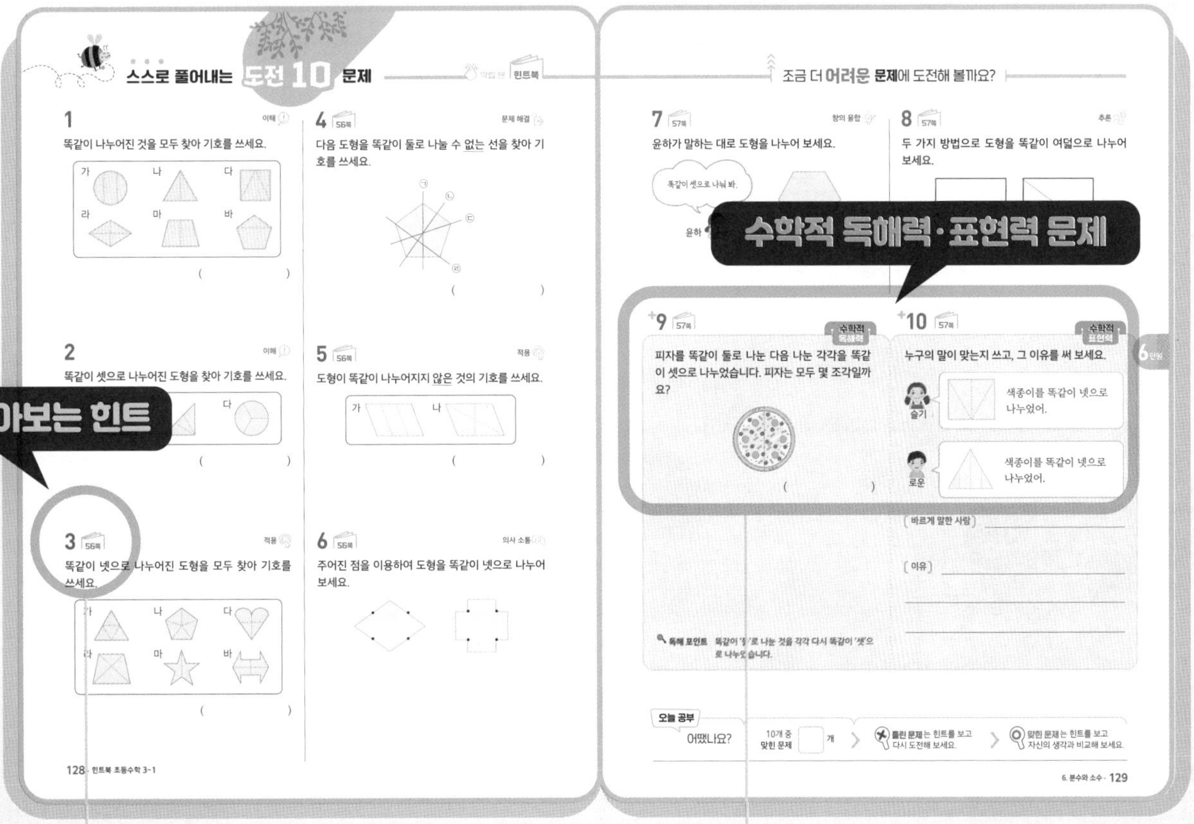

막힐 때 찾아보는 힌트

문제 풀다 막힐 때 힌트를 바로 찾아 확인할 수 있습니다.

수학적 독해력·표현력 문제

문제의 의미를 파악하고, 풀이 과정을 수학적으로 표현하는 연습을 합니다.

이 책의 구성과 특징

막힐 때 찾아보는 힌트

힌트는?

문제해결의 실마리	생각의 첫 단추, 문제 접근법
문제 속 숨은 개념	출제 포인트, 출제 의도
수학적 아이디어	수학적 발상, 수학적 사고
상위권의 풀이법	문제 풀이 스킬, 다양한 풀이 비법

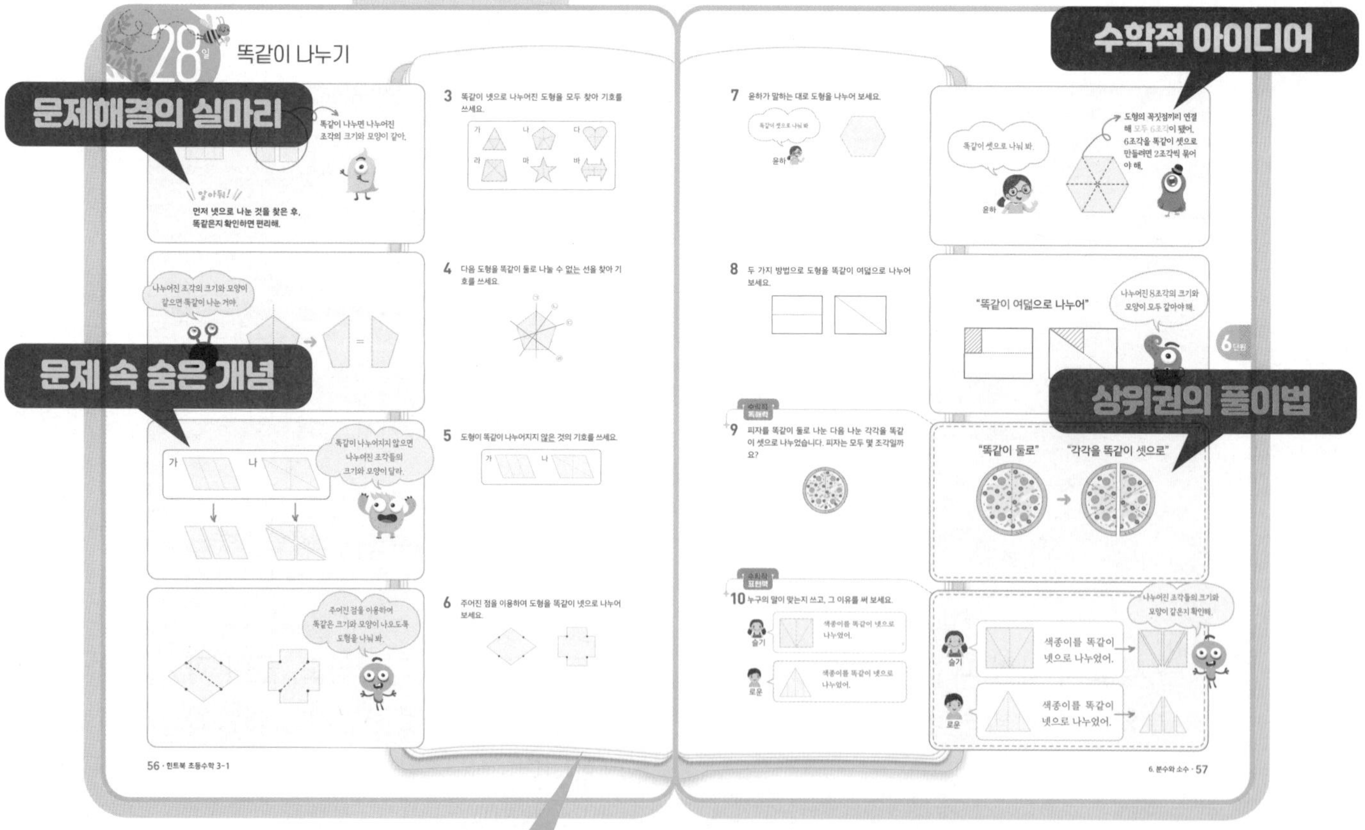

문제를 보며 힌트를 확인할 수 있습니다.

이 책의 200% 활용법

혼공할 때

홈스쿨할 때

선행할 때

수학이 어려울 때

힌트북으로 공부하면

개념이 쉽고 명확해집니다.

문제를 보면 개념이 떠오릅니다.

어려웠던 수학이 만만해집니다.

이 책의 차례

1 단원 덧셈과 뺄셈

2 단원 평면도형

3 단원 나눗셈

4 단원 곱셈

5 단원 길이와 시간

6 단원 분수와 소수

01 일

(세 자리 수)+(세 자리 수) (1)

받아올림이 없는 경우

예 213+354의 계산

① 어림하여 계산하기

213을 200으로, 354를 400으로 어림할 수 있습니다. 따라서 두 수의 합을 어림하여 계산하면 200+400=600입니다.

② 계산 방법 알아보기

각 자리의 숫자를 맞추어 쓴 다음 일의 자리부터 같은 자리 수끼리 차례로 더합니다.

	2	1	3
+	3	5	4

→

	2	1	3
+	3	5	4
			7

3+4=7

→

	2	1	3
+	3	5	4
		6	7

1+5=6

→

	2	1	3
+	3	5	4
	5	6	7

2+3=5

» ① 각 자리의 숫자를 자리를 맞추어 씁니다.

» ② 일의 자리 수끼리 더하여 일의 자리에 씁니다.

» ③ 십의 자리 수끼리 더하여 십의 자리에 씁니다.

» ④ 백의 자리 수끼리 더하여 백의 자리에 씁니다.

개념+ 213+354를 다른 방법으로 계산하기

- 200+300, 10+50, 3+4를 차례로 계산하면 567이 됩니다.
- 3+4, 10+50, 200+300을 차례로 계산하면 567이 됩니다.
- 13+54를 먼저 계산하고, 200+300의 값에 더하면 567이 됩니다.

세로셈으로 계산할 때에는 자리를 잘 맞추어 계산해.

확인 1 수 모형을 보고 142+356을 계산해 보세요.

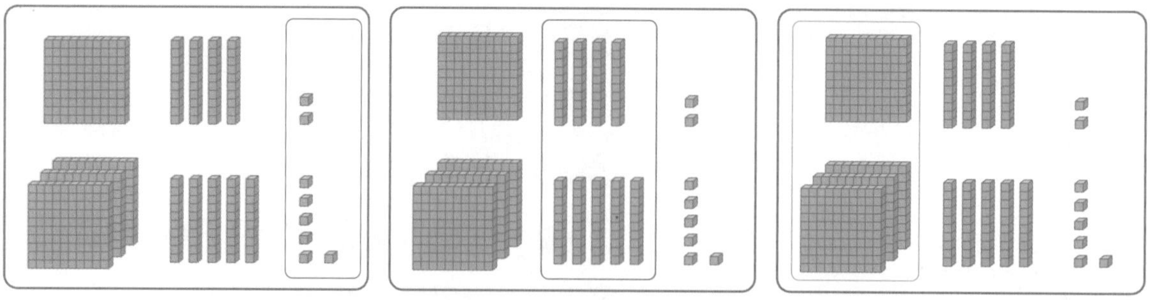

	1	4	2
+	3	5	6
			□

→

	1	4	2
+	3	5	6
		□	□

→

	1	4	2
+	3	5	6
	□	□	□

개념 따라쓰기

1 수 모형을 보고 덧셈을 해 보세요.

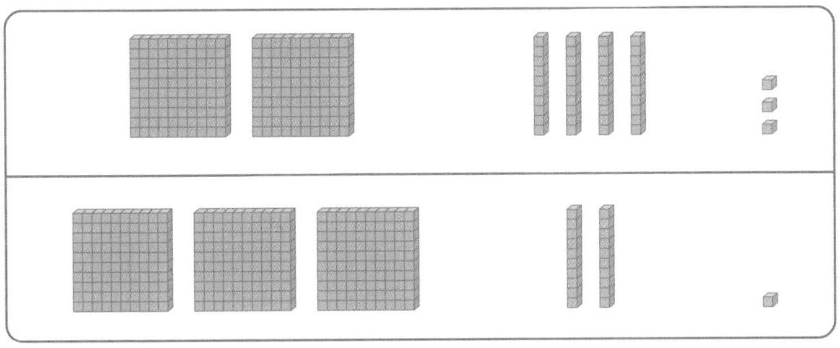

243＋321＝□

2 □ 안에 알맞은 수를 써넣으세요.

(1)

	4	6	3
＋	2	3	1
	□	□	□

(2)

	5	7	3
＋	1	2	4
	□	□	□

받아올림이 없는 세 자리 수의 덧셈

같은 자리

	1	2	3
＋	4	5	6
	5	7	9

각 자리의 숫자를 맞추어 쓴 다음 같은 자리 수끼리 차례로 더합니다.

3 425＋342를 여러 가지 방법으로 계산하려고 합니다. □ 안에 알맞은 수를 써넣으세요.

(1) 400＋300＝□
20＋ 40＝□
5＋ 2＝□
425＋342＝□

(2) 5＋ 2＝□
20＋ 40＝□
400＋300＝□
425＋342＝□

1 02쪽 계산

계산해 보세요.

(1)

$$\begin{array}{r} 3\ 4\ 2 \\ +\ 1\ 5\ 4 \\ \hline \end{array}$$

(2) $315+532$

2 02쪽 이해

그림을 보고 □ 안에 알맞은 수를 써넣으세요.

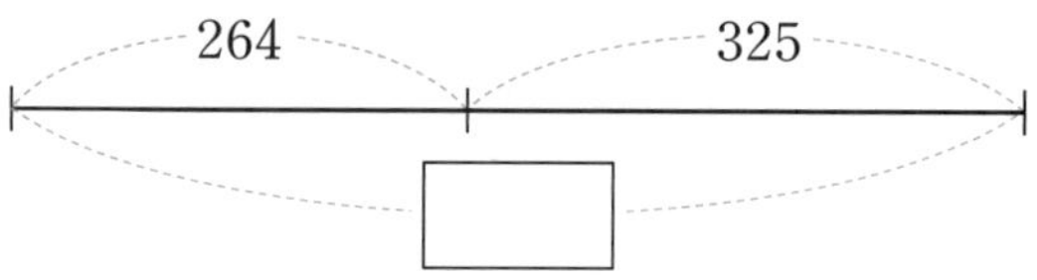

3 적용

더하는 두 수를 각각 몇백으로 어림하여 계산해 보고, 실제 계산한 값을 구해 보세요.

	212+574
어림한 값	□00
실제 계산한 값	

4 02쪽 적용

두 색 테이프의 길이의 합은 몇 cm일까요?

(　　　　　　)

5 적용

□ 안에 알맞은 수를 써넣으세요.

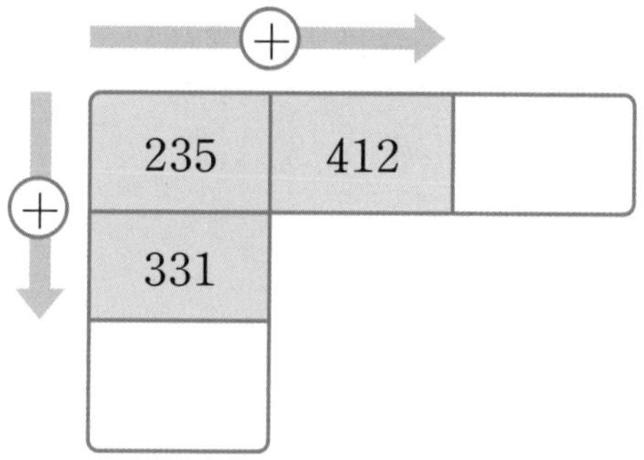

6 02쪽 문제 해결

서연이네 학교 도서관 방문자가 어제는 214명이고, 오늘은 231명입니다. 어제와 오늘 이틀 동안의 도서관 방문자는 모두 몇 명일까요?

(　　　　　　)

7 03쪽

창의 융합

수 카드 4장 중 3장을 한 번씩 사용하여 세 자리 수를 만들려고 합니다. 만들 수 있는 가장 큰 수와 가장 작은 수의 합을 구해 보세요.

5 7 2 3

( )

8 03쪽

이해

321과 632를 두 가지 방법으로 계산하려고 합니다. □ 안에 알맞은 수를 써넣으세요.

슬기

300+□, 20+□, 1+□

를 계산하면 □이 됩니다.

로운

1+□, 20+□, □+□

을 계산하면 □이 됩니다.

+9 03쪽

수학적 독해력

영민이는 학교에서 출발하여 병원을 지나 집으로 가려고 합니다. 영민이가 걸어야 하는 거리는 모두 몇 m일까요?

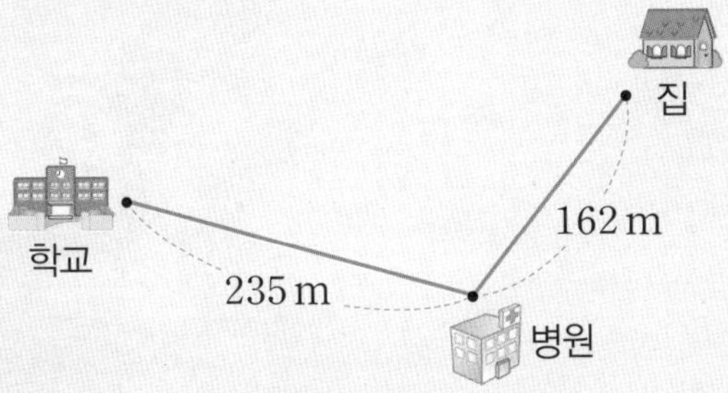

( )

독해 포인트 걸어야 하는 거리를 '모두' 구해야 합니다.

+10 03쪽

수학적 표현력

㉠과 ㉡의 합은 얼마인지 풀이 과정을 쓰고, 답을 구하세요.

㉠ 100이 5개, 10이 2개, 1이 4개인 수
㉡ 100이 3개, 1이 35개인 수

풀이 ㉠을 수로 나타내면 524이고, ㉡을 수로 나타내면

답

오늘 공부 어땠나요? 10개 중 맞힌 문제 □ 개 › **틀린 문제**는 힌트를 보고 다시 도전해 보세요. › **맞힌 문제**는 힌트를 보고 자신의 생각과 비교해 보세요.

02일 (세 자리 수)+(세 자리 수) (2)

받아올림이 한 번 있는 경우

① 일의 자리에서 받아올림이 있는 경우

일의 자리 수끼리의 합이 10이거나 10보다 크면 십의 자리로 받아올려 계산합니다.

예 127+356의 계산

$$\begin{array}{cccc} & 1 & 2 & 7 \\ + & 3 & 5 & 6 \\ \hline & & & \end{array} \rightarrow \begin{array}{cccc} & & 1 & \\ & 1 & 2 & 7 \\ + & 3 & 5 & 6 \\ \hline & & & 3 \end{array} \rightarrow \begin{array}{cccc} & & 1 & \\ & 1 & 2 & 7 \\ + & 3 & 5 & 6 \\ \hline & & 8 & 3 \end{array} \rightarrow \begin{array}{cccc} & & 1 & \\ & 1 & 2 & 7 \\ + & 3 & 5 & 6 \\ \hline & 4 & 8 & 3 \end{array}$$

7+6=13 / 1+2+5=8 / 1+3=4

» ① 각 자리의 숫자를 자리를 맞추어 씁니다.

» ② 7+6=13에서 3은 일의 자리에 쓰고 10은 십의 자리로 받아올립니다.

» ③ 받아올림한 1과 십의 자리 수를 더하여 십의 자리에 씁니다.

» ④ 백의 자리 수끼리 더하여 백의 자리에 씁니다.

② 십의 자리에서 받아올림이 있는 경우

십의 자리 수끼리의 합이 10이거나 10보다 크면 백의 자리로 받아올려 계산합니다.

예 153+364의 계산

$$\begin{array}{cccc} & 1 & 5 & 3 \\ + & 3 & 6 & 4 \\ \hline & & & 7 \end{array} \rightarrow \begin{array}{cccc} & 1 & & \\ & 1 & 5 & 3 \\ + & 3 & 6 & 4 \\ \hline & & 1 & 7 \end{array} \rightarrow \begin{array}{cccc} & 1 & & \\ & 1 & 5 & 3 \\ + & 3 & 6 & 4 \\ \hline & 5 & 1 & 7 \end{array}$$

3+4=7 / 5+6=11 / 1+1+3=5

받아올림한 수는 잊지 말고 함께 더해.

확인 1 수 모형을 보고 337+425를 계산해 보세요.

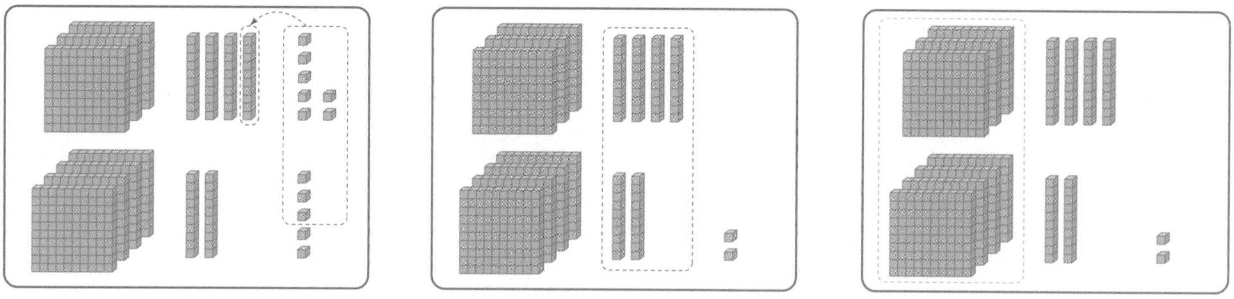

$$\begin{array}{cccc} & & \square & \\ & 3 & 3 & 7 \\ + & 4 & 2 & 5 \\ \hline & & & \square \end{array} \rightarrow \begin{array}{cccc} & \square & & \\ & 3 & 3 & 7 \\ + & 4 & 2 & 5 \\ \hline & & \square & \square \end{array} \rightarrow \begin{array}{cccc} & \square & & \\ & 3 & 3 & 7 \\ + & 4 & 2 & 5 \\ \hline & \square & \square & \square \end{array}$$

기본기 다지는 교과서 문제

1 수 모형을 보고 덧셈을 해 보세요.

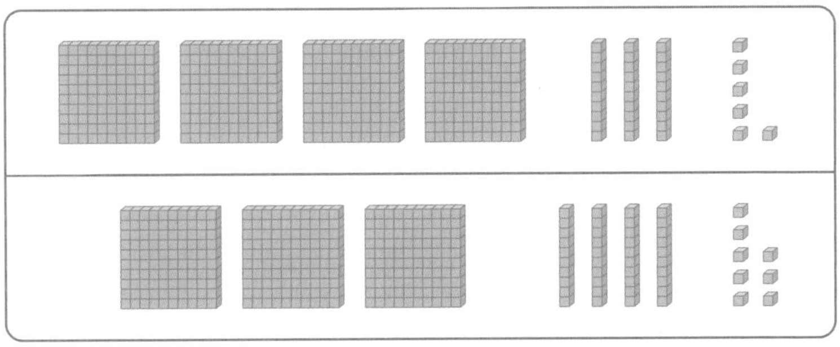

$436+348=\square$

2 □ 안에 알맞은 수를 써넣으세요.

(1)

		□	
	4	1	2
+	2	3	9
	□	□	□

(2)

		□	
	3	5	6
+	2	1	6
	□	□	□

3 □ 안에 알맞은 수를 써넣으세요.

(1)

	□		
	4	7	2
+	3	5	4
	□	□	□

(2)

	□		
	2	4	8
+	2	9	1
	□	□	□

개념 따라쓰기

일의 자리에서 받아올림이 있는 덧셈

일의 자리에서 받아올림한 수

		1	
	1	1	8
+	1	1	6
	2	3	4

일의 자리 수끼리의 합이 10이거나 10보다 크면 십의 자리로 받아올려 계산합니다.

십의 자리에서 받아올림이 있는 덧셈

십의 자리에서 받아올림한 수

	1		
	1	7	2
+	1	6	4
	3	3	6

십의 자리 수끼리의 합이 10이거나 10보다 크면 백의 자리로 받아올려 계산합니다.

스스로 풀어내는 도전 10 문제

막힐 땐 힌트북

1 04쪽

계산

계산해 보세요.

(1)
$$\begin{array}{r} 1\ 5\ 6 \\ +\ 4\ 2\ 9 \\ \hline \end{array}$$

(2) 226+381

2 04쪽

적용

민호가 말하는 수를 구하세요.

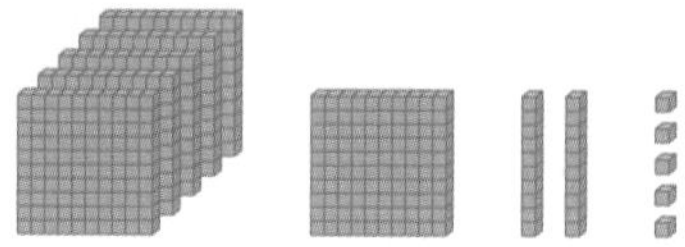

(　　　　　　)

3

적용

빈칸에 두 수의 합을 써넣으세요.

(1)

135	237

(2)

543	261

4

계산

계산 결과를 비교하여 ◯ 안에 >, =, <를 알맞게 써넣으세요.

156+537 ◯ 394+373

5 04쪽

문제 해결

가장 큰 수와 가장 작은 수의 합을 구하세요.

221　208　525　542

(　　　　　　)

6 04쪽

의사 소통

다음 계산에서 [1]이 실제로 나타내는 수는 얼마인지 구하세요.

$$\begin{array}{r} \boxed{1}\ \ \ \ \ \\ 3\ 6\ 2 \\ +\ 2\ 4\ 7 \\ \hline 6\ 0\ 9 \end{array}$$

(　　　　　　)

조금 더 어려운 문제에 도전해 볼까요?

7 05쪽 적용

㉠과 ㉡이 나타내는 수의 합을 구해 보세요.

㉠ 279보다 112 더 큰 수
㉡ 352보다 191 더 큰 수

(　　　　　　　　)

8 05쪽 추론

□ 안에 알맞은 수를 써넣으세요.

	□	6	9
+	2	□	□
	9	8	7

+9 05쪽 수학적 독해력

과일 가게에서 오늘 사과를 153개 팔고, 귤은 사과보다 176개 더 팔았습니다. 오늘 과일 가게에서 판 사과와 귤은 모두 몇 개인지 구하세요.

(　　　　　　　　)

독해 포인트 귤은 '사과보다 176개 더' 팔았습니다.

+10 05쪽 수학적 표현력

계산에서 잘못된 부분을 찾아 잘못된 이유를 쓰고, 바르게 계산해 보세요.

	5	6	2
+	3	7	1
	8	3	3

→

	5	6	2
+	3	7	1

잘못된 이유 십의 자리에서 받아올림한 수를 ______________

____

바르게 계산한 값 ______________

오늘 공부 어땠나요? 10개 중 맞힌 문제 □ 개 〉 틀린 문제는 힌트를 보고 다시 도전해 보세요. 〉 맞힌 문제는 힌트를 보고 자신의 생각과 비교해 보세요.

03일 (세 자리 수)+(세 자리 수) (3)

받아올림이 두 번, 세 번 있는 경우

① 받아올림이 두 번 있는 경우

일의 자리에서 받아올림이 있으면 십의 자리로, 십의 자리에서 받아올림이 있으면 백의 자리로 받아올려 계산합니다.

예 428+295의 계산

	4	2	8
+	2	9	5

→

		1	
	4	2	8
+	2	9	5
			3

8+5=13

→

	1	1	
	4	2	8
+	2	9	5
		2	3

1+2+9=12

→

	1	1	
	4	2	8
+	2	9	5
	7	2	3

1+4+2=7

» ① 각 자리의 숫자를 자리를 맞추어 씁니다.

» ② 8+5=13에서 3은 일의 자리에 쓰고 10은 십의 자리로 받아올립니다.

» ③ 받아올림한 1과 십의 자리 수를 계산합니다. 1+2+9=12에서 2는 십의 자리에 쓰고 10은 백의 자리로 받아올립니다.

» ④ 받아올림한 1과 백의 자리 수를 더하여 백의 자리에 씁니다.

② 받아올림이 세 번 있는 경우

각 자리 수에서 받아올림이 있으면 바로 위의 자리로 받아올려 계산합니다.

예 653+578의 계산

		1	
	6	5	3
+	5	7	8
			1

3+8=11

→

	1	1	
	6	5	3
+	5	7	8
		3	1

1+5+7=13

→

		1	1	
		6	5	3
+		5	7	8
	1	2	3	1

1+6+5=12

확인 1 수 모형을 보고 547+385를 계산해 보세요.

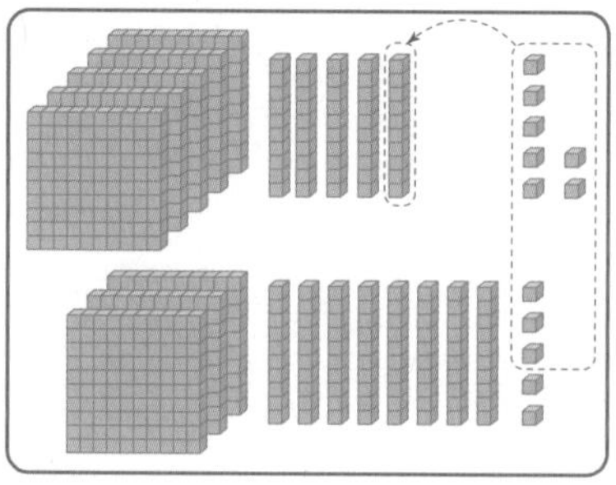

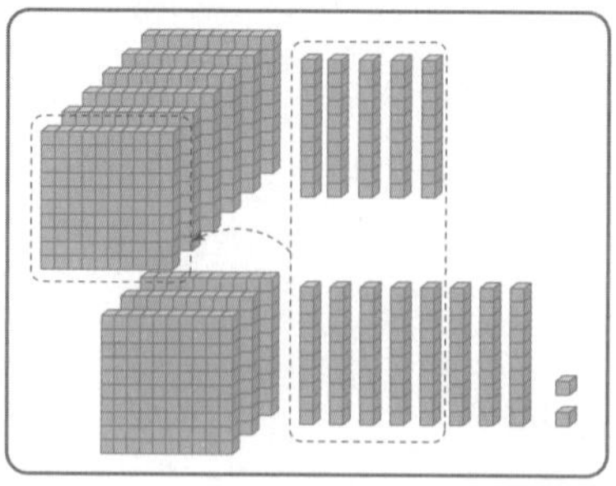

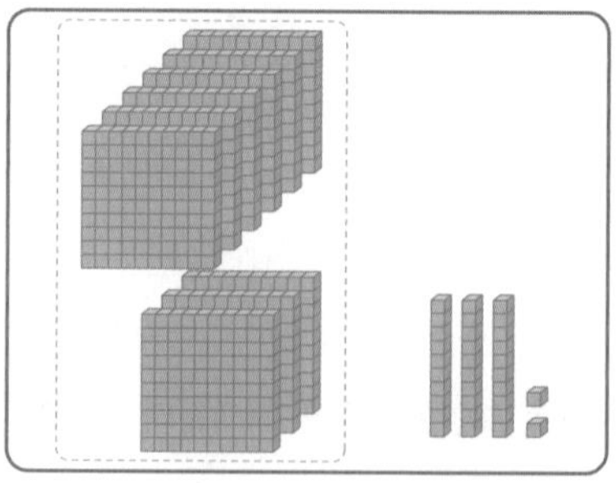

		□	
	5	4	7
+	3	8	5
			□

→

	□	□	
	5	4	7
+	3	8	5
		□	□

→

	□	□	
	5	4	7
+	3	8	5
	□	□	□

기본기 다지는 교과서 문제

1 수 모형을 보고 덧셈을 해 보세요.

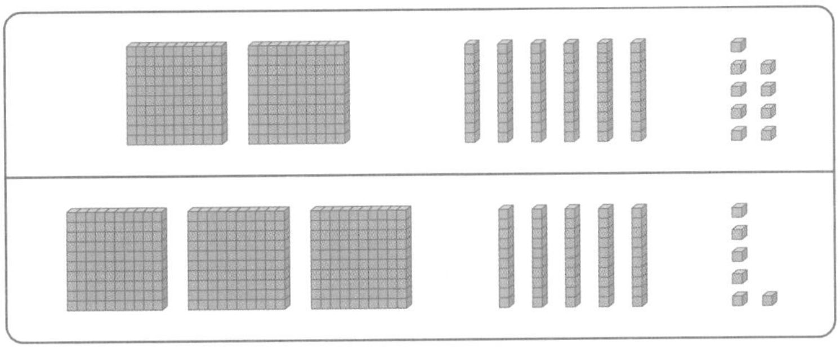

$269+356=\square$

2 □ 안에 알맞은 수를 써넣으세요.

(1)

	□	□	
	2	6	4
+	3	4	8
	□	□	□

(2)

	□	□	
	6	2	8
+	5	7	5
□	□	□	□

3 그림을 보고 □ 안에 알맞은 수를 써넣으세요.

(1)

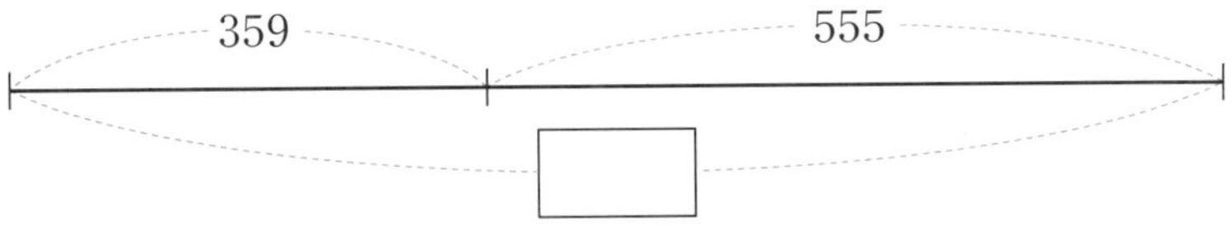

(2)

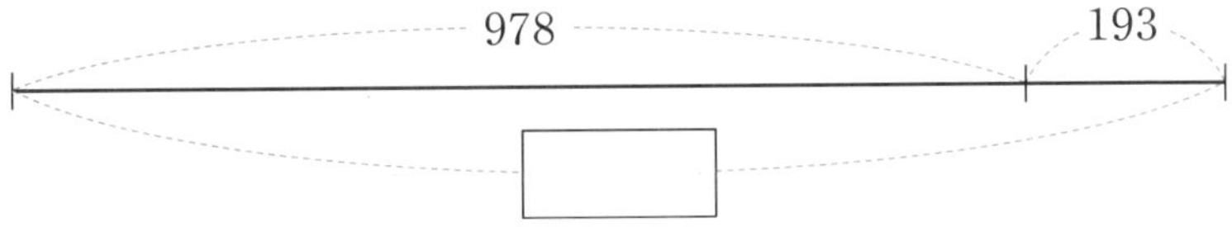

개념 따라쓰기

받아올림이 두 번 있는 덧셈

십의 자리에서 받아올림한 수 1, 일의 자리에서 받아올림한 수 1

	1	1	
	1	5	6
+	1	6	8
	3	2	4

일의 자리에서 받아올림이 있으면 십의 자리로, 십의 자리에서 받아올림이 있으면 백의 자리로 받아올려 계산합니다.

받아올림이 세 번 있는 덧셈

십의 자리에서 받아올림한 수 1, 일의 자리에서 받아올림한 수 1

		1	1	
		8	7	6
+		4	5	6
	1	3	3	2

백의 자리에서 받아올림한 수

각 자리 수에서 받아올림이 있으면 바로 위의 자리로 받아올려 계산합니다.

1 06쪽

계산

계산해 보세요.

(1)
$$\begin{array}{r} 3\ 2\ 6 \\ +\ 2\ 8\ 4 \\ \hline \end{array}$$

(2) 619+285

2

이해

빈칸에 알맞은 수를 써넣으세요.

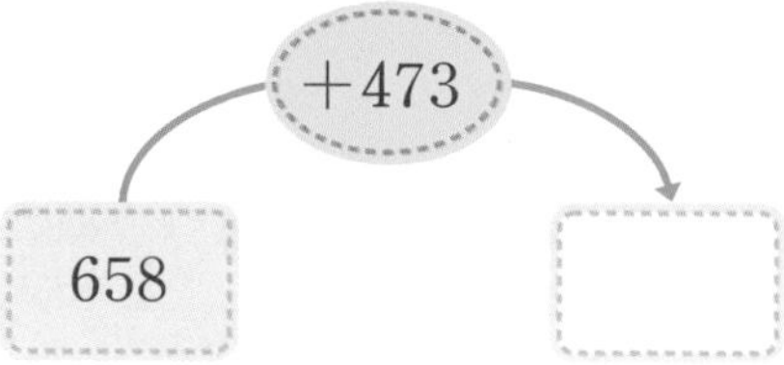

3

계산

계산 결과를 찾아 선으로 이어 보세요.

159+943 •	• 1120
654+456 •	• 1110
386+734 •	• 1102

4 06쪽

적용

사각형 안에 있는 수의 합을 구해 보세요.

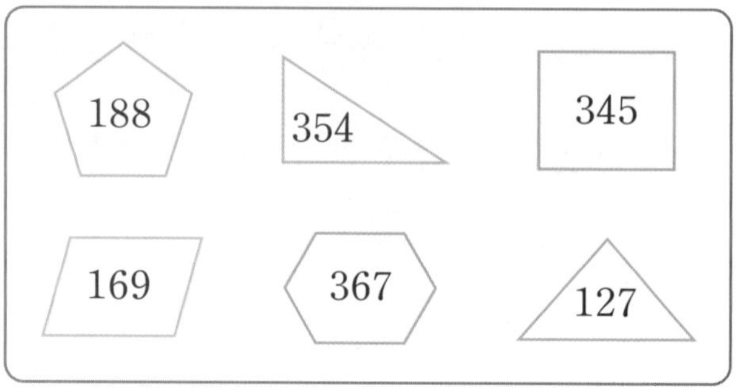

( )

5 06쪽

적용

두 수의 합을 아래 빈칸에 써넣으세요.

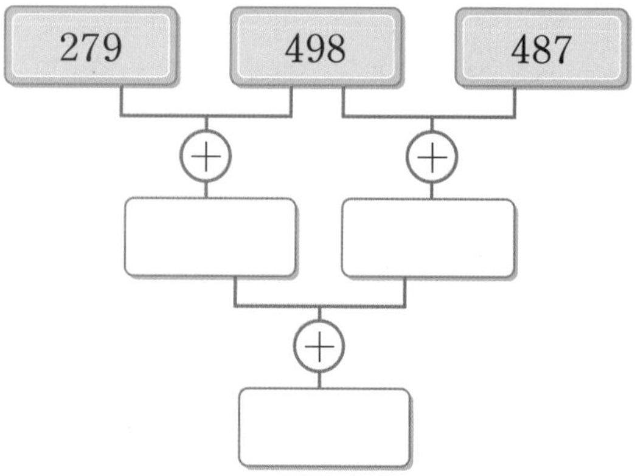

6 06쪽

문제 해결

노란색 테이프의 길이는 375 cm이고, 파란색 테이프의 길이는 노란색 테이프의 길이보다 296 cm 더 깁니다. 파란색 테이프의 길이는 몇 cm일까요?

( )

7 07쪽

추론

□ 안에 알맞은 수를 써넣으세요.

$$\begin{array}{rccc} & 5 & 6 & \square \\ + & 2 & \square & 7 \\ \hline & 8 & 5 & 3 \end{array}$$

8 07쪽

창의 융합

1부터 9까지의 수 중에서 □ 안에 들어갈 수 있는 수를 모두 써 보세요.

$$358+\square65>1123$$

(　　　　　　)

+9 07쪽

수학적 독해력

동물원 입구에서 코끼리를 보러 가려고 합니다. ㉠, ㉡, ㉢ 길 중에서 가장 짧은 길의 기호를 쓰세요.

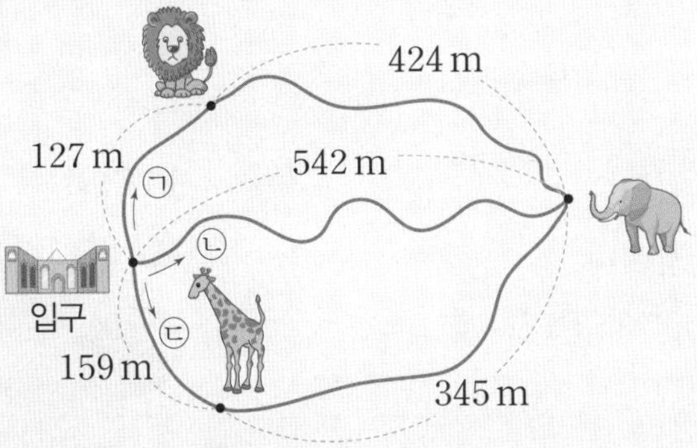

(　　　　　　)

독해 포인트 '가장 짧은 길'이므로 값이 가장 작은 것을 찾아야 합니다.

+10 07쪽

수학적 표현력

계산에서 잘못된 부분을 찾아 잘못된 이유를 쓰고, 바르게 계산해 보세요.

$$\begin{array}{rccc} & 4 & 3 & 6 \\ + & 7 & 8 & 4 \\ \hline 1 & 1 & 2 & 0 \end{array} \rightarrow \begin{array}{rccc} & 4 & 3 & 6 \\ + & 7 & 8 & 4 \\ \hline & & & \end{array}$$

잘못된 이유 십의 자리에서 받아올림한 수를 ________

____

바르게 계산한 값 ________________

오늘 공부 어땠나요? 10개 중 맞힌 문제 □ 개 > **틀린 문제**는 힌트를 보고 다시 도전해 보세요. > **맞힌 문제**는 힌트를 보고 자신의 생각과 비교해 보세요.

공부한 날 월 일

04일 (세 자리 수)－(세 자리 수) (1)

받아내림이 없는 경우

예 678－321의 계산

① 어림하여 계산하기

678을 680으로, 321을 320으로 어림할 수 있습니다. 따라서 두 수의 차를 어림하여 계산하면 680－320＝360입니다

② 계산 방법 알아보기

각 자리의 숫자를 맞추어 쓴 다음 일의 자리부터 같은 자리 수끼리 차례로 뺍니다.

	6	7	8
－	3	2	1

→

	6	7	8
－	3	2	1
			7

8－1＝7

→

	6	7	8
－	3	2	1
		5	7

7－2＝5

→

	6	7	8
－	3	2	1
	3	5	7

6－3＝3

≫ ① 각 자리의 숫자를 자리를 맞추어 씁니다.

≫ ② 일의 자리 수끼리 빼어 일의 자리에 씁니다.

≫ ③ 십의 자리 수끼리 빼어 십의 자리에 씁니다.

≫ ④ 백의 자리 수끼리 빼어 백의 자리에 씁니다.

개념 + 678-321을 다른 방법으로 계산하기

• 600－300, 70－20, 8－1을 차례로 계산하면 357이 됩니다.

• 8－1, 70－20, 600－300을 차례로 계산하면 357이 됩니다.

• 78－21을 먼저 계산하고, 600－300의 값에 더하면 357이 됩니다.

확인 1 수 모형을 보고 465－234를 계산해 보세요.

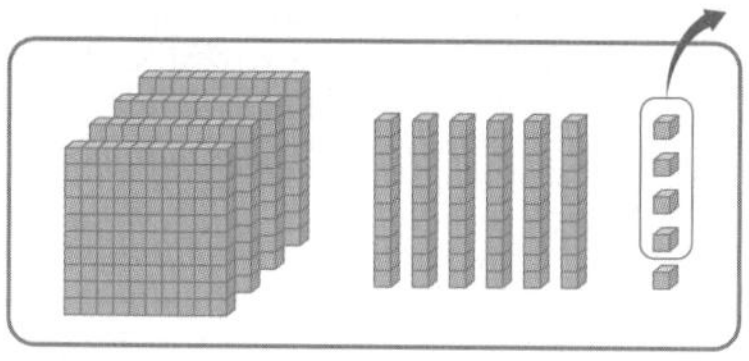

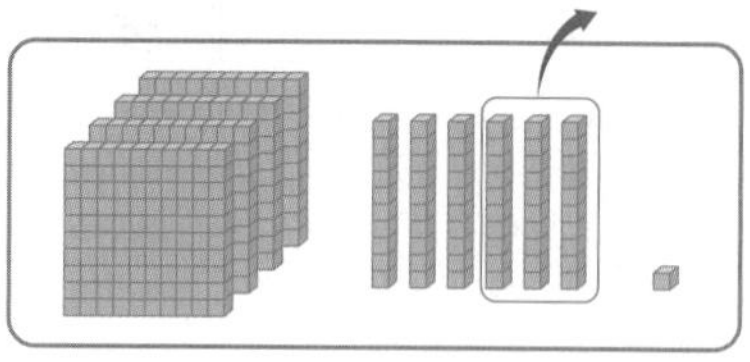

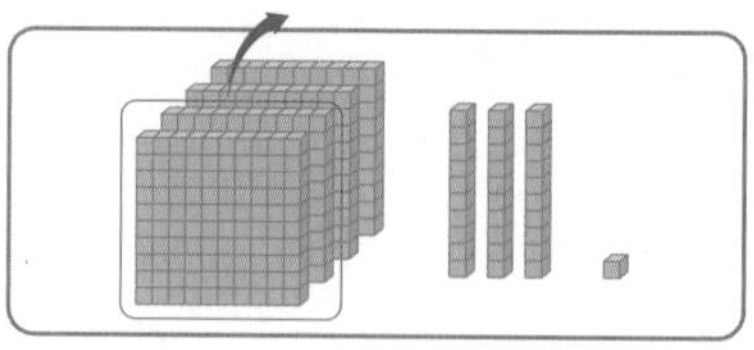

	4	6	5
－	2	3	4
			□

→

	4	6	5
－	2	3	4
		□	□

→

	4	6	5
－	2	3	4
	□	□	□

» 정답 · 풀이 05쪽

기본기 다지는 교과서 문제

개념 따라쓰기

1 수 모형을 보고 뺄셈을 해 보세요.

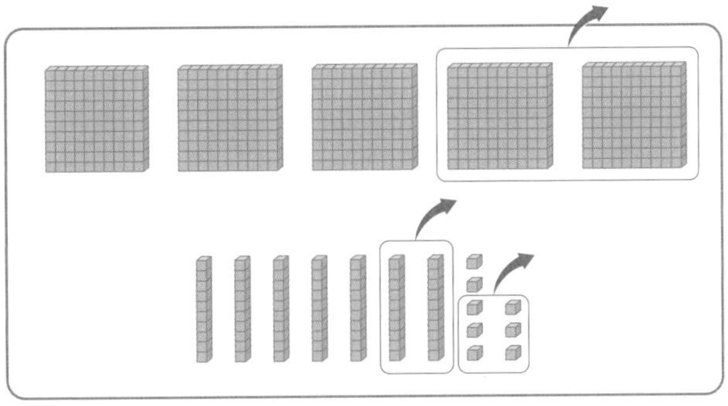

578－226＝□

2 □ 안에 알맞은 수를 써넣으세요.

(1)

	6	7	3
－	2	4	1
	□	□	□

(2)

	5	8	6
－	3	0	5
	□	□	□

받아내림이 없는 세 자리 수의 뺄셈

같은 자리

	5	3	4
－	2	1	3
	3	2	1

각 자리의 숫자를 맞추어 쓴 다음 같은 일의 자리부터 같은 자리 수끼리 뺍니다.

3 768－514를 여러 가지 방법으로 계산하려고 합니다. □ 안에 알맞은 수를 써넣으세요.

(1) 700－500＝□

60－ 10＝□

8－ 4＝□

768－514＝□

(2) 8－ 4＝□

60－ 10＝□

700－500＝□

768－514＝□

1 08쪽 계산

계산해 보세요.

(1)
$$\begin{array}{r} 5\ 7\ 6 \\ -\ 4\ 5\ 1 \\ \hline \end{array}$$

(2) 639 − 527

2 적용

두 수를 각각 몇백으로 어림하여 계산해 보고, 실제 계산한 값을 구해 보세요.

	789 − 213
어림하여 계산한 값	□00
실제 계산한 값	

3 이해

빈칸에 알맞은 수를 써넣으세요.

864 → (−432) → □

4 08쪽 계산

계산 결과를 비교하여 ◯ 안에 >, =, <를 알맞게 써넣으세요.

752 − 141 ◯ 865 − 213

5 08쪽 의사 소통

두 리본 중 어느 리본이 몇 cm 더 길까요?

㉠

152 cm

㉡

278 cm

→ (   )이 (   ) cm 더 깁니다.

6 08쪽 문제 해결

한 번 충전하면 758분 동안 사용할 수 있는 휴대폰을 412분 사용하였습니다. 앞으로 휴대폰을 몇 분 더 사용할 수 있을까요?

(   )

7 09쪽 창의 융합

주어진 수 중에서 2개를 골라 뺄셈식을 만들려고 합니다. □ 안에 알맞은 수를 써넣으세요.

435 121 569

□ − □ = 134

8 09쪽 이해

735−523을 여러 가지 방법으로 계산하려고 합니다. □ 안에 알맞은 수를 써넣으세요.

[방법 ❶] 700−□, 30−□, 5−□을 계산하면 □가 됩니다.

[방법 ❷] 35−□을 먼저 계산하고 □−□의 값에 더하면 □입니다.

+9 09쪽 수학적 독해력

두 사람 중 동화책을 더 많이 읽은 사람은 누구일까요?

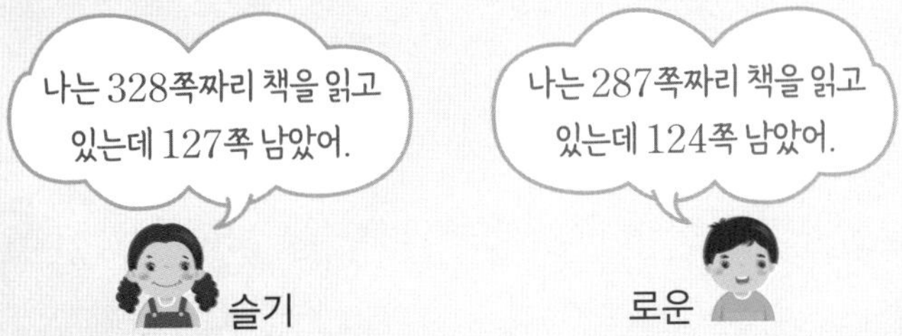

( )

독해 포인트 '더 많이 읽은 사람'=읽은 쪽수가 더 많은 사람

+10 09쪽 수학적 표현력

민호가 알아보려는 값은 얼마인지 풀이 과정을 쓰고, 답을 구하세요.

종욱: 어떤 수보다 312 큰 수는 854야.
민호: 그럼 어떤 수보다 312 작은 수는 얼마인지 알아볼래.

[풀이] (어떤 수)+312=854이므로 어떤 수는 ______

______

______

[답] ______

오늘 공부 어땠나요? 10개 중 맞힌 문제 □ 개 › **틀린 문제**는 힌트를 보고 다시 도전해 보세요. › **맞힌 문제**는 힌트를 보고 자신의 생각과 비교해 보세요.

05일 (세 자리 수)−(세 자리 수) (2)

받아내림이 한 번 있는 경우

① 십의 자리에서 받아내림이 있는 경우

일의 자리 수끼리 뺄 수 없으면 십의 자리에서 받아내려 계산합니다.

예 435−217의 계산

	4	3	5
−	2	1	7

→

		2	10
	4	~~3~~	5
−	2	1	7
			8

10+5−7=8

→

		2	10
	4	~~3~~	5
−	2	1	7
		1	8

2−1=1

→

		2	10
	4	~~3~~	5
−	2	1	7
	2	1	8

4−2=2

① 각 자리의 숫자를 자리를 맞추어 씁니다.

② 5에서 7을 뺄 수 없으므로 십의 자리에서 10을 받아내려 계산하여 일의 자리에 씁니다.

③ 일의 자리로 받아내림한 수를 빼고 십의 자리 수끼리 빼어 십의 자리에 씁니다.

④ 백의 자리 수끼리 빼어 백의 자리에 씁니다.

② 백의 자리에서 받아내림이 있는 경우

십의 자리 수끼리 뺄 수 없으면 백의 자리에서 받아내려 계산합니다.

예 426−153의 계산

	4	2	6
−	1	5	3
			3

6−3=3

→

	3	10	
	~~4~~	2	6
−	1	5	3
		7	3

10+2−5=7

→

	3	10	
	~~4~~	2	6
−	1	5	3
	2	7	3

3−1=2

확인 1 수 모형을 보고 353−136을 계산해 보세요.

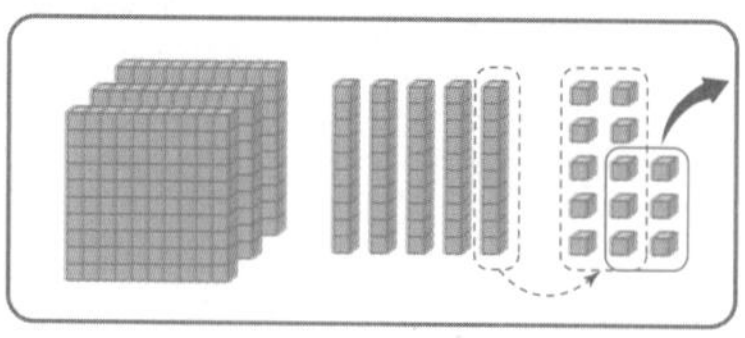

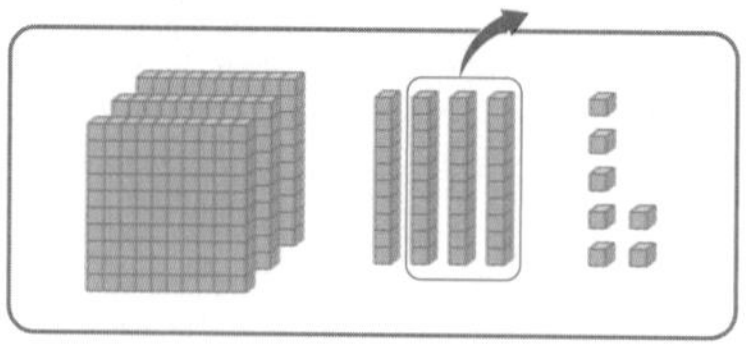

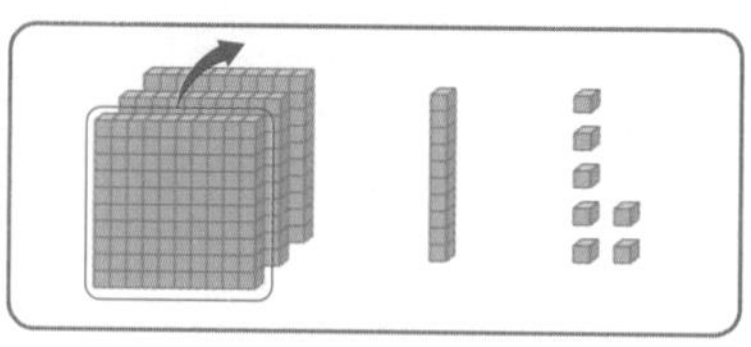

		□	□
	3	~~5~~	3
−	1	3	6
			□

→

		□	□
	3	~~5~~	3
−	1	3	6
		□	□

→

		□	□
	3	~~5~~	3
−	1	3	6
	□	□	□

기본기 다지는 교과서 문제

1 수 모형을 보고 뺄셈을 해 보세요.

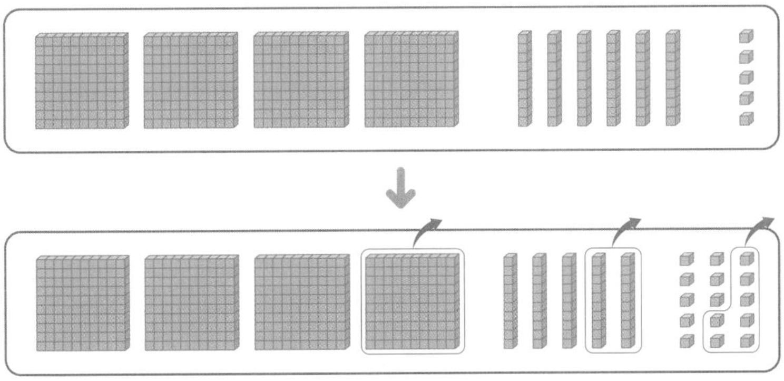

$465-127=\square$

2 □ 안에 알맞은 수를 써넣으세요.

(1)

		□	□
	5	7̸	4
−	3	2	8
	□	□	□

(2)

		□	□
	4	5̸	6
−	3	1	9
	□	□	□

3 □ 안에 알맞은 수를 써넣으세요.

(1)

	□	□	
	6̸	2	7
−	3	5	4
	□	□	□

(2)

	□	□	
	7̸	1	9
−	5	9	4
	□	□	□

개념 따라쓰기

십의 자리에서 받아내림이 있는 뺄셈

십의 자리에서 받아내림한 수

		2	10
	3	3̸	5
−	1	2	6
	2	0	9

일의 자리 수끼리 뺄 수 없으면 십의 자리에서 받아내려 계산합니다.

백의 자리에서 받아내림이 있는 뺄셈

백의 자리에서 받아내림한 수

	3	10	
	4̸	2	3
−	1	7	3
	2	5	0

십의 자리 수끼리 뺄 수 없으면 백의 자리에서 받아내려 계산합니다.

1 10쪽 계산

계산해 보세요.

(1)

$$\begin{array}{r} 2\ 1\ 8 \\ -\ 1\ 0\ 9 \\ \hline \end{array}$$

(2) $654-318$

2 10쪽 적용

서연이가 말하는 수를 구하세요.

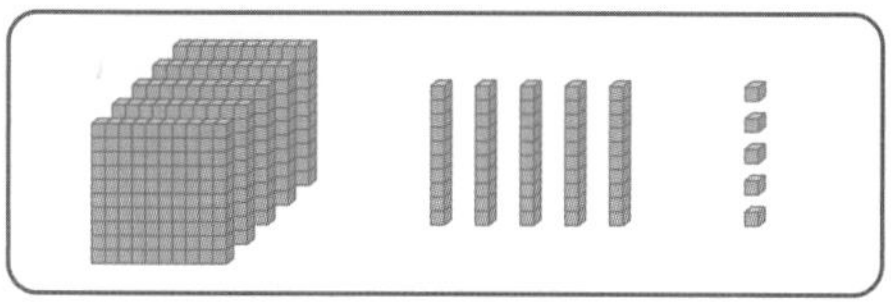

수 모형이 나타내는 수보다 274 작은 수야.

서연

(　　　　　　)

3 적용

빈칸에 두 수의 차를 써넣으세요.

(1)

425	208

(2)

760	421

4 적용

계산 결과가 더 큰 것의 기호를 쓰세요.

㉠ $549-352$　　㉡ $567-359$

(　　　　　　)

5 10쪽 의사 소통

다음 계산에서 [4]가 실제로 나타내는 수는 얼마인지 구하세요.

$$\begin{array}{r} \boxed{4}\ \ 10\ \\ 7\ \ \not{5}\ \ 4 \\ -\ 2\ \ 3\ \ 7 \\ \hline 5\ \ 1\ \ 7 \end{array}$$

(　　　　　　)

6 10쪽 문제 해결

빈칸에 알맞은 수를 써넣으세요.

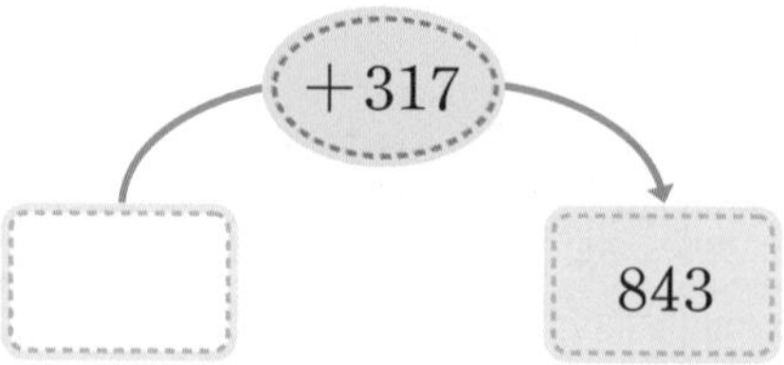

» 정답 · 풀이 06쪽

7 11쪽

창의 융합

수 카드 4장 중 3장을 한 번씩 사용하여 만들 수 있는 세 자리 수 중에서 가장 큰 수와 가장 작은 수의 차는 얼마일까요?

8 3 6 5

(　　　　　　　　)

8 11쪽

추론

□ 안에 알맞은 수를 써넣으세요.

	5	7	4
−	2	□	□
	□	4	7

+9 11쪽

수학적 독해력

종이 2장에 세 자리 수를 각각 써 놓았는데 그중 한 장이 찢어져서 백의 자리 숫자만 보입니다. 두 수의 합이 855일 때 찢어진 종이에 적힌 세 자리 수를 구하세요.

528　　3

(　　　　　　　　)

독해 포인트　두 수의 '합'이 855입니다.

+10 11쪽

수학적 표현력

수현이네 학교 학생 752명 중에서 남학생은 361명입니다. 여학생은 몇 명인지 풀이 과정을 쓰고, 답을 구하세요.

풀이　여학생의 수를 구하려면 전체 학생 수에서 남학생의 수를 빼야 합니다. ________________

____

답 ________________

오늘 공부 어땠나요?　10개 중 맞힌 문제 □ 개　>　**틀린 문제**는 힌트를 보고 다시 도전해 보세요.　>　**맞힌 문제**는 힌트를 보고 자신의 생각과 비교해 보세요.

06일 (세 자리 수)−(세 자리 수) (3)

받아내림이 두 번 있는 경우

❶ 받아내림이 두 번 있는 경우

같은 자리 수끼리 뺄 수 없으면 바로 위의 자리에서 받아내려 계산합니다.

예 424−295의 계산

	4	2	4
−	2	9	5

→

		1	10
	4	~~2~~	4
−	2	9	5
			9

10+4−5=9

→

	3	11	10
	~~4~~	~~2~~	4
−	2	9	5
		2	9

11−9=2

→

	3	11	10
	~~4~~	~~2~~	4
−	2	9	5
	1	2	9

3−2=1

» ① 각 자리의 숫자를 자리를 맞추어 씁니다.

» ② 4에서 5를 뺄 수 없으므로 십의 자리에서 10을 받아내려 계산하여 일의 자리에 씁니다.

» ③ 1에서 9를 뺄 수 없으므로 백의 자리에서 10을 받아내려 계산하여 십의 자리에 씁니다.

» ④ 백의 자리 수끼리 빼어 백의 자리에 씁니다.

개념+ 바로 위의 자리에서 받아내림할 수 없는 경우의 받아내림

		9	
	5	~~10~~	10
	~~6~~	0	4
−	2	3	8
	3	6	6

→ 십의 자리 숫자가 0이어서 십의 자리에서 일의 자리로 받아내림할 수 없을 때에는 백의 자리에서 받아내려 계산합니다.

확인 1 수 모형을 보고 353−176을 계산해 보세요.

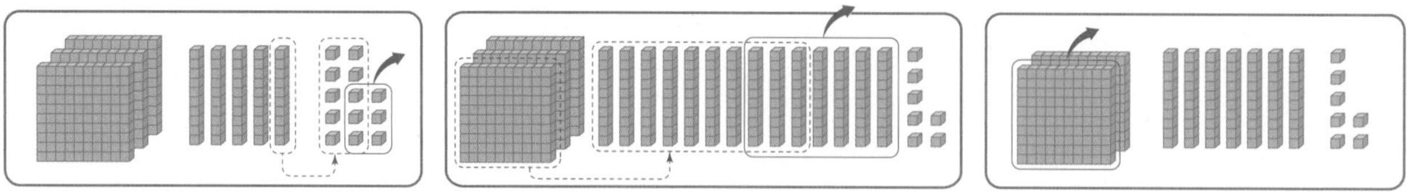

		□	□
	3	~~5~~	3
−	1	7	6
			□

→

	□	□	□
	~~3~~	~~5~~	3
−	1	7	6
		□	□

→

	□	□	□
	~~3~~	~~5~~	3
−	1	7	6
	□	□	□

기본기 다지는 교과서 문제

1 수 모형을 보고 뺄셈을 해 보세요.

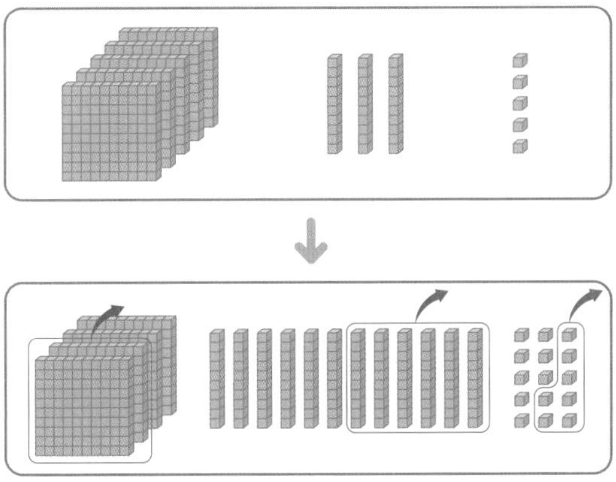

$535-267=\square$

2 □ 안에 알맞은 수를 써넣으세요.

(1)

	□	□	□
	~~7~~	~~2~~	4
−	3	5	8
	□	□	□

(2)

	□	□	□
	~~6~~	~~2~~	7
−	2	7	9
	□	□	□

3 □ 안에 알맞은 수를 써넣으세요.

(1)

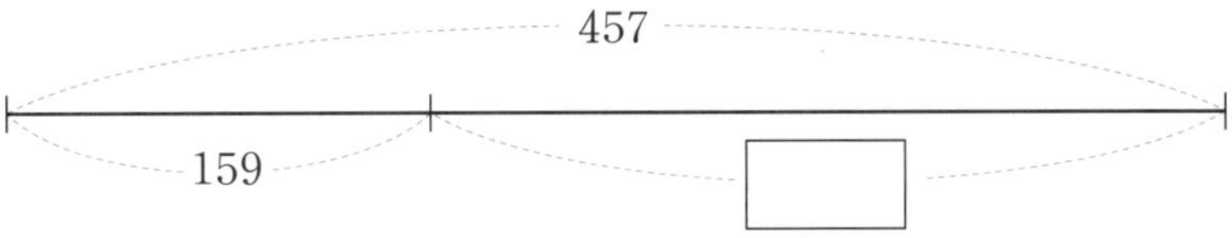

(2)

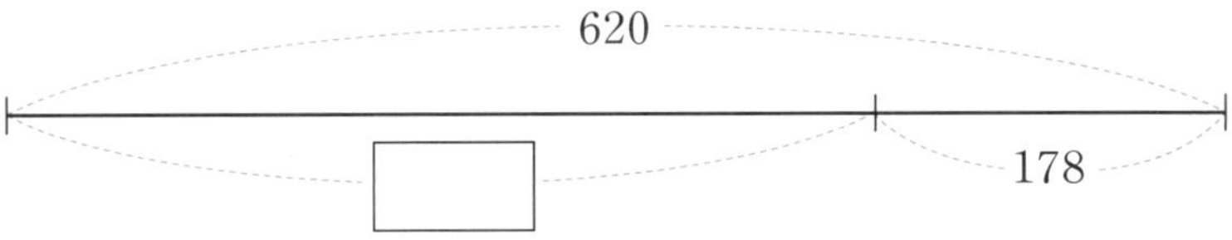

개념 따라쓰기

받아내림이 두 번 있는 뺄셈

백의 자리에서 받아내림한 수 / 일의 자리에서 받아내림한 수

	3	14	10
	~~4~~	~~5~~	6
−	1	6	7
	2	8	9

같은 자리 수끼리 뺄 수 없으면 바로 위의 자리에서 받아 내려 계산합니다.

1

12쪽 계산

계산해 보세요.

(1)

$$\begin{array}{r} 4\ 2\ 5 \\ -\ 2\ 2\ 7 \\ \hline \end{array}$$

(2) 562－285

2

적용

빈칸에 알맞은 수를 써넣으세요.

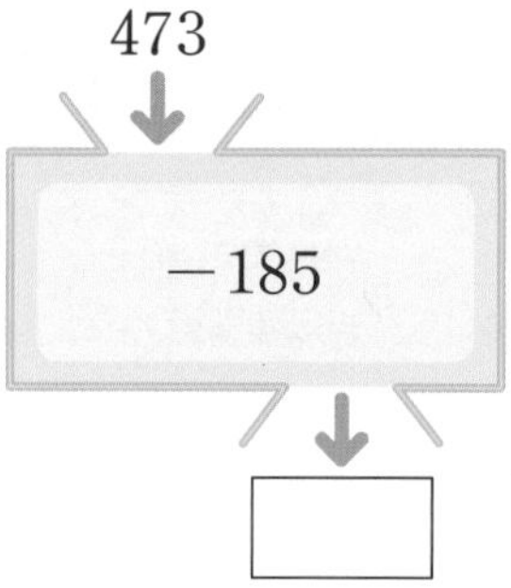

3

계산

계산 결과를 찾아 선으로 이어 보세요.

420－189 •	• 123
560－279 •	• 231
621－498 •	• 281

4

12쪽 의사 소통

다음 수보다 156 작은 수는 얼마인지 구해 보세요.

100이 9개, 1이 15개인 수

(　　　　　　　)

5

12쪽 적용

빈칸에 알맞은 수를 써넣으세요.

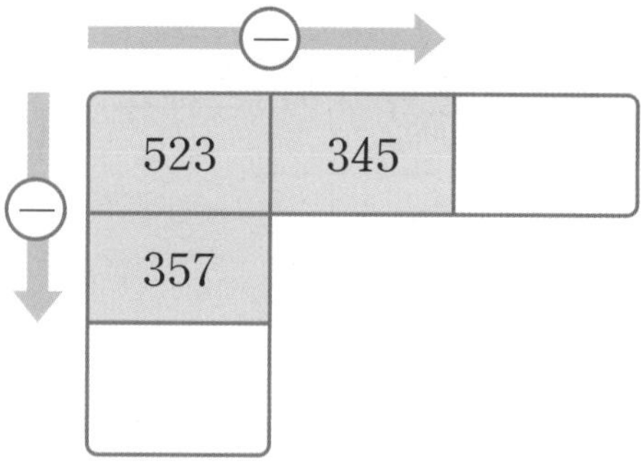

6

12쪽 문제 해결

높이뛰기를 하였습니다. 로운이는 2 m를 뛰어넘었고, 영민이는 175 cm를 뛰어넘었습니다. 로운이는 영민이보다 몇 cm 더 높이 뛰어넘었을까요?

(　　　　　　　)

조금 더 **어려운 문제**에 도전해 볼까요?

7 13쪽 추론

□ 안에 알맞은 수를 써넣으세요.

	□	2	5
−	2	3	□
	4	□	7

8 13쪽 창의 융합

주어진 수 중에서 2개를 골라 뺄셈식을 만들려고 합니다. 두 수의 차가 가장 크게 되도록 식을 만들어 보세요.

764　812　475　286

□ − □ = □

+9 13쪽 수학적 독해력

278에 어떤 수를 더하였더니 820이 되었습니다. 어떤 수에서 153을 빼면 얼마가 될까요?

(　　　　　　)

독해 포인트 어떤 수를 □로 나타내어 식을 만들 수 있습니다.

+10 13쪽 수학적 표현력

계산에서 잘못된 부분을 찾아 잘못된 이유를 쓰고, 바르게 계산해 보세요.

	6	2	3
−	3	8	9
	3	3	4

→

	6	2	3
−	3	8	9

[잘못된 이유] 백의 자리 수끼리 계산할 때 ____________

[바르게 계산한 값] ____________

오늘 공부 어땠나요? 10개 중 맞힌 문제 □개 > 틀린 문제는 힌트를 보고 다시 도전해 보세요. > 맞힌 문제는 힌트를 보고 자신의 생각과 비교해 보세요.

단원평가

시험 시간 20분 | 문제 수 10개

01 수 모형이 나타내는 수보다 127 큰 수를 구하세요.

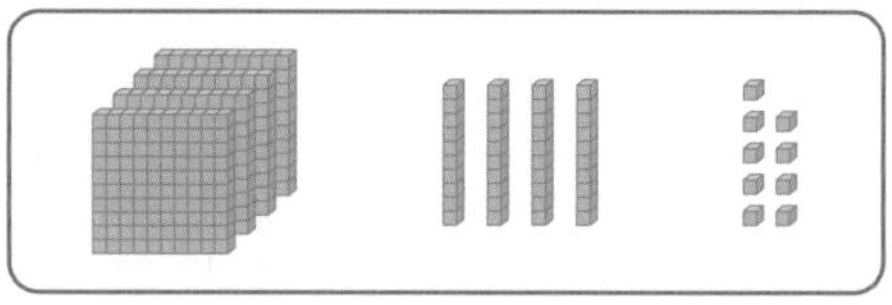

(　　　　　　)

02 가장 큰 수와 가장 작은 수의 합을 구하세요.

602	315	299	597

(　　　　　　)

03 빈칸에 알맞은 수를 써넣으세요.

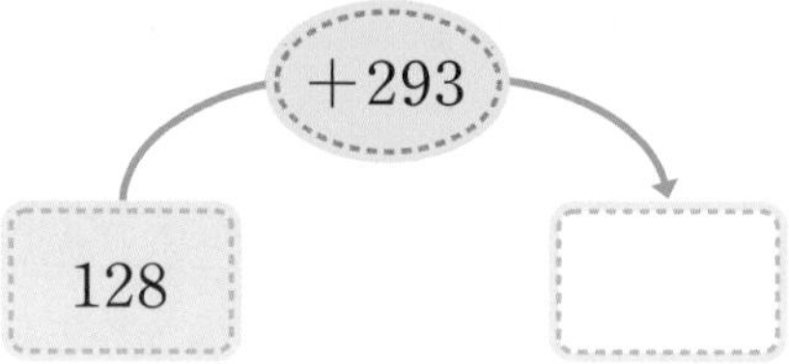

04 ㉠과 ㉡ 중 계산 결과가 더 큰 것의 기호를 쓰세요.

㉠ 348+381　　㉡ 203+539

(　　　　　　)

05 두 수의 차를 구하세요.

- 10이 23개, 1이 5개인 수
- 100이 5개, 1이 58개인 수

(　　　　　　)

06 4장의 카드 중에서 3장을 한 번씩 사용하여 만들 수 있는 가장 큰 세 자리 수와 105의 차를 구하세요.

4 5 3 6

(　　　　　　)

07 주어진 수 중에서 2개를 골라 뺄셈식을 만들려고 합니다. 두 수의 차가 가장 크게 되도록 식을 만들어 보세요.

361	521	436	288

( )

08 계산 결과가 가장 작은 것부터 차례로 기호를 쓰세요.

㉠ $187+372$
㉡ $245+276$
㉢ $753-227$
㉣ $947-389$

□ − □ − □ − □

09 1부터 9까지의 수 중에서 □ 안에 들어갈 수 있는 수는 모두 몇 개인지 구하세요.

$\square37+365<702$

( )

서술형

10 지혜네 농장에서 닭이 달걀을 530개 낳았습니다. 그 중에서 365개를 팔았다면 남은 달걀은 모두 몇 개일지 풀이 과정을 쓰고, 답을 구하세요.

[풀이] ____________________

____

____

[답] ____________________

07일 선의 종류

① 곧은 선과 굽은 선

• 곧은 선: 구부러지거나 휘어지지 않고 반듯하게 쭉 뻗은 선

• 굽은 선: 구부러지거나 휘어진 선

◐ 곧은 선

◐ 굽은 선

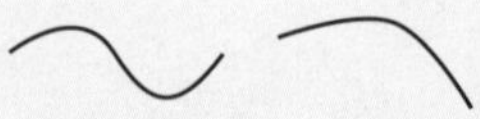

② 여러 가지 곧은 선

① **선분**: 두 점을 곧게 이은 선을 **선분**이라고 합니다.

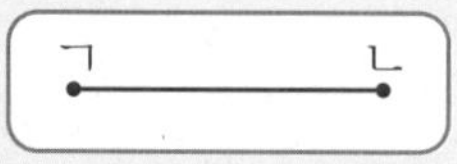

점 ㄱ과 점 ㄴ을 이은 선분

➔ **선분 ㄱㄴ** 또는 **선분 ㄴㄱ**

◐ 선분의 양쪽에는 시작점과 끝점이 있습니다.

② **반직선**: 한 점에서 시작하여 한쪽으로 끝없이 늘인 곧은 선을 **반직선**이라고 합니다.

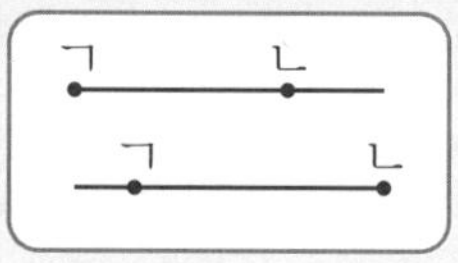

• 점 ㄱ에서 시작하여 점 ㄴ을 지나는 반직선

➔ **반직선 ㄱㄴ**

• 점 ㄴ에서 시작하여 점 ㄱ을 지나는 반직선

➔ **반직선 ㄴㄱ** —● 반직선은 시작점이 앞에 오도록 읽습니다.

◐ 반직선은 한쪽으로만 늘어나므로 시작점만 있습니다.

③ **직선**: 선분을 양쪽으로 끝없이 늘인 곧은 선을 **직선**이라고 합니다.

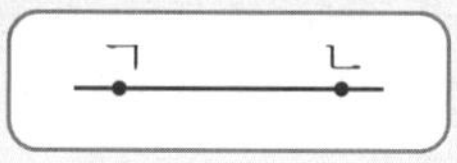

점 ㄱ과 점 ㄴ을 지나는 직선

➔ **직선 ㄱㄴ** 또는 **직선 ㄴㄱ**

◐ 직선은 양쪽으로 늘어나므로 시작점과 끝점이 없습니다.

확인 1 곧은 선과 굽은 선으로 분류하여 기호를 써 보세요.

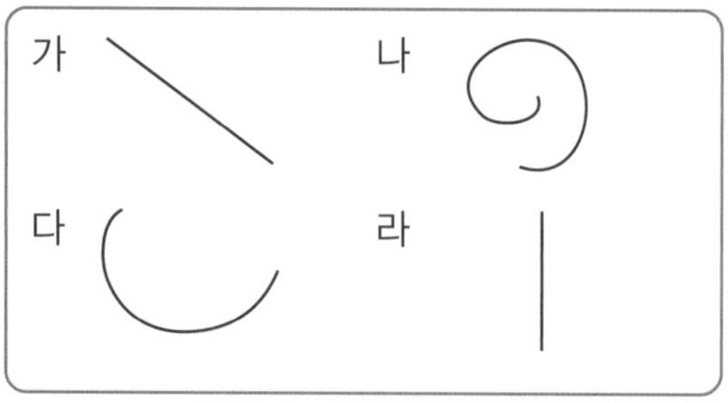

곧은 선	굽은 선

확인 2 관계있는 것끼리 선으로 이어 보세요.

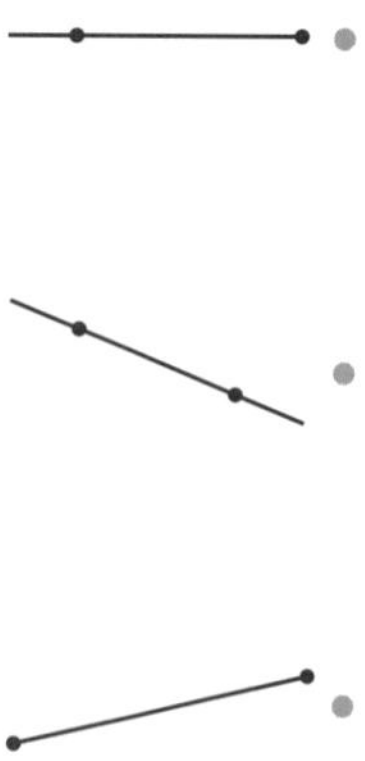

 • • 선분

 • • 직선

 • • 반직선

기본기 다지는 교과서 문제

» 정답 · 풀이 08쪽

1 선분을 찾아 ○표 하세요.

( ) ( ) ( )

2 반직선을 찾아 ○표 하세요.

( ) ( ) ( )

3 직선을 찾아 ○표 하세요.

( ) ( ) ( )

4 □ 안에 도형의 이름을 써 보세요.

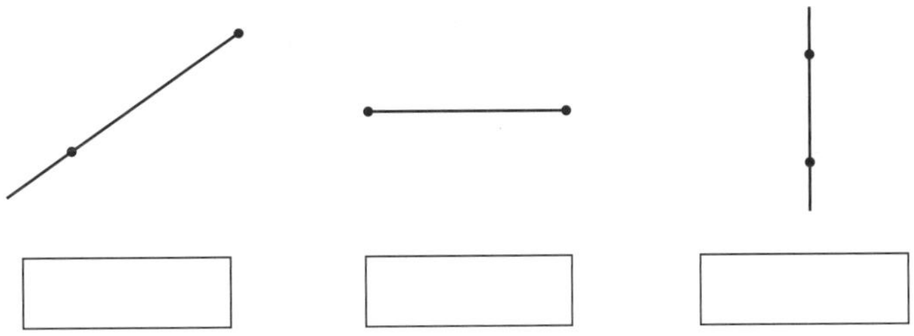

개념 따라쓰기

선분 알아보기

선분은 두 점을 곧게 이은 선입니다.

반직선 알아보기

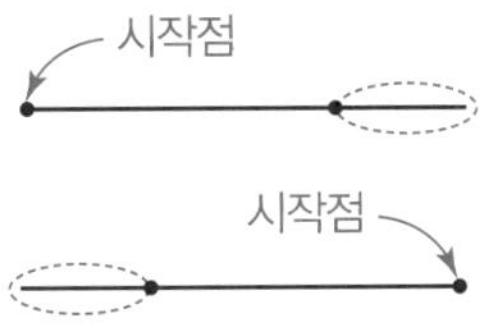

반직선은 한 점에서 시작하여 한 쪽으로 끝없이 늘인 곧은 선입니다.

직선 알아보기

직선은 선분을 양쪽으로 끝없이 늘인 곧은 선입니다.

1

이해

다음 중 선분을 골라 기호를 쓰세요.

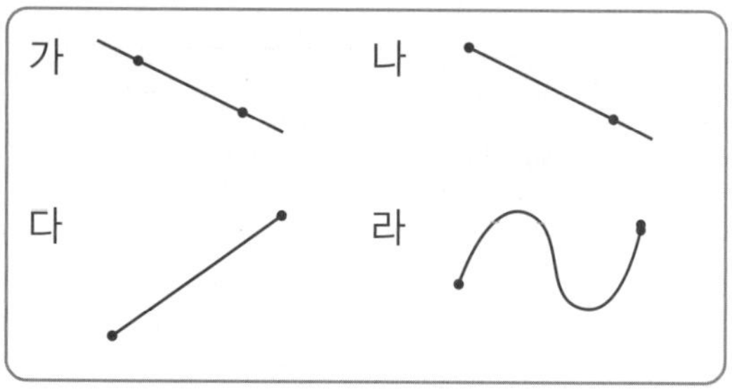

(　　　　　　　　)

2

이해

도형의 이름을 써 보세요.

(　　　　　　　　)　(　　　　　　　　)

3

14쪽

이해

다음 중 반직선 ㅂㅁ을 찾아 기호를 쓰세요.

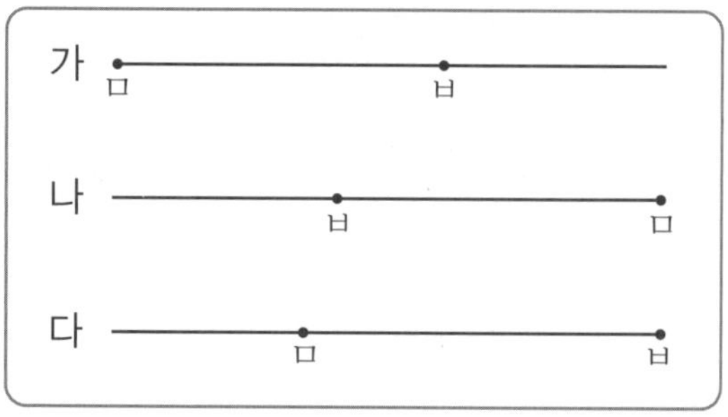

(　　　　　　　　)

4

14쪽

적용

점을 이용하여 직선 ㄱㄴ과 반직선 ㄷㄹ을 그어 보세요.

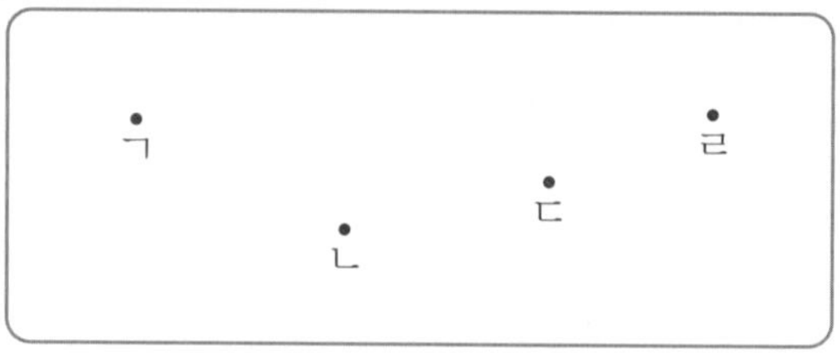

5

14쪽

적용

다음 4개의 점을 이용하여 그을 수 있는 선분을 모두 그어 보세요.

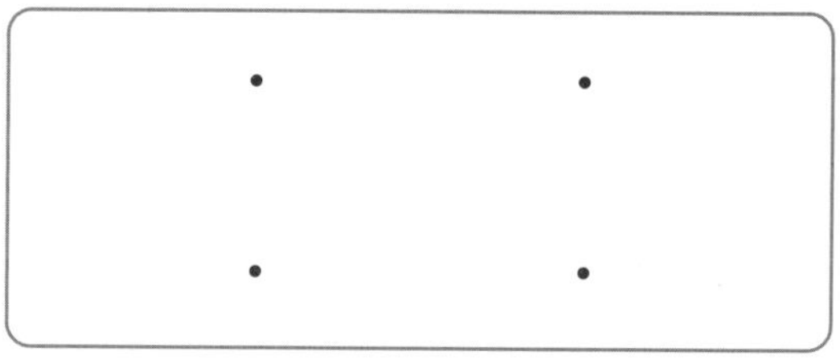

6

14쪽

의사 소통

바르게 설명한 것에 ○표, 바르지 않게 설명한 것에 ×표를 하세요.

(1) 선분은 끝이 없지만 직선은 끝이 있습니다.
(　　　　)

(2) 반직선은 한쪽으로 끝없이 늘어나지만 직선은 양쪽으로 끝없이 늘어납니다. (　　　　)

» 정답 · 풀이 08쪽

조금 더 **어려운 문제**에 도전해 볼까요?

7 15쪽 문제 해결

다음 중 선분은 직선보다 몇 개 더 많은지 쓰세요.

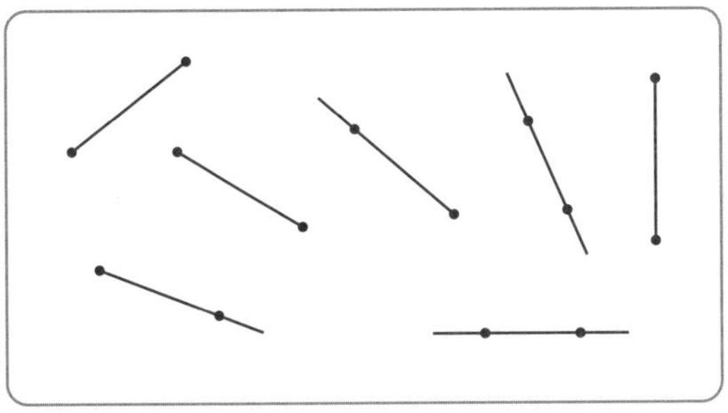

(   )

8 15쪽 추론

3개의 점 중에서 2개의 점을 이어 그릴 수 있는 반직선은 모두 몇 개일까요?

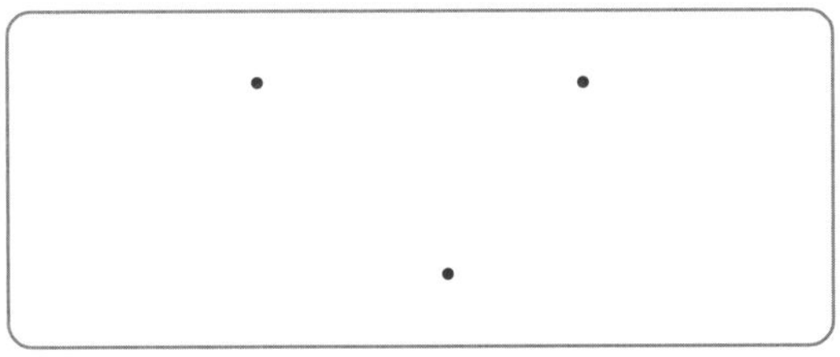

(   )

+9 15쪽 수학적 독해력

다음 중 잘못 말한 사람은 누구일까요?

선분은 두 점 사이의 곧은 선이야.

반직선은 한쪽 끝이 정해져 있고 다른 쪽 끝은 정해져 있지 않은 곧은 선이야.

직선은 양쪽 끝이 정해져 있는 곧은 선이야.

(   )

독해 포인트 '끝이 정해져 있다'=끝이 점

+10 15쪽 수학적 표현력

다음 도형은 반직선이 아닙니다. 그 이유를 설명해 보세요.

[이유] 반직선은 한 점에서 시작하여 한쪽으로 끝없이 늘어나는 곧은 선인데, 주어진 도형은 ____________

____

오늘 공부 어땠나요? 10개 중 맞힌 문제 [ ]개 › **틀린 문제**는 힌트를 보고 다시 도전해 보세요. › **맞힌 문제**는 힌트를 보고 자신의 생각과 비교해 보세요.

공부한 날 월 일

08일 각 알아보기

① 각 알아보기

한 점에서 그은 두 반직선으로 이루어진 도형을 **각**이라고 합니다.

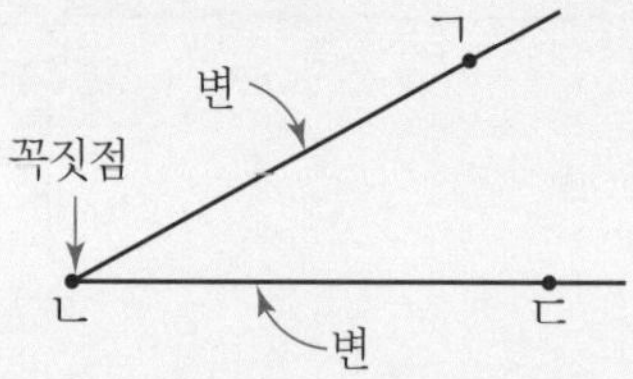

➜ 각 읽기: 각 ㄱㄴㄷ 또는 각 ㄷㄴㄱ
꼭짓점: 점 ㄴ
변 읽기: 변 ㄴㄱ, 변 ㄴㄷ

① 그림의 각을 **각 ㄱㄴㄷ** 또는 **각 ㄷㄴㄱ**이라고 합니다.
② 점 ㄴ을 각의 **꼭짓점**이라고 합니다.
③ 반직선 ㄴㄱ과 반직선 ㄴㄷ을 **변**이라 하고, 이 변을 **변 ㄴㄱ**과 **변 ㄴㄷ**이라고 합니다.

각을 읽을 때에는 항상 꼭짓점이 가운데에 오도록 읽습니다.

곧은 선

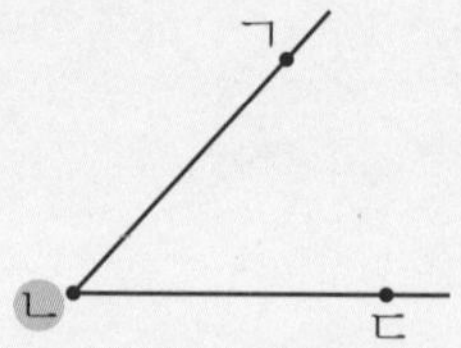

➜ 각 ㄱㄴㄷ 또는 각 ㄷㄴㄱ
꼭짓점

개념+ 굽은 선으로 이루어져 있거나 한 점에서 만나지 않으면 각이 아닙니다.

확인 1 □ 안에 알맞은 말을 써넣으세요.

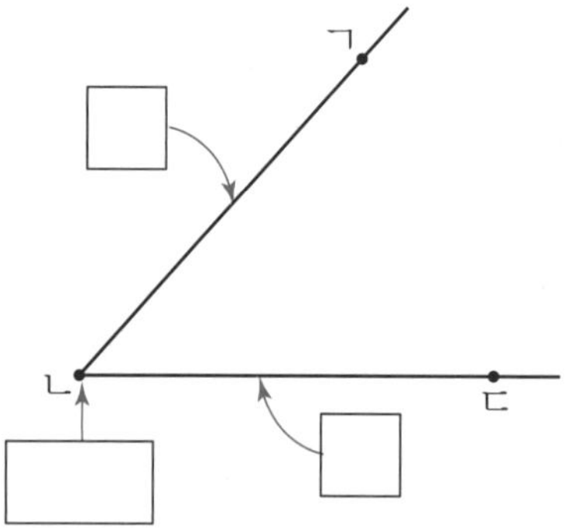

확인 2 삼각자를 이용하여 그린 각입니다. □ 안에 알맞은 말을 써넣으세요.

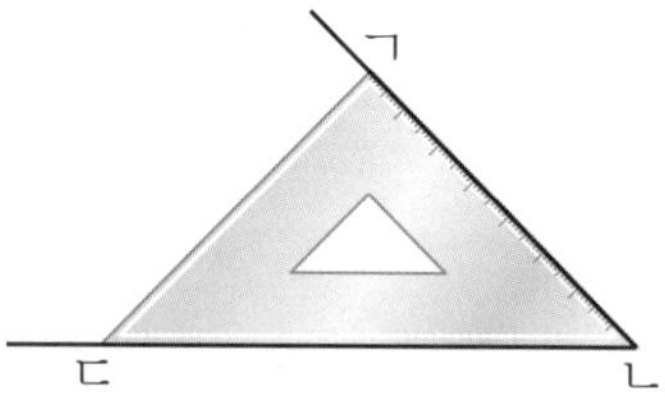

(1) 꼭짓점은 점 □입니다.

(2) 반직선 ㄴㄱ은 변 □이라 읽고,
반직선 ㄴㄷ은 변 □이라 읽습니다.

(3) 각은 각 □ 또는 각 □이라 읽습니다.

» 정답 · 풀이 09쪽

1 각을 찾아 모두 ○표 하세요.

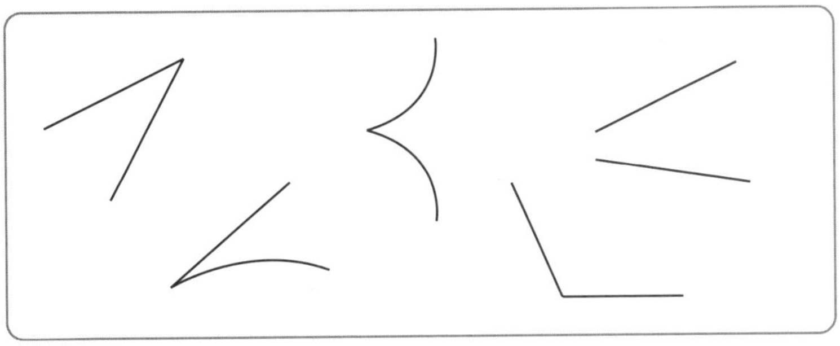

2 그림을 보고 각, 꼭짓점, 변을 각각 읽어 보세요.

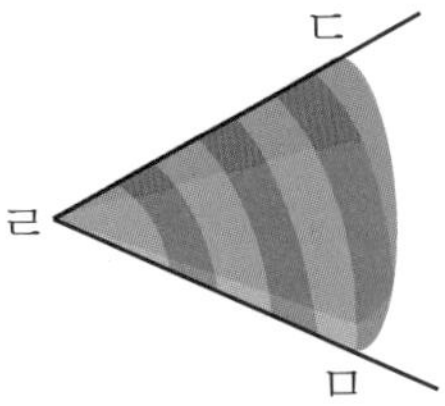

각: ☐ 또는 ☐

꼭짓점: ☐

변: ☐, ☐

3 각 ㅅㅇㅈ을 그려 보세요.

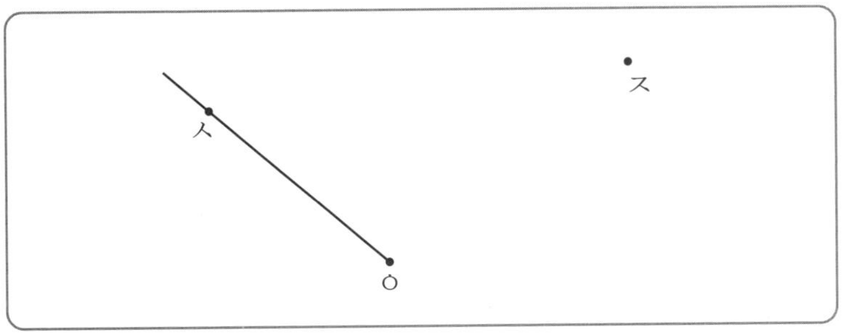

개념 따라쓰기

각 알아보기

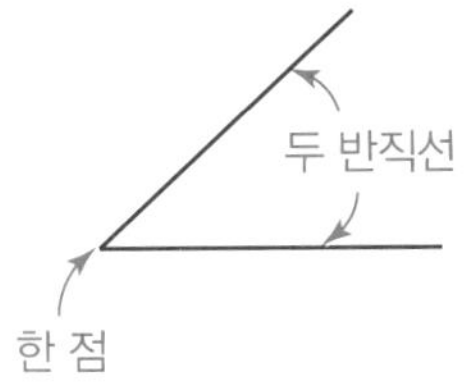

각은 한 점에서 그은 두 반직선으로 이루어진 도형입니다.

각의 꼭짓점과 변

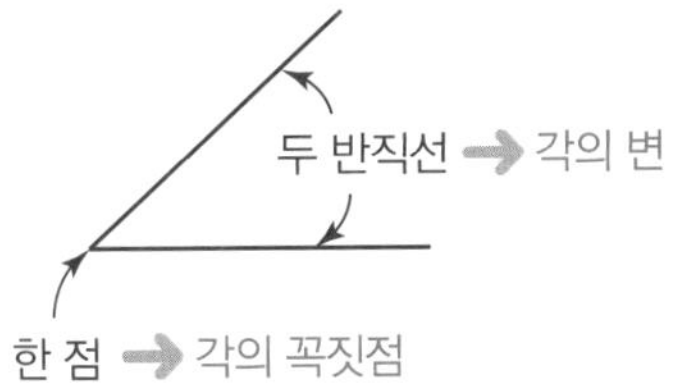

각의 꼭짓점은 두 반직선이 시작되는 점이고, 각의 변은 각을 이루는 두 반직선입니다.

스스로 풀어내는 도전 10 문제

1 이해

다음 중 각을 찾아 기호를 쓰세요.

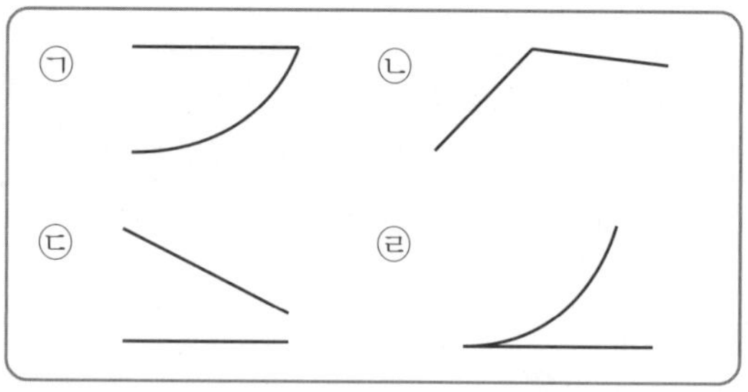

(　　　　　　　)

2 이해

그림을 보고 각과 변을 읽어 보세요.

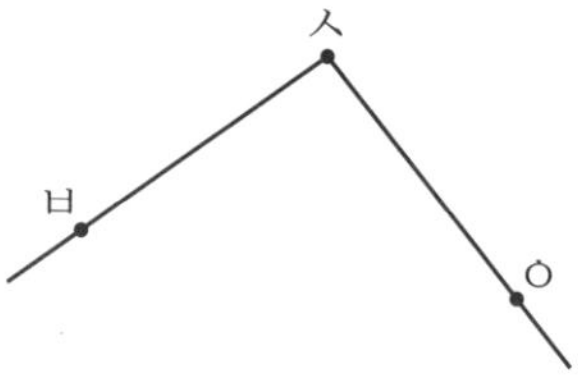

각 (　　　　　　　)
변 (　　　　　　　)

3 16쪽 이해

각을 모두 찾아 ○표 하세요.

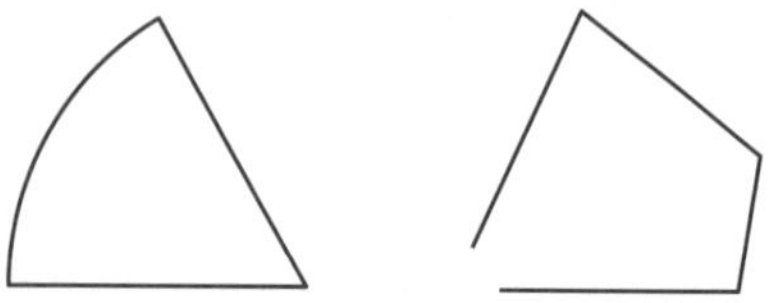

4 16쪽 적용

주어진 각을 그려 보세요.

각 ㄴㄷㄹ　　각 ㅅㅂㅁ

5 16쪽 적용

다음 중 각이 있는 도형의 기호를 모두 고르세요.

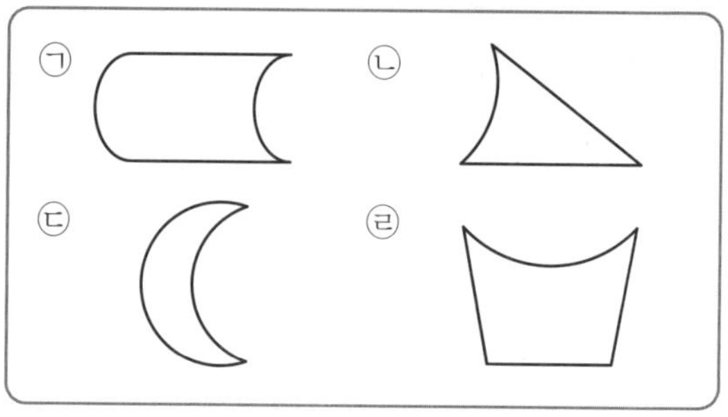

(　　　　　　　)

6 16쪽 문제 해결

두 도형에서 찾을 수 있는 각은 모두 몇 개일까요?

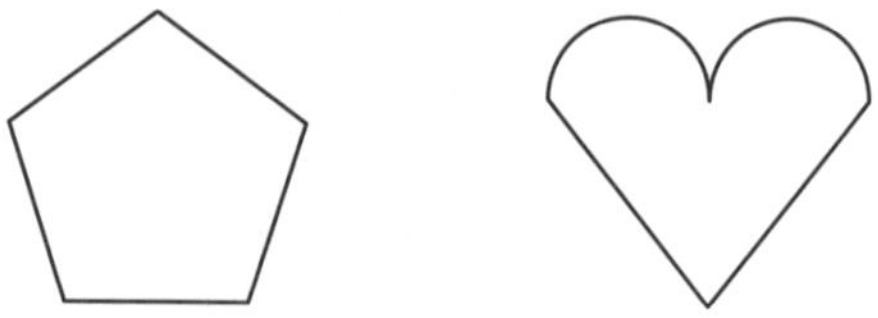

(　　　　　　　)

조금 더 **어려운 문제**에 도전해 볼까요?

7 17쪽 문제 해결

각이 많은 도형부터 순서대로 기호를 쓰세요.

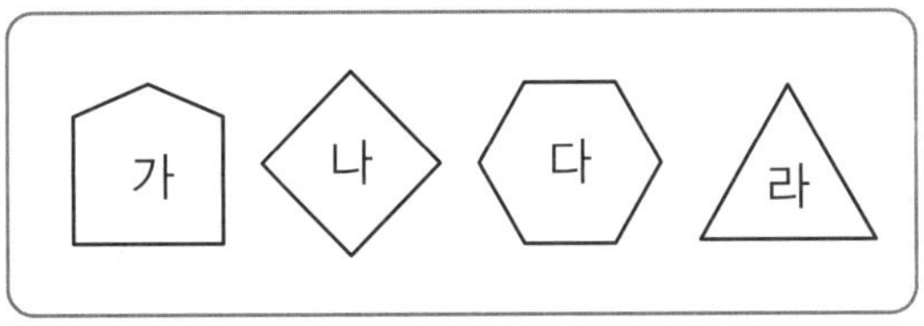

☐ - ☐ - ☐ - ☐

8 17쪽 의사 소통

세 점을 이용하여 꼭짓점이 서로 다른 각을 그려 보세요.

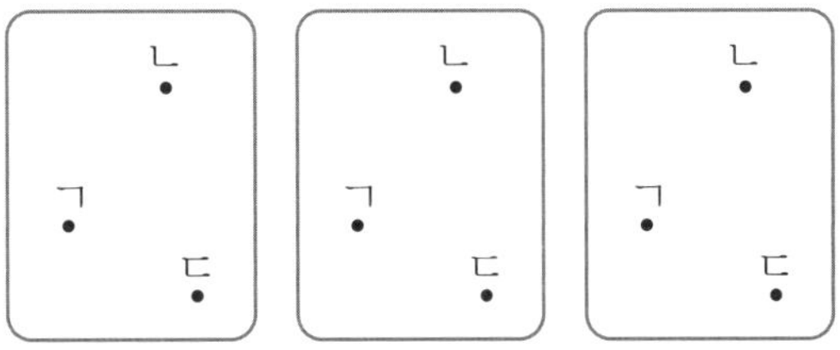

+9 17쪽 수학적 독해력

그림에서 찾을 수 있는 크고 작은 각은 모두 몇 개일까요?

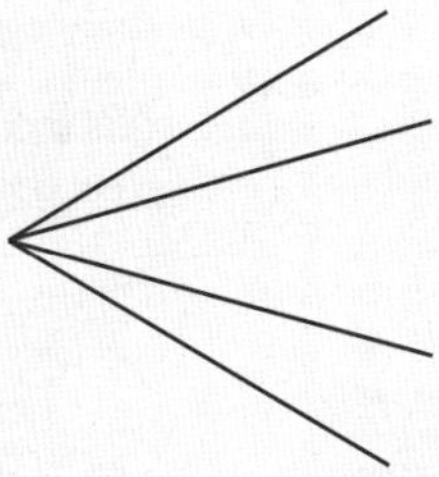

(　　　　　　　　)

독해 포인트 '큰 각'과 '작은 각' 모두 빠짐없이 세어야 합니다.

+10 17쪽 수학적 표현력

다음 도형은 각이 아닙니다. 그 이유를 설명해 보세요.

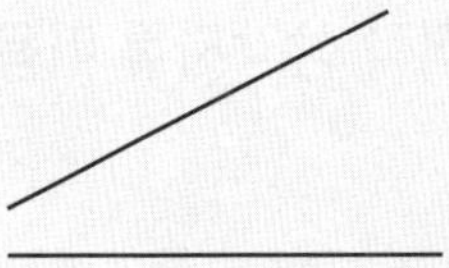

[이유] 각은 한 점에서 그은 두 반직선으로 이루어진 도형입니다. 그런데 주어진 도형은 ____________________

____

오늘 공부 어땠나요?

10개 중 맞힌 문제 ☐ 개

틀린 문제는 힌트를 보고 다시 도전해 보세요.

맞힌 문제는 힌트를 보고 자신의 생각과 비교해 보세요.

09일 직각 알아보기

① 직각 알아보기

그림과 같이 종이를 반듯하게 두 번 접었을 때 생기는 각을 **직각**이라고 합니다.

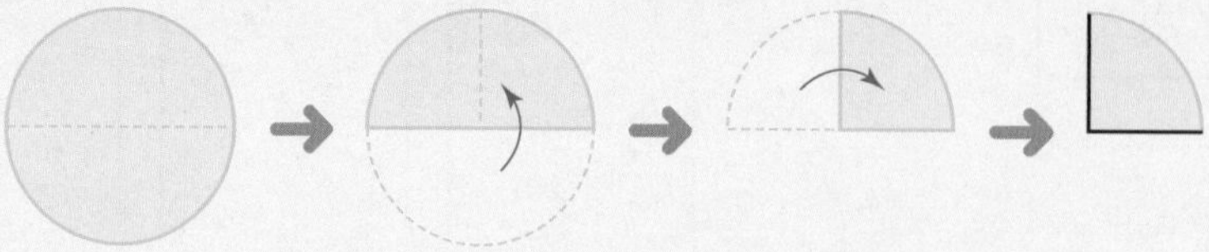

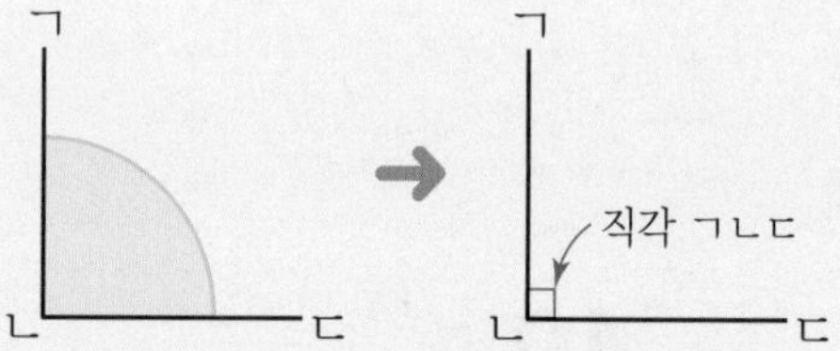

→ 직각 ㄱㄴㄷ을 나타낼 때에는 꼭짓점 ㄴ에 ∟ 표시를 합니다.

직각 표시하기
특별히 직각임을 나타낼 때에는 ∟ 표시를 하지만 일반적으로 각의 크기를 그림으로 나타낼 때에는 ∠ 표시를 합니다.

직각 찾기
직각 삼각자의 직각 부분을 대었을 때 꼭 맞게 겹쳐지면 직각입니다.

개념+ 직각 삼각자를 이용하여 직각 그리기

① 직각 삼각자의 한 변을 대고 선분을 그립니다.

② 선분의 한 끝점이 꼭짓점이 되게 한 후 직각 삼각자의 직각 부분을 이용하여 직각을 그립니다.

확인 1 □ 안에 알맞은 말을 써넣으세요.

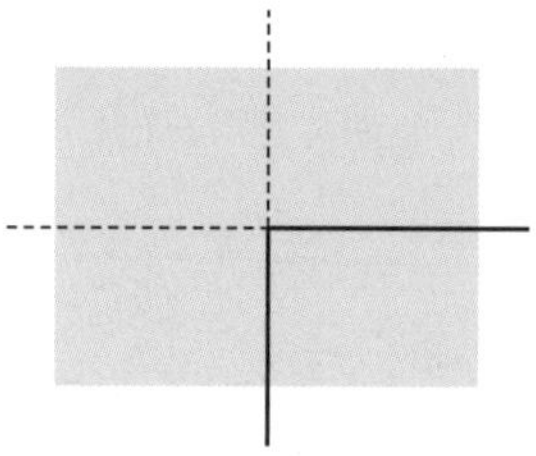

위의 그림과 같이 종이를 반듯하게 두 번 접었다 펼쳤을 때 생기는 각을 □이라고 합니다.

확인 2 직각 삼각자를 이용하여 직각을 모두 찾아 기호를 쓰세요.

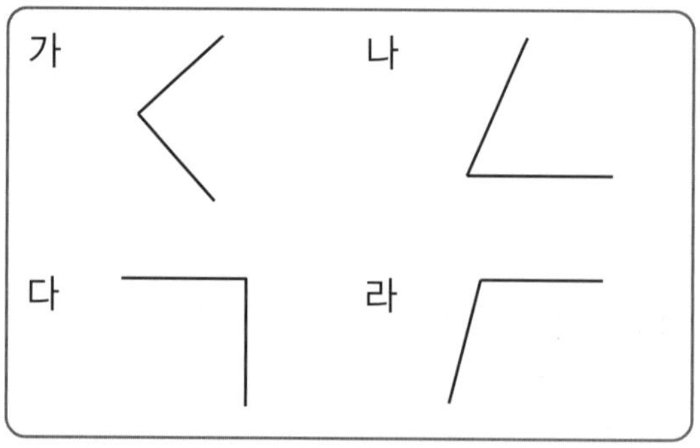

( )

기본기 다지는 교과서 문제

1 〈보기〉와 같이 직각을 모두 찾아 ⌞로 표시하세요.

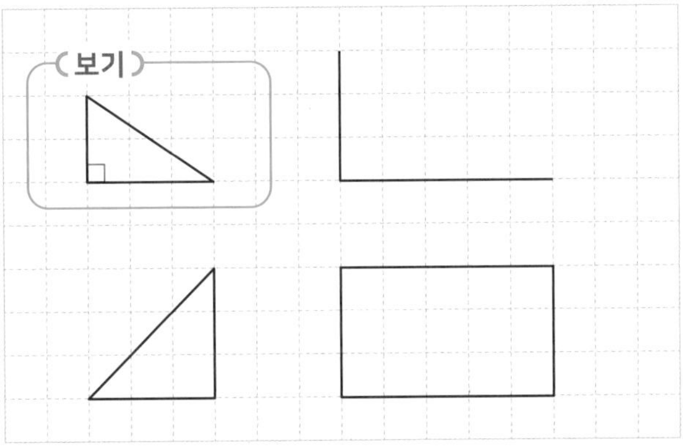

2 도형에서 직각을 찾고 직각이 모두 몇 개인지 써 보세요.

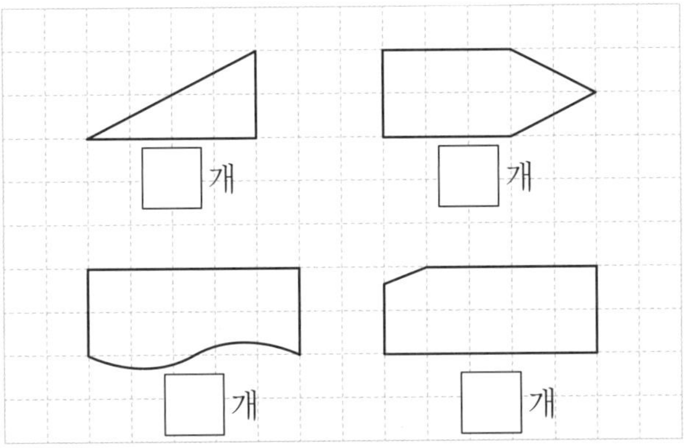

3 그림을 보고 □ 안에 알맞은 말을 써넣으세요.

왼쪽 그림과 같이 직각 삼각자를 대었을 때 꼭 맞게 겹쳐지면 이 각은 □입니다.

개념 따라쓰기

2단원

직각 알아보기

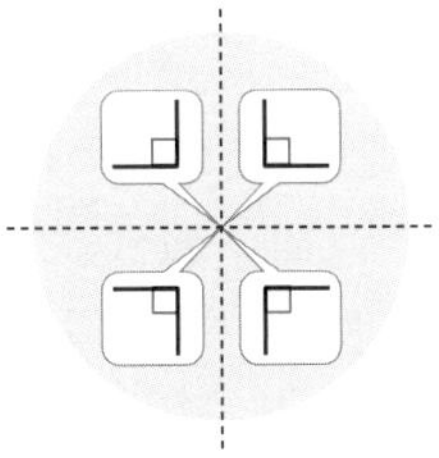

직각은 종이를 반듯하게 두 번 접었을 때 생기는 각입니다.

직각을 표시하는 방법

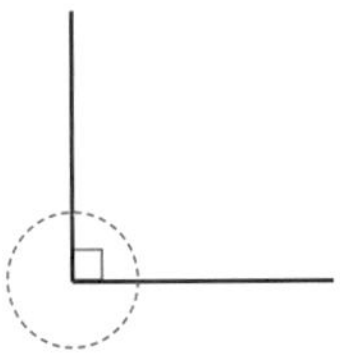

직각을 나타낼 때에는 꼭짓점에 ⌞ 표시를 합니다.

1

이해

직각을 찾아 기호를 쓰세요.

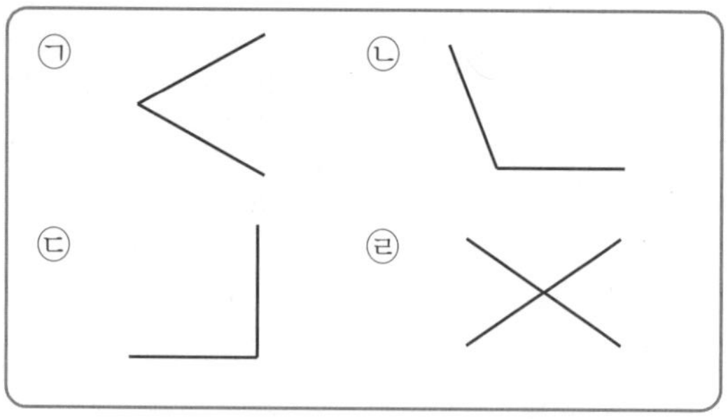

(　　　　　　　)

2

이해

직각을 찾아 읽어 보세요.

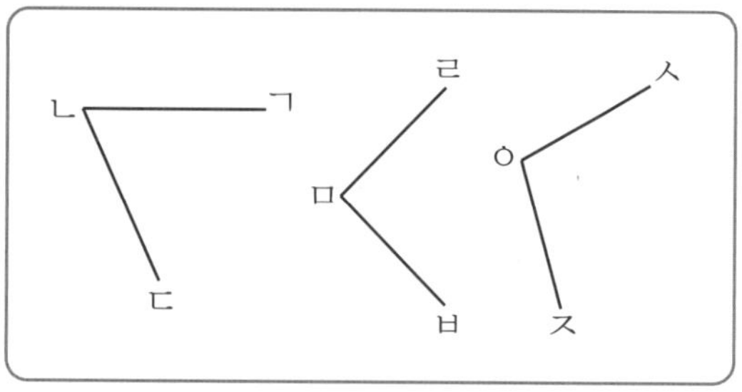

(　　　　　　　)

3

18쪽

이해

〈보기〉와 같이 직각을 모두 찾아 ⌞ 로 표시하세요.

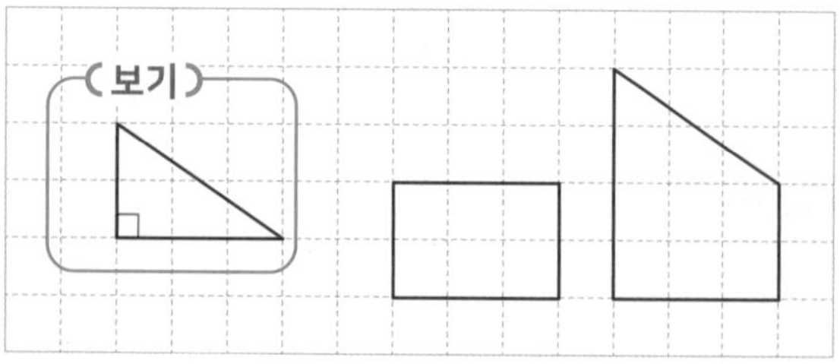

4

18쪽

적용

다음 직선을 한 변으로 하는 직각을 완성해 보세요.

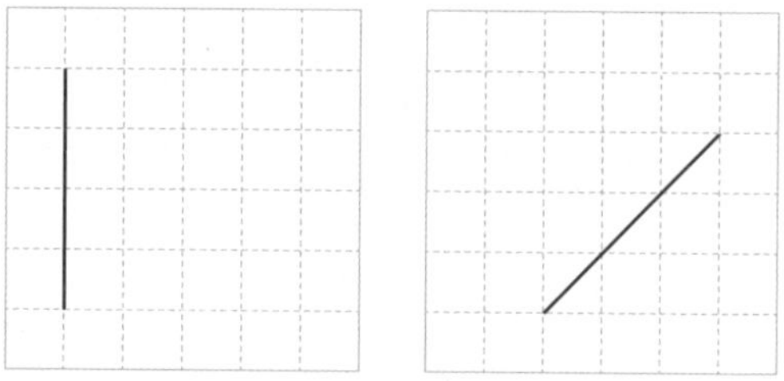

5

18쪽

적용

다음 도형에서 찾을 수 있는 직각은 모두 몇 개일까요?

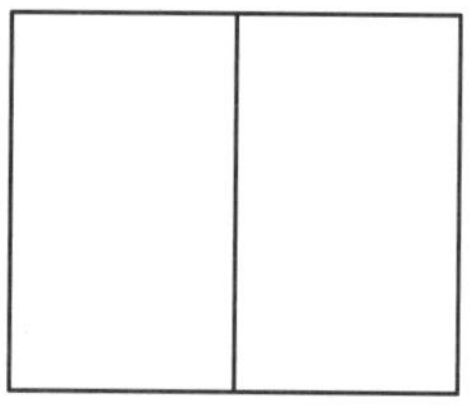

(　　　　　　　)

6

18쪽

문제 해결

다음 도형에서 찾을 수 있는 직각은 모두 몇 개일까요?

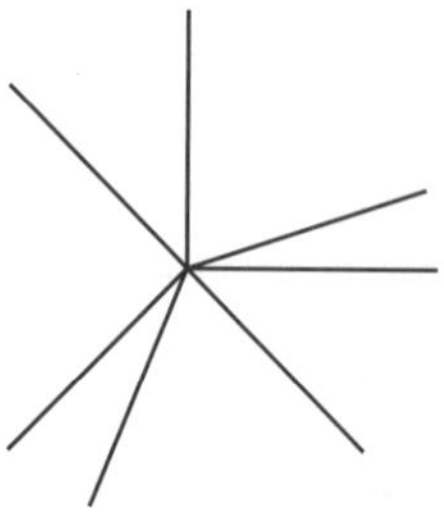

(　　　　　　　)

조금 더 **어려운 문제**에 도전해 볼까요?

7 19쪽 추론

다음 도형에서 찾을 수 있는 직각은 모두 몇 개일까요?

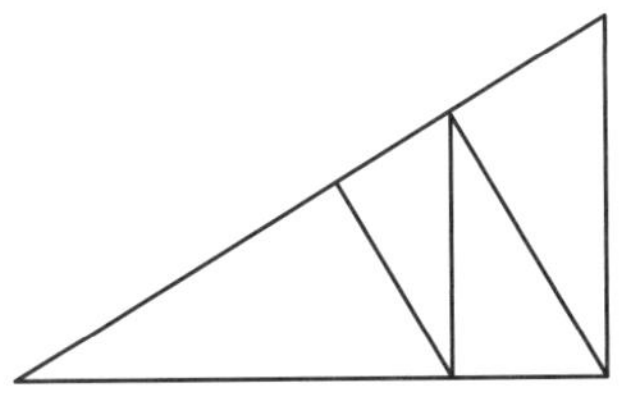

(   )

8 19쪽 창의 융합

시계의 긴 바늘과 짧은바늘이 이루는 작은 쪽의 각이 직각인 경우를 모두 고르세요.

㉠ 3시   ㉡ 7시   ㉢ 9시

(   )

+9 19쪽 수학적 독해력

각 ㄱㄴㄷ이 직각이 되게 그리려고 합니다. 어느 점을 점 ㄷ으로 잡아야 할까요?

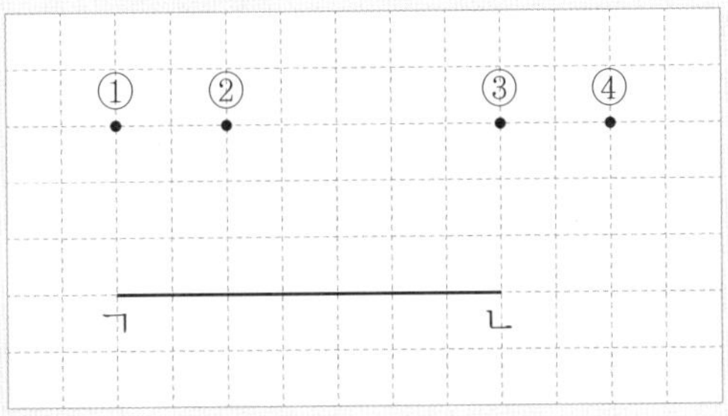

(   )

독해 포인트 '각 ㄱㄴㄷ'의 꼭짓점을 생각해 보세요.

+10 19쪽 수학적 표현력

직각의 개수가 가장 많은 도형을 찾으려고 합니다. 풀이 과정을 쓰고, 알맞은 기호를 쓰세요.

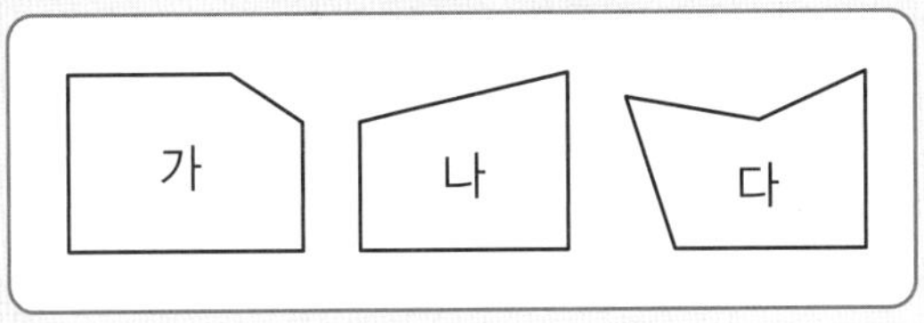

[풀이] 각 도형에 있는 직각의 개수를 구하면 ______

[답] ______

오늘 공부 어땠나요? 10개 중 맞힌 문제 [ ]개 > **틀린 문제**는 힌트를 보고 다시 도전해 보세요. > **맞힌 문제**는 힌트를 보고 자신의 생각과 비교해 보세요.

10일 직각삼각형

① 직각삼각형 알아보기

한 각이 직각인 삼각형을 **직각삼각형**이라고 합니다.

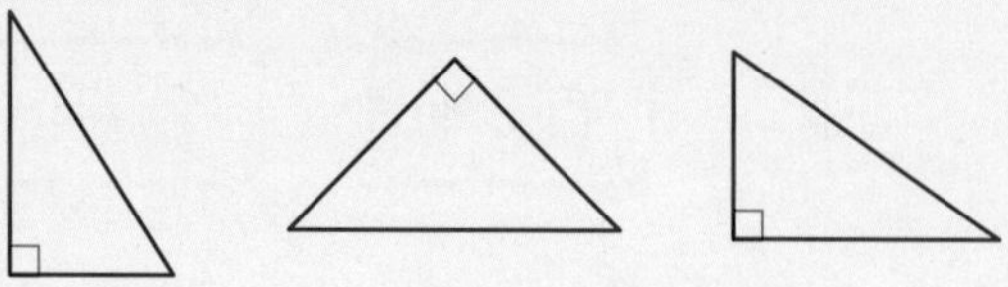

◐ 직각삼각형

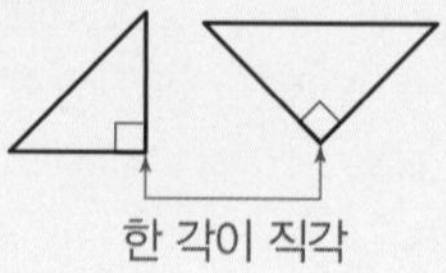

② 직각삼각형의 특징

	변	꼭짓점	각	직각
개수	3개	3개	3개	1개

① 변, 꼭짓점, 각이 각각 3개씩 있습니다.

② 세 개의 각 중에서 한 각이 직각입니다.

◐ 직각이 2개인 삼각형은 그릴 수 없습니다.

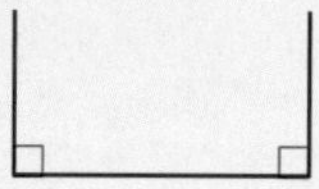

개념+ 직각삼각형 그리기

» ① 직각 삼각자의 한 변을 대고 선분을 그립니다.

» ② 선분의 한 끝점이 꼭짓점이 되도록 직각 삼각자를 놓고 직각 삼각자의 직각 부분의 한 변을 따라 다른 선분을 긋습니다.

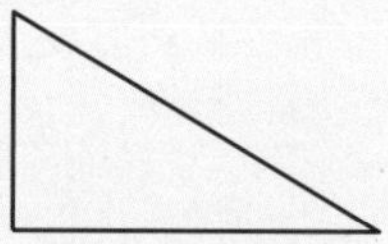

» ③ 그은 두 선분의 양 끝점을 잇습니다.

확인 1 그림을 보고 □ 안에 알맞은 말을 써넣으세요.

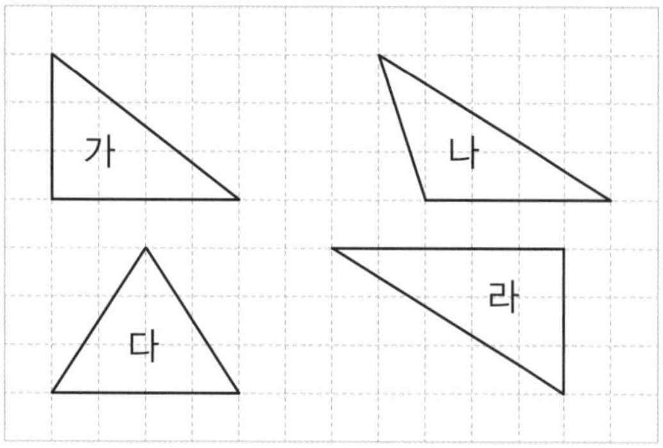

(1) 직각이 있는 삼각형은 □, □입니다.

(2) (1)에서 찾은 삼각형을 □이라고 합니다.

확인 2 다음 직각삼각형을 보고 빈칸에 알맞은 수를 써넣으세요.

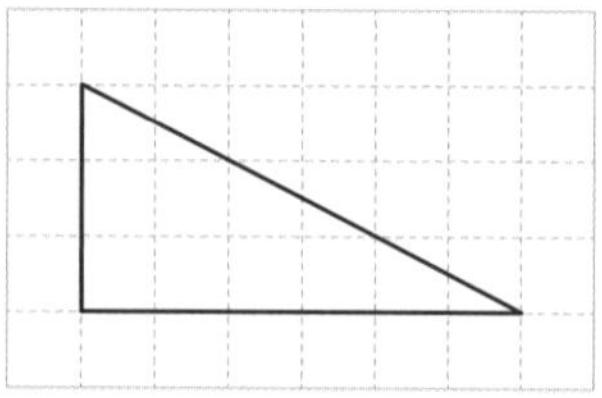

	변	꼭짓점	각	직각
개수(개)				

기본기 다지는 교과서 문제

1 알맞은 말에 ○표 하고, □ 안에 알맞은 말을 써넣으세요.

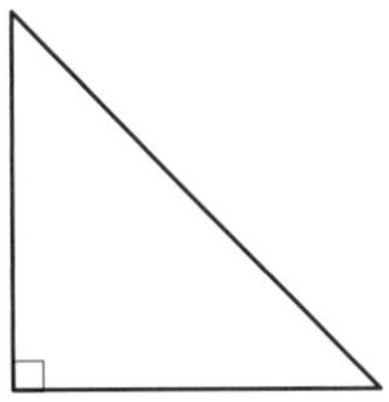

(한 , 두 , 세) 각이 □인 삼각형을 직각삼각형이라고 합니다.

2 직각삼각형을 모두 찾아 기호를 쓰세요.

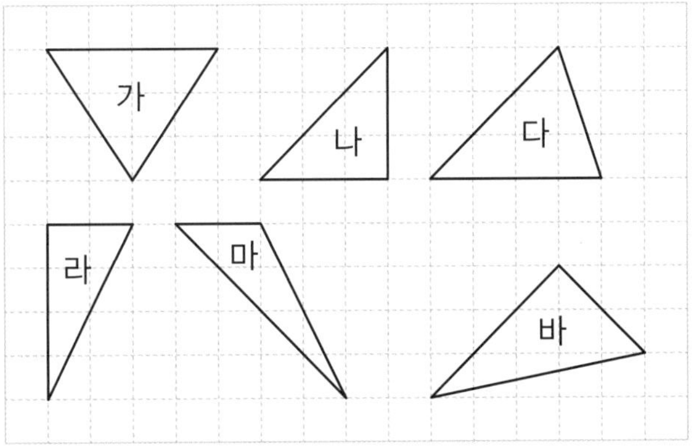

(   )

3 점 종이에 모양과 크기가 다른 직각삼각형을 3개 그려 보세요.

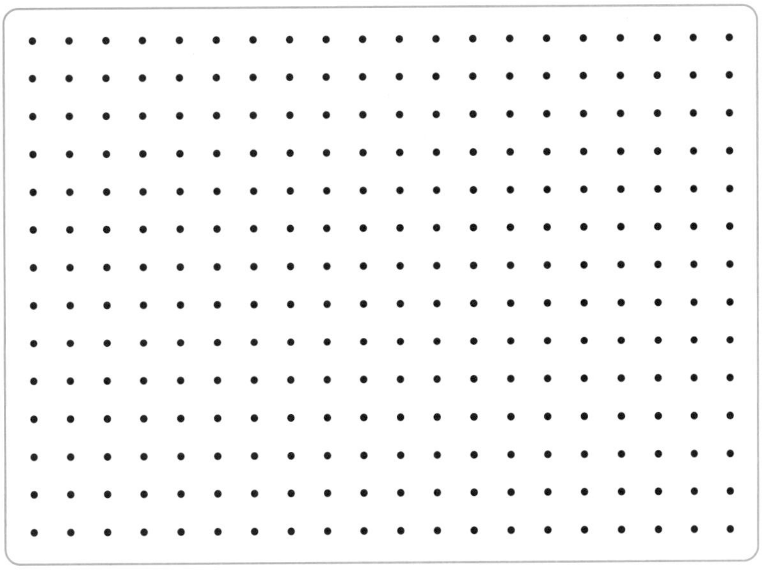

개념 따라쓰기

2단원

직각삼각형 알아보기

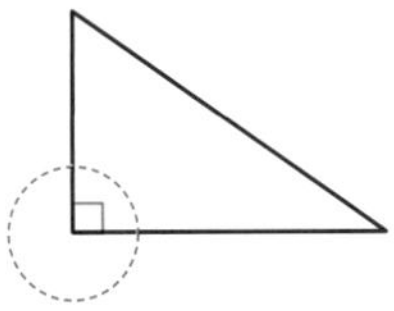

직각삼각형은 한 각이 직각인 삼각형입니다.

직각삼각형의 특징

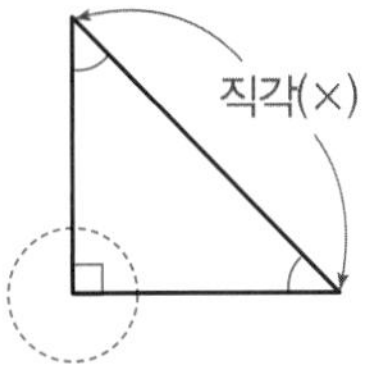

직각삼각형에서 변, 꼭짓점, 각은 3개씩 있지만 직각은 1개뿐입니다.

1 이해

직각삼각형을 찾아 ○표 하세요.

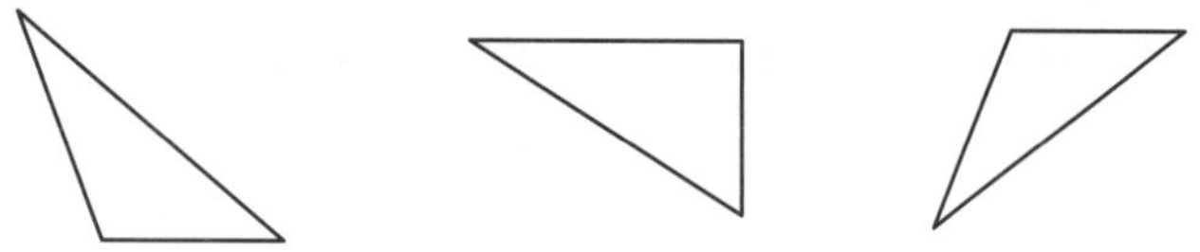

(　　　) (　　　) (　　　)

2 이해

다음은 직각삼각형입니다. 직각을 찾아 ∟로 표시하세요.

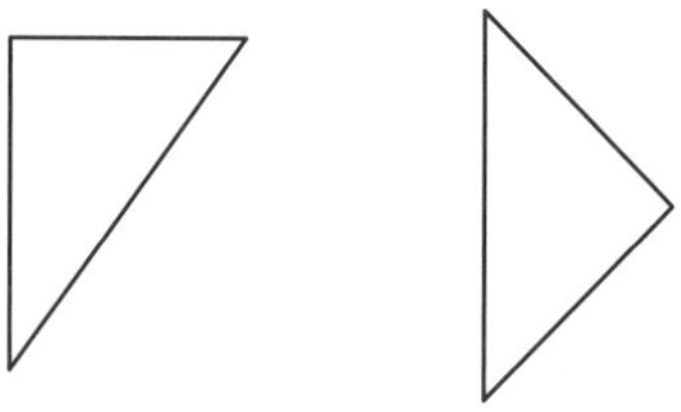

3 20쪽 적용

다음 도형에서 찾을 수 있는 직각삼각형은 모두 몇 개일까요?

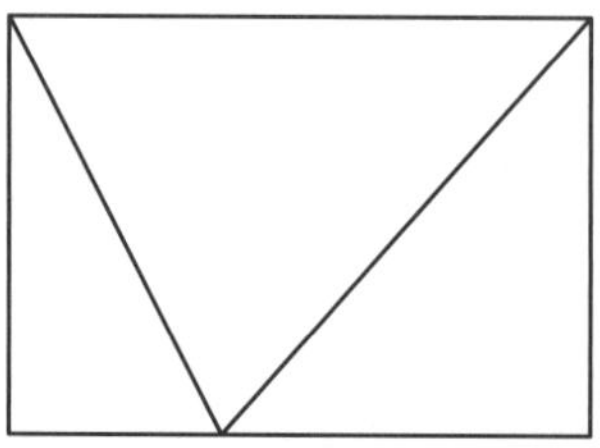

(　　　)

4 20쪽 이해

다음 직각삼각형을 보고 빈칸에 알맞은 수를 써넣으세요.

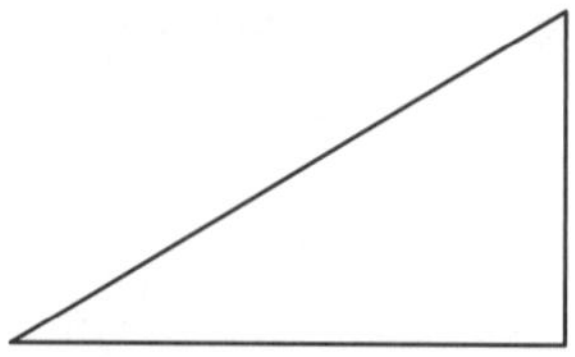

	변	꼭짓점	직각
개수(개)			

5 20쪽 추론

두 직각삼각형의 같은 점과 다른 점을 쓰려고 합니다. □ 안에 알맞은 말을 써넣으세요.

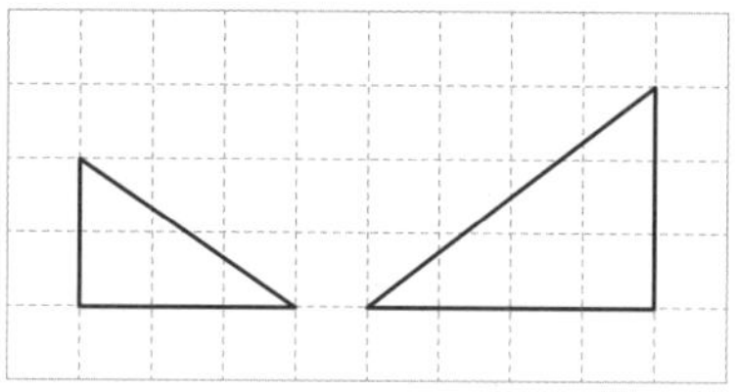

[같은 점] 한 각이 □입니다.

[다른 점] □의 길이가 다릅니다.

6 20쪽 창의 융합

다음 그림에서 찾을 수 있는 크고 작은 직각삼각형은 모두 몇 개일까요?

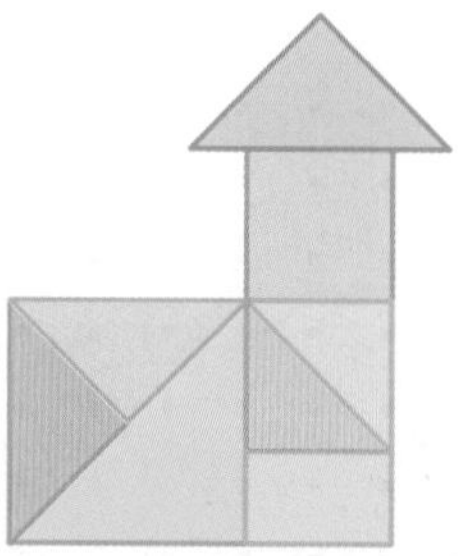

(　　　)

» 정답 · 풀이 12쪽

조금 더 어려운 문제에 도전해 볼까요?

7 21쪽 추론

다음 도형에서 찾을 수 있는 크고 작은 직각삼각형은 모두 몇 개일까요?

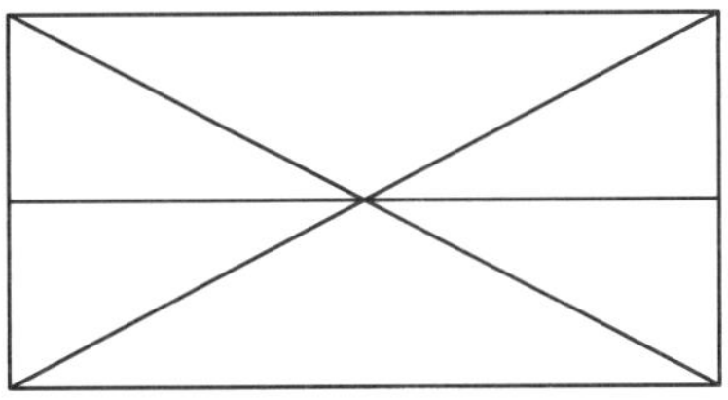

(　　　　　　　　)

8 21쪽 적용

다음을 보고 ㉠+㉡+㉢의 값을 구하세요.

- 직각삼각형은 변이 ㉠개입니다.
- 직각삼각형은 각이 ㉡개입니다.
- 직각삼각형은 직각이 ㉢개입니다.

(　　　　　　　　)

+9 21쪽 수학적 독해력

점 종이에 다음과 같은 삼각형을 그렸습니다. 꼭짓점 한 개를 옮겨서 직각삼각형이 되도록 그려 보세요.

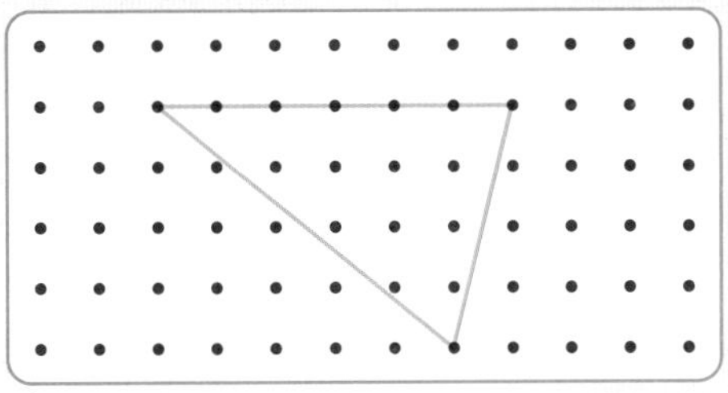

독해 포인트 직각삼각형은 '한 각이 직각'이어야 합니다.

+10 21쪽 수학적 표현력

다음 도형은 직각삼각형이 아닙니다. 그 이유를 설명해 보세요.

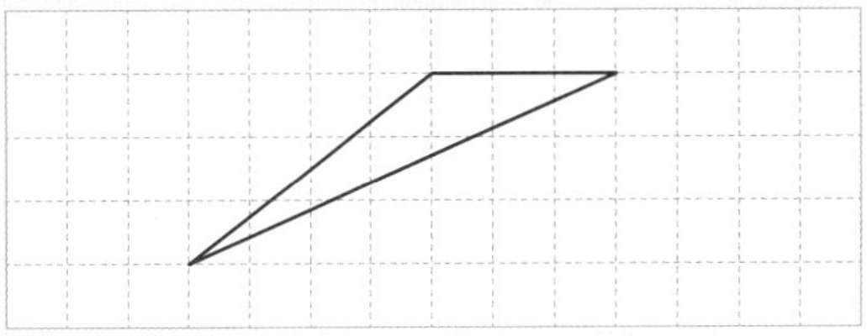

[이유] 직각삼각형은 한 각이 ______________________

____

____

오늘 공부 어땠나요? 10개 중 맞힌 문제 [　] 개 〉 틀린 문제는 힌트를 보고 다시 도전해 보세요. 〉 맞힌 문제는 힌트를 보고 자신의 생각과 비교해 보세요.

11일 직사각형

① 직사각형 알아보기

● 직각사각형이라고 하지 않습니다.

네 각이 모두 직각인 사각형을 **직사각형**이라고 합니다.

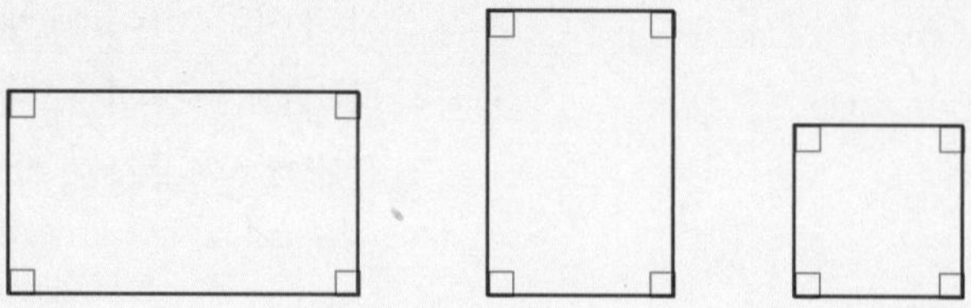

② 직사각형의 특징

	변	꼭짓점	각	직각
개수	4개	4개	4개	4개

① 변, 꼭짓점, 각이 각각 4개씩 있습니다.
② 네 각이 모두 직각입니다.
③ 마주 보는 두 변의 길이가 같습니다.

◐ 직사각형은 마주 보는 두 변의 길이가 같습니다.

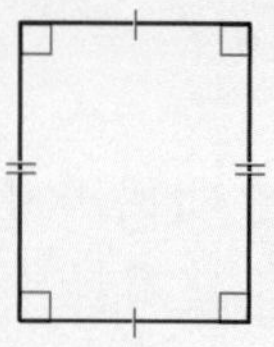

같은 표시끼리는 길이가 서로 같습니다.

확인 1 그림을 보고 □ 안에 알맞은 말을 써넣으세요.

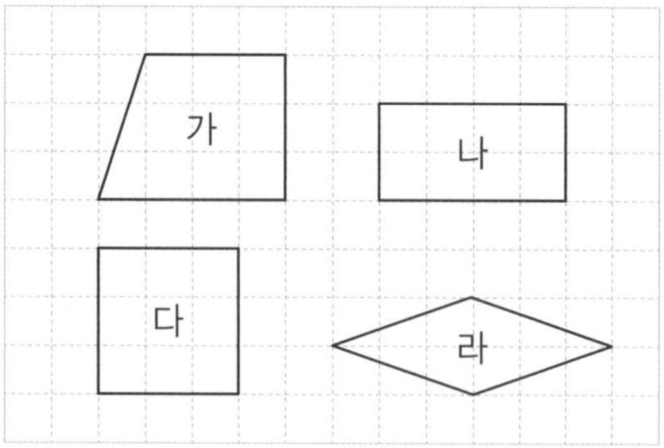

(1) 네 각이 모두 직각인 사각형은 □, □입니다.

(2) (1)에서 찾은 사각형을 □이라고 합니다.

확인 2 다음 직사각형을 보고 빈칸에 알맞은 수를 써넣으세요.

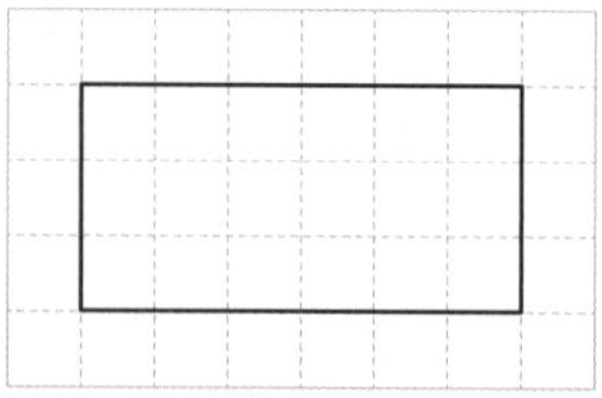

	변	꼭짓점	각	직각
개수(개)				

기본기 다지는 교과서 문제

» 정답 · 풀이 13쪽

1 알맞은 말에 ○표 하고, □ 안에 알맞은 말을 써넣으세요.

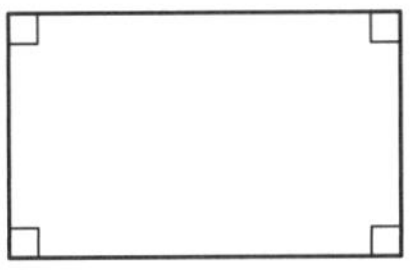

(한 , 두 , 네) 각이 □ 인 사각형을 직사각형이라고 합니다.

2 직사각형을 모두 찾아 기호를 쓰세요.

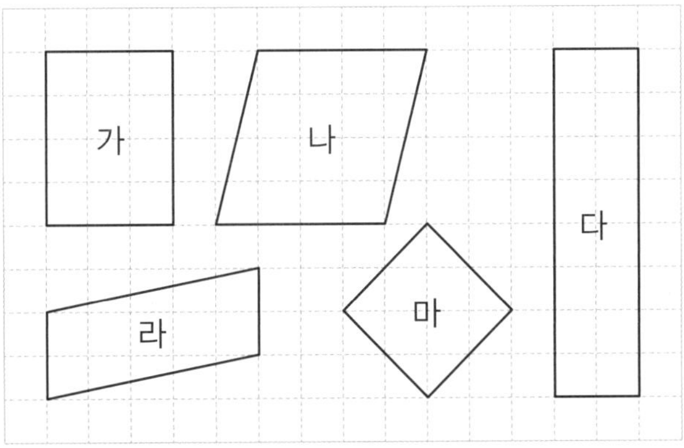

(　　　　　　　)

3 점 종이에 주어진 선분을 한 변으로 하여 모양과 크기가 다른 직사각형을 3개 그려 보세요.

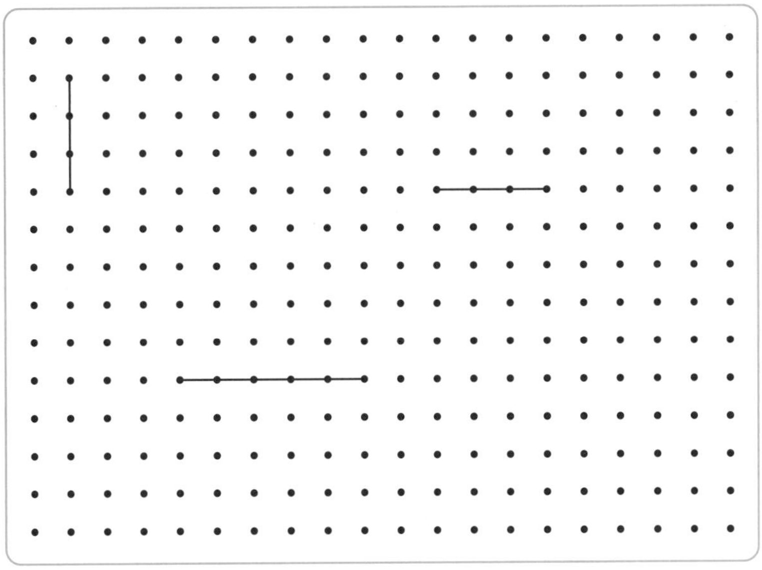

개념 따라쓰기

2단원

직사각형 알아보기

직사각형은 네 각이 모두 직각인 사각형입니다.

직사각형의 변의 특징

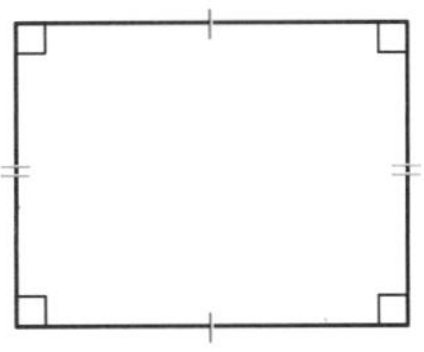

직사각형은 마주 보는 두 변의 길이가 같습니다.

1
이해

직사각형을 찾아 기호를 쓰세요.

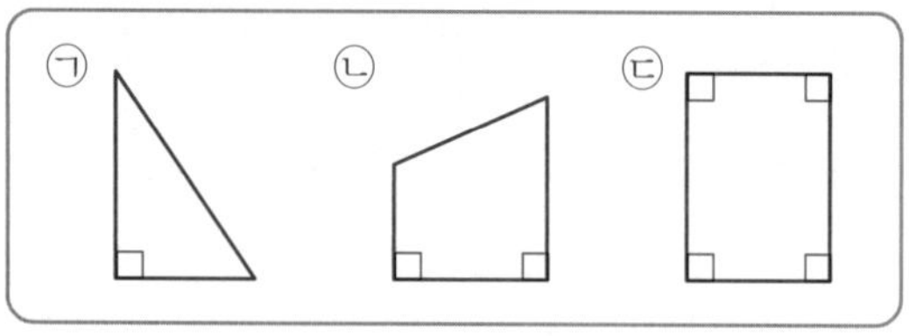

(   )

2
적용

점 종이에 모양과 크기가 다른 직사각형을 2개 그려 보세요.

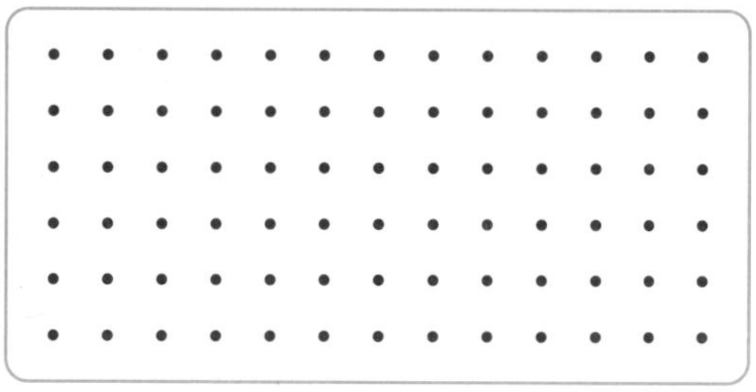

3
22쪽
추론

직사각형 모양의 종이를 점선을 따라 자르면 직사각형은 모두 몇 개 생길까요?

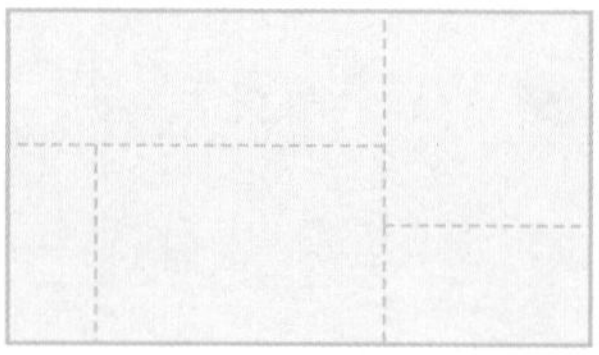

(   )

4
22쪽
적용

다음을 보고 ㉠과 ㉡의 곱을 구하세요.

- 직사각형은 꼭짓점이 ㉠개입니다.
- 직사각형은 직각이 ㉡개입니다.

(   )

5
22쪽
추론

다음 도형은 직사각형입니다. □ 안에 알맞은 수를 써넣으세요.

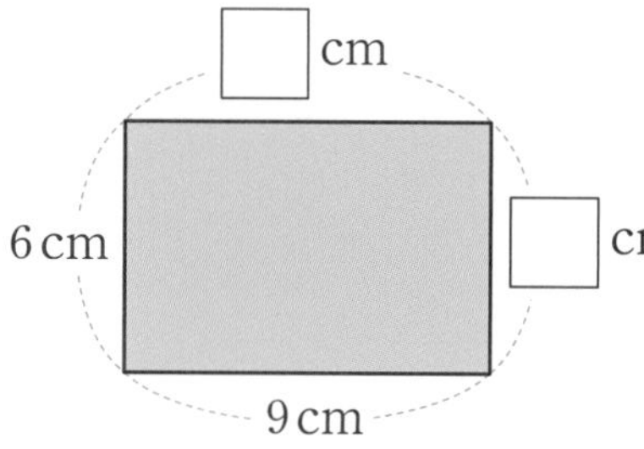

6
22쪽
의사 소통

직사각형에 대한 설명으로 옳지 않은 것을 모두 고르세요.

㉠ 변이 4개입니다.
㉡ 직각이 2개입니다.
㉢ 네 변의 길이가 모두 같습니다.
㉣ 마주 보는 두 변의 길이가 같습니다.

(   )

조금 더 **어려운 문제**에 도전해 볼까요?

7 23쪽 추론

다음 그림에서 찾을 수 있는 크고 작은 직사각형은 모두 몇 개일까요?

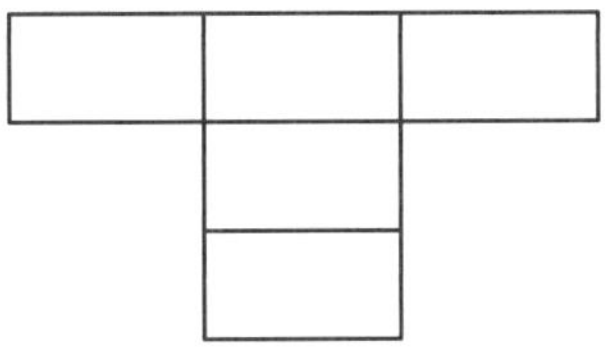

(   )

8 23쪽 문제 해결

다음 직사각형의 네 변의 길이의 합은 56 cm입니다. 직사각형의 가로의 길이는 몇 cm일까요?

(   )

+9 23쪽 수학적 독해력

크기가 같은 직사각형 모양의 종이 4장을 겹치지 않게 이어 붙여 그림과 같은 직사각형을 만들었습니다. 만든 직사각형의 네 변의 길이의 합은 몇 cm일까요?

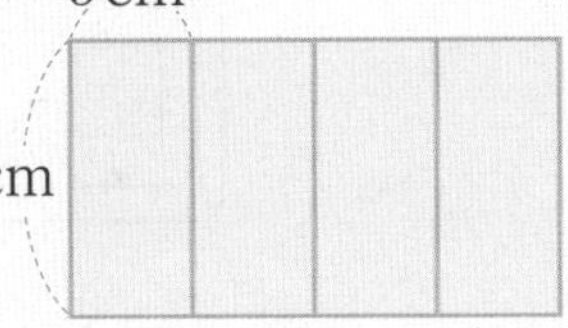

(   )

독해 포인트 '크기가 같은 직사각형'을 '겹치지 않게' 이어 붙였습니다.

+10 23쪽 수학적 표현력

다음 도형은 직사각형이 아닙니다. 그 이유를 설명하세요.

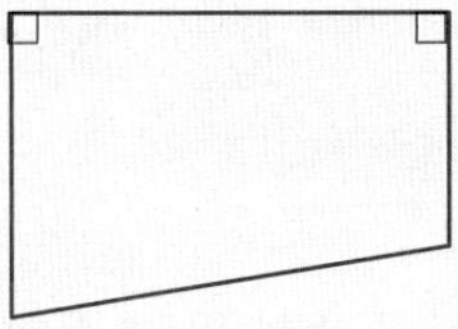

[이유] 직사각형은 네 각이 모두 ____________________

____

____

오늘 공부 어땠나요? 10개 중 맞힌 문제 [   ] 개 〉 틀린 문제는 힌트를 보고 다시 도전해 보세요. 〉 맞힌 문제는 힌트를 보고 자신의 생각과 비교해 보세요.

12일 정사각형

① 정사각형 알아보기

네 각이 모두 직각이고 네 변의 길이가 모두 같은 사각형을 **정사각형**이라고 합니다.

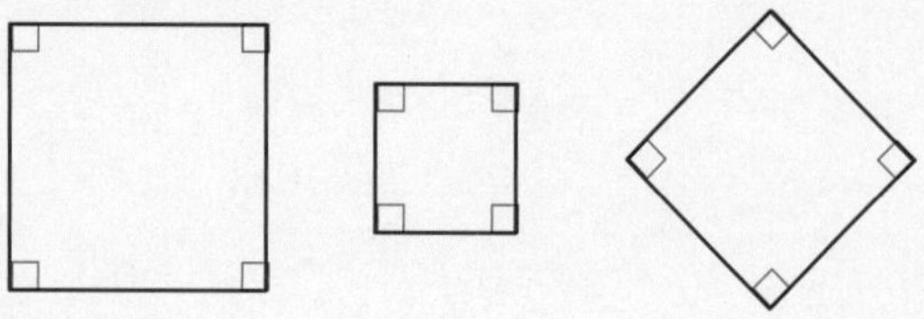

정사각형이 아닌 경우
네 변의 길이가 같아도 네 각이 모두 직각이 아니면 정사각형이 아닙니다.

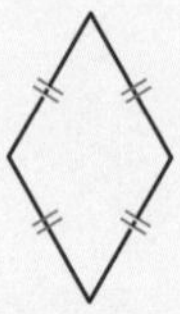

② 정사각형의 특징

① 네 각이 모두 직각입니다.
② 네 변의 길이가 모두 같습니다.

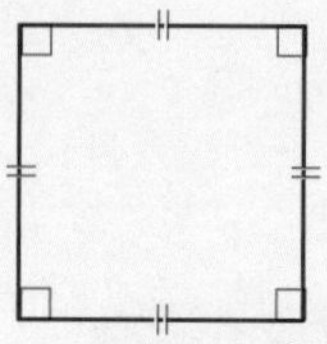

③ 직사각형과 정사각형의 관계

① 정사각형은 네 각이 모두 직각이므로 직사각형이라고 할 수 있습니다.
② 직사각형은 네 변의 길이가 항상 같은 것은 아니므로 정사각형이라고 할 수 없습니다.

정사각형은 직사각형 중에서 네 변의 길이가 모두 같은 사각형입니다.

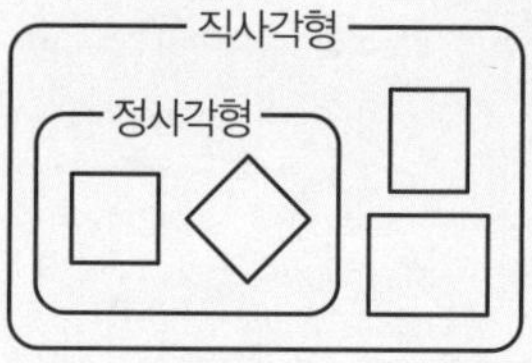

개념+ 직사각형 모양 종이로 정사각형 모양 만들기

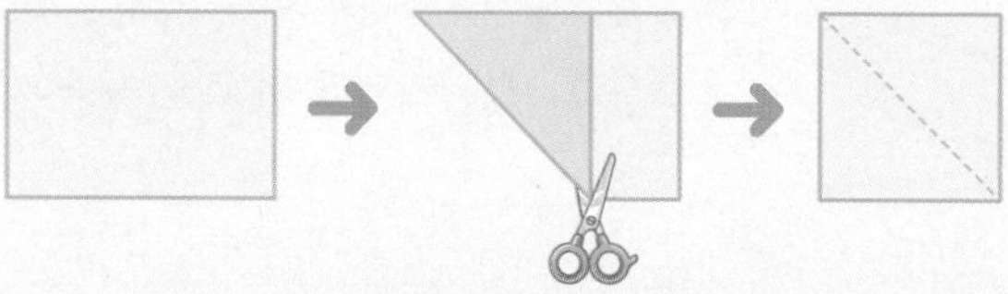

» 직사각형 종이를 그림과 같이 접고 자른 다음 펼치면 정사각형이 됩니다.

확인 1 그림을 보고 □ 안에 알맞은 말을 써넣으세요.

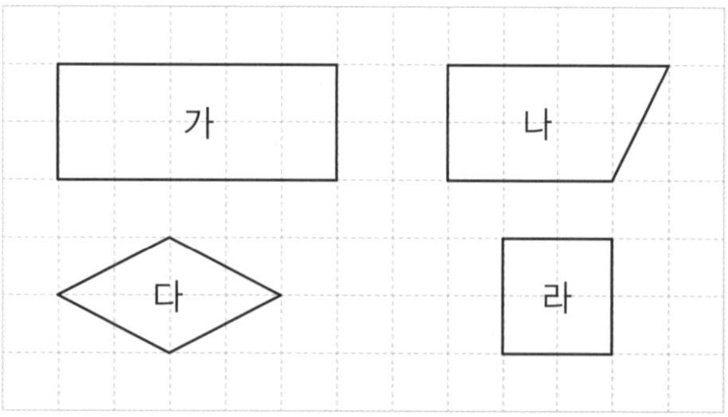

(1) 네 각이 모두 직각인 사각형은 □, □입니다.

(2) 네 변의 길이가 모두 같은 사각형은 □, □입니다.

(3) 네 각이 모두 직각이고 네 변의 길이가 모두 같은 사각형은 □입니다.

(4) (3)에서 찾은 사각형을 □이라고 합니다.

기본기 다지는 교과서 문제

» 정답 · 풀이 14쪽

1 알맞은 말에 ○표 하고, □ 안에 알맞은 말을 써넣으세요.

(한 , 두 , 네) 각이 모두 □이고 (한 , 두 , 네) 변의 길이가 모두 같은 사각형을 정사각형이라고 합니다.

2 정사각형을 모두 찾아 기호를 쓰세요.

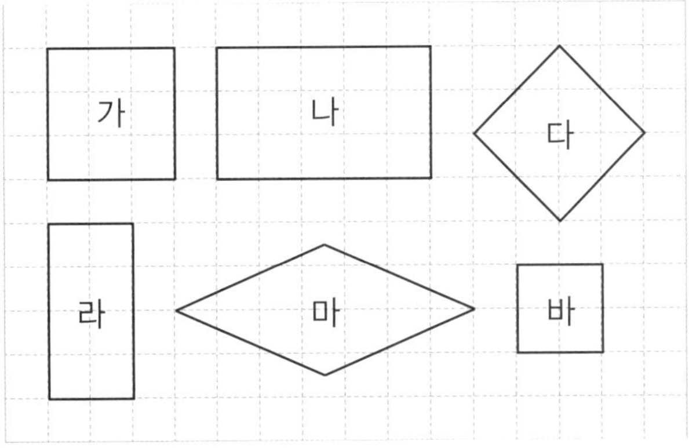

(   )

3 점 종이에 주어진 선분을 두 변으로 하여 정사각형을 3개 그려 보세요.

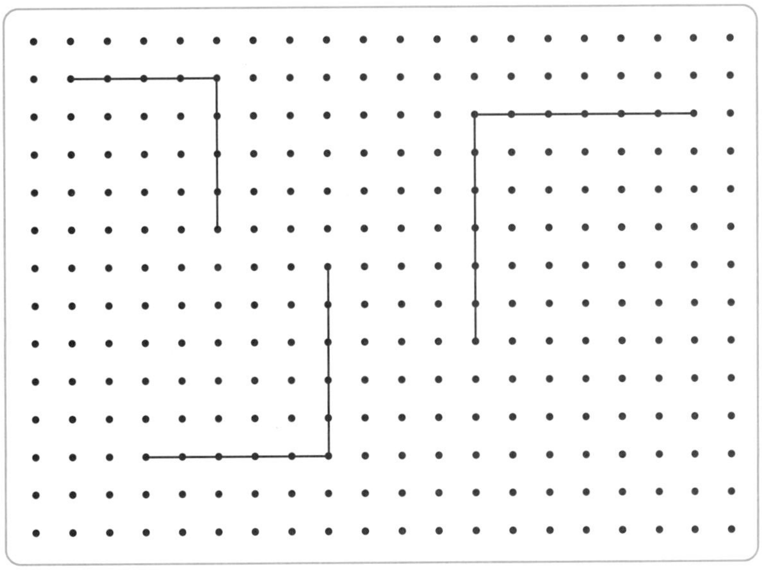

개념 따라쓰기

정사각형 알아보기

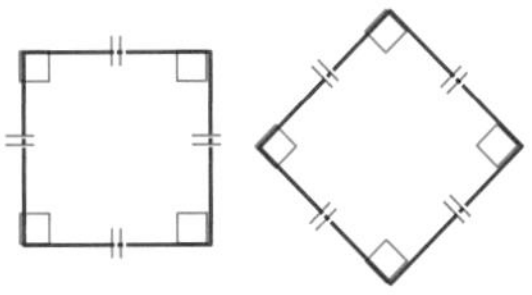

정사각형은 네 각이 모두 직각이고 네 변의 길이가 모두 같은 사각형입니다.

정사각형의 특징

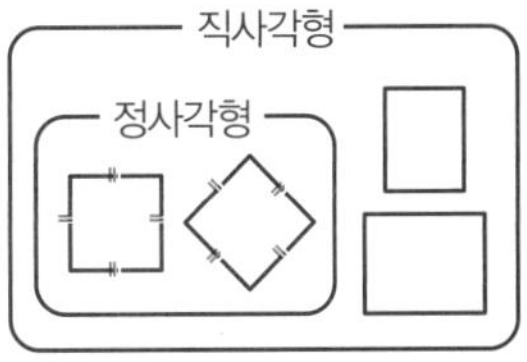

정사각형은 직사각형 중에서 네 변의 길이가 모두 같은 사각형입니다.

1
이해

정사각형을 찾아 기호를 쓰세요.

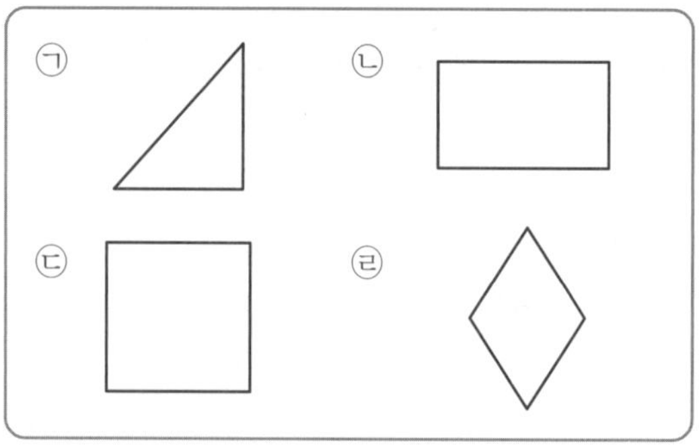

( )

2
적용

점 종이에 주어진 선분을 한 변으로 하여 정사각형을 그려 보세요.

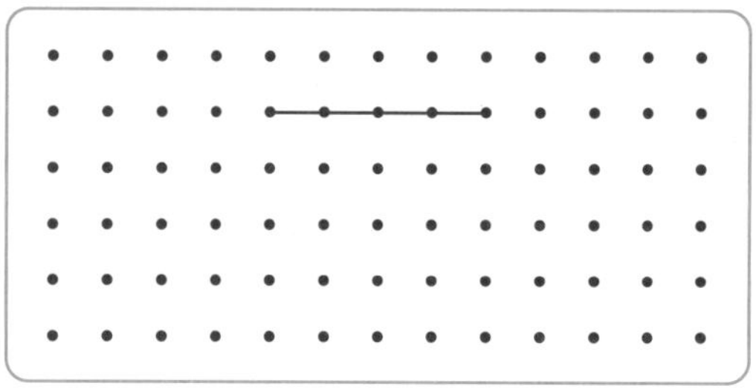

3 24쪽
적용

다음 도형은 정사각형입니다. □ 안에 알맞은 수를 써넣으세요.

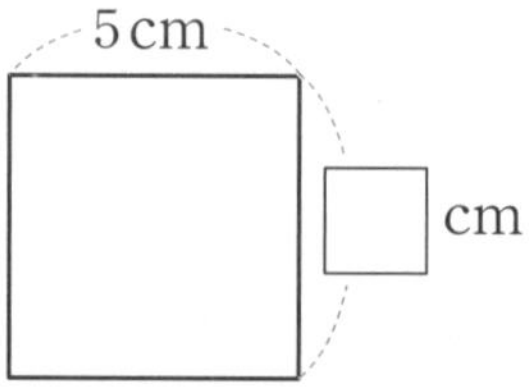

4 24쪽
문제 해결

다음 직사각형 모양의 종이를 한 번만 잘라 가장 큰 정사각형을 만들었습니다. 만든 정사각형의 한 변의 길이는 몇 cm일까요?

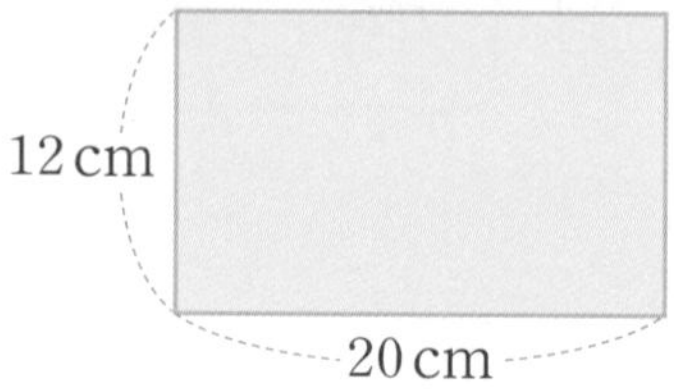

( )

5 24쪽
적용

네 변의 길이의 합이 32 m인 정사각형 모양의 잔디밭이 있습니다. 이 잔디밭의 한 변의 길이는 몇 m일까요?

( )

6 24쪽
추론

점 종이에 다음과 같은 사각형을 그렸습니다. 꼭짓점 하나를 옮겨서 정사각형이 되도록 그려 보세요.

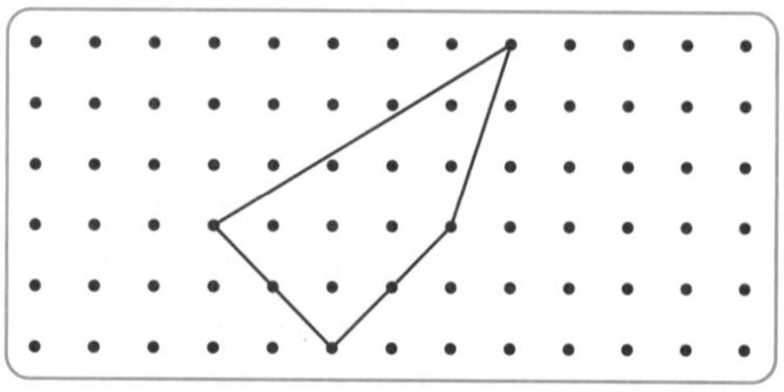

» 정답 · 풀이 14쪽

조금 더 어려운 문제에 도전해 볼까요?

7 25쪽 추론

다음 그림에서 찾을 수 있는 크고 작은 정사각형은 모두 몇 개일까요?

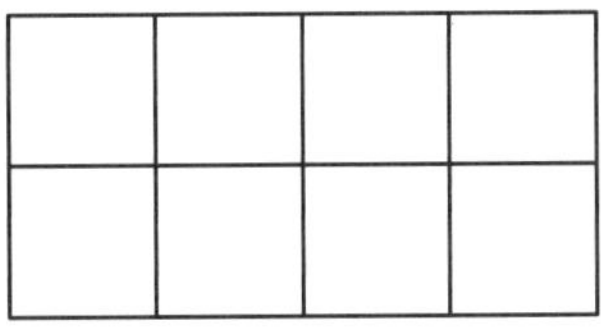

(　　　　　　　　)

8 25쪽 문제 해결

직사각형 ㉮와 정사각형 ㉯의 네 변의 길이의 합은 같습니다. 정사각형 ㉯의 한 변의 길이는 몇 cm인지 구하세요.

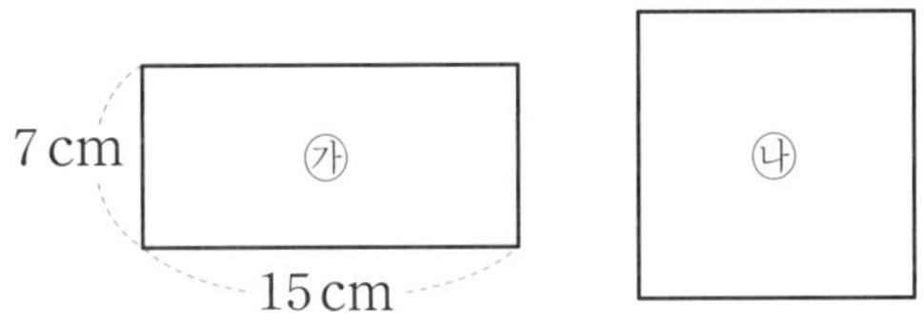

(　　　　　　　　)

+9 25쪽 수학적 독해력

바르게 설명한 것을 모두 골라 기호를 쓰세요.

㉠ 직사각형은 정사각형이라고 할 수 있습니다.
㉡ 정사각형은 직사각형이라고 할 수 있습니다.
㉢ 직사각형과 정사각형은 네 각이 모두 직각입니다.

(　　　　　　　　)

독해 포인트 직사각형과 정사각형의 관계를 생각해 보세요.

+10 25쪽 수학적 표현력

다음 도형과 정사각형의 공통점과 차이점을 설명해 보세요.

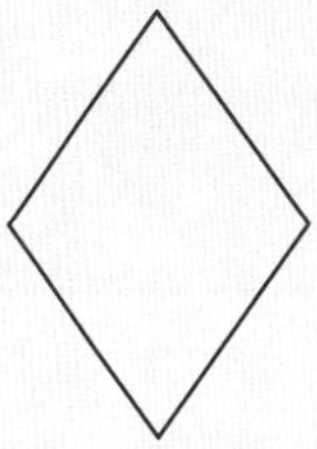

[공통점] 네 변의 길이가 ______________________

[차이점] ______________________

____

오늘 공부 어땠나요? 10개 중 맞힌 문제 [　] 개 〉 틀린 문제는 힌트를 보고 다시 도전해 보세요. 〉 맞힌 문제는 힌트를 보고 자신의 생각과 비교해 보세요.

07~12일 단원평가

2. 평면도형

시험 시간 20분 | 문제 수 10개

01 다음 중 선분을 찾아 기호를 쓰세요.

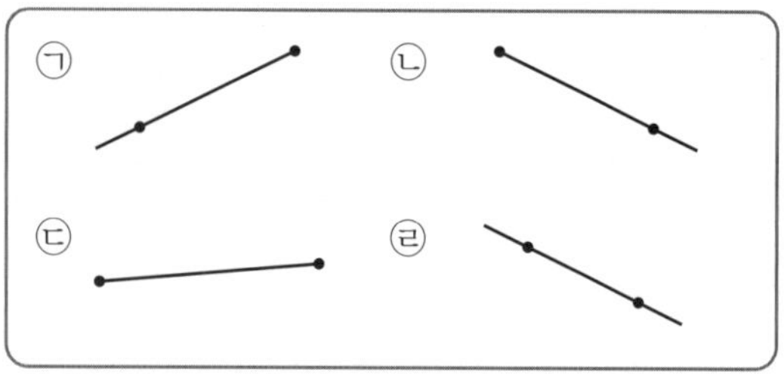

(　　　　　　　　)

02 직선을 찾아 읽어 보세요.

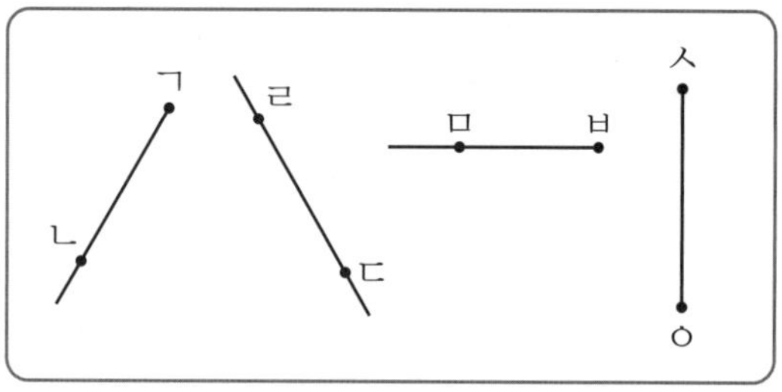

(　　　　　　　　)

03 다음 도형에서 각의 개수와 직각의 개수를 구해 보세요.

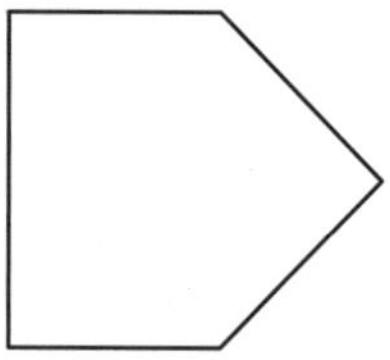

각 (　　　　　　　　)

직각 (　　　　　　　　)

04 다음 도형에서 찾을 수 있는 직각은 모두 몇 개일까요?

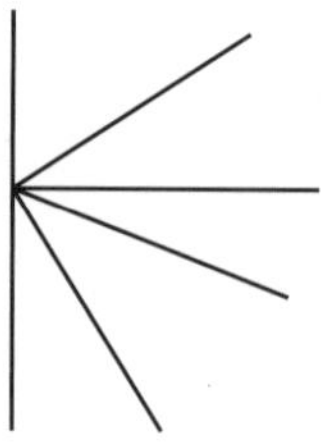

(　　　　　　　　)

05 직각삼각형을 모두 골라 기호를 쓰세요.

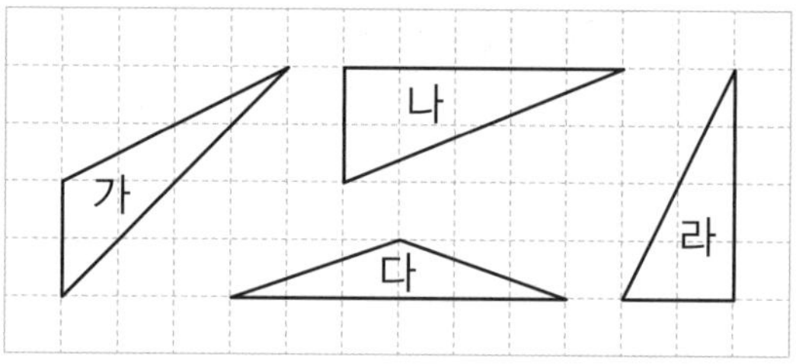

(　　　　　　　　)

06 다음을 보고 ㉠과 ㉡의 합을 구하세요.

- 직각삼각형은 직각이 ㉠개입니다.
- 직사각형은 직각이 ㉡개입니다.

(　　　　　　　　)

07 정사각형을 그리려고 합니다. 두 선분을 어느 점과 이어야 할까요? .... (　　　)

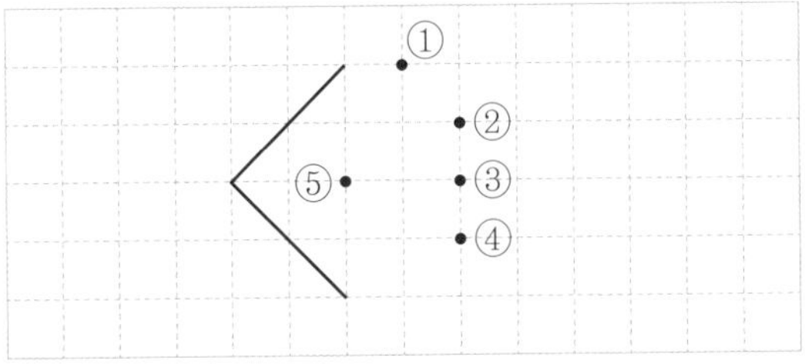

08 다음 중 평면도형에 대한 설명으로 바른 것은 무엇일까요? .... (　　　)

① 각 ㄱㄴㄷ의 꼭짓점은 점 ㄱ입니다.
② 직각삼각형은 세 각이 모두 직각입니다.
③ 직사각형은 정사각형보다 직각의 개수가 더 많습니다.
④ 정사각형은 직각이 1개인 사각형입니다.
⑤ 정사각형은 직사각형이라고 할 수 있습니다.

09 다음 직사각형 ㄱㄴㄷㄹ에서 선분 ㅁㄹ은 몇 cm일까요?

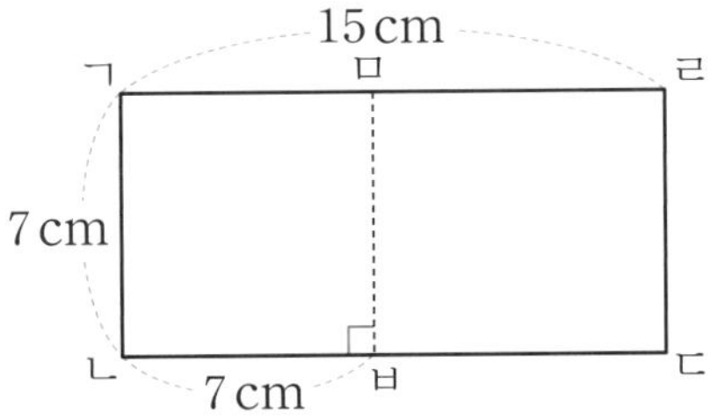

(　　　　　)

서술형

10 다음은 직각삼각형과 정사각형을 이어 붙여 만든 도형입니다. 직각삼각형의 세 변의 길이의 합은 몇 cm인지 풀이 과정을 쓰고, 답을 구하세요.

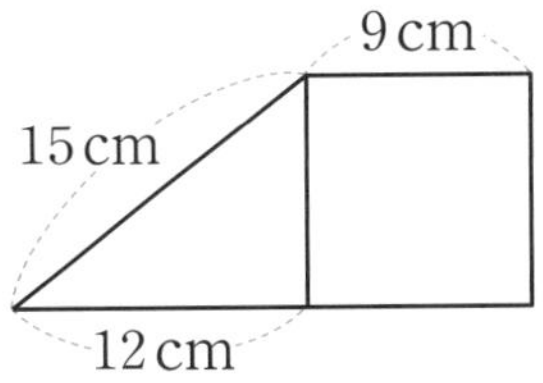

풀이 ______________________

____

____

답 ______________________

13일 똑같이 나누기 (1)

몇 묶음으로 똑같이 나누기

❶ 머핀 8개를 2접시에 똑같이 나누기

2묶음

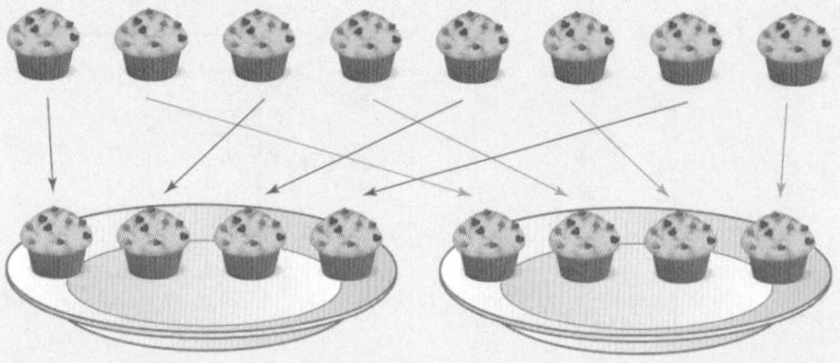

머핀 8개를 2접시에 똑같이 나누면 한 접시에 4개씩 놓을 수 있습니다.

➔ 8÷2=4 — 한 접시에 놓인 머핀의 수
- 2: 접시의 수
- 8: 전체 머핀의 수

◐ 구슬을 번갈아 가며 나누기

① 1개씩 놓을 때

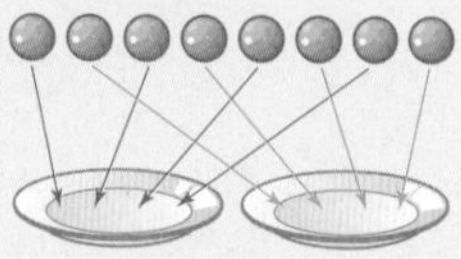

② 2개씩 놓을 때

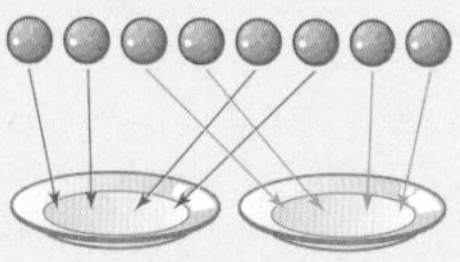

➔8÷2=4

❷ 나눗셈식 알아보기

8÷2=4

- 8÷2=4와 같은 식을 **나눗셈식**이라고 합니다.
- **8 나누기 2는 4와 같습니다**라고 읽습니다.
- 4는 8을 2로 나눈 **몫**, 8은 **나누어지는 수**, 2는 **나누는 수**라고 합니다.

◐ 나눗셈식

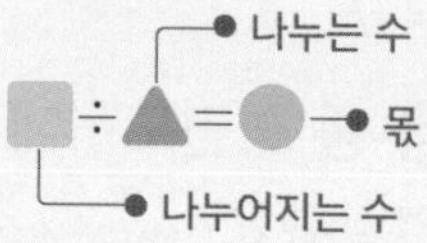

[읽기] ■ 나누기 ▲는 ●와 같습니다.

확인 1 오렌지 6개를 2접시에 똑같이 나누어 담으려고 합니다. 물음에 답하세요.

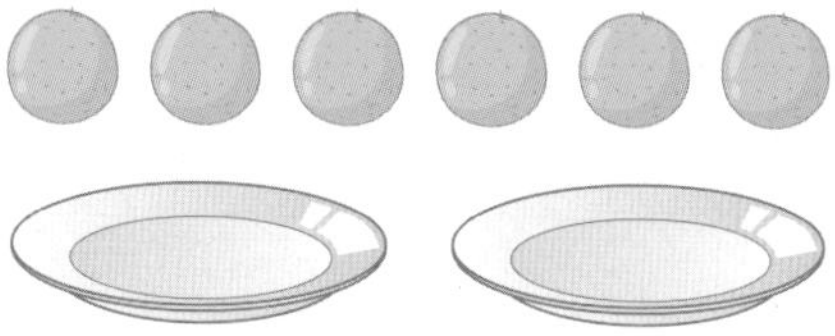

(1) 한 접시에 오렌지를 몇 개씩 담을 수 있는지 접시에 ○를 그려 보세요.

(2) 한 접시에 오렌지가 □개씩 됩니다.

(3) 나눗셈식으로 나타내어 보세요.

6÷2=□

확인 2 □ 안에 알맞은 수를 써넣으세요.

10개를 5묶음으로 똑같이 나누면 한 묶음에 2개씩 됩니다.

(1) 나눗셈식으로 쓰세요.

10÷□=□

(2) 나눗셈식을 읽어보세요.

10 나누기 □는 □와 같습니다.

(3) 10을 5로 나눈 몫은 □입니다.

기본기 다지는 교과서 문제

» 정답 · 풀이 15쪽

1 농구공 12개를 바구니 2개에 똑같이 나누어 담으려고 합니다. 바구니 한 개에 몇 개씩 담을 수 있는지 바구니에 ○를 그려 알아보세요.

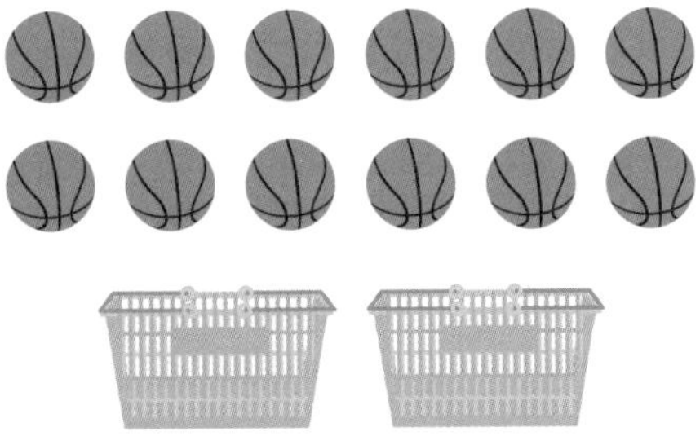

→ 바구니 한 개에 농구공을 □개씩 담을 수 있습니다.

2 우유 15개를 상자 3개에 똑같이 나누어 담으려고 합니다. 상자에 ○를 그리고 나눗셈식으로 나타내어 보세요.

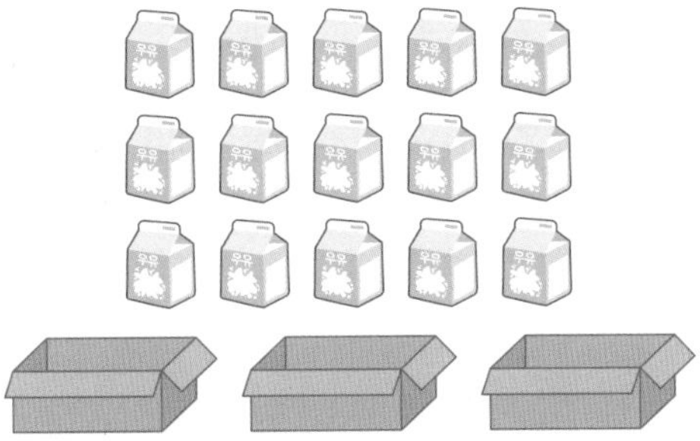

□ ÷ □ = □

3 연필 18자루를 3명에게 똑같이 나누어 주려고 합니다. 한 명에게 연필을 몇 개씩 줄 수 있을까요?

(식) □ ÷ □ = □

(답) □개

개념 따라쓰기

몇 묶음으로 똑같이 나누기

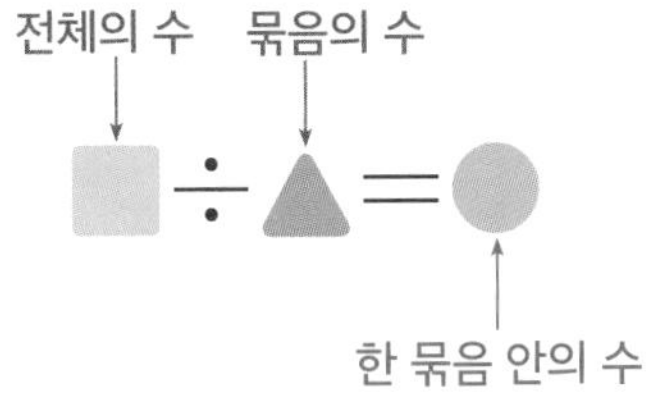

전체를 몇 묶음으로 똑같이 나누었을 때, 한 묶음 안의 수가 나눗셈의 몫이 됩니다.

나눗셈식 알아보기

나누어지는 수 나누는 수

$8 \div 4 = 2$

몫

위의 나눗셈식에서 2는 8을 4로 나눈 몫, 8은 나누어지는 수, 4는 나누는 수입니다.

3단원

스스로 풀어내는 도전 10 문제

1 이해

쿠키 12개를 4개의 상자에 똑같이 나누어 담으려고 합니다. 한 상자에 몇 개씩 담을 수 있는지 상자에 ○를 그려 알아보세요.

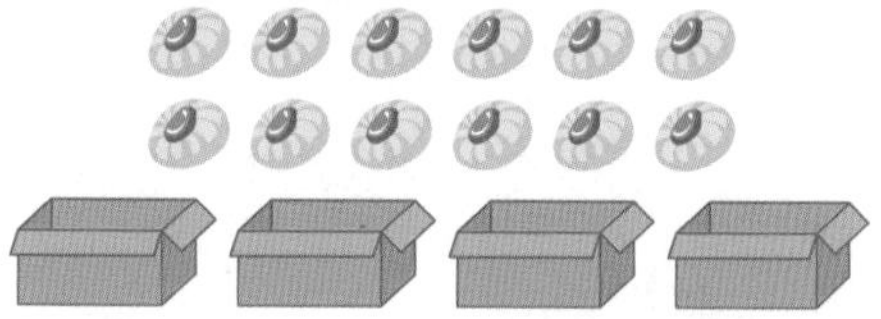

→ 한 상자에 □개씩 담을 수 있습니다.

2 적용

도토리 20개를 5개의 바구니에 똑같이 나누어 담으려고 합니다. 한 바구니에 몇 개씩 담을 수 있는지 구하세요.

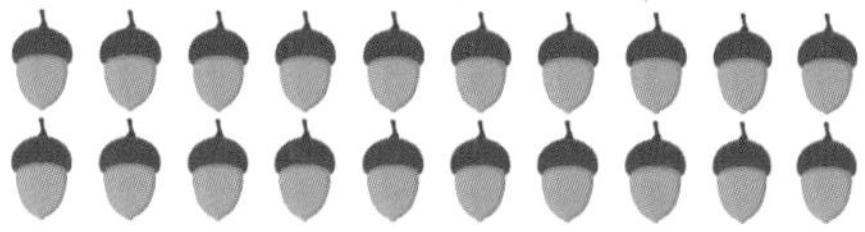

〔식〕 □÷□=□

〔답〕 □개

3 26쪽 이해

나눗셈식을 보고 □ 안에 알맞은 수를 써넣으세요.

$24 \div 6 = 4$

(1) 24 나누기 □은 □와 같습니다.

(2) 4는 □를 □으로 나눈 몫입니다.

4 26쪽 적용

다음을 나눗셈식으로 나타내어 보세요.

연필 42자루를 7묶음씩 똑같이 나누면 한 묶음은 6자루씩 됩니다.

(　　　　　　)

5 26쪽 적용

나눗셈식 $48 \div 8 = 6$을 문장으로 나타낸 것입니다. □ 안에 알맞은 수를 써넣으세요.

붙임딱지 □개를 친구 □명에게 똑같이 나누어 주면 한 사람에게 □개씩 줄 수 있습니다.

6 26쪽

인형 28개를 상자 4개에 똑같이 나누어 넣으려고 합니다. 상자 한 개에 인형을 몇 개씩 넣어야 할까요?

〔식〕 □÷□=□

〔답〕 □개

» 정답 · 풀이 15쪽

7 27쪽 창의 융합

딸기 18개를 접시에 똑같이 나누어 놓으려고 합니다. 접시의 수에 따라 놓을 수 있는 딸기의 수를 구하세요.

접시 2개에 놓을 때 ➔ 한 접시에 □개

접시 3개에 놓을 때 ➔ 한 접시에 □개

8 27쪽 추론

남김없이 똑같이 나누어 가질 수 없는 경우를 말한 사람은 누구일까요?

지혜: 연필 21자루를 7명이 똑같이 나누어 가졌어.
영민: 색연필 40자루를 8명이 똑같이 나누어 가졌어.
슬기: 공책 35권을 6명이 똑같이 나누어 가졌어.

(　　　　　)

+9 27쪽 수학적 독해력

지우개 15개를 같은 색깔의 필통에 남김없이 똑같이 나누어 담으려고 합니다. 빨간색 필통과 보라색 필통 중 어디에 담아야 할까요?

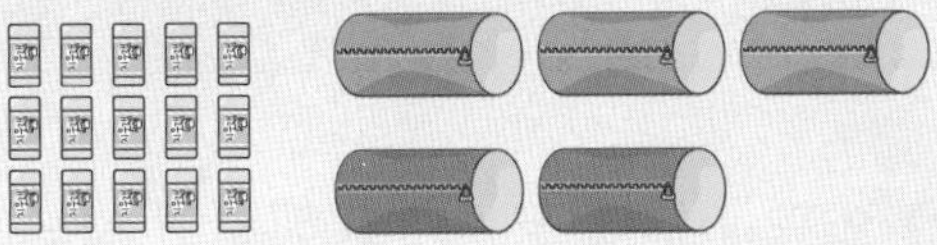

(　　　　　)

독해 포인트 지우개 15개를 '남김없이 똑같이' 나누어 담아야 합니다.

+10 27쪽 수학적 표현력

색종이 45개를 5명이 똑같이 나누어 가지려고 합니다. 한 명이 색종이를 몇 개씩 가질 수 있는지 풀이 과정을 쓰고, 답을 구하세요.

풀이 색종이 45개를 5묶음으로 똑같이 나누면 한 묶음에 ______________________

____

답 ______________________

오늘 공부 어땠나요? 10개 중 맞힌 문제 □개 > 틀린 문제는 힌트를 보고 다시 도전해 보세요. > 맞힌 문제는 힌트를 보고 자신의 생각과 비교해 보세요.

14일 똑같이 나누기 (2)

몇 개씩 똑같이 나누기

① 감 8개를 2개씩 똑같이 나누기

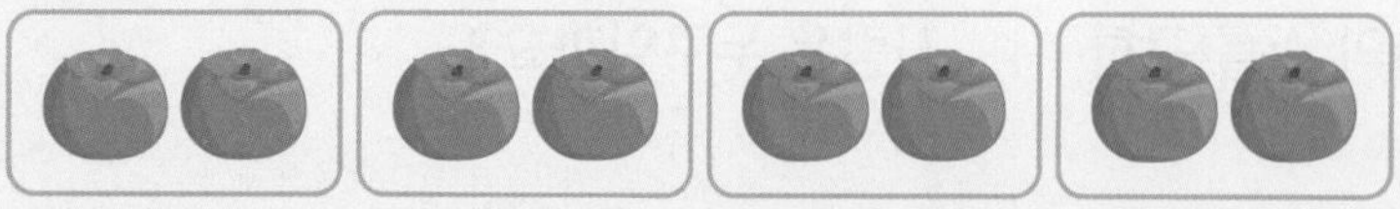

감 8개를 2개씩 묶으면 4묶음이 됩니다. → $8 \div 2 = 4$ (8: 전체의 수, 2: 한 묶음 안의 수, 4: 묶음의 수)

◐ 똑같이 묶어서 나눗셈의 몫 구하기

■개를 ▲개씩 묶으면 ●묶음이 됩니다.

→ ■÷▲=●

② 뺄셈식을 이용하여 나눗셈식 알아보기

감 8개를 2개씩 담으면 $8-2-2-2-2=0$이므로 4번 덜어 낼 수 있습니다.

$8-2-2-2-2=0$ (4번)

- 8에서 2를 4번 빼면 0이 됩니다.
- 나눗셈식으로 나타내면 $8 \div 2 = 4$입니다.

◐ 뺄셈식으로 나눗셈 나타내기

■−▲−▲−…−▲=0 (●번)

↓

■÷▲=● (■: 전체의 수, ▲: 한 번에 뺀 수, ●: 뺀 횟수)

확인 1 초콜릿 12개를 한 명에게 4개씩 나누어 주려고 합니다. 물음에 답하세요.

(1) 초콜릿을 4개씩 묶어 보세요.

(2) □묶음이 되므로 □명에게 나누어 줄 수 있습니다.

(3) 나눗셈식으로 나타내어 보세요.

$12 \div 4 = \square$

확인 2 연필 15자루를 5개씩 똑같이 나누어 가지려고 합니다. 물음에 답하세요.

(1) 15에서 5씩 몇 번 덜어 내면 0이 되는지 뺄셈식으로 나타내어 보세요.

$15-\square-\square-\square=0$

(2) □번 덜어 내면 0이 되므로 □명에게 나누어 줄 수 있습니다.

(3) 나눗셈식으로 나타내어 보세요.

$15 \div 5 = \square$

» 정답 · 풀이 16쪽

기본기 다지는 교과서 문제

1 그림을 보고 □ 안에 알맞은 수를 써넣으세요.

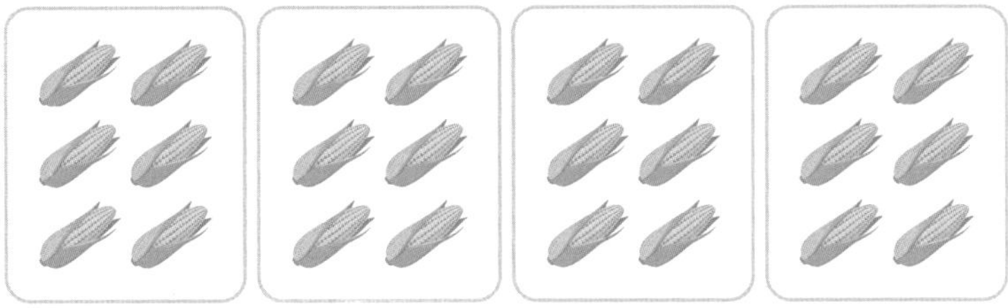

(1) 옥수수 24개를 6개씩 나누면 □ 묶음이 됩니다.

(2) 나눗셈식으로 나타내어 보세요.

□ ÷ □ = □

2 그림을 보고 물음에 답하세요.

(1) 20에서 5씩 몇 번 덜어 내면 0이 되는지 뺄셈식으로 나타내어 보세요.

20 − 5 − □ − □ − □ = 0

(2) 나눗셈식으로 나타내어 보세요.

□ ÷ □ = □

3 밤 21개를 한 봉지에 7개씩 담으려고 합니다. 봉지는 몇 개 필요할까요?

(식) □ ÷ □ = □

(답) □ 개

개념 따라쓰기

몇 개씩 똑같이 나누기

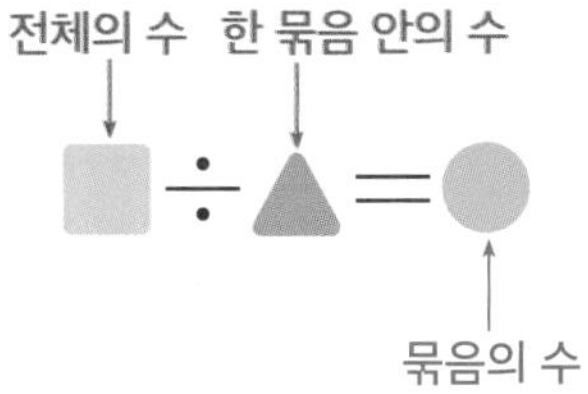

전체를 몇 개씩 똑같이 묶었을 때, 묶음의 수가 나눗셈의 몫이 됩니다.

뺄셈식으로 나눗셈의 몫 구하기

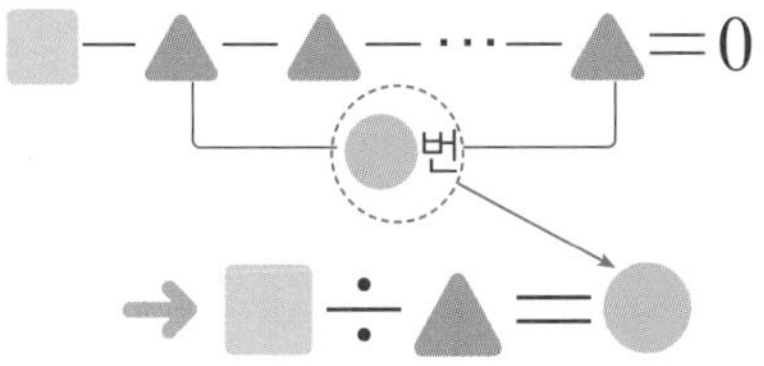

같은 수를 여러 번 빼서 0이 될 때, 뺀 횟수가 나눗셈의 몫이 됩니다.

3단원

1

이해

사탕 30개를 한 명에게 5개씩 주려고 합니다. 몇 명에게 나누어 줄 수 있을까요?

➜ □명에게 나누어 줄 수 있습니다.

2

적용

튤립 28송이가 있습니다. 꽃병에 7송이씩 꽂으려고 합니다. 꽃병이 몇 개 필요할지 구하세요.

〔식〕 □÷□=□

〔답〕 □개

3

28쪽

이해

뺄셈식을 보고 □ 안에 알맞은 수를 써넣으세요.

(1) 18－6－6－6＝0

➜ 18÷□＝□

(2) 35－7－7－7－7－7＝0

➜ 35÷□＝□

4

28쪽

적용

다음을 나눗셈식으로 나타내어 보세요.

56에서 8을 7번 덜어 내면 0이 됩니다.

(　　　　　　　　　　)

5

28쪽

적용

45쪽짜리 책을 하루에 5쪽씩 읽으려고 합니다. 이 책을 모두 읽으려면 며칠이 걸릴까요?

〔식〕 □÷□=□

〔답〕 □일

6

28쪽

의사 소통

수직선을 보고 나눗셈식으로 나타내어 보세요.

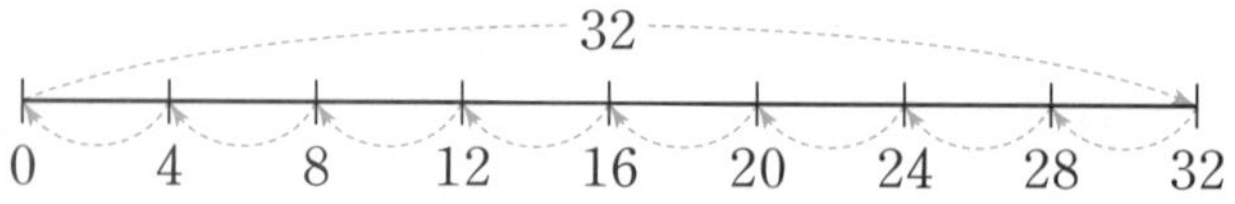

□÷□=□

7 29쪽 의사 소통

다음은 $30 \div 6 = 5$를 뺄셈식으로 나타낸 것입니다. 바르게 나타낸 것의 기호를 쓰세요.

㉠ $30-6-6-6-6-6=0$
㉡ $30-5-5-5-5-5-5=0$

( )

8 29쪽 문제 해결

빵 40개를 한 명에게 8개씩 주려고 합니다. 몇 명에게 나누어 줄 수 있는지 두 가지 방법으로 해결해 보세요.

[뺄셈식] $40-\square-\square-\square-\square-\square=\square$

[나눗셈식] $40 \div \square = \square$

[답] □명

+9 29쪽 수학적 독해력

뺄셈식을 나눗셈식으로 나타낼 때 나눗셈의 몫이 큰 것부터 차례로 기호를 쓰세요.

㉠ $24-6-6-6-6=0$
㉡ $18-3-3-3-3-3-3=0$
㉢ $27-9-9-9=0$

□-□-□

독해 포인트 '몫의 크기'는 뺄셈식에서 '뺀 횟수'와 관계가 있습니다.

+10 29쪽 수학적 표현력

수박 36개를 한 사람에게 9개씩 주려고 합니다. 몇 명에게 나누어 줄 수 있는지 두 가지 방법으로 해결해 보세요.

[뺄셈식] __________

[나눗셈식] __________

[답] __________

오늘 공부 어땠나요? 10개 중 맞힌 문제 □개 › 틀린 문제는 힌트를 보고 다시 도전해 보세요. › 맞힌 문제는 힌트를 보고 자신의 생각과 비교해 보세요.

15일 곱셈과 나눗셈의 관계

❶ 파인애플 12개를 이용하여 곱셈과 나눗셈의 관계 알아보기

① 파인애플 12개를 3개씩 묶기

파인애플 12개를 3개씩 묶으면 4묶음입니다.

[곱셈식] $3\times4=12$

[나눗셈식] $12\div3=4$

② 파인애플 12개를 4개씩 묶기

파인애플 12개를 4개씩 묶으면 3묶음입니다.

[곱셈식] $4\times3=12$

[나눗셈식] $12\div4=3$

↓

하나의 곱셈식을 2개의 나눗셈식으로, 하나의 나눗셈식을 2개의 곱셈식으로 나타낼 수 있습니다.

$3\times4=12$ < $12\div3=4$, $12\div4=3$

$12\div3=4$ < $3\times4=12$, $4\times3=12$

확인 1 구슬이 몇 묶음인지 구하려고 합니다. 물음에 답하세요.

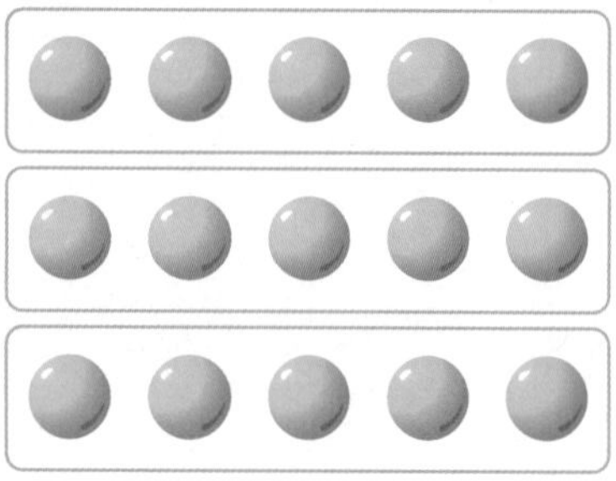

(1) 구슬이 몇 묶음인지 곱셈식으로 구하세요.

$5\times$ □ $=15$이므로 5개씩 □ 묶음입니다.

(2) 구슬이 몇 묶음인지 나눗셈으로 구하세요.

$15\div5=$ □ 이므로 5개씩 □ 묶음입니다.

기본기 다지는 교과서 문제

» 정답 · 풀이 17쪽

1 그림을 보고 □ 안에 알맞은 수를 써넣으세요.

(1) 요구르트가 6병씩 5줄로 놓여 있습니다. 요구르트는 모두 몇 병일까요?

[식] □ × □ = □　　[답] □병

(2) 요구르트 30병을 6봉지에 똑같이 나누어 담으면 한 봉지에 몇 병씩 담을 수 있을까요?

[식] □ ÷ □ = □　　[답] □병

(3) 요구르트 30병을 한 봉지에 5개씩 담으면 몇 봉지에 담을 수 있을까요?

[식] □ ÷ □ = □　　[답] □봉지

2 곱셈식을 나눗셈식으로 나타내어 보세요.

→ $6 \times 2 = 12$

(1) 바나나 12개를 2접시에 똑같이 나누어 담으면 한 접시에 몇 개씩 담을 수 있을까요?

[식] □ ÷ □ = □　　[답] □개

(2) 바나나 12개를 한 접시에 6개씩 담으면 몇 접시에 나누어 담을 수 있을까요?

[식] □ ÷ □ = □　　[답] □접시

개념 따라쓰기

곱셈식을 나눗셈식으로 바꾸기

●×▲=■ → ■÷▲=●, ■÷●=▲

하나의 곱셈식을 2개의 나눗셈식으로 바꿀 수 있습니다.

나눗셈식을 곱셈식으로 바꾸기

■÷▲=● → ●×▲=■, ▲×●=■

하나의 나눗셈식을 2개의 곱셈식으로 바꿀 수 있습니다.

1 이해

곱셈식을 보고 □ 안에 알맞은 수를 써넣으세요.

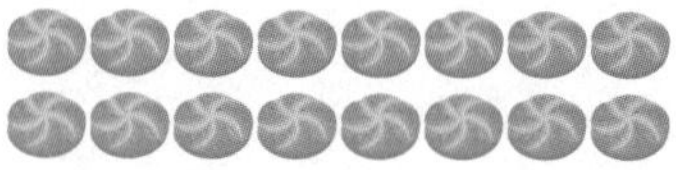

→ $8 \times 2 = 16$

빵 16개를 8명에게 똑같이 나누어 주면 한 명에게 □개씩 나누어 줄 수 있습니다.

→ $16 \div 8 = \square$

2 30쪽 적용

그림을 보고 곱셈식을 나눗셈식으로 바꿔 보세요.

곱셈식

$4 \times 5 = 20$

나눗셈식

$\square \div \square = \square$

3 30쪽 이해

그림을 보고 알맞은 나눗셈식 2개를 쓰세요.

곱셈식 $9 \times 2 = 18$

나눗셈식 $\square \div \square = \square$

$\square \div \square = \square$

4 적용

주어진 문장에 알맞은 곱셈식을 만들고, 만든 곱셈식을 2개의 나눗셈식으로 바꿔 보세요.

상자에 사과가 한 줄에 7개씩 6줄 담겨 있습니다.

곱셈식 $7 \times \square = \square$

나눗셈식 ____________ , ____________

5 30쪽 적용

곱셈식을 나눗셈식으로, 나눗셈식을 곱셈식으로 바꿔 보세요.

(1) $7 \times 4 = 28$ → $\square \div \square = \square$, $\square \div \square = \square$

(2) $30 \div 5 = 6$ → $\square \times \square = \square$, $\square \times \square = \square$

6 30쪽 의사 소통

다음 곱셈식을 나눗셈식으로 바꾼 것을 모두 고르세요.

$8 \times 7 = 56$

㉠ $54 \div 6 = 9$ ㉡ $56 \div 7 = 8$
㉢ $56 \div 8 = 7$ ㉣ $72 \div 9 = 8$

(   )

7 31쪽 이해

나눗셈의 몫을 구하고, 나눗셈식을 곱셈식 2개로 바꿔 보세요.

[나눗셈식] $63 \div 9 = \square$

[곱셈식] ______________ , ______________

8 31쪽 문제 해결

수 카드를 한 번씩 사용하여 곱셈식과 나눗셈식을 2개씩 만들어 보세요.

7 35 5

[곱셈식] ______________ , ______________

[나눗셈식] ______________ , ______________

3단원

+9 31쪽 수학적 독해력

서연이는 나눗셈을 하고 계산이 맞았는지를 곱셈식 $4 \times 8 = 32$로 알아보았습니다. 서연이가 계산한 나눗셈식을 쓰세요.

[나눗셈식] ______________

독해 포인트 곱셈식 $4 \times 8 = 32$는 어떤 나눗셈식과 관계가 있을지 생각해 보세요.

+10 31쪽 수학적 표현력

곱셈식을 나타내는 문장을 읽고 나눗셈식에 알맞은 문장을 만들어 보세요.

[곱셈식] $6 \times 8 = 48$
→ 쿠키가 한 상자에 6개씩 8상자에 모두 48개 있습니다.

[나눗셈식] $48 \div 6 = 8$

→ ______________

오늘 공부 어땠나요? 10개 중 맞힌 문제 ☐ 개 > 틀린 문제는 힌트를 보고 다시 도전해 보세요. > 맞힌 문제는 힌트를 보고 자신의 생각과 비교해 보세요.

공부한 날 월 일

나눗셈의 몫을 곱셈식으로 구하기

① 곱셈식으로 20÷4의 몫 구하기

20÷4의 몫은 곱셈식 $4\times5=20$, $5\times4=20$을 이용하여 구할 수 있습니다.

$20\div4=\square \rightarrow 4\times\underline{5}=20$

곱하는 수가 5이므로 몫은 **5**입니다.

$20\div4=\square \rightarrow \underline{5}\times4=20$

곱해지는 수가 5이므로 몫은 **5**입니다.

나눗셈의 몫을 곱셈식으로 구하기

곱셈식에서 곱하는 수나 곱해지는 수를 찾아 나눗셈의 몫을 구할 수 있습니다.

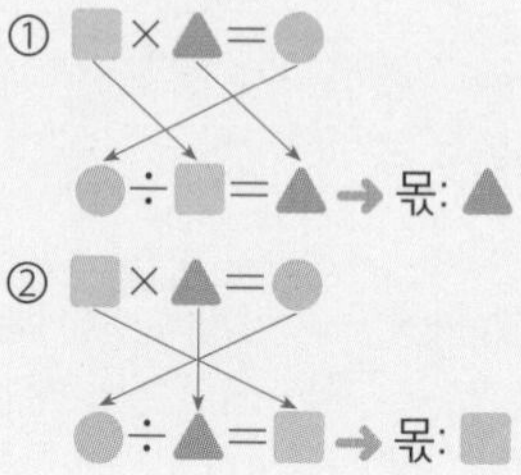

확인 1 아이스크림 18개를 한 사람에게 2개씩 나누어 주려고 합니다. 몇 명에게 나누어 줄 수 있는지 구하세요.

(1) 한 사람에게 2개씩 나누어 주면 몇 명에게 나누어 줄 수 있는지 나눗셈식으로 나타내어 보세요.

$18\div2=\square$

(2) 아이스크림 18개를 2개씩 묶고 곱셈식으로 나타내어 보세요.

$2\times\square=18$

(3) □명에게 나누어 줄 수 있습니다.

기본기 다지는 교과서 문제

» 정답 · 풀이 18쪽

1 나눗셈의 몫을 구하는 데 이용할 수 있는 곱셈식과 몫에 각각 ○표 하세요.

(1) $24 \div 4 = \square$

곱셈식	$4 \times 6 = 24$	$8 \times 3 = 24$	
몫	3	6	8

(2) $30 \div 6 = \square$

곱셈식	$6 \times 4 = 24$	$5 \times 6 = 30$	
몫	4	5	6

2 나눗셈의 몫을 곱셈식으로 구하세요.

$16 \div 8 = \square \rightarrow \square \times 8 = 16$

[몫] $\square$

3 고구마 35개를 5봉지에 똑같이 담으려면 한 봉지에 몇 개씩 넣을 수 있을까요?

[나눗셈식] $35 \div \square = \square$

[곱셈식] $\square \times 5 = 35$

[답] $\square$개

3단원

개념 따라쓰기

곱셈식을 이용해 나눗셈의 몫 구하기

$10 \div 2 = \boxed{몫} \rightarrow 2 \times 5 = 10$

곱하는 수가 몫

$10 \div 2 = \boxed{몫} \rightarrow 5 \times 2 = 10$

곱해지는 수가 몫

나눗셈의 몫은 곱셈식에서 곱하는 수나 곱해지는 수를 찾아 구할 수 있습니다.

스스로 풀어내는 도전 10 문제

막힐 때 힌트북

1

이해

□ 안에 알맞은 수를 써넣으세요.

(1) $4\times\square=28$ ➜ $28\div4=\square$

(2) $\square\times8=32$ ➜ $32\div8=\square$

2

이해

그림을 보고 나눗셈의 몫을 곱셈식으로 구하세요.

[나눗셈식] $48\div6=\square$

[곱셈식] $6\times\square=48$

[몫] □

3 32쪽

적용

㉠에 알맞은 값을 구하세요.

$27\div3=$㉠ ➜ ㉠$\times3=27$

(　　　　　　　　)

4 32쪽

적용

관계있는 것끼리 선으로 이어 보세요.

나눗셈식	곱셈식	몫
$12\div4$	$5\times8=40$	7
$40\div5$	$4\times3=12$	3
$42\div6$	$6\times7=42$	8

5 32쪽

문제 해결

63쪽짜리 책을 하루에 9쪽씩 읽으려고 합니다. 이 책을 모두 읽으려면 며칠이 걸릴까요?

[나눗셈식] $63\div9=\square$

[곱셈식] $9\times\square=63$

[몫] □일

6 32쪽

의사 소통

$18\div6$의 몫을 구하려고 합니다. 필요한 곱셈식으로 알맞은 것을 모두 고르세요.

㉠ $2\times9=18$　　㉡ $3\times6=18$
㉢ $6\times3=18$　　㉣ $9\times2=18$

(　　　　　　　　)

» 정답 · 풀이 18쪽

7 33쪽 적용

몫이 5인 수를 찾아 기호를 쓰세요.

㉠ $15 \div 5$ ㉡ $42 \div 6$ ㉢ $45 \div 9$

( )

8 33쪽 추론

◆÷♥의 값을 구하세요.

$24 \div 4 =$ ◆ $21 \div$ ♥ $= 7$

( )

+9 33쪽 수학적 독해력

영민이가 어떤 수를 4로 나누었더니 몫이 9가 되었습니다. 어떤 수를 6으로 나눈 몫은 얼마일까요?

( )

독해 포인트 '어떤 수'를 구할 수 있는 단서를 찾아 어떤 수를 먼저 구해 보세요.

+10 33쪽 수학적 표현력

$40 \div 8$의 몫을 8×5를 이용하여 구하는 방법을 설명하세요.

〔방법〕 $8 \times 5 =$ ______________________

____

____

오늘 공부 어땠나요? 10개 중 맞힌 문제 ☐ 개 〉 **틀린 문제**는 힌트를 보고 다시 도전해 보세요. 〉 **맞힌 문제**는 힌트를 보고 자신의 생각과 비교해 보세요.

17일 나눗셈의 몫을 곱셈구구로 구하기

❶ 곱셈구구로 24÷6의 몫 구하기

24÷6=□

6×1=6
6×2=12
6×3=18
6×④=24
⋮

① 나누는 수인 6의 단 곱셈구구에서 곱이 24가 되는 경우를 찾습니다.

6×4=24

② 찾은 곱셈식에서 나눗셈의 몫을 구합니다.

6×4=24 ➜ 24÷6=**4** ➜ 몫: 4

❷ 곱셈표를 이용하여 24÷6의 몫 구하기

×	1	2	3	④	5	6	7
1	1	2	3	4	5	6	7
2	2	4	6	8	10	12	14
3	3	6	9	12	15	18	21
④	4	8	12	16	20	24	28
5	5	10	15	20	25	30	35
6	6	12	18	24	30	36	42
7	7	14	21	28	35	42	49

① 나누는 수가 6이므로 곱셈표에서 가로의 6 이나 세로의 6 중 한 곳을 선택하여 나누어지는 수 24 를 찾습니다.

② 찾은 24 와 만나는 수를 맨 왼쪽 세로줄 또는 맨 위 가로줄에서 찾으면 몫을 구할 수 있습니다.

➜ 6×4=24이므로 24÷6의 몫은 4입니다.

확인 1 곱셈표를 이용하여 56÷8의 몫을 구하려고 합니다. □ 안에 알맞은 수를 써넣으세요.

×	6	7	8	9
6	36	42	48	54
7	42	49	56	63
8	48	56	64	72
9	54	63	72	81

(1) 56÷8의 몫을 구하려면 □의 단 곱셈구구를 이용합니다.

(2) 8의 단 곱셈구구에서 곱이 56인 곱셈식을 찾아 쓰세요.

8×□=56

(3) 56÷8의 몫은 □입니다.

기본기 다지는 교과서 문제

[1~3] 곱셈표를 이용하여 나눗셈의 몫을 구하려고 합니다. 물음에 답하세요.

×	1	2	3	4	5	6	7	8	9
1	1	2	3	4	5	6	7	8	9
2	2	4	6	8	10	12	14	16	18
3	3	6	9	12	15	18	21	24	27
4	4	8	12	16	20	24	28	32	36
5	5	10	15	20	25	30	35	40	45
6	6	12	18	24	30	36	42	48	54
7	7	14	21	28	35	42	49	56	63
8	8	16	24	32	40	48	56	64	72
9	9	18	27	36	45	54	63	72	81

1 나눗셈의 몫을 구하려면 몇의 단 곱셈구구를 이용해야 하는지 □ 안에 알맞은 수를 써넣으세요.

(1) $24 \div 4$ → □의 단 곱셈구구

(2) $42 \div 7$ → □의 단 곱셈구구

2 5의 단 곱셈구구를 이용하여 몫을 구해 보세요.

(1) $5 \times \square = 20$ → $20 \div 5 = \square$

(2) $5 \times \square = 45$ → $45 \div 5 = \square$

3 나눗셈의 몫을 구해 보세요.

(1) $72 \div 9 = \square$　　(2) $36 \div 6 = \square$

개념 따라쓰기

곱셈구구를 이용해 나눗셈의 몫 구하기

$$20 \div 4 = 5$$

4의 단 곱셈구구

나눗셈의 몫을 구할 때에는 나누는 수의 단 곱셈구구를 이용합니다.

나눗셈의 몫 구하기

4의 단 곱셈구구를 외워

$$20 \div 4 = 5$$

곱이 20이 되도록

나눗셈의 몫을 구할 때에는 나누는 수의 단 곱셈구구를 외워 곱이 나누어지는 수가 되는 경우를 찾습니다.

3 단원

1

이해

곱셈표를 이용하여 나눗셈의 몫을 구하세요.

×	1	2	3	4	5	6	7	8	9
1	1	2	3	4	5	6	7	8	9
2	2	4	6	8	10	12	14	16	18
3	3	6	9	12	15	18	21	24	27
4	4	8	12	16	20	24	28	32	36
5	5	10	15	20	25	30	35	40	45
6	6	12	18	24	30	36	42	48	54
7	7	14	21	28	35	42	49	56	63
8	8	16	24	32	40	48	56	64	72
9	9	18	27	36	45	54	63	72	81

(1) $32 \div 4 = \square$　　(2) $42 \div 7 = \square$

2

이해

다음 나눗셈의 몫을 구하려면 몇의 단 곱셈구구가 필요할까요?

(1) $18 \div 3$　　(　　　　)

(2) $63 \div 9$　　(　　　　)

3

34쪽　이해

$25 \div 5$의 몫을 구할 때 필요한 곱셈식을 찾아 ○표 하세요.

$5 \times 1 = 5$	$5 \times 2 = 10$	$5 \times 3 = 15$
$5 \times 4 = 20$	$5 \times 5 = 25$	$5 \times 6 = 30$
$5 \times 7 = 35$	$5 \times 8 = 40$	$5 \times 9 = 45$

4

34쪽　적용

8의 단 곱셈구구를 이용하여 몫을 구할 수 없는 것을 찾아 기호를 쓰세요.

㉠ $8 \div 4$　　㉡ $16 \div 8$
㉢ $64 \div 8$　　㉣ $72 \div 8$

(　　　　)

5

34쪽　창의 융합

다음 나눗셈식에서 나누는 수에 ● 스티커가 붙어 보이지 않습니다. 나누는 수는 얼마일까요?

$36 \div$ ● $= 4$

(　　　　)

6

34쪽　문제 해결

피자 한 판으로 6명이 먹을 수 있습니다. 48명이 먹으려면 피자 몇 판이 필요할까요?

[식] ______________________

[답] ______________________

» 정답 · 풀이 19쪽

조금 더 어려운 문제에 도전해 볼까요?

7 35쪽 적용

□ 안에 알맞은 수를 구하세요.

$28 \div 4 = 35 \div \square$

8 35쪽 추론

다음에서 8로 똑같이 나눌 수 있는 수는 모두 몇 개일까요?

18 24 30 42 64

( )

+9 35쪽 수학적 독해력

과자 21개를 상자에 똑같이 나누어 담으려고 합니다. 몇 개씩 몇 상자에 담을 수 있는지 곱셈구구를 이용하여 구하세요.

□개씩 □상자

독해 포인트 '몇 개씩 몇 상자'=(몇)×(몇)

+10 35쪽 수학적 표현력

연필이 9자루씩 4상자 있습니다. 이 연필을 한 사람에게 6자루씩 나누어 주면 모두 몇 명에게 나누어 줄 수 있는지 풀이 과정을 쓰고, 답을 구하세요.

풀이 $9 \times 4 = 36$이므로 연필은 모두 ____________

____

____

답 ____________

오늘 공부 어땠나요? 10개 중 맞힌 문제 □ 개 > 틀린 문제는 힌트를 보고 다시 도전해 보세요. > 맞힌 문제는 힌트를 보고 자신의 생각과 비교해 보세요.

단원평가

3. 나눗셈

시험 시간 **20분** | 문제 수 **10개**

01 호두 24개를 한 명에게 6개씩 나누어 주려고 합니다. 몇 명에게 나누어 줄 수 있을까요?

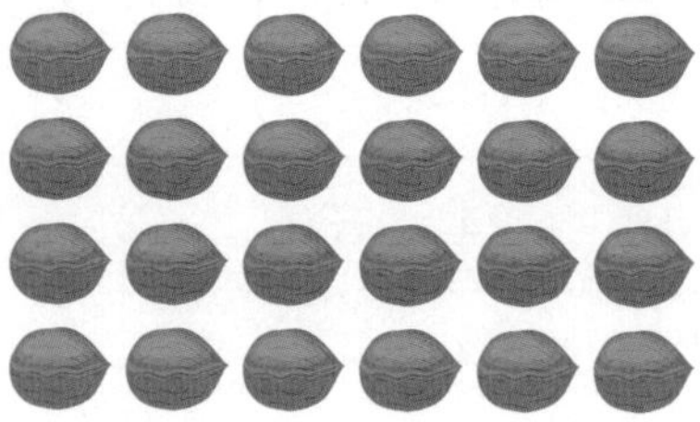

(식) $24 \div \square = \square$

(답) □명

02 □ 안에 알맞은 수를 써넣으세요.

$18-3-3-3-3-3-3=0$

➜ $18 \div \square = \square$

03 곱셈식을 2개의 나눗셈식으로 바꾸려고 합니다. □ 안에 알맞은 수를 써넣으세요.

$4 \times 8 = \square$ → $32 \div 4 = \square$, $32 \div \square = \square$

04 나눗셈식을 2개의 곱셈식으로 바꾸어 보세요.

$35 \div 7 = 5$

$\square \times \square = \square$

$\square \times \square = \square$

05 나눗셈의 몫을 구하고, 나눗셈식을 곱셈식으로 바꿔 보세요.

$45 \div 5 = \square$ ➜ $\square \times \square = \square$

06 다음 세 수를 이용하여 나눗셈식을 2개 만들어 보세요.

5　　40　　8

(식) ______________________

____

07 $42 \div 7 = \square$의 몫을 구하는 데 이용할 수 있는 곱셈식을 모두 고르세요.

㉠ $6 \times 7 = 42$	㉡ $6 \times 4 = 24$
㉢ $7 \times 4 = 28$	㉣ $7 \times 6 = 42$

( )

08 몫이 같은 나눗셈끼리 선으로 이어 보세요.

$15 \div 5$ •	• $25 \div 5$
$20 \div 4$ •	
$21 \div 7$ •	• $12 \div 4$

09 다음 중 3의 단 곱셈구구로 몫을 구할 수 있는 나눗셈은 무엇일까요? ( )

① $21 \div 7$
② $16 \div 4$
③ $18 \div 9$
④ $25 \div 5$
⑤ $27 \div 3$

서술형

10 서준이는 한 상자에 8개씩 들어 있는 쿠키를 2상자 샀습니다. 이 쿠키를 친구 4명에게 똑같이 나누어 주면 한 명에게 몇 개씩 줄 수 있는지 풀이 과정을 쓰고, 답을 구하세요.

[풀이]

[답]

18일 (몇십)×(몇)

예 20×3의 계산

① 수 모형으로 알아보기

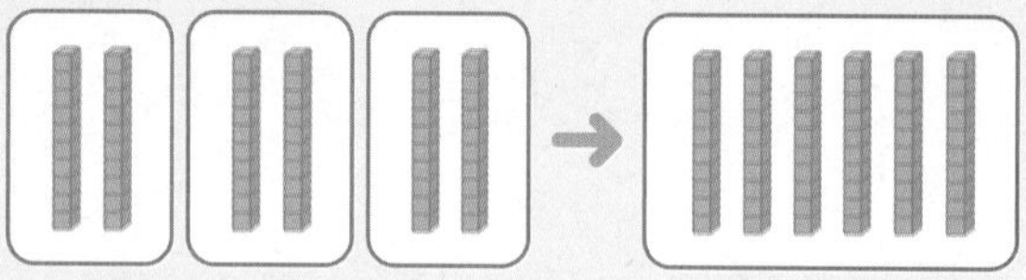

• 십 모형의 수를 곱셈식으로 나타내면 $2 \times 3 = 6$입니다.

• 십 모형 6개는 일 모형 60개와 같습니다.

→ $2 \times 3 = 6$이고, 6은 십 모형의 수이므로 **$20 \times 3 = 60$**입니다.

◐ 20×3을 구하는 여러 가지 방법

① 20씩 3번 뛰어 세기 하면 20, 40, 60입니다.

② 더하기로 계산하면 $20 + 20 + 20 = 60$입니다.

③ 10이 2개씩 3묶음 있으므로 60입니다.

② 계산 방법 알아보기

$2 \times 3 = 6$

10배↓ ↓10배

$20 \times 3 = 60$

→ (몇십) × (몇)은 (몇) × (몇)의 계산 결과에 0을 1개 붙입니다.

확인 1 수 모형을 보고 □ 안에 알맞은 수를 써넣으세요.

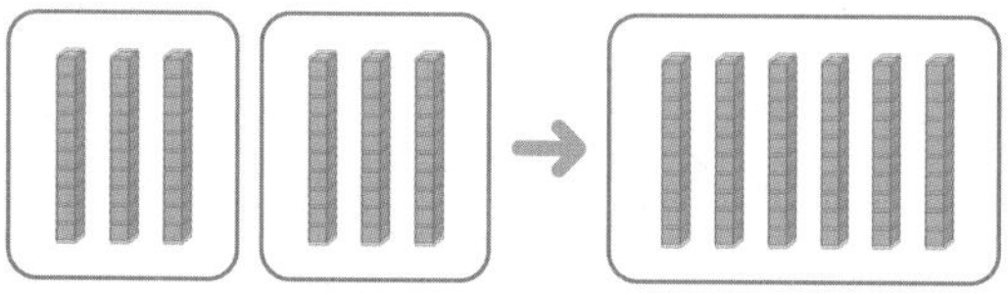

(1) 십 모형의 수를 곱셈식으로 나타내면 $3 \times 2 = □$입니다.

(2) 십 모형 6개는 일 모형 □개와 같습니다.

(3) $30 \times 2 = □$

확인 2 □ 안에 알맞은 수를 써넣으세요.

(1) $40 \times 2 = □0$

$4 \times 2 = □$

(2) $10 \times 5 = □0$

$1 \times 5 = □$

기본기 다지는 교과서 문제

» 정답 · 풀이 21쪽

1 수 모형을 보고 □ 안에 알맞은 수를 써넣으세요.

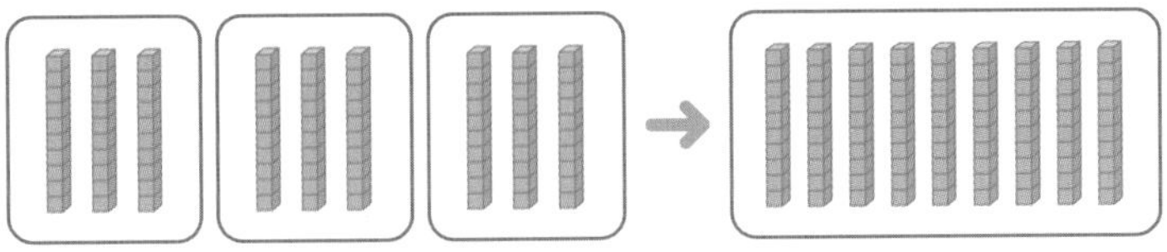

$30 \times \square = \square$

2 □ 안에 알맞은 수를 써넣으세요.

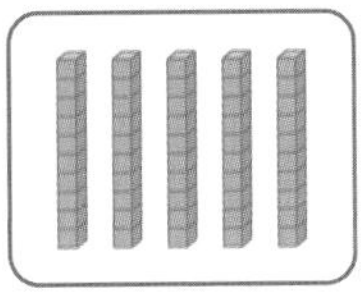

$10 \times 5 = 10 + 10 + 10 + \square + \square$

$= \square$

3 달걀이 한 상자에 10개씩 4상자 있습니다. 달걀은 모두 몇 개인지 □ 안에 알맞은 수를 써넣으세요.

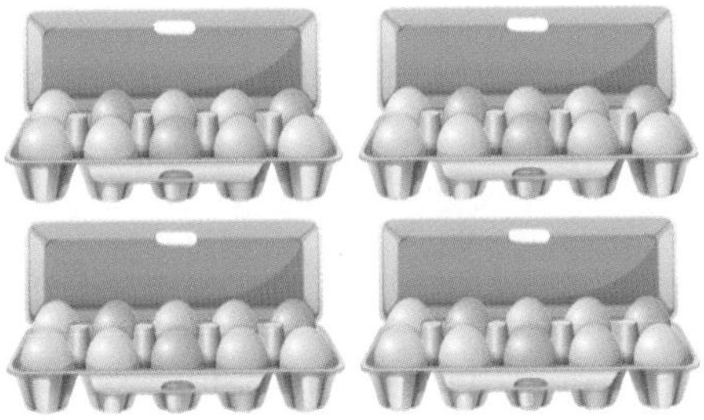

$10 \times \square = \square$(개)

4 계산해 보세요.

(1) $10 \times 6 = \square$　　(2) $10 \times 7 = \square$

(3) $20 \times 4 = \square$　　(4) $40 \times 2 = \square$

개념 따라쓰기

(몇십) × (몇)의 계산 방법

$$\begin{array}{r} 2\ 0 \\ \times\quad 3 \\ \hline 6\ 0 \end{array}$$

(몇십) × (몇)은 (몇) × (몇)의 계산 결과에 0을 붙입니다.

곱셈식을 덧셈식으로 알아보기

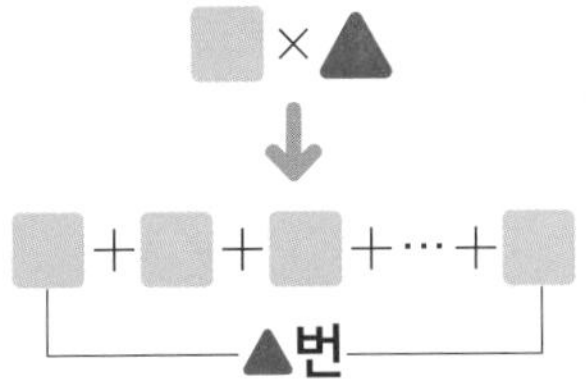

곱셈식 ■ × ▲는 ■를 ▲번 더한 것입니다.

스스로 풀어내는 도전 10 문제

1

이해

연필이 10자루씩 담긴 연필꽂이가 5개 있습니다. 연필이 모두 몇 자루인지 □ 안에 알맞은 수를 써넣으세요.

$10 \times \square = \square$(개)

2

36쪽

계산

계산해 보세요.

(1) $20 \times 4 = \square$

$2 \times 40 = \square$

(2) $10 \times 7 = \square$

$1 \times 70 = \square$

3

36쪽

적용

빈칸에 알맞은 수를 써넣으세요.

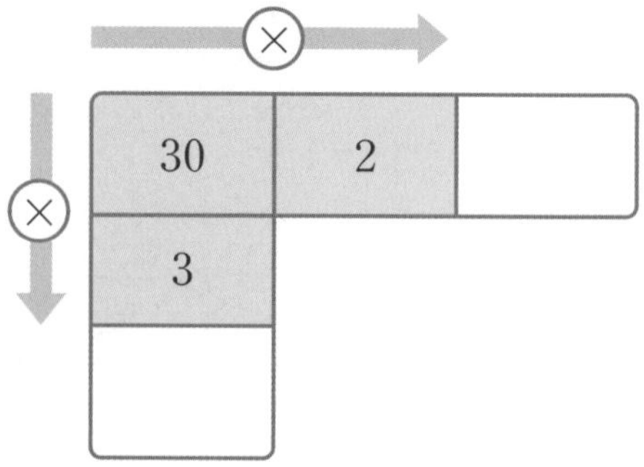

4

계산

계산해 보세요.

(1) 10×8

(2) 40×2

5

36쪽

계산

계산 결과를 찾아 선으로 이어 보세요.

10×6	90
30×3	60
20×2	40

6

36쪽

문제 해결

과자를 한 통에 20개씩 몇 개의 통에 담았더니 모두 80개입니다. 과자를 담은 통은 몇 개일까요?

( )

» 정답 · 풀이 21쪽

조금 더 **어려운 문제**에 도전해 볼까요?

7 37쪽

창의 융합

□ 안에 들어갈 수가 같은 곱셈식을 모두 고르세요.

㉠ $10 \times \square = 40$　　㉡ $20 \times \square = 60$
㉢ $30 \times \square = 90$　　㉣ $30 \times \square = 60$

(　　　　　　)

8 37쪽

추론

한 변의 길이가 10 cm인 정사각형의 네 변의 길이의 합은 몇 cm일까요?

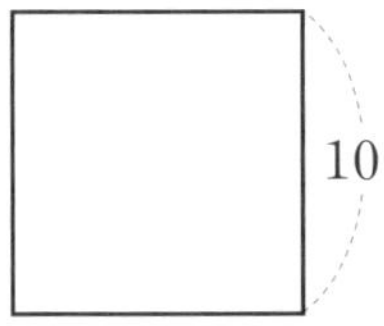

(　　　　　　)

4단원

+9 37쪽

수학적 독해력

슬기와 로운이가 각각 가지고 있는 클립 개수를 구하세요.

민호: 나는 클립을 10개 가지고 있어.
슬기: 나는 민호가 가지고 있는 클립 수의 3배만큼 가지고 있어.
로운: 나는 슬기가 가지고 있는 클립 수의 2배만큼 가지고 있어.

슬기: □개, 로운: □개

독해 포인트 (몇십)×(몇)의 곱셈식으로 나타내어 보세요.

+10 37쪽

수학적 표현력

수현이가 마트에서 자두를 사 왔습니다. 한 봉지에 20개씩 4봉지를 사 왔다면 수현이가 사 온 자두는 모두 몇 개인지 풀이 과정을 쓰고, 답을 구하세요.

풀이 (전체 자두의 수)=

답

오늘 공부 어땠나요? 10개 중 맞힌 문제 □개 ✗ **틀린 문제**는 힌트를 보고 다시 도전해 보세요. ○ **맞힌 문제**는 힌트를 보고 자신의 생각과 비교해 보세요.

19일 (몇십몇)×(몇) (1)

올림이 없는 경우

예 14×2의 계산

① 수 모형으로 알아보기

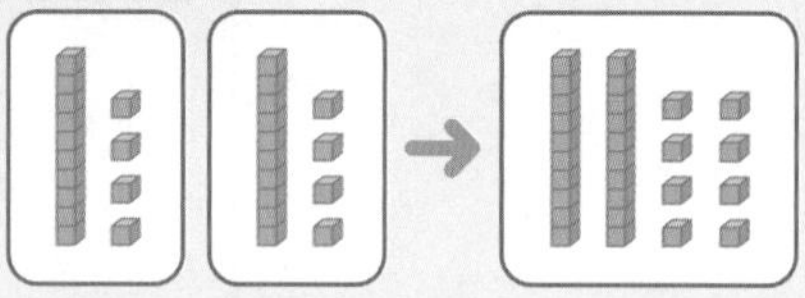

• 십 모형은 $1\times2=2$이므로 20입니다.

• 일 모형은 $4\times2=8$입니다.

→ **$14\times2=28$입니다.**

◐ 14×2를 계산하는 여러 가지 방법

$$\begin{array}{rr} & 1\ 4 \\ \times & 2 \\ \hline & 8 \\ & 2\ 0 \\ \hline & 2\ 8 \end{array} \qquad \begin{array}{rr} & 1\ 4 \\ \times & 2 \\ \hline & 2\ 0 \\ & 8 \\ \hline & 2\ 8 \end{array}$$

일의 자리부터 계산하기 / 십의 자리부터 계산하기

② 계산 방법 알아보기

$$\begin{array}{rr} & 1\ 4 \\ \times & 2 \\ \hline & 8 \end{array} \rightarrow \begin{array}{rr} & 1\ 4 \\ \times & 2 \\ \hline & 2\ 8 \end{array}$$

» ① 일의 자리 수 4와 2의 곱 8을 일의 자리에 씁니다.

» ② 십의 자리 수 1과 2의 곱 2를 십의 자리에 씁니다.

확인 1 수 모형을 보고 □ 안에 알맞은 수를 써넣으세요.

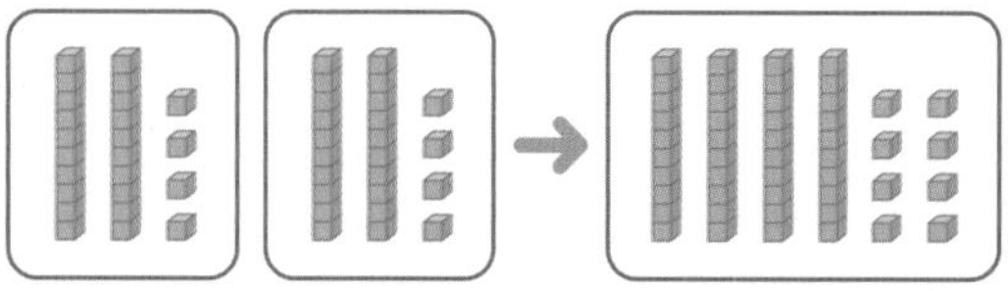

(1) 십 모형은 $2\times2=$□이므로 □입니다.

(2) 일 모형은 $4\times2=$□입니다.

(3) $24\times2=$□

확인 2 □ 안에 알맞은 수를 써넣으세요.

(1)
$$\begin{array}{rr} & 1\ 2 \\ \times & 3 \\ \hline & \square \end{array} \rightarrow \begin{array}{rr} & 1\ 2 \\ \times & 3 \\ \hline & \square\ \square \end{array}$$

(2)
$$\begin{array}{rr} & 4\ 2 \\ \times & 2 \\ \hline & \square \end{array} \rightarrow \begin{array}{rr} & 4\ 2 \\ \times & 2 \\ \hline & \square\ \square \end{array}$$

기본기 다지는 교과서 문제

1 □ 안에 알맞은 수를 써넣으세요.

(1) 33×2 — $30 \times 2 = \square$, $3 \times 2 = \square$ → $\square$

(2) 11×7 — $10 \times 7 = \square$, $1 \times 7 = \square$ → $\square$

2 가지가 한 상자에 12개씩 2상자 있습니다. 가지가 모두 몇 개인지 □ 안에 알맞은 수를 써넣으세요.

$12 \times \square = \square$(개)

3 수직선을 보고 □ 안에 알맞은 수를 써넣으세요.

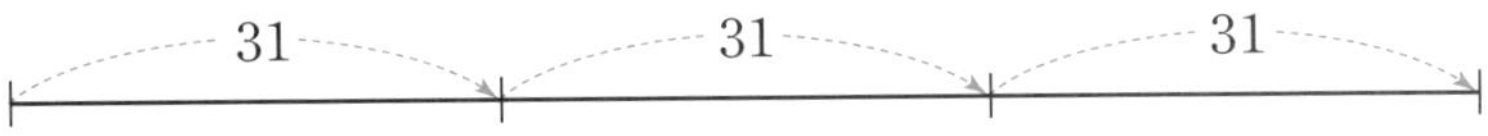

$31 \times \square = \square$

4 계산해 보세요.

(1)

$$\begin{array}{r} 4\ 3 \\ \times\quad 2 \\ \hline \square\square \end{array}$$

(2)

$$\begin{array}{r} 2\ 2 \\ \times\quad 4 \\ \hline \square\square \end{array}$$

개념 따라쓰기

올림이 없는 (몇십몇)×(몇)

$$\begin{array}{r} 1\ 3 \\ \times\quad 2 \\ \hline 2\ 6 \end{array}$$

십의 자리 수와의 곱 / 일의 자리 수와의 곱

일의 자리 수와의 곱은 일의 자리에, 십의 자리 수와의 곱은 십의 자리에 씁니다.

1

이해

감자가 21개씩 3봉지 있습니다. 감자의 수를 구하려고 할 때 알맞은 곱셈식을 쓰세요.

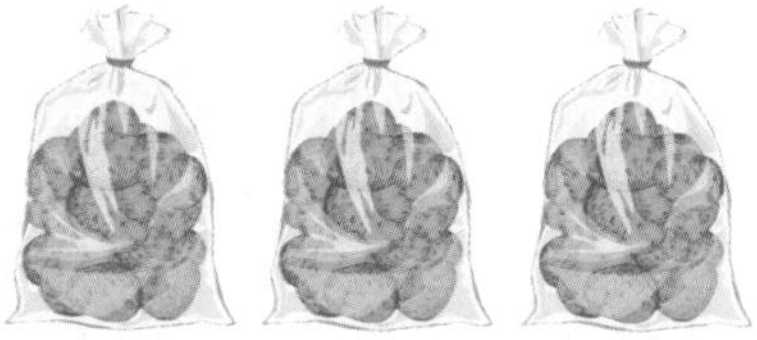

21 × ☐ = ☐

2

계산

계산해 보세요.

(1) $\begin{array}{r} 2\ 3 \\ \times\ \ \ 3 \\ \hline \end{array}$

(2) $\begin{array}{r} 3\ 2 \\ \times\ \ \ 3 \\ \hline \end{array}$

3

38쪽

적용

☐ 안에 알맞은 수를 써넣으세요.

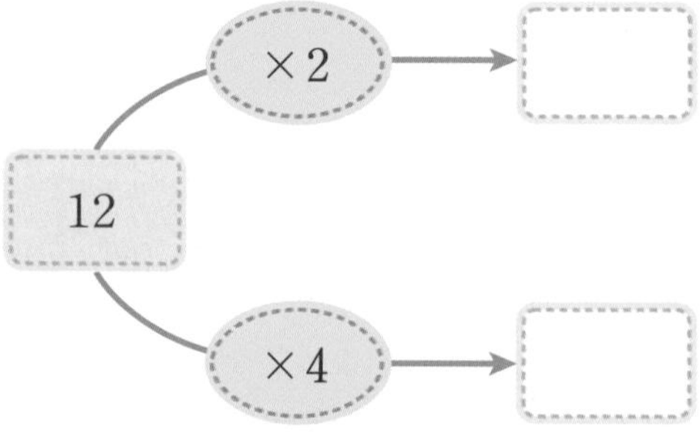

4

38쪽

계산

계산 결과를 비교하여 ◯ 안에 >, =, <를 알맞게 써넣으세요.

(1) 11×8 ◯ 43×2

(2) 33×3 ◯ 11×9

5

38쪽

적용

〈보기〉와 같은 방법으로 계산해 보세요.

〈보기〉

$$\begin{array}{r} 3\ 4 \\ \times\ \ \ 2 \\ \hline 6\ 0 \\ 8 \\ \hline 6\ 8 \end{array}$$

$$\begin{array}{r} 2\ 1 \\ \times\ \ \ 4 \\ \hline \end{array}$$

6

38쪽

의사 소통

윤하네 학교에 있는 나무들의 수를 나타낸 것입니다. 소나무 수의 3배가 되는 나무는 무엇일까요?

소나무	벚나무	단풍나무	은행나무
11	22	13	33

(　　　　　　)

» 정답 · 풀이 22쪽

7 39쪽 창의 융합

설명이 맞는 것을 찾아 기호를 쓰세요.

㉠ 32씩 2묶음은 $32 \times 2 = 34$입니다.
㉡ $12+12+12$는 $12+3=15$입니다.
㉢ 23의 2배는 $23 \times 2 = 46$입니다.

(　　　　　　)

8 39쪽 문제 해결

자전거를 타고 매일 지혜는 12 km를, 영민이는 13 km를 운동합니다. 두 사람이 3일 동안 자전거를 탄 거리는 모두 몇 km일까요?

(　　　　　　)

+9 39쪽 수학적 독해력

서준이는 10살입니다. 엄마와 아빠의 나이의 합은 몇 살일까요?

서연: 나는 서준이보다 3살 많아요.
엄마: 나는 서연이 나이의 3배입니다.
아빠: 서준이 나이에 4를 곱한 것이 내 나이랍니다.

(　　　　　　)

독해 포인트 기준이 되는 것은 서준이의 나이입니다.

+10 39쪽 수학적 표현력

곱셈식을 보고 파란색 숫자 6이 뜻하는 것을 〈보기〉와 같이 써 보세요.

$$\begin{array}{r} 2\ 2 \\ \times \quad 3 \\ \hline 6\ 6 \end{array}$$

〈보기〉
빨간색 숫자 6은 $2 \times 3 = 6$을 나타냅니다.

파란색 숫자 6은 ____________________

____

오늘 공부 어땠나요? 10개 중 맞힌 문제 [　] 개 › 틀린 문제는 힌트를 보고 다시 도전해 보세요. › 맞힌 문제는 힌트를 보고 자신의 생각과 비교해 보세요.

공부한 날 ( )월 ( )일

(몇십몇)×(몇) (2)

십의 자리에서 올림이 있는 경우

예 64×2의 계산

① 수 모형으로 알아보기

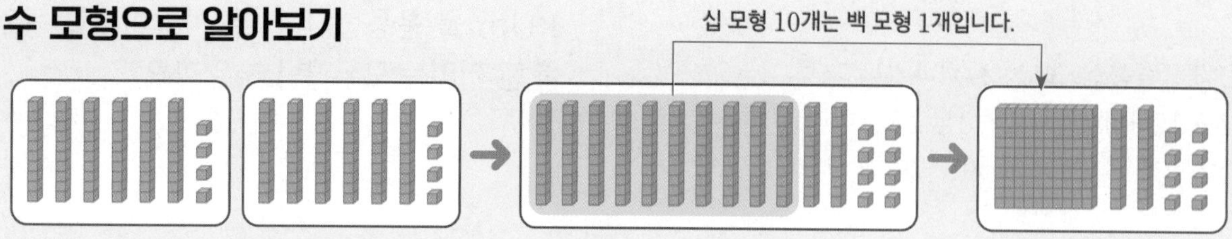

- 십 모형은 6×2=12이므로 120입니다.
- 일 모형은 4×2=8입니다.

➔ **64×2=128**입니다.

② 계산 방법 알아보기

$$\begin{array}{r} 6\,4 \\ \times\quad 2 \\ \hline 8 \end{array} \rightarrow \begin{array}{r} 6\,4 \\ \times\quad 2 \\ \hline 1\,2\,8 \end{array}$$

» ① 일의 자리 수 4와 2의 곱 8을 일의 자리에 씁니다.

» ② 십의 자리 수 6과 2의 곱 12에서 2를 십의 자리에 쓰고, 올림한 수 1은 백의 자리에 씁니다.

◐ 64×2를 계산하는 여러 가지 방법

$$\begin{array}{r} 6\,4 \\ \times\quad 2 \\ \hline 8 \\ 1\,2\,0 \\ \hline 1\,2\,8 \end{array} \qquad \begin{array}{r} 6\,4 \\ \times\quad 2 \\ \hline 1\,2\,0 \\ 8 \\ \hline 1\,2\,8 \end{array}$$

일의 자리부터 계산하기 / 십의 자리부터 계산하기

확인 1 □ 안에 알맞은 수를 써넣으세요.

(1)
$$\begin{array}{r} 5\,1 \\ \times\quad 5 \\ \hline \square \end{array} \rightarrow \begin{array}{r} 5\,1 \\ \times\quad 5 \\ \hline \square\,\square\,\square \end{array}$$

(2)
$$\begin{array}{r} 8\,2 \\ \times\quad 4 \\ \hline \square \end{array} \rightarrow \begin{array}{r} 8\,2 \\ \times\quad 4 \\ \hline \square\,\square\,\square \end{array}$$

확인 2 □ 안에 알맞은 수를 써넣으세요.

(1)
$$\begin{array}{rl} 5\,2 & \\ \times\quad 3 & \\ \hline 6 & \cdots\cdots\ 2\times3 \\ \square & \cdots\cdots\ 50\times3 \\ \hline \square & \end{array}$$

(2)
$$\begin{array}{rl} 4\,2 & \\ \times\quad 4 & \\ \hline 1\,6\,0 & \cdots\cdots\ \square\times4 \\ 8 & \cdots\cdots\ \square\times4 \\ \hline \square & \end{array}$$

1 □ 안에 알맞은 수를 써넣으세요.

(1) 73×2 — $70 \times 2 =$ □, $3 \times 2 =$ □ → □

(2) 51×8 — $50 \times 8 =$ □, $1 \times 8 =$ □ → □

2 구슬이 21개씩 있는 팔찌가 6개 있습니다. 구슬은 모두 몇 개인지 □ 안에 알맞은 수를 써넣으세요.

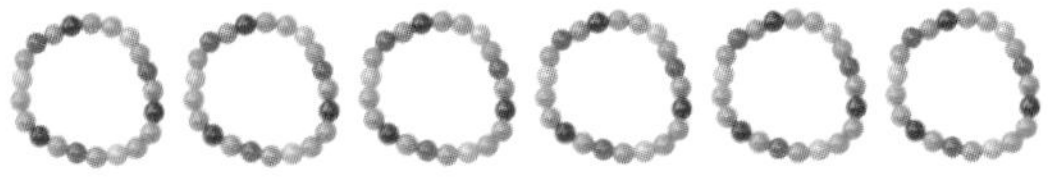

$21 \times$ □ $=$ □(개)

3 □ 안에 알맞은 수를 써넣으세요.

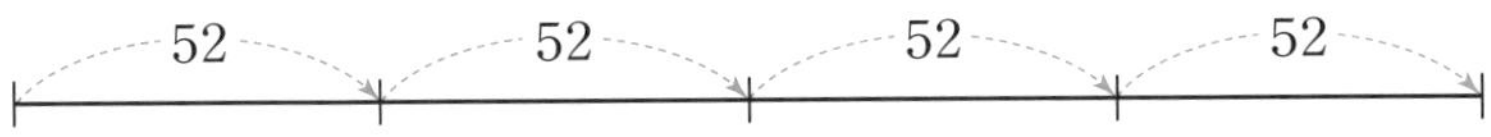

$52 \times$ □ $=$ □

4 계산해 보세요.

(1)
$$\begin{array}{r} 8\ 3 \\ \times\ \ \ 3 \\ \hline \square\square\square \end{array}$$

(2)
$$\begin{array}{r} 7\ 2 \\ \times\ \ \ 4 \\ \hline \square\square\square \end{array}$$

개념 따라쓰기

십의 자리에서 올림이 있는 (몇십몇) × (몇)

$$\begin{array}{r} 6\ 4 \\ \times\ \ \ 2 \\ \hline 1\ 2\ 8 \end{array}$$

올림한 수

십의 자리 수와의 곱에서 올림한 수는 백의 자리에 씁니다.

4단원

1

이해

귤이 31개씩 5상자 있습니다. 귤의 수를 구하는 곱셈 식은 어느 것인지 찾아 기호를 쓰세요.

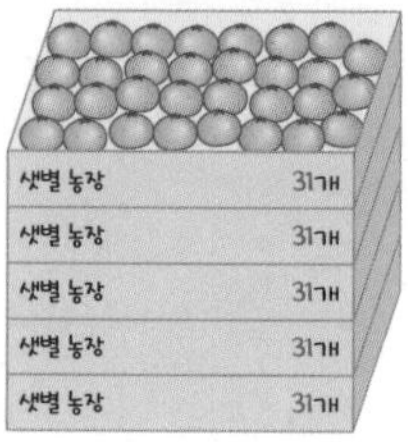

㉠ 30×5
㉡ 31×5
㉢ 35×1

(　　　　　　　　)

2

계산

계산해 보세요.

(1)
$$\begin{array}{r} 62 \\ \times\ \ 4 \\ \hline \end{array}$$

(2)
$$\begin{array}{r} 73 \\ \times\ \ 3 \\ \hline \end{array}$$

3

40쪽

의사 소통

곱셈의 계산이 잘못된 것의 기호를 쓰고, 바르게 계산한 값을 구하세요.

㉠
$$\begin{array}{r} 84 \\ \times\ \ 2 \\ \hline 8 \\ 160 \\ \hline 168 \end{array}$$

㉡
$$\begin{array}{r} 72 \\ \times\ \ 2 \\ \hline 4 \\ 14 \\ \hline 18 \end{array}$$

잘못된 것의 기호 (　　　　　　　　)
바르게 계산한 값 (　　　　　　　　)

4

40쪽

적용

빈칸에 알맞은 수를 써넣으세요.

×	53	62	71
2			

5

40쪽

적용

가장 큰 수와 가장 작은 수의 곱을 구하세요.

3　　51　　61　　6　　31

(　　　　　　　　)

6

40쪽

적용

㉠+㉡의 값을 구해 보세요.

• $52 \times 3 =$ ㉠　　• $92 \times 4 =$ ㉡

(　　　　　　　　)

» 정답 · 풀이 23쪽

7 41쪽 추론

□ 안에 알맞은 수를 써넣으세요.

	6	□
×		□
1	2	6

8 41쪽 창의 융합

1부터 9까지의 수 중에서 □ 안에 들어갈 수 있는 수를 모두 구하세요.

$$31 \times \square < 43 \times 3$$

(　　　　　　　　)

+9 41쪽 수학적 독해력

한 상자에 62개씩 들어 있는 쿠키 3상자가 있습니다. 이 중에서 50개를 꺼내어 먹었다면 남은 쿠키는 몇 개일까요?

(　　　　　　　　)

독해 포인트 먼저 전체 쿠키의 수를 구합니다.

+10 41쪽 수학적 표현력

하루 동안 종이학을 종욱이는 32개, 지혜는 41개 접습니다. 두 사람이 4일 동안 만든 종이학은 모두 몇 개인지 풀이 과정을 쓰고, 답을 구하세요.

풀이 종욱이가 4일 동안 만든 종이학은 $32 \times 4 = 128$(개)입니다. 지혜가 4일 동안 만든 종이학은 ________

____

____

답 ________

오늘 공부 어땠나요? 10개 중 맞힌 문제 □ 개 › 틀린 문제는 힌트를 보고 다시 도전해 보세요. › 맞힌 문제는 힌트를 보고 자신의 생각과 비교해 보세요.

(몇십몇)×(몇) (3)

일의 자리에서 올림이 있는 경우

예 27 × 2의 계산

① 수 모형으로 알아보기

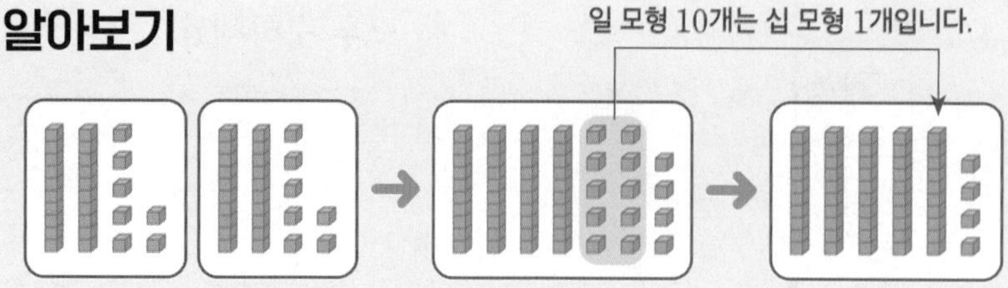

• 십 모형은 2 × 2=4이므로 40입니다.

• 일 모형은 7 × 2=14입니다.

→ **27 × 2=54**입니다.

② 계산 방법 알아보기

	1	
	2	7
×		2
		4

→

	1	
	2	7
×		2
	5	4

1+4=5

≫ ① 일의 자리 수 7과 2의 곱 14에서 4를 일의 자리에 쓰고, 올림한 수 1은 십의 자리 위에 작게 씁니다.

≫ ② 십의 자리 수 2와 2의 곱 4를 올림한 수 1과 더하여 5를 십의 자리에 씁니다.

27 × 2를 계산하는 여러 가지 방법

	2	7
×		2
	1	4
	4	0
	5	4

일의 자리부터 계산하기

	2	7
×		2
	4	0
	1	4
	5	4

십의 자리부터 계산하기

확인 1 □ 안에 알맞은 수를 써넣으세요.

(1)

	□	
	2	8
×		2
		□

→

	□	
	2	8
×		2
	□	□

(2)

	□	
	1	9
×		5
		□

→

	□	
	1	9
×		5
	□	□

확인 2 □ 안에 알맞은 수를 써넣으세요.

(1)

	1	2	
×		6	
	□		…… 2×6
	6	0	…… 10×6
	□		

(2)

	3	8	
×		2	
	1	6	…… □×2
	6	0	…… □×2
	□		

1 □ 안에 알맞은 수를 써넣으세요.

(1) 16×3 — $10\times3=$ □, $6\times3=$ □ → □

(2) 37×2 — $30\times2=$ □, $7\times2=$ □ → □

2 색연필이 한 상자에 24자루씩 3상자 있습니다. 색연필은 모두 몇 자루인지 □ 안에 알맞은 수를 써넣으세요.

$24\times$ □ $=$ □(자루)

3 다음 곱셈식에서 [2]가 실제로 나타내는 값은 얼마일까요?

```
  [2]
   2 8
×    3
------
   8 4
```

(   )

4 계산해 보세요.

(1)
```
   2 7
×    3
------
   □□
```

(2)
```
   1 5
×    4
------
   □□
```

개념 따라쓰기

일의 자리에서 올림이 있는 (몇십몇) × (몇)

```
   1  ← 올림한 수
   2 7
×    2
------
   5 4
```

일의 자리 수와의 곱에서 올림한 수는 십의 자리 위에 작게 씁니다.

4단원

스스로 풀어내는 도전 10 문제

막힐 땐 힌트북

1 42쪽 이해

모눈종이에 18×3를 색칠해 보고, 18×3의 값을 구하세요.

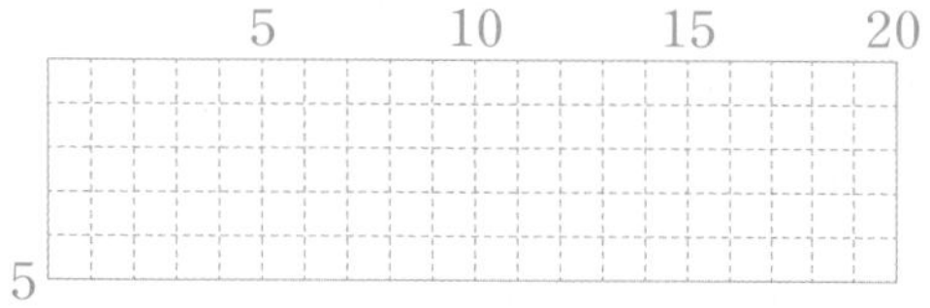

( )

2 계산

계산해 보세요.

(1)
$$\begin{array}{r} 1\ 7 \\ \times\quad 5 \\ \hline \end{array}$$

(2)
$$\begin{array}{r} 2\ 9 \\ \times\quad 3 \\ \hline \end{array}$$

3 42쪽 의사 소통

계산이 잘못된 부분을 찾아 바르게 고쳐 보세요.

$$\begin{array}{r} 1\ 5 \\ \times\quad 3 \\ \hline 3\ 5 \end{array} \rightarrow \begin{array}{r} 1\ 5 \\ \times\quad 3 \\ \hline \end{array}$$

4 적용

빈칸에 알맞은 수를 써넣으세요.

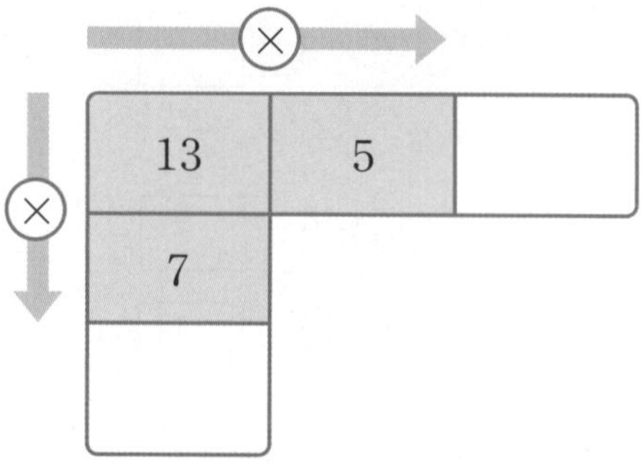

5 42쪽 계산

계산 결과를 비교하여 ◯ 안에 >, =, <를 알맞게 써넣으세요.

19×4 ◯ 16×5

6 42쪽 문제 해결

길이가 17 cm인 색 테이프 4장을 그림과 같이 겹치지 않게 이어 붙였습니다. 이어 붙인 색 테이프 전체의 길이는 몇 cm일까요?

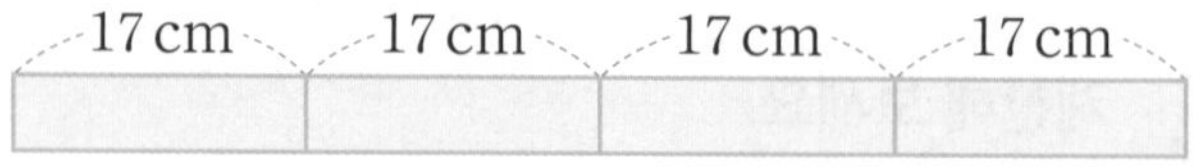

( )

» 정답 · 풀이 24쪽

7 43쪽 창의 융합

곱이 작은 것부터 차례로 기호를 쓰세요.

㉠ 25×3　㉡ 16×4　㉢ 28×2

□ – □ – □

8 43쪽 추론

계산 결과를 보고 펜으로 지워진 곳에 알맞은 수를 구하세요.

$$\begin{array}{r} 1\ \blacksquare \\ \times\quad 5 \\ \hline 8\ 5 \end{array}$$

(　　　　　)

+9 43쪽 수학적 독해력

계산 결과가 50에 가장 가깝도록 □에 알맞은 자연수를 구하세요.

$14\times□$

(　　　　　)

독해 포인트 '50에 가장 가깝다'는 것의 의미를 생각해 보세요.
예 48보다 51이 50에 가깝습니다.

+10 43쪽 수학적 표현력

오리 17마리와 강아지 16마리의 다리는 모두 몇 개인지 풀이 과정을 쓰고, 답을 구하세요.

풀이 오리 17마리의 다리의 수는 $17\times2=34$(개)입니다. 강아지 16마리의 다리의 수는 ____________

____

____

답 ____________

오늘 공부 어땠나요? 10개 중 맞힌 문제 □ 개 › 틀린 문제는 힌트를 보고 다시 도전해 보세요. › 맞힌 문제는 힌트를 보고 자신의 생각과 비교해 보세요.

공부한 날 ( ) 월 ( ) 일

22 일

(몇십몇)×(몇) (4)

십의 자리와 일의 자리에서 올림이 있는 경우

예 76×2의 계산

❶ 수 모형으로 알아보기

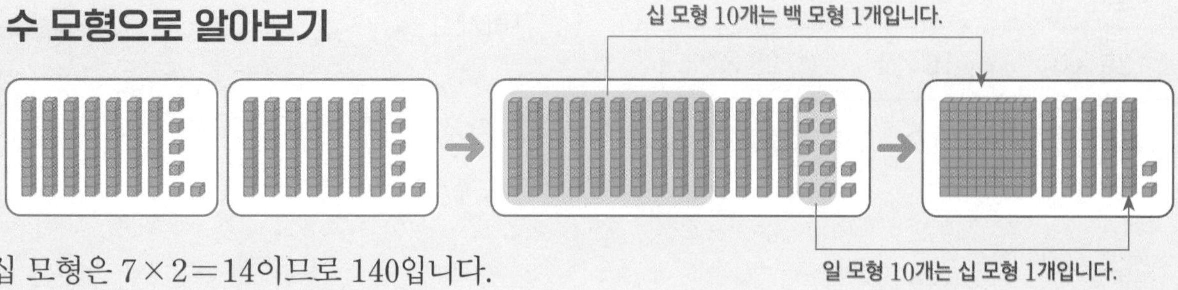

• 십 모형은 $7\times2=14$이므로 140입니다.

• 일 모형은 $6\times2=12$입니다.

➜ **$76\times2=152$입니다.**

❷ 계산 방법 알아보기

	1	
	7	6
×		2
		2

➜

	1	
	7	6
×		2
1	5	2

1+14=15

» ① 일의 자리 수 6과 2의 곱 12에서 2는 일의 자리에 쓰고 올림한 수 1을 십의 자리 위에 작게 씁니다.

» ② 십의 자리 수 7과 2의 곱 14를 올림한 수 1과 더하여 5를 십의 자리에, 1을 백의 자리에 씁니다.

◐ 76×2를 계산하는 여러 가지 방법

	7	6
×		2
	1	2
1	4	0
1	5	2

일의 자리부터 계산하기

	7	6
×		2
1	4	0
	1	2
1	5	4

십의 자리부터 계산하기

확인 1 □ 안에 알맞은 수를 써넣으세요.

(1)

	□	
	3	6
×		5
		□

➜

	□	
	3	6
×		5
□	□	□

(2)

	□	
	5	4
×		4
		□

➜

	□	
	5	4
×		4
□	□	□

확인 2 □ 안에 알맞은 수를 써넣으세요.

(1)

	4	6	
×		3	
	1	8	…… 6×3
□			…… 40×3
□			

(2)

	2	5	
×		8	
	4	0	…… □×8
1	6	0	…… □×8
□			

기본기 다지는 교과서 문제

1 □ 안에 알맞은 수를 써넣으세요.

(1) 62×6 — $60 \times 6 =$ □, $2 \times 6 =$ □ → □

(2) 57×3 — $50 \times 3 =$ □, $7 \times 3 =$ □ → □

2 딸기가 한 상자에 35개씩 5상자 있습니다. 딸기는 모두 몇 개인지 □ 안에 알맞은 수를 써넣으세요.

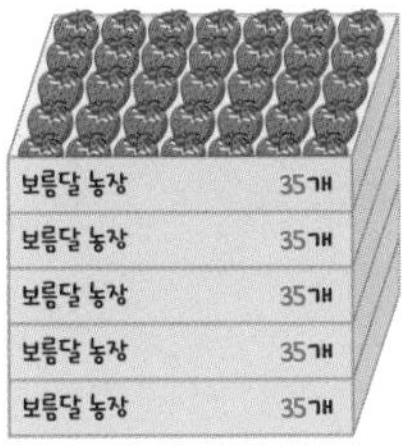

$35 \times$ □ $=$ □(개)

3 □ 안에 알맞은 수를 써넣으세요.

76 76 76

$76 \times$ □ $=$ □

4 계산해 보세요.

(1)

	□	
	6	8
×		7
□	□	□

(2)

	□	
	9	3
×		5
□	□	□

개념 따라쓰기

십의 자리와 일의 자리에서 올림이 있는 (몇십몇)×(몇)

	1 (일의 자리에서 올림한 수)	
	7	5
×		3
2	2	5

2: 십의 자리에서 올림한 수

일의 자리에서 올림한 수는 십의 자리를 계산한 값에 더하고, 십의 자리에서 올림한 수는 백의 자리에 씁니다.

1

계산

계산해 보세요.

(1) $\begin{array}{r} 5\ 7 \\ \times \quad 6 \\ \hline \end{array}$

(2) $\begin{array}{r} 4\ 8 \\ \times \quad 8 \\ \hline \end{array}$

2

이해

□ 안에 알맞은 수를 써넣으세요.

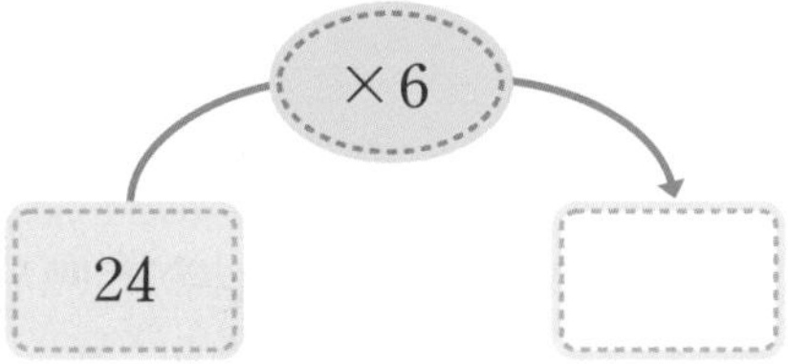

3 44쪽

의사 소통

계산이 잘못된 부분을 찾아 바르게 고쳐 보세요.

$\begin{array}{r} 6\ 6 \\ \times \quad 6 \\ \hline 3\ 6\ 6 \end{array} \rightarrow \begin{array}{r} 6\ 6 \\ \times \quad 6 \\ \hline \end{array}$

4 44쪽

이해

45를 8번 더한 수는 얼마인지 곱셈식을 쓰고 구하세요.

[곱셈식] ____________________

[답] ____________________

5 44쪽

적용

㉠과 ㉡에 알맞은 수를 각각 구하세요.

74×5+74=74×㉠=㉡

㉠ (　　　　　　)

㉡ (　　　　　　)

6 44쪽

문제 해결

영민이네 학교 3학년은 7개 반이고, 각 반의 학생 수는 27명입니다. 영민이네 학교 3학년의 학생 수는 모두 몇 명일까요?

(　　　　　　)

» 정답 · 풀이 25쪽

조금 더 **어려운 문제**에 도전해 볼까요?

7 45쪽 추론

□ 안에 알맞은 수를 써넣으세요.

$$\begin{array}{r} \square\ 4 \\ \times\quad 8 \\ \hline 2\ 7\ 2 \end{array}$$

8 45쪽 창의 융합

수 카드를 한 번씩만 사용하여 만든 곱셈식입니다. 곱이 가장 큰 것의 기호를 쓰세요.

8 4 6

㉠ 86×4　㉡ 48×6　㉢ 64×8

(　　　　　　)

+9 45쪽 수학적 독해력

도로 한쪽에 나무 7그루를 23 m 간격으로 나란히 심었습니다. 첫 번째 나무와 마지막 나무 사이의 거리는 몇 m일까요? (단, 나무의 두께는 생각하지 않습니다.)

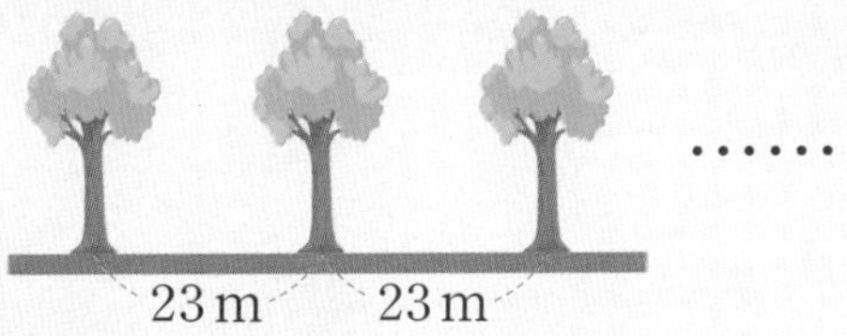

(　　　　　　)

독해 포인트 나무 사이 '23 m 간격'이 몇 개 생기는지 생각해 보세요.

+10 45쪽 수학적 표현력

♥에 알맞은 수는 얼마인지 풀이 과정을 쓰고, 답을 구하세요.

$12 \times 7 = ◆$
$◆ \times 4 = ♥$

풀이 $12 \times 7 = 84$이므로 ◆는 84입니다.

$◆ \times 4 =$ ______________

____

답 ______________

오늘 공부 어땠나요?　10개 중 맞힌 문제 □ 개 〉 **틀린 문제**는 힌트를 보고 다시 도전해 보세요. 〉 **맞힌 문제**는 힌트를 보고 자신의 생각과 비교해 보세요.

01 수 모형을 보고 □ 안에 알맞은 수를 써넣으세요.

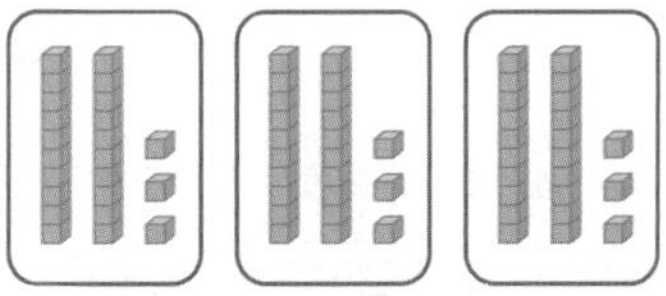

$23+23+23=$ □

$23\times3=$ □

02 계산 결과를 비교하여 ◯ 안에 $>$, $=$, $<$를 알맞게 써넣으세요.

40×2 ◯ 10×9

03 ㉠+㉡의 값을 구해 보세요.

• $50\times$㉠$=250$ • ㉡$\times8=160$

(   )

04 연필 한 타는 12자루입니다. 연필 6타는 모두 몇 자루일까요?

(   )

05 두 수의 곱을 구하세요.

• 10이 5개, 1인 3개인 수
• 1보다 1만큼 더 큰 수

(   )

06 □ 안에 알맞은 수를 써넣으세요.

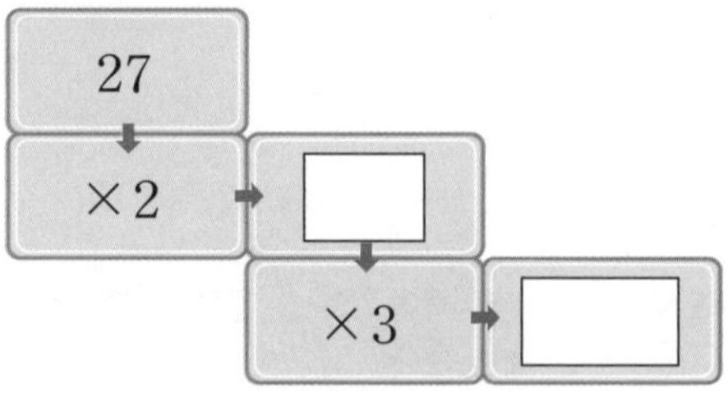

07 계산이 잘못된 부분을 찾아 바르게 고쳐 보세요.

$$\begin{array}{r} 2\ 8 \\ \times \quad 5 \\ \hline 9\ 0 \end{array} \rightarrow \begin{array}{r} 2\ 8 \\ \times \quad 5 \\ \hline \end{array}$$

08 계산 결과가 가장 작은 것을 찾아 기호를 쓰세요.

㉠ 30의 9배
㉡ 55씩 4묶음
㉢ 72+72+72

( )

09 □ 안에 알맞은 수를 써넣으세요.

$$\begin{array}{r} 6\ \square \\ \times \quad \square \\ \hline 1\ 3\ 8 \end{array}$$

서술형

10 수족관에 파란색 물고기가 15마리 있습니다. 빨간색 물고기는 파란색 물고기의 3배이고, 노란색 물고기는 빨간색 물고기의 2배입니다. 수족관에 있는 물고기는 모두 몇 마리인지 풀이 과정을 쓰고, 답을 구하세요.

[풀이] ____________________

[답] ____________________

23일 1 cm보다 작은 단위

① 1 mm 알아보기

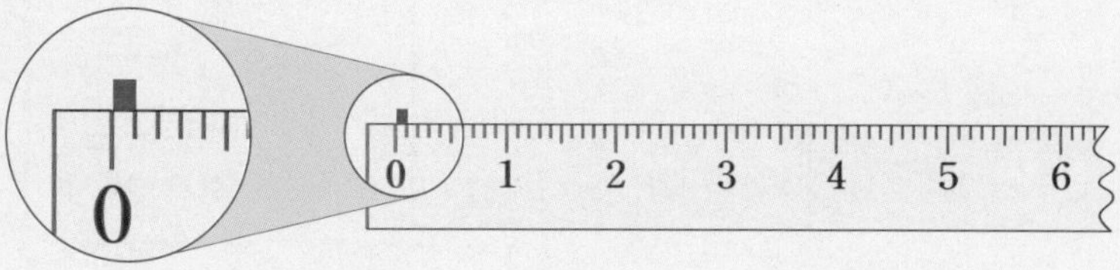

• 1 cm( )를 10칸으로 똑같이 나누었을 때( ) 작은 눈금 한 칸의 길이(▪)를 **1 mm**라 쓰고 **1 밀리미터**라고 읽습니다.

1 mm

1 cm=10 mm

◐ cm와 mm의 관계

1 cm=10 mm
2 cm=20 mm
3 cm=30 mm
⋮

■ cm=■0 mm

◐ 몇 cm 몇 mm를 몇 mm로 나타내기

1 cm 2 mm
=1 cm+2 mm
=10 mm+2 mm
=12 mm
↓
■cm ▲mm=■▲mm

② 몇 cm 몇 mm와 몇 mm로 나타내기

• 5 cm보다 3 mm 더 긴 것을 **5 cm 3 mm**라 쓰고 **5 센티미터 3 밀리미터**라고 읽습니다.

• 5 cm 3 mm는 53 mm입니다.
 └ 1 cm=10 mm이므로 5 cm=50 mm

5 cm 3 mm=53 mm

1 cm보다 작은 길이는 mm 단위로 재면 더 정확하게 잴 수 있어.

확인 1 그림을 보고 □ 안에 알맞은 수나 말을 써넣으세요.

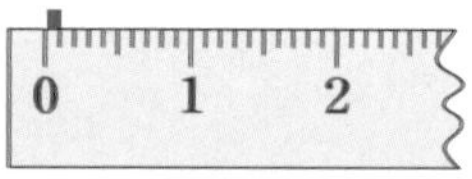

(1) 1 cm를 10칸으로 똑같이 나눈 작은 눈금 한 칸 (▪)의 길이는 □ mm입니다.

(2) 1 cm는 □ mm와 같습니다.

(3) 1 mm는 □라고 읽습니다.

확인 2 그림을 보고 □ 안에 알맞은 수를 써넣으세요.

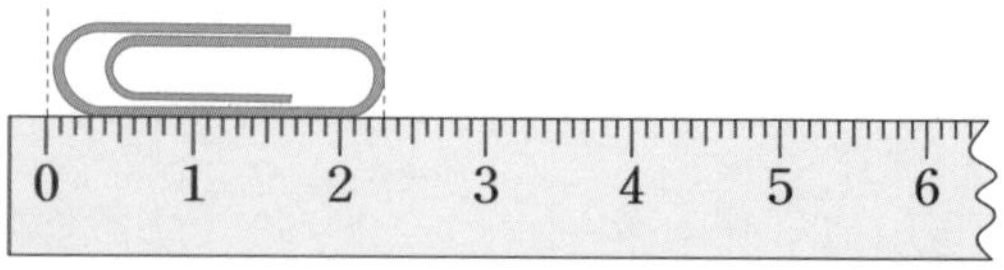

(1) 클립의 길이는 2 cm보다 □ mm 더 깁니다.

(2) 클립의 길이는 □ cm □ mm입니다.

(3) 클립의 길이는 □ mm입니다.

기본기 다지는 교과서 문제

» 정답 · 풀이 26쪽

1 □ 안에 알맞은 수를 써넣으세요.

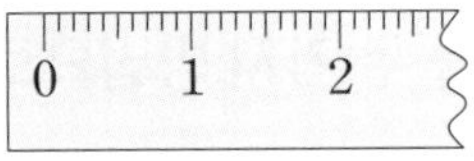

1 cm = □ mm

2 주어진 길이를 쓰고 읽어 보세요.

(1) 6 mm

(쓰기) ______

(읽기) ______

(2) 8 cm 2 mm

(쓰기) ______

(읽기) ______

3 □ 안에 알맞은 수를 써넣으세요.

(1) 5 cm = □ mm

(2) 3 cm 6 mm = □ mm

(3) 28 mm = □ cm □ mm

(4) 160 mm = □ cm

개념 따라쓰기

1 mm 알아보기

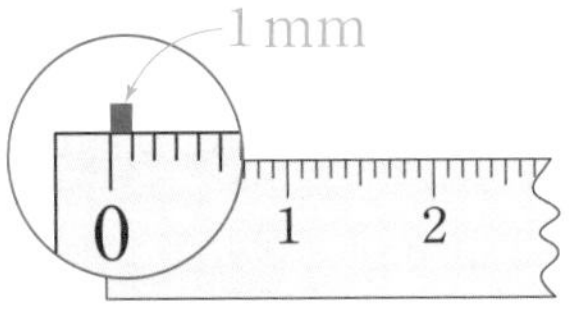

1 mm는 1 cm를 10칸으로 똑같이 나누었을 때 작은 눈금 한 칸의 길이입니다.

몇 cm 몇 mm 알아보기

■ cm보다 ▲ mm 더 긴 것

↓

■ cm ▲ mm

■ cm보다 ▲ mm 더 긴 것을 ■ cm ▲ mm라고 씁니다.

몇 cm 몇 mm를 몇 mm로 나타내기

■ cm ▲ mm

↓

■▲ mm

■ cm ▲ mm는 ■▲ mm입니다.

5 단원

1 이해

화살표가 가리키는 곳의 길이를 써 보세요.

(1) 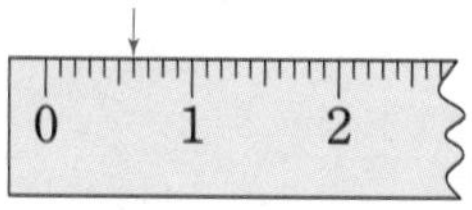 → □ mm

(2) 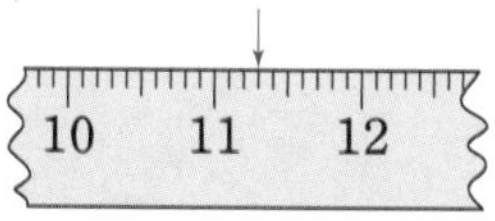 → □ cm □ mm

2 적용

성냥개비의 길이를 재어 보세요.

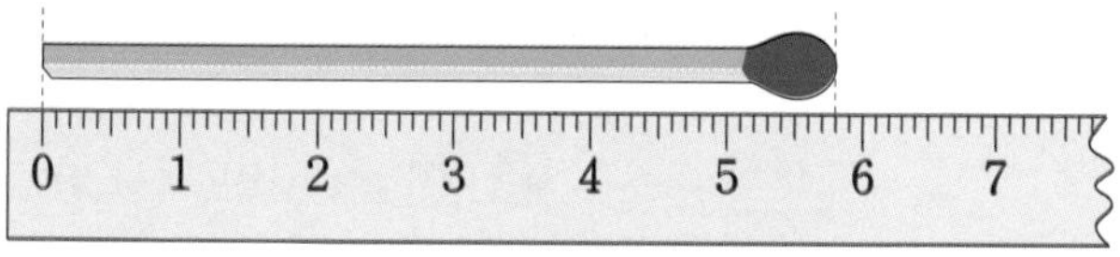

□ cm □ mm

3 46쪽 적용

머리핀의 길이를 재어 보세요.

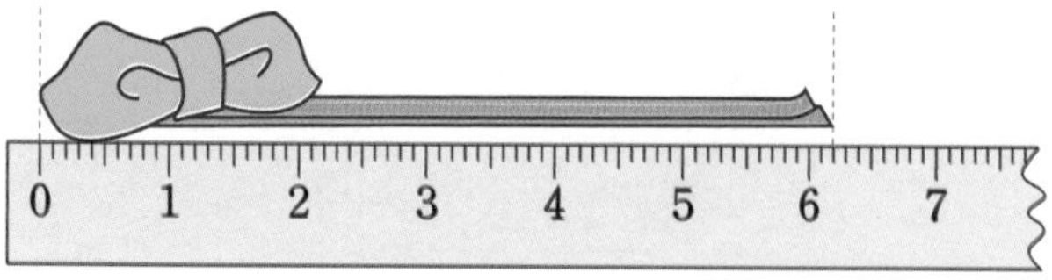

□ cm □ mm = □ mm

4 46쪽 문제 해결

길이를 두 가지 방법으로 나타내어 보세요.

cm와 mm로 나타내기	mm로 나타내기
3 cm 5 mm	
	224 mm
13 cm	
	150 mm

5 46쪽 적용

같은 길이끼리 선으로 이어 보세요.

2 cm 1 mm •	• 210 mm
20 cm 1 mm •	• 21 mm
21 cm •	• 201 mm

6 46쪽 의사 소통

길이가 긴 것부터 차례로 기호를 쓰세요.

㉠ 180 mm　㉡ 10 cm 8 mm
㉢ 80 cm　㉣ 810 mm

□ − □ − □ − □

» 정답 · 풀이 26쪽

조금 더 어려운 문제에 도전해 볼까요?

7 47쪽 적용

연필의 길이를 써넣으세요.

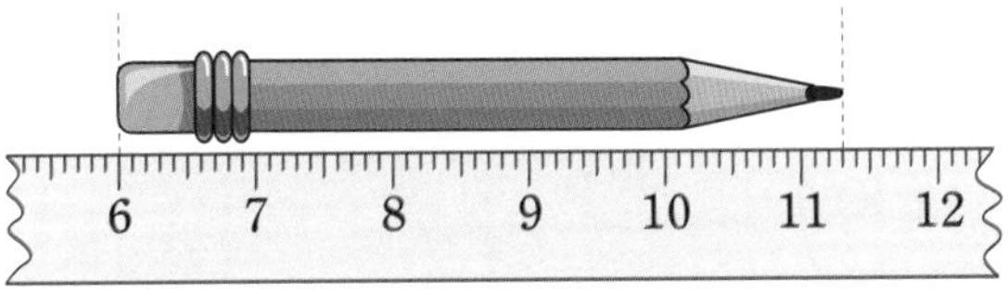

□ cm □ mm

8 47쪽 추론

수직선을 보고 □ 안에 알맞은 수를 써넣으세요.

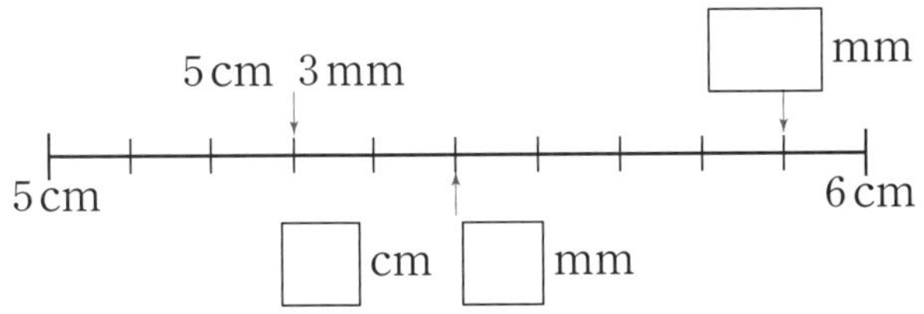

+9 47쪽 수학적 독해력

단위를 바르게 사용한 문장을 모두 찾아 기호를 쓰세요.

㉠ 볼펜의 길이는 약 17 cm입니다.
㉡ 지우개의 두께는 약 8 cm입니다.
㉢ 휴대폰의 긴 쪽의 길이는 약 145 mm입니다.

( )

독해 포인트 mm, cm의 크기를 생각하며 문장을 읽어보세요.

+10 47쪽 수학적 표현력

파란 막대의 길이는 6 cm보다 3 mm 더 길고, 노란 막대의 길이는 7 cm보다 2 mm 더 짧습니다. 어느 막대의 길이가 더 긴지 풀이 과정을 쓰고, 답을 구하세요.

[풀이] 파란 막대의 길이는 6 cm 3 mm이고, 노란 막대의 길이는 ______

______

[답] ______

오늘 공부 어땠나요? 10개 중 맞힌 문제 □ 개 › 틀린 문제는 힌트를 보고 다시 도전해 보세요. › 맞힌 문제는 힌트를 보고 자신의 생각과 비교해 보세요.

24일 1 m보다 큰 단위

① 1 km 알아보기

• 1000 m를 **1 km**라 쓰고 **1 킬로미터**라고 읽습니다.

1 km

1000 m=1 km

◑ m와 km의 관계

1000 m=1 km
2000 m=2 km
3000 m=3 km
⋮
□000 m=□ km

② 몇 km 몇 m와 몇 m로 나타내기

• 2 km보다 300 m 더 긴 것을 **2 km 300 m**라 쓰고 **2 킬로미터 300 미터**라고 읽습니다.

• 2 km 300 m는 2300 m입니다.
  └• 1 km=1000 m이므로 2 km=2000 m

2 km 300 m=2300 m

◑ 몇 km 몇 m를 몇 m로 나타내기

1 km 200 m
=1 km+200 mm
=1000 m+200 m
=1200 m

③ 길이를 나타내는 단위 사이의 관계

1 cm=10 mm
100배 ↓
1 m=100 cm
1000배 ↓
1 km=1000 m

확인 1 그림을 보고 □ 안에 알맞은 수나 말을 써넣으세요.

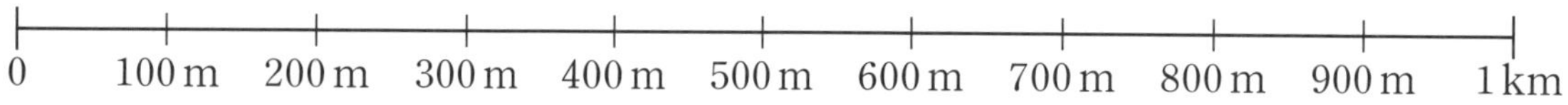

(1) 1000 m는 □ km입니다.

(2) 1 km는 □라고 읽습니다.

확인 2 □ 안에 알맞은 수나 말을 써넣으세요.

(1) 3 km보다 500 m 더 긴 것을 □ km □ m라 씁니다.

(2) 3 km는 □ m이므로 3 km 500 m는 □ m입니다.

기본기 다지는 교과서 문제

1 주어진 길이를 쓰고 읽어 보세요.

(1) 7 km

쓰기 ______

읽기 ______

(2) 3 km 600 m

쓰기 ______

읽기 ______

2 □ 안에 알맞은 수를 써넣으세요.

(1) 5 km보다 340 m 더 먼 거리 → □ km □ m

(2) 3 km보다 208 m 더 먼 거리 → □ km □ m

3 □ 안에 알맞은 수를 써넣으세요.

(1) 6000 m = □ km

(2) 2 km 650 m = □ m

(3) 7400 m = □ km □ m

개념 따라쓰기

1 km 알아보기

1000 m는 1 km입니다.
1 km는 1000 m입니다.

몇 km 몇 m 알아보기

■ km보다 ▲00 m 더 긴 것
↓
■ km ▲00 m

■ km보다 ▲00 m 더 긴 것을 ■ km ▲00 m라고 씁니다.

길이를 나타내는 단위 사이의 관계

1 km = 1000 m
1 m = 100 cm
1 cm = 10 mm

1
이해

□ 안에 알맞은 수를 써넣으세요.

(1) 900 m보다 100 m 더 간 곳은 □ km입니다.

(2) 100 m씩 10번 뛰어 세면 □ km입니다.

2
이해

빈칸에 알맞게 써넣으세요.

1 km	
800 m	200 m
	400 m
250 m	

3
48쪽 적용

□ 안에 알맞은 수를 써넣으세요.

(1) 4 km보다 520 m 더 먼 거리

→ □ km □ m

(2) 7 km보다 935 m 더 먼 거리

→ □ km □ m

4
48쪽 문제 해결

산의 높이를 두 가지 방법으로 나타내어 보세요.

산	km와 m로 나타내기	m로 나타내기
한라산	1 km 950 m	
지리산		1915 m
설악산	1 km 708 m	

5
48쪽 적용

같은 길이끼리 선으로 이어 보세요.

7 km 4 m •	• 7040 m
7 km 40 m •	• 7400 m
7 km 400 m •	• 7004 m

6
48쪽 추론

수직선을 보고 □ 안에 알맞은 수를 써넣으세요.

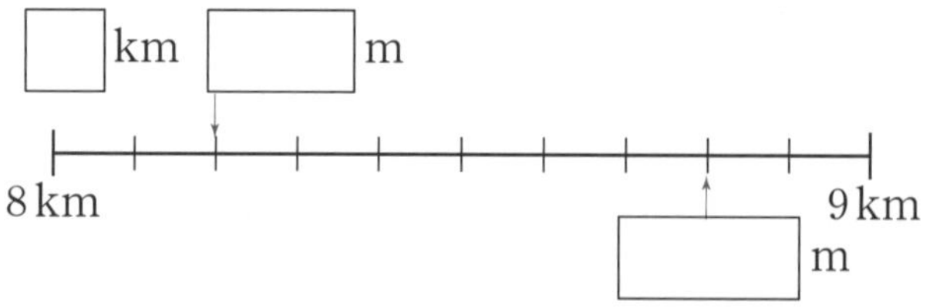

» 정답 · 풀이 27쪽

7 49쪽 의사 소통

길이가 긴 것부터 차례로 기호를 쓰세요.

㉠ 6600 m
㉡ 5 km보다 1000 m 더 긴 길이
㉢ 6 km 60 m

□–□–□

8 49쪽 추론

단위를 잘못 쓴 문장을 찾아 기호를 쓰세요.

㉠ 교실 문의 높이는 약 3 m입니다.
㉡ 9 km 25 m는 9025 m입니다.
㉢ 3003 m는 300 km 3 m입니다.

(　　　　　　)

+9 49쪽 수학적 독해력

서연이가 집에서 병원까지 길을 따라 가려고 합니다. 가장 짧은 거리를 가려면 몇 km 몇 m를 가야 병원에 도착할 수 있을까요? (단, 작은 사각형의 크기는 모두 같습니다.)

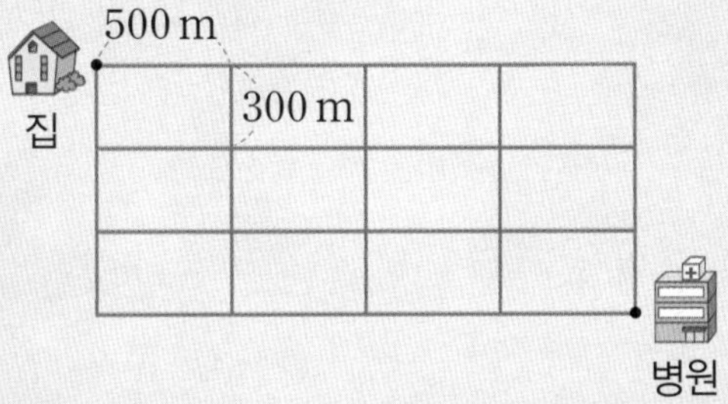

(　　　　　　)

독해 포인트 '가장 짧은 거리'이므로 집 방향으로 되돌아오지 않고 곧장 병원 방향으로만 가야 합니다.

+10 49쪽 수학적 표현력

민호는 학교에서 자전거를 타고 소방서를 거쳐 영화관에 갔습니다. 민호가 자전거를 타고 간 거리는 몇 m인지 풀이 과정을 쓰고, 답을 구하세요.

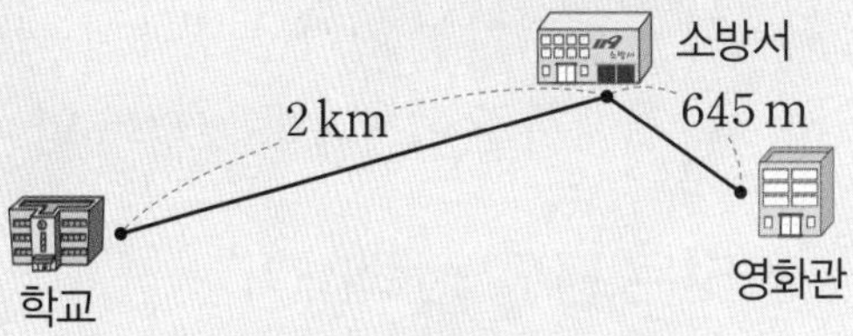

[풀이] 민호가 학교에서 소방서까지 간 2 km를 m로 나타내면 ____________________

____

[답] ____________________

오늘 공부 어땠나요? 10개 중 맞힌 문제 □ 개 > 틀린 문제는 힌트를 보고 다시 도전해 보세요. > 맞힌 문제는 힌트를 보고 자신의 생각과 비교해 보세요.

25일 길이와 거리를 어림하고 재어 보기

① 길이를 어림하고 재어 보기

손톱의 길이, 한 뼘 등을 기준으로 하여 길이를 어림합니다.
길이를 어림하여 말할 때에는 '약'을 붙여 말합니다.

- 지우개의 길이를 어림하면 1 cm가 3번쯤이므로 **약 3 cm**입니다.
- 지우개의 길이를 자로 재면 **3 cm 3 mm**입니다.

② 거리 어림하기

한 걸음, 집의 높이, 한 지점까지의 거리 등 기준이 되는 거리를 이용하여 몇 배인지 알아보고 거리를 어림합니다.

- 집에서 학교까지 거리는 약 1 km입니다.
- 집에서 은행까지의 거리는 집에서 학교까지의 거리의 약 4배쯤 됩니다. ➜ 집에서 은행까지의 거리는 **약 4 km**입니다.

③ 알맞은 단위 선택하기

단위의 크기를 생각하여 mm, cm, m, km 중에서 알맞은 단위를 선택합니다.

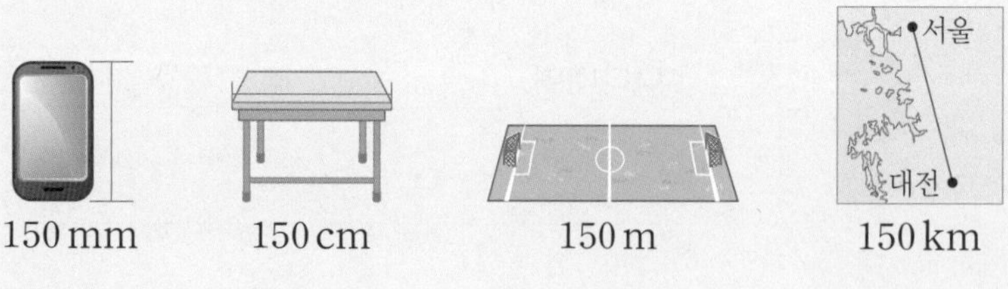

◐ 길이의 합과 차

같은 단위끼리 더하거나 빼니다. 이때 1 cm=10 mm, 1 km=1000 m임을 이용하여 받아올림하거나 받아내림하여 계산합니다.

		1
	3 cm	5 mm
+	1 cm	7 mm
	5 cm	2 mm

	2	1000
	~~3~~ km	500 m
−	1 km	700 m
	1 km	800 m

확인 1 색 테이프의 길이를 어림해 보세요.

➜ 1 cm가 5번쯤 들어갈 것으로 생각되므로 어림하면 약 ☐ cm입니다.

확인 2 집에서 편의점까지의 거리를 어림해 보세요.

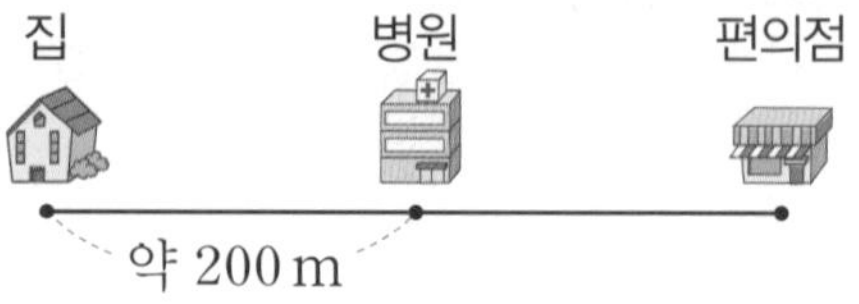

➜ 집에서 병원까지 거리의 2배쯤이므로 집에서 편의점까지의 거리는 약 ☐ m입니다.

기본기 다지는 교과서 문제

» 정답 · 풀이 28쪽

1 물감의 길이를 어림해 보세요.

약 ☐ cm

2 ☐ 안에 알맞은 수를 써넣으세요.

(1) 약 500 m인 거리의 4배인 거리는 약 ☐ km입니다.

(2) 30 km인 거리의 3배쯤인 거리는 약 ☐ km입니다.

3 알맞은 단위에 ○표 하세요.

(1) 가방의 길이는 약 40 (mm , cm , m)입니다.

(2) 빌딩의 높이는 약 40 (mm , cm , m)입니다.

(3) 마라톤 코스의 길이는 약 40 (cm , m , km)입니다.

4 길이가 1 km보다 긴 것을 찾아 기호를 쓰세요.

㉠ 한라산의 높이	㉡ 교실 칠판의 긴 쪽의 길이
㉢ 의자의 높이	㉣ 교실 문의 길이

( )

개념 따라쓰기

길이 어림하기

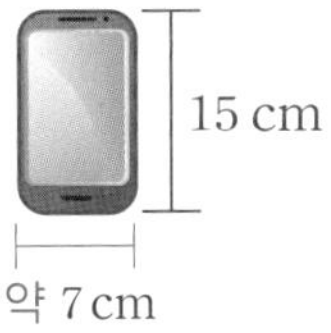

길이를 어림하여 말할 때에는 '약'을 붙여 말합니다.

거리 어림하기

거리를 어림할 때에는 기준이 되는 거리를 이용하여 몇 배인지 어림합니다.

알맞은 단위 선택하기

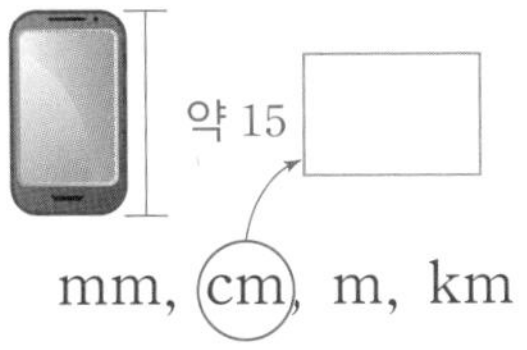

단위의 크기를 생각하여 알맞은 단위를 선택합니다.

스스로 풀어내는 도전 10 문제

막힐 때 힌트북

1

이해

어림한 길이로 알맞은 것의 기호를 쓰세요.

75 mm

㉠ 면봉의 길이
㉡ 옷걸이의 길이
㉢ 수학책의 긴 쪽의 길이
㉣ 책상의 높이

(　　　　　　)

2

적용

□ 안에 cm와 m 중 알맞은 단위를 써넣으세요.

(1) 젓가락의 길이는 약 20 □입니다.

(2) 롯데월드타워의 높이는 약 550 □입니다.

3 50쪽

문제 해결

어림했을 때 어느 산책로가 더 긴지 기호를 쓰세요.

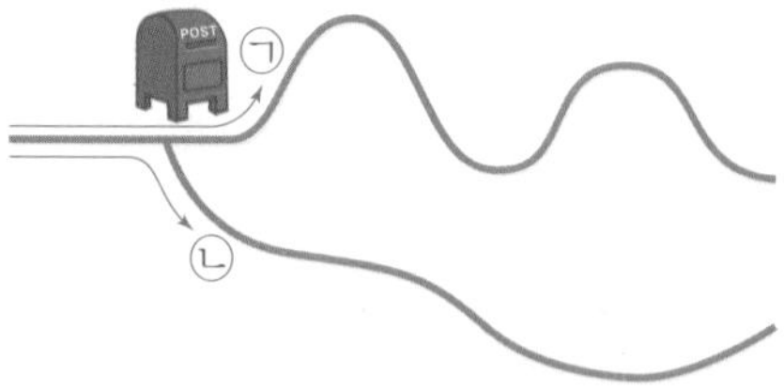

(　　　　　　)

4 50쪽

추론

〈보기〉에서 알맞은 길이를 골라 문장을 완성해 보세요.

〈보기〉
1 km　　5 mm　　45 cm

(1) 쌀 한 톨의 길이는 약 □입니다.

(2) 집에서 병원까지의 거리는 약 □입니다.

5 50쪽

의사 소통

단위를 잘못 쓴 것의 기호를 쓰세요.

㉠ 한 걸음은 약 40 cm입니다.
㉡ 연필의 길이는 약 15 cm입니다.
㉢ 한 뼘의 길이는 약 18 m입니다.

(　　　　　　)

6 50쪽

추론

알맞은 것끼리 선으로 이어 보세요.

냉장고의 높이 •	• 2 km
호수의 둘레 •	• 2 m
단추의 길이 •	• 2 cm

조금 더 **어려운 문제**에 도전해 볼까요?

7 51쪽 추론

옳은 문장을 모두 골라 기호를 쓰세요.

㉠ 산책로의 길이는 약 1 km입니다.
㉡ 교실 문의 짧은 쪽의 길이는 약 150 m입니다.
㉢ 급식판의 긴 쪽의 길이는 약 50 cm입니다.
㉣ 수학책의 두께는 약 10 cm입니다.

(　　　　　　　　)

8 51쪽 창의 융합

수현이네 집에서 약 2 km 떨어진 곳에는 어떤 장소가 있는지 모두 쓰세요.

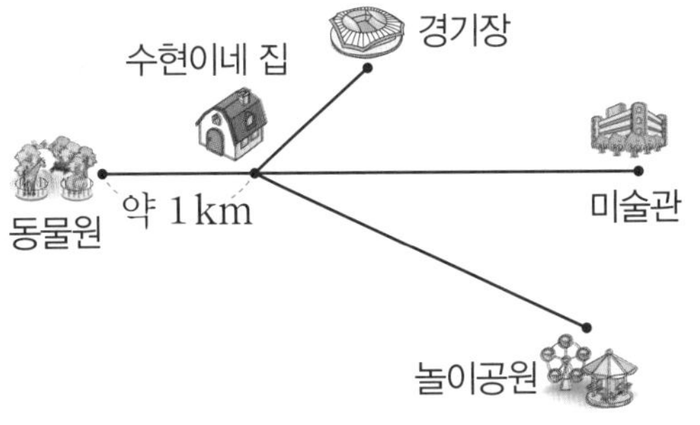

(　　　　　　　　)

5 단원

+9 51쪽 수학적 독해력

학교에서 소방서까지의 거리가 약 1 km입니다. 집에서 병원까지의 거리는 약 몇 km일까요?

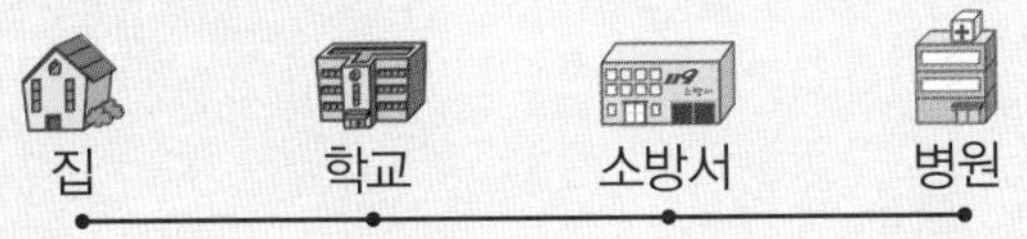

(　　　　　　　　)

독해 포인트 '학교에서 소방서까지의 거리 약 1 km'를 기준으로 삼아 생각해 보세요.

+10 51쪽 수학적 표현력

잘못 어림한 사람을 찾고, 바르게 고쳐 보세요.

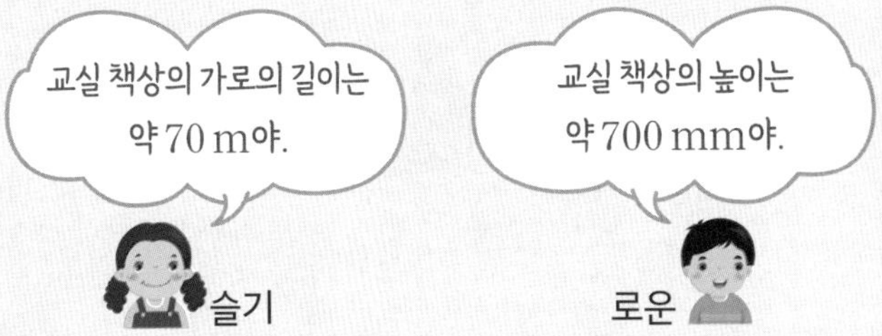

[잘못 어림한 사람] ____________________

[바르게 고치기] ____________________

____

오늘 공부 어땠나요? 10개 중 맞힌 문제 ☐ 개 〉 **틀린 문제**는 힌트를 보고 다시 도전해 보세요. 〉 **맞힌 문제**는 힌트를 보고 자신의 생각과 비교해 보세요.

26일 1분보다 작은 단위

① 1초 알아보기

초바늘이 작은 눈금 한 칸을 지나는 데 걸리는 시간을 **1초**라고 합니다.

작은 눈금 한 칸=1초

시계의 바늘

'시'를 나타내는 짧은 바늘, '분'을 나타내는 긴바늘, '초'를 나타내는 초바늘이 있습니다.

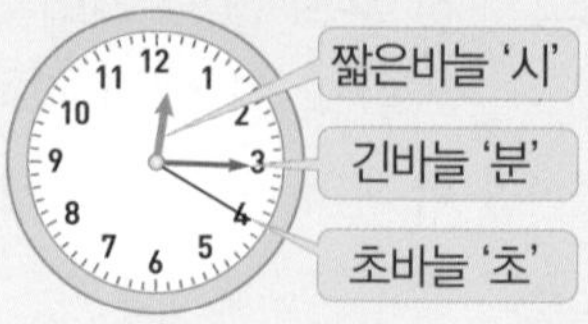

② 60초 알아보기

• 초바늘이 시계를 한 바퀴 도는 데 걸리는 시간은 **60초**입니다.

• 초바늘이 시계를 한 바퀴 도는 동안 긴바늘은 작은 눈금 한 칸을 지납니다. (→ 1분)

60초=1분

몇 분 몇 초로 나타내기

100초=60초+40초
=1분+40초
=1분 40초

몇 초로 나타내기

2분 10초=2분+10초
=120초+10초
=130초

③ 시각을 초 단위까지 읽기

시각을 읽을 때에는 시(❶) → 분(❷) → 초(❸) 단위의 순서로 읽습니다.

❶ 짧은 바늘이 1과 2 사이에 있으므로 → 1시

❷ 긴 바늘이 3을 지났으므로 → 15분

❸ 초 바늘이 4를 가리키므로 → 20초

→ **1시 15분 20초**

시각을 읽을 때에는 □시 ○분 △초로 읽어.

» 정답 · 풀이 29쪽

1 알맞은 말에 ○표 하세요.

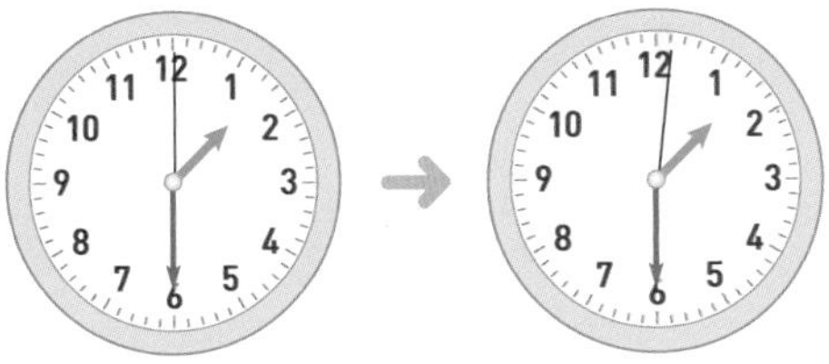

초바늘이 작은 눈금 한 칸을 지나는 데 걸리는 시간은 (1초 , 1분)입니다.

2 □ 안에 알맞은 수를 써넣으세요.

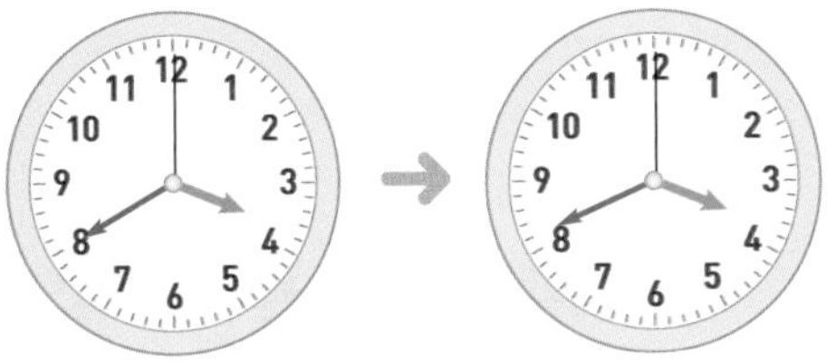

(1) 초바늘이 시계를 한 바퀴 도는 데 걸리는 시간은 □초입니다.

(2) 1분은 □초입니다.

3 1초 동안 할 수 있는 일을 모두 찾아 ○표 하세요.

박수 한 번 치기	노래 한 곡 부르기	눈 한 번 깜빡이기
( )	( )	( )

4 시각을 읽어 보세요.

(1)

□시 □분 □초

(2)

□시 □분 □초

개념 따라쓰기

1초 알아보기

작은 눈금 한 칸 ➡ 1초

1초는 초바늘이 작은 눈금 한 칸을 지나는 데 걸리는 시간입니다.

60초 알아보기

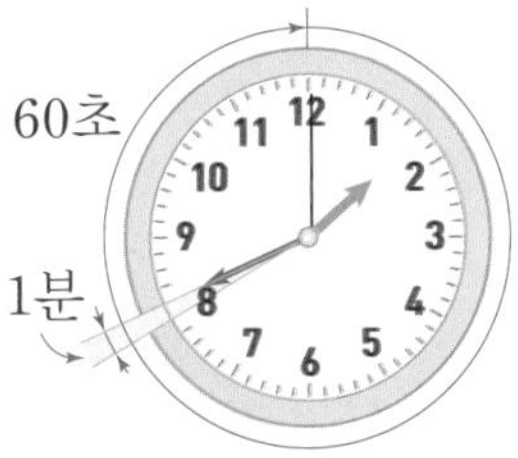

1분 ➡ 60초

1분은 60초입니다.

시각을 읽는 순서

시각을 읽을 때에는 시 ➡ 분 ➡ 초 단위의 순서로 읽습니다.

1

이해

그림에서 초바늘이 움직이는 작은 눈금 한 칸은 얼마를 나타낼까요?

(   )

2

52쪽

적용

□ 안에 알맞은 수를 써넣으세요.

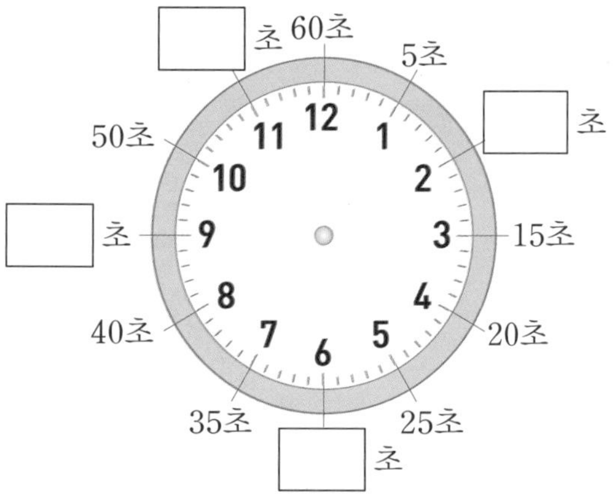

3

적용

같은 시간끼리 선으로 이어 보세요.

2분 40초 •	• 440초
5분 10초 •	• 160초
7분 20초 •	• 310초

4

52쪽

이해

시각을 읽어 보세요.

(1)

(   )

(2)

(   )

5

52쪽

문제 해결

시각에 맞게 초바늘을 그려 넣으세요.

6시 35분 10초

6

52쪽

의사 소통

□ 안에 시간, 분, 초 중 알맞은 시간의 단위를 써넣으세요.

(1) 발차기를 한 번 하는 시간 ➔ 2□

(2) 영화를 한 편 보는 시간 ➔ 2□

(3) 이를 닦는 시간 ➔ 2□

» 정답 · 풀이 29쪽

7 53쪽 창의 융합

세 사람이 게임을 하는 데 걸린 시간을 기록한 표입니다. 시간을 알맞게 나타내어 보세요

이름	초로 나타내기	분과 초로 나타내기
지혜	170초	2분 50초
슬기	187초	
윤하		4분 12초

8 53쪽 추론

다음을 모두 만족하는 시각을 구해 보세요.

- 10시와 11시 사이의 시각입니다.
- 긴바늘은 숫자 3을 막 지났습니다.
- 초바늘이 숫자 5를 가리킵니다.

( )

+9 53쪽 수학적 독해력

서준이네 반 친구들의 오래 달리기 기록입니다. 빨리 달린 학생부터 차례로 이름을 쓰세요.

이름	서준	민호	영민
기록	150초	1분 42초	2분 4초

☐ – ☐ – ☐

독해 포인트 '빨리 달린 학생'일수록 기록이 더 짧습니다.

+10 53쪽 수학적 표현력

다음 중 잘못 말한 사람은 누구인지 찾으려고 합니다. 풀이 과정을 쓰고, 답을 구하세요.

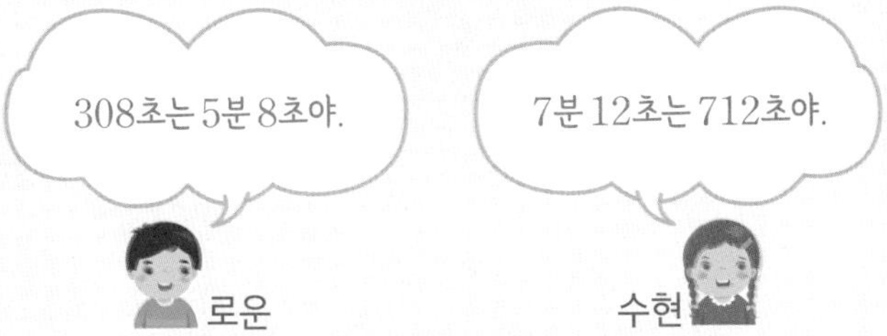

풀이 308초=300초+8초= ______

______

______

답 ______

오늘 공부 어땠나요? 10개 중 맞힌 문제 ☐ 개 > **틀린 문제**는 힌트를 보고 다시 도전해 보세요. > **맞힌 문제**는 힌트를 보고 자신의 생각과 비교해 보세요.

27일 시간의 덧셈과 뺄셈

① 시간의 덧셈

- 시는 시끼리, 분은 분끼리, 초는 초끼리 더합니다.
- 같은 단위끼리의 합이 60이거나 60보다 크면 60초를 1분으로, 60분을 1시간으로 받아올림합니다.

예 받아올림이 없는 시간의 덧셈

	3시	25분	20초
+	1시	20분	15초
	4시	45분	35초

예 받아올림이 있는 시간의 덧셈

	1	
	12분	34초
+	23분	42초
	36분	16초

② 시간의 뺄셈

- 시는 시끼리, 분은 분끼리, 초는 초끼리 뺍니다.
- 같은 단위끼리 뺄 수 없으면 1분을 60초로, 1시간을 60분으로 받아내림합니다.

예 받아내림이 없는 시간의 뺄셈

	5시	12분	30초
−	3시	7분	
	2시	5분	30초

예 받아내림이 있는 시간의 뺄셈

	24	60
	25분	35초
−	15분	45초
	9분	50초

시각과 시간
- 시각: 시간의 어느 한 지점
- 시간: 어떤 시각에서 어떤 시각까지의 사이

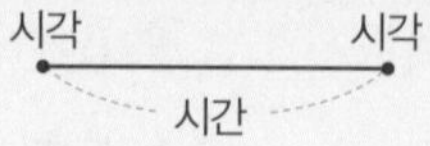

오전, 오후라는 말을 쓰지 않을 때에는 오후 1시=13시, 오후 2시=14시 ……와 같이 나타냅니다.

확인 1 □ 안에 알맞은 수를 써넣으세요.

(1)

	3 시	18 분	25 초
+	1 시	10 분	5 초
	□시	□분	□초

(2) 3시 18분 25초+1시 10분 5초
=□시 □분 □초

확인 2 □ 안에 알맞은 수를 써넣으세요.

(1)

	7 시	30 분	45 초
−	4 시	28 분	20 초
	□시	□분	□초

(2) 7시 30분 45초−4시 28분 20초
=□시 □분 □초

기본기 다지는 교과서 문제

» 정답 · 풀이 30쪽

1 □ 안에 알맞은 수를 써넣으세요.

(1)

	25	분	25	초
+	10	분	20	초
	□	분	□	초

(2)

	□			
	32	분	45	초
+	5	분	22	초
	□	분	□	초

2 □ 안에 알맞은 수를 써넣으세요.

(1)

	37	분	25	초
−	12	분	17	초
	□	분	□	초

(2)

	□		□	
	~~52~~	분	25	초
−	30	분	30	초
	□	분	□	초

3 영화가 끝나는 시각을 구해 보세요.

영화 시작 시각
➡ 3시 10분 30초

영화 재생 시간
➡ 40분 15초

	3	시	10	분	30	초
+			40	분	15	초
	□	시	□	분	□	초

4 다음 시각을 구해 보세요

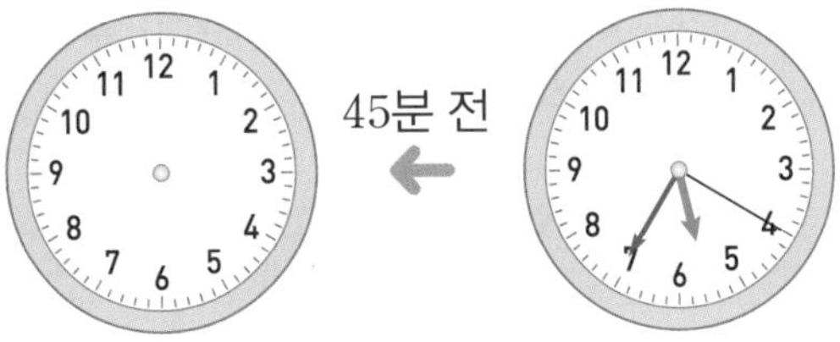

	5	시	35	분	20	초
−			45	분		
	□	시	□	분	□	초

개념 따라쓰기

시간의 덧셈과 뺄셈

	1시	2분	3초
+	4시	5분	6초
	5시	7분	9초

시는 시끼리, 분은 분끼리, 초는 초끼리 계산합니다.

받아올림이 있는 시간의 덧셈

		1분	
	1시	20분	30초
+	4시	10분	40초
	5시	31분	10초

70초=60초+10초

같은 단위끼리의 합이 60이거나 60보다 크면 60초를 1분으로, 60분을 1시간으로 받아올림합니다.

받아내림이 있는 시간의 뺄셈

		19	60 초
	10시	~~20~~분	30초
−	4시	10분	40초
	6시	9분	50초

같은 단위끼리 뺄 수 없으면 1분을 60초로, 1시간을 60분으로 받아내림합니다.

스스로 풀어내는 도전 10 문제

1

계산

계산해 보세요.

(1)

	29분	30초
+	1분	15초

(2)

	40분	50초
−	16분	30초

2

계산

계산해 보세요.

(1) 2시간 25분 33초+6시간 10분 7초

(2) 11시간 40분 26초−9시간 24분 10초

3 54쪽

이해

현재 시각은 다음과 같습니다. 1시간 5분 20초 후의 시각을 구해 보세요.

8:26:37 → □시 □분 □초

4 54쪽

문제 해결

계산이 잘못된 부분을 찾아 바르게 고쳐 보세요.

	25분	25초
−	10분	50초
	15분	35초

→

	25분	25초
−	10분	50초

5 54쪽

창의 융합

다음은 버스 정류장의 전광판입니다. 100번 버스와 350번 버스가 도착하는 시각을 각각 구하세요.

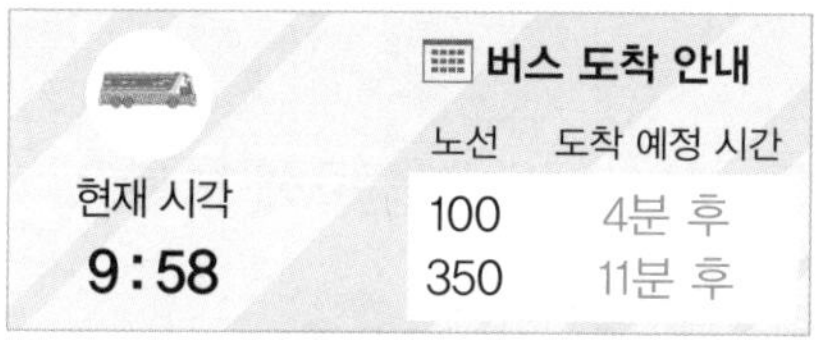

100번 버스 → □시 □분

350번 버스 → □시 □분

6 54쪽

문제 해결

슬기가 본 만화 영화는 3시 25분 30초에 시작하여 4시 1분 15초에 끝났습니다. 슬기가 본 만화 영화의 제목을 쓰세요.

만화 영화 제목	재생 시간
하이로봇 뿌까	25분 15초
날아라 빗자루	30분 45초
너튜브 탐사대	35분 45초

(　　　　　　　　)

조금 더 **어려운 문제**에 도전해 볼까요?

7 55쪽 추론

□ 안에 알맞은 수를 써넣으세요.

□분 □초 → (+9분 17초) → 12분 32초

12분 32초 → (+2시간 24분 9초) → □시 □분 □초

8 55쪽 창의 융합

승차권을 보고 서울에서 부산까지 가는 데 걸린 시간은 몇 시간 몇 분인지 구하세요.

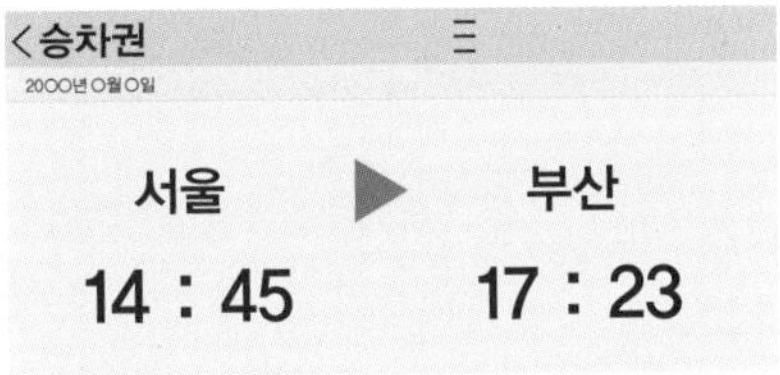

(　　　　　　)

+9 55쪽 수학적 독해력

두 명이 한 모둠이 되어 이어 달리기를 한 기록입니다. 경주에서 어느 모둠이 이겼을까요?

① 모둠	87초	1분 25초
② 모둠	1분 17초	92초

(　　　　　　)

독해 포인트 '경주에서 이기려면' 모둠원끼리 합한 달리기 기록이 짧아야 합니다.

+10 55쪽 수학적 표현력

윤하네 집에서 할머니 댁까지 자동차로 1시간 25분이 걸립니다. 윤하가 할머니 댁에 12시에 도착하려면 늦어도 몇 시 몇 분에 집에서 나와야 할지 풀이 과정을 쓰고, 답을 구하세요.

[풀이] 윤하는 할머니 댁에 도착해야 하는 시각보다 1시간 25분 전에 집에서 나와야 합니다. ______

[답] ______

오늘 공부 어땠나요? 10개 중 맞힌 문제 □개 > 틀린 문제는 힌트를 보고 다시 도전해 보세요. > 맞힌 문제는 힌트를 보고 자신의 생각과 비교해 보세요.

5 단원

01 수직선을 보고 □ 안에 알맞은 수를 써넣으세요.

□ cm □ mm

02 ○ 안에 $>$, $=$, $<$를 알맞게 써넣으세요.

(1) 4 cm 8 mm ○ 51 mm

(2) 5000 m ○ 3 km

03 길이가 가장 긴 것을 찾아 기호를 쓰세요.

㉠ 7 km 40 m	㉡ 7300 m
㉢ 7090 m	㉣ 7 km 390 m

(　　　　　)

04 단위를 잘못 사용한 문장을 찾아 기호를 쓰세요.

㉠ 한 팔의 길이는 약 50 cm입니다.
㉡ 엄지손톱의 길이는 약 10 mm입니다.
㉢ 한 뼘의 길이는 약 15 m입니다.

(　　　　　)

05 집에서 경찰서를 지나 편의점까지 가는 거리는 몇 km일까요?

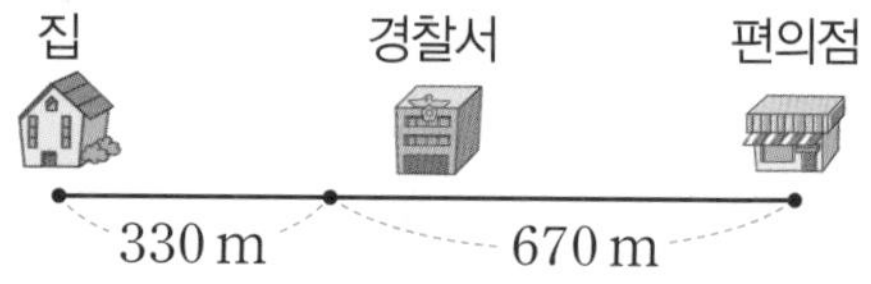

(　　　　　)

06 초바늘이 작은 눈금 10칸을 지나는 데 걸리는 시간은 얼마일까요? ························ (　　　)

① 1초　② 5초　③ 10초
④ 10분　⑤ 10시간

07 다음을 계산해 보세요.

(1)
$$\begin{array}{r} 37\text{분}\ \ 42\text{초} \\ +\ 12\text{분}\ \ 35\text{초} \\ \hline \end{array}$$

(2) 9시간 24분 30초−5시간 17분 55초

08 다음 시각에서 20분 52초 전의 시각은 몇 시 몇 분 몇 초일까요?

(   )

09 종욱이가 텔레비전을 40분 22초 동안 보고 난 후의 시각이 5시 32분 10초였습니다. 텔레비전을 보기 시작한 시각은 몇 시 몇 분 몇 초일까요?

(   )

서술형

10 어젯밤에 잠을 슬기는 8시간 15분 30초 동안 잤고, 로운이는 7시간 43분 50초 동안 잤습니다. 슬기는 로운이보다 잠을 몇 분 몇 초 더 잤는지 풀이 과정을 쓰고, 답을 구하세요.

[풀이] ____________________

____

____

[답] ____________________

공부한 날 월 일

28일 똑같이 나누기

① 똑같이 나누기

똑같이 둘로 나누기	똑같이 넷으로 나누기
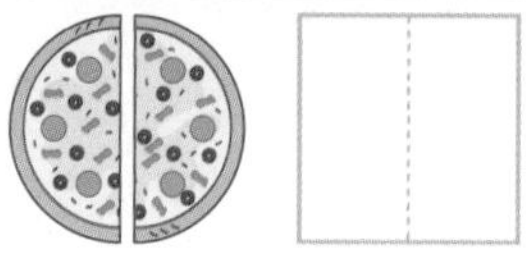	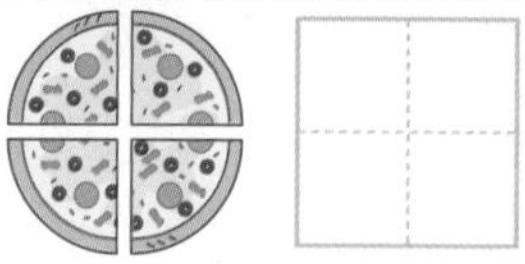

→ 똑같이 나누면 나누어진 조각들의 크기와 모양이 같습니다.

◐ 나누어진 조각들을 서로 겹쳐 보았을 때 완전히 포개어지지 않으면 똑같이 나눈 것이 아닙니다.

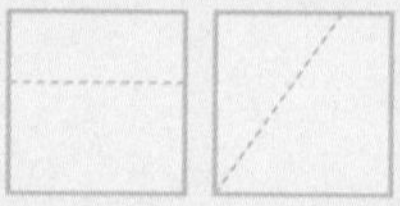

② 여러 가지 방법으로 똑같이 나누기

똑같이 나누어진 것의 크기와 모양만 같으면 되므로 여러 가지 방법으로 나눌 수 있습니다.

예

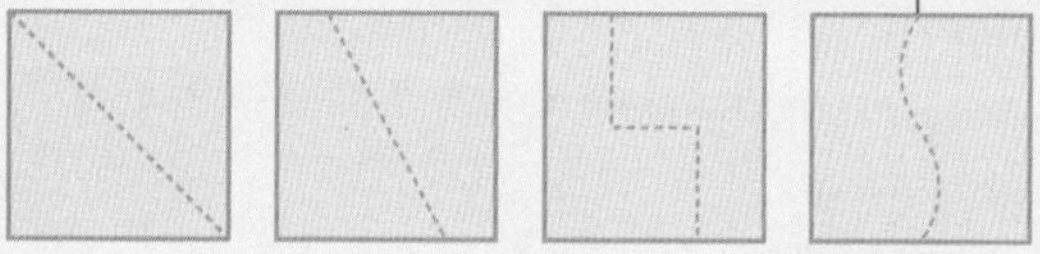

반드시 곧은 선으로 나누지 않아도 됩니다.

확인 1 도형을 보고 물음에 답하세요

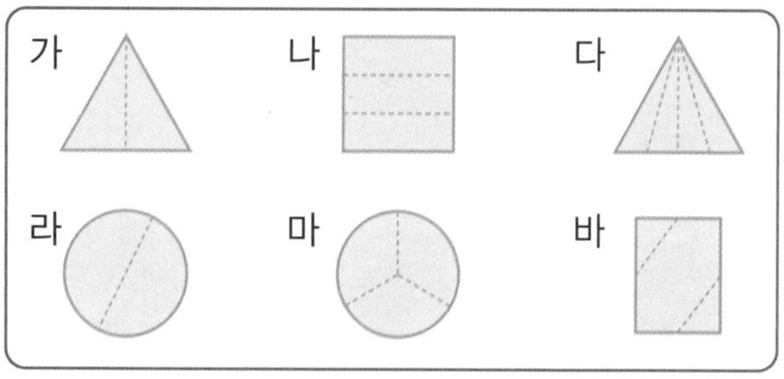

(1) 똑같이 나누어진 도형을 모두 찾아 기호를 쓰세요.

( )

(2) 똑같이 둘로 나눈 도형을 모두 찾아 기호를 쓰세요.

( )

확인 2 조건에 알맞은 도형을 찾아 ○표 하세요.

(1) 똑같이 셋으로 나누기

( ) ( ) ( )

(2) 똑같이 넷으로 나누기

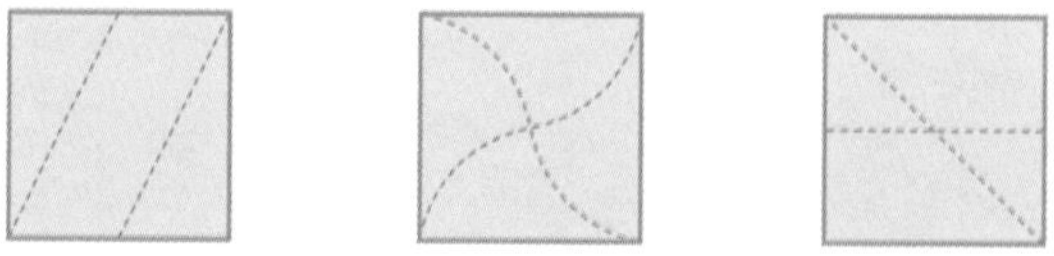

( ) ( ) ( )

» 정답 · 풀이 32쪽

기본기 다지는 교과서 문제

1 똑같이 나누어진 피자를 모두 찾아 기호를 쓰세요.

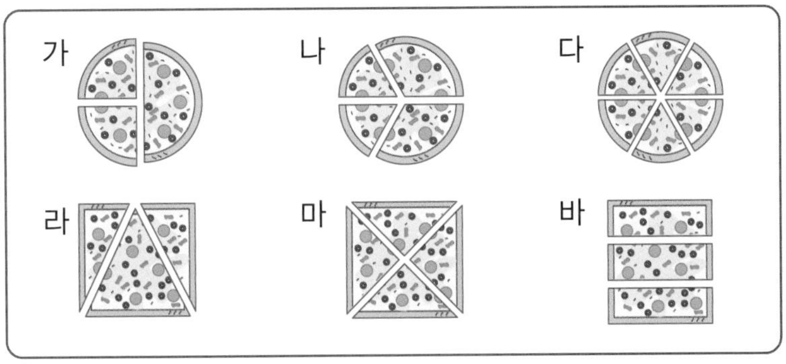

(　　　　　　　　　)

2 크기가 같은 조각이 몇 개 있는지 알아보세요.

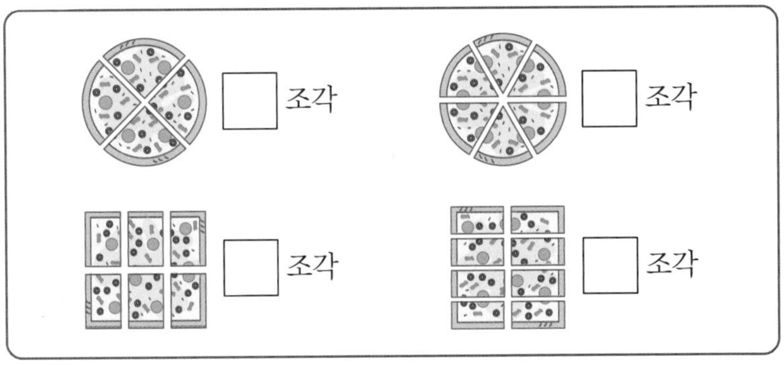

3 색종이를 여러 가지 방법으로 똑같이 셋으로 나누어 보세요.

개념 따라쓰기

똑같이 나눈 크기와 모양

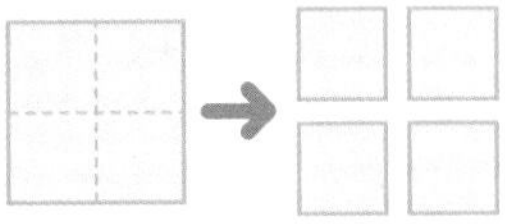

똑같이 나누면 나누어진 조각들은 크기와 모양이 같습니다.

똑같이 나누는 방법

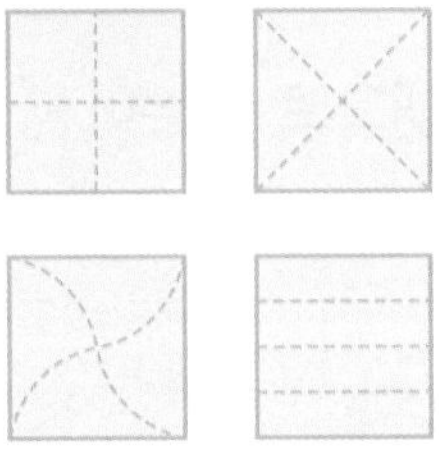

나누어진 조각들의 크기와 모양이 같으면 되므로 똑같이 나누는 방법은 여러 가지입니다.

스스로 풀어내는 도전 10 문제

막힐 땐 힌트북

1

이해

똑같이 나누어진 것을 모두 찾아 기호를 쓰세요.

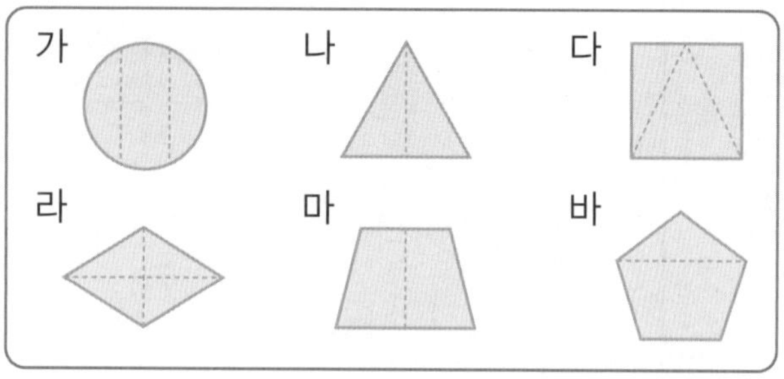

(　　　　　　　　)

2

이해

똑같이 셋으로 나누어진 도형을 찾아 기호를 쓰세요.

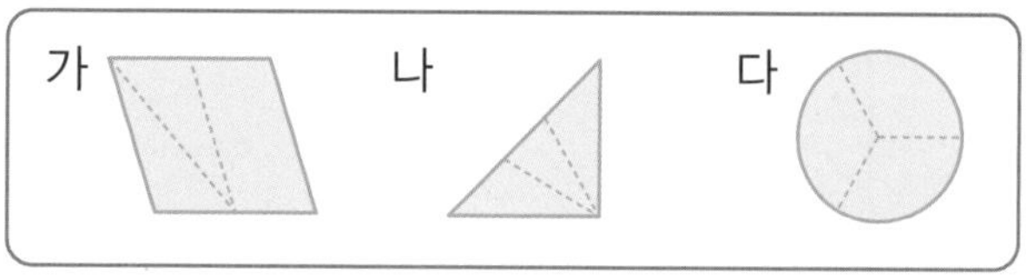

(　　　　　　　　)

3

56쪽

적용

똑같이 넷으로 나누어진 도형을 모두 찾아 기호를 쓰세요.

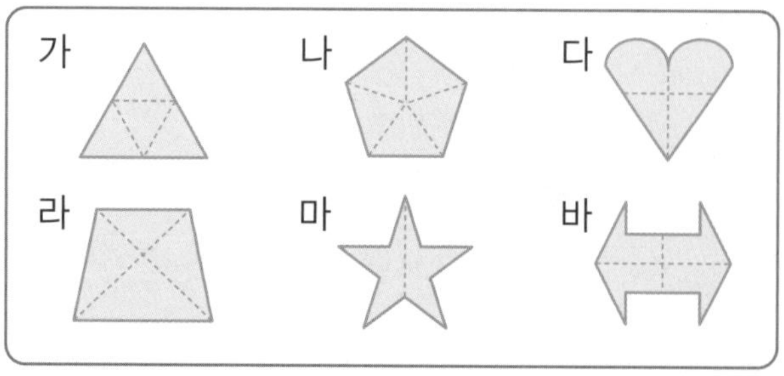

(　　　　　　　　)

4

56쪽

문제 해결

다음 도형을 똑같이 둘로 나눌 수 <u>없는</u> 선을 찾아 기호를 쓰세요.

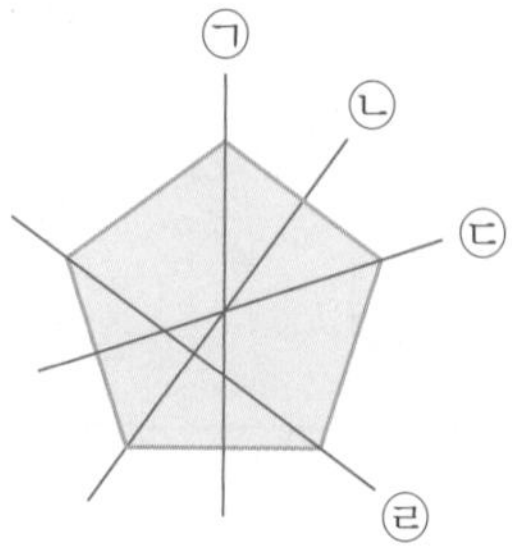

(　　　　　　　　)

5

56쪽

적용

도형이 똑같이 나누어지지 <u>않은</u> 것의 기호를 쓰세요.

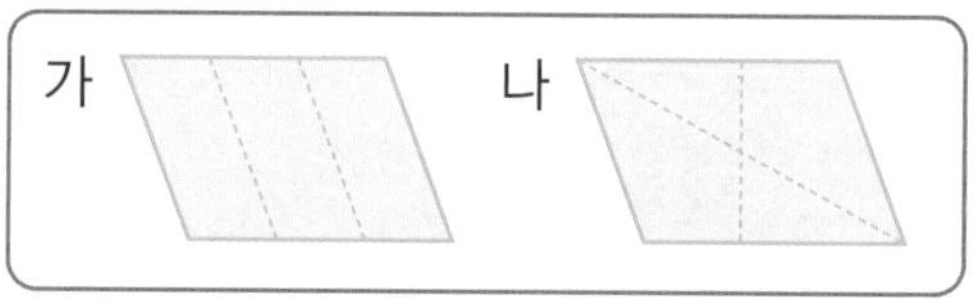

(　　　　　　　　)

6

56쪽

의사 소통

주어진 점을 이용하여 도형을 똑같이 넷으로 나누어 보세요.

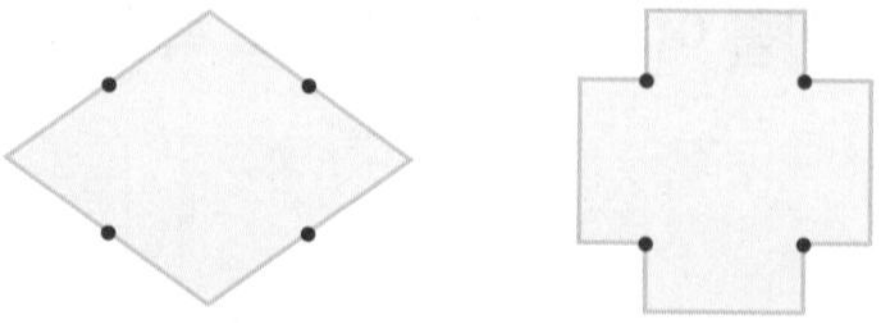

조금 더 **어려운 문제**에 도전해 볼까요?

7 57쪽 창의 융합

윤하가 말하는 대로 도형을 나누어 보세요.

8 57쪽 추론

두 가지 방법으로 도형을 똑같이 여덟으로 나누어 보세요.

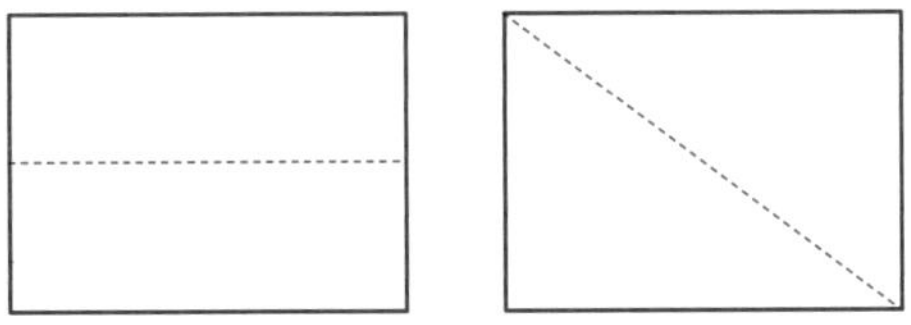

+9 57쪽 수학적 독해력

피자를 똑같이 둘로 나눈 다음 나눈 각각을 똑같이 셋으로 나누었습니다. 피자는 모두 몇 조각일까요?

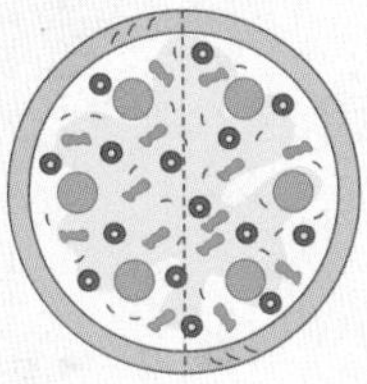

(   )

독해 포인트 똑같이 '둘'로 나눈 것을 각각 다시 똑같이 '셋'으로 나누었습니다.

+10 57쪽 수학적 표현력

누구의 말이 맞는지 쓰고, 그 이유를 써 보세요.

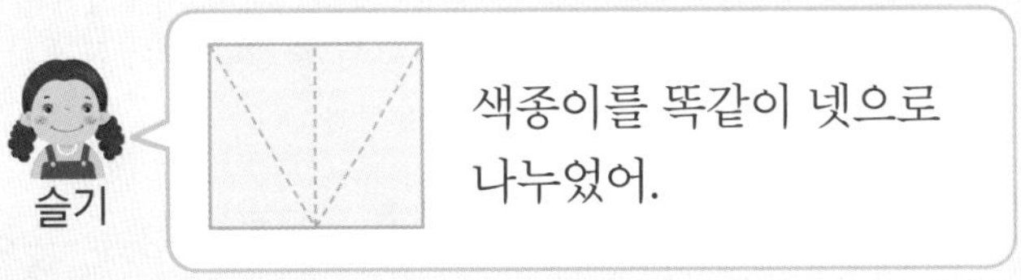

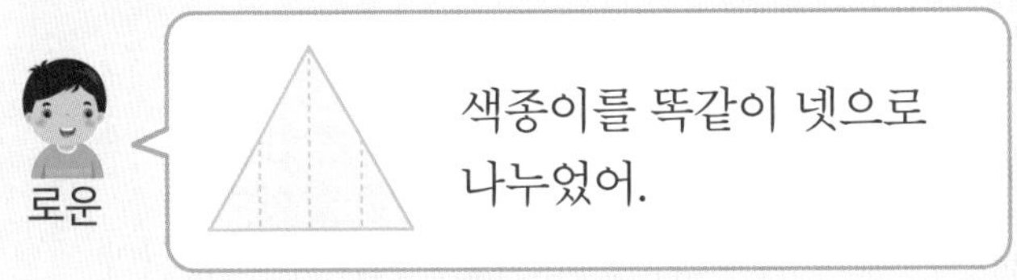

[바르게 말한 사람] ____________________

[이유] ____________________

____

____

6 단원

오늘 공부 어땠나요? 10개 중 맞힌 문제 [ ] 개 › **틀린 문제**는 힌트를 보고 다시 도전해 보세요. › **맞힌 문제**는 힌트를 보고 자신의 생각과 비교해 보세요.

29일 분수 알아보기 (1)

① 전체에 대한 부분의 크기

 → 부분  은 전체  를 똑같이 2로 나눈 것 중의 1입니다.

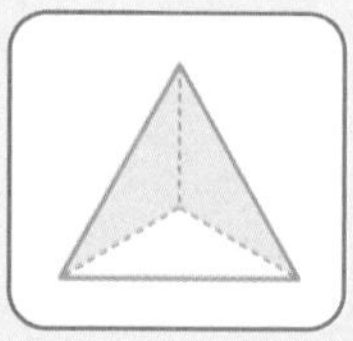 → 부분 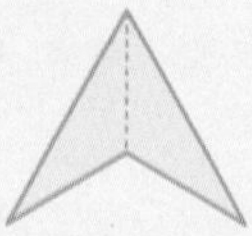 은 전체 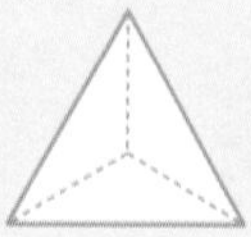 를 똑같이 3으로 나눈 것 중의 2입니다.

◐ 전체를 똑같이 ■로 나눈 것 중의 ▲ → $\frac{▲}{■}$

◐ 색칠한 부분을 분수로 나타내기

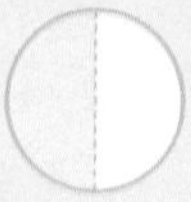 $\frac{1}{2}$  $\frac{2}{3}$

② 분수 알아보기

- 전체를 똑같이 2로 나눈 것 중의 1을 $\frac{1}{2}$이라 쓰고 **2분의 1**이라고 읽습니다.
- 전체를 똑같이 3으로 나눈 것 중의 2를 $\frac{2}{3}$라 쓰고 **3분의 2**라고 읽습니다.
- $\frac{1}{2}$, $\frac{2}{3}$와 같은 수를 **분수**라고 합니다.
- 분수에서 아래에 있는 수를 **분모**, 위에 있는 수를 **분자**라고 합니다.

$\frac{1}{2}$ ← 분자 → $\frac{2}{3}$
← 분모 →

◐ 분수 읽기
분수를 읽을 때에는 분모를 먼저 읽고 분자를 나중에 읽습니다.
$\frac{▲}{■}$ → ■분의 ▲

◐ $\frac{1}{2}$ 1 → 부분의 수, 2 → 전체를 똑같이 나눈 수

확인 1 □ 안에 알맞은 수를 써넣으세요.

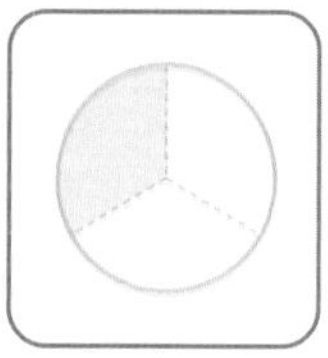

부분  은 전체  를 똑같이 □으로 나눈 것 중의 □입니다.

확인 2 색칠한 부분을 분수로 쓰고 읽어 보세요.

(1) 

[쓰기] $\frac{□}{□}$

[읽기] □분의 □

(2) 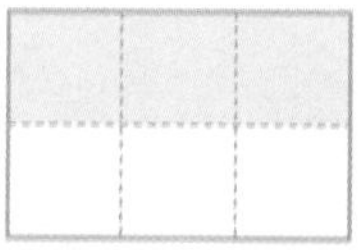

[쓰기] $\frac{□}{□}$

[읽기] □분의 □

기본기 다지는 교과서 문제

1 □ 안에 알맞은 수를 써넣으세요.

(1) 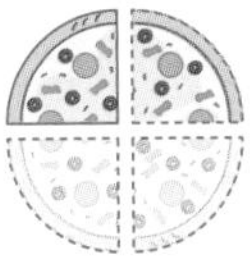 → 부분 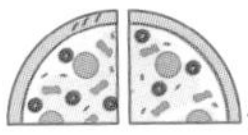은 전체 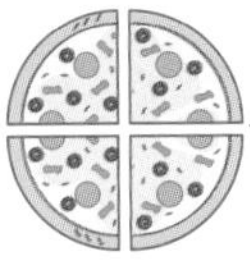를 똑같이

□로 나눈 것 중의 □이므로 $\frac{\square}{\square}$입니다.

(2) → 부분 은 전체 를 똑같이 □으

로 나눈 것 중의 □이므로 $\frac{\square}{\square}$입니다.

2 □ 안에 알맞은 수를 써넣으세요.

(1) 

→ 폴란드 국기에서 빨간색 부분은

전체의 $\frac{\square}{\square}$입니다.

(2) 

→ 프랑스 국기에서 빨간색 부분은

전체의 $\frac{\square}{\square}$입니다.

개념 따라쓰기

분수 알아보기

$\frac{1}{2}, \frac{1}{3}, \frac{2}{3}, \frac{3}{4} \cdots\cdots \frac{▲}{■}$

단위분수

$\frac{1}{2}$, $\frac{3}{4}$과 같은 수를 분수라고 합니다.

분수 읽기

분자 → ▲ / 분모 → ■ → ■분의 ▲

분수를 읽을 때에는 분모를 먼저 읽고 분자를 나중에 읽습니다.

6 단원

스스로 풀어내는 도전 10 문제

막힐 때 힌트북

1

이해

□ 안에 알맞은 수를 써넣으세요.

(1) 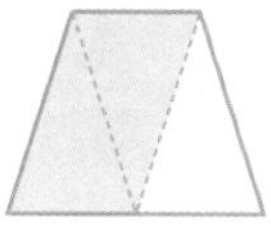 색칠한 부분은 전체의 $\frac{\square}{\square}$입니다.

(2) 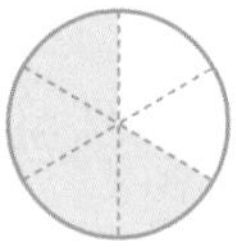 색칠한 부분은 전체의 $\frac{\square}{\square}$입니다.

2

이해

색칠한 부분을 분수로 쓰고 읽어 보세요.

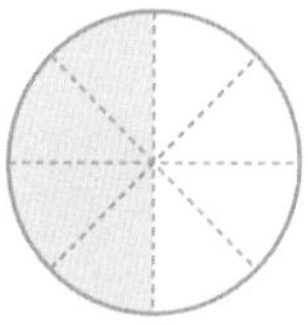

(쓰기) ____________________

(읽기) ____________________

3

58쪽

적용

관계있는 것끼리 선으로 이어 보세요.

 • • $\frac{4}{6}$

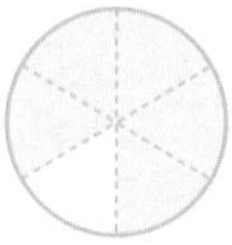 • • $\frac{3}{4}$

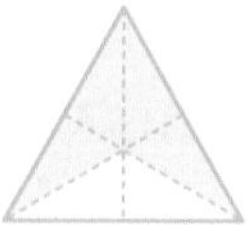 • • 6분의 5

4

58쪽

문제 해결

분수에 맞게 색칠한 것을 찾아 ○표 하세요.

$\frac{3}{5}$	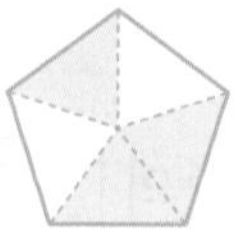	
$\frac{4}{6}$	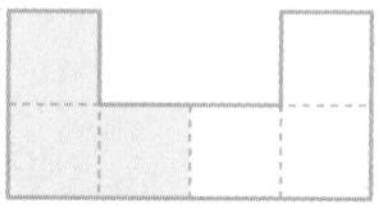	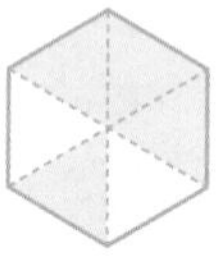

5

58쪽

적용

주어진 분수만큼 색칠해 보세요.

$\frac{5}{8}$

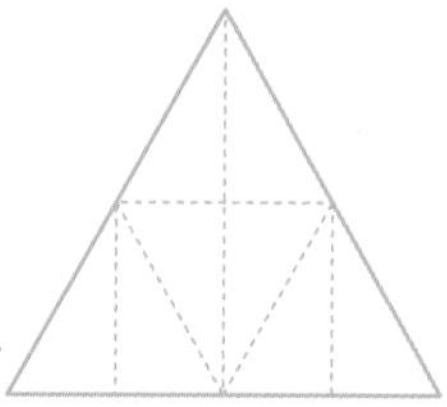

6

58쪽

의사 소통

민호가 먹은 피자는 전체의 얼마인지 분수로 나타내어 보세요.

(　　　　　　　　)

조금 더 **어려운 문제**에 도전해 볼까요?

7 59쪽 적용

분수에 맞게 색칠한 것을 찾아 ○표 하세요.

$\frac{3}{7}$

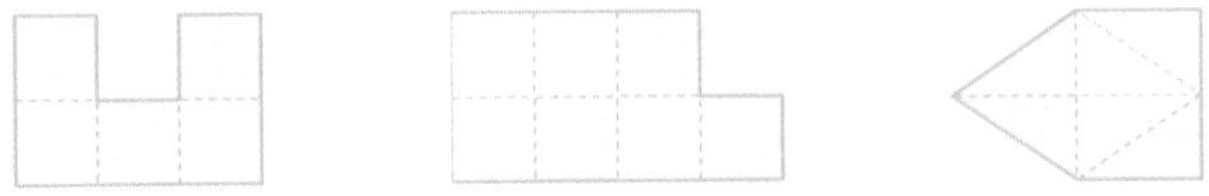

(　　　　) (　　　　) (　　　　)

8 59쪽 문제 해결

색칠한 부분이 나타내는 분수가 나머지와 <u>다른</u> 하나를 찾아 기호를 쓰세요.

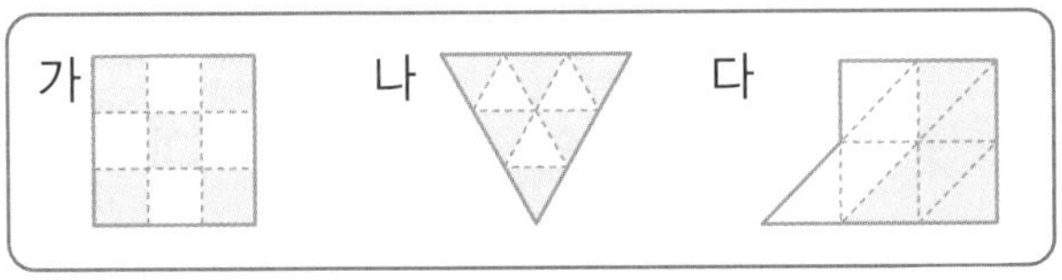

(　　　　　　)

+9 59쪽 수학적 독해력

색칠한 부분이 전체를 똑같이 8로 나눈 것 중의 6인 것을 찾아 기호를 쓰세요.

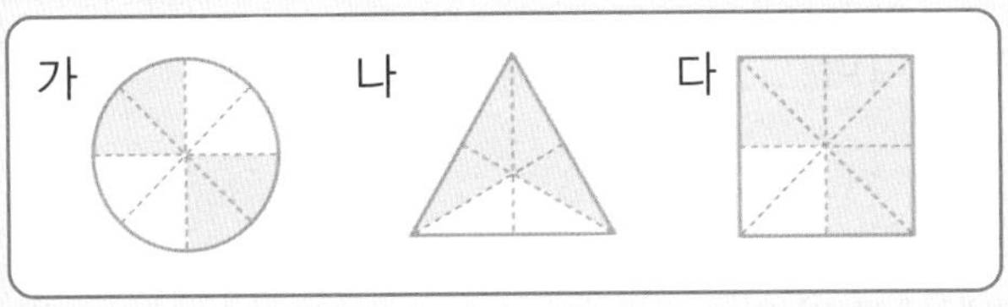

(　　　　　　)

독해 포인트 '8로 나눈 것 중의 6'을 분수로 나타내어 보세요.

+10 59쪽 수학적 표현력

다음 글을 읽고 <u>틀린</u> 문장을 찾아 바르게 고쳐 보세요.

> 영민이는 케이크를 똑같이 5조각으로 나눈 후 그 중 4조각을 먹었습니다. 영민이가 먹은 케이크의 양을 분수로 나타내면 $\frac{5}{4}$입니다.

바르게 고치기 ______________________

____

6 단원

오늘 공부 어땠나요? 10개 중 맞힌 문제 □ 개

틀린 문제는 힌트를 보고 다시 도전해 보세요.

맞힌 문제는 힌트를 보고 자신의 생각과 비교해 보세요.

30일 분수 알아보기 (2)

① 남은 부분과 먹은 부분을 분수로 나타내기

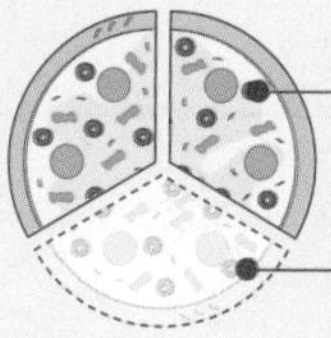

남은 부분은 전체의 $\frac{2}{3}$입니다.

먹은 부분은 전체의 $\frac{1}{3}$입니다.

◐ 남은 부분과 먹은 부분을 합치면 전체와 같습니다.

② 주어진 분수만큼 색칠하기

$\frac{2}{3}$

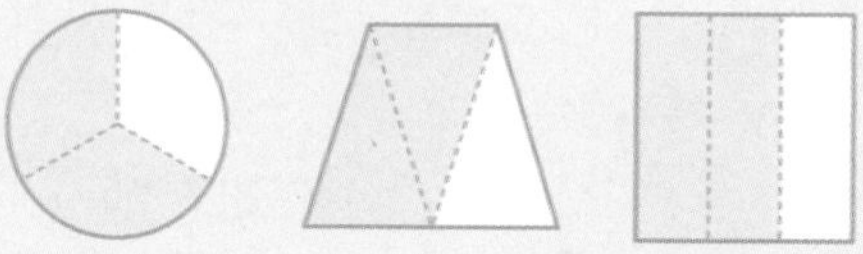

전체를 똑같이 3으로 나눈 것 중의 2를 색칠합니다.

◐ **$\frac{2}{3}$만큼 색칠하는 방법**

전체를 똑같이 3으로 나누었을 때 한 칸의 크기는 모두 $\frac{1}{3}$입니다. 따라서 $\frac{2}{3}$는 위치에 관계없이 2칸을 색칠하면 됩니다.

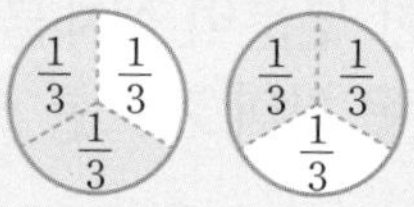

③ 부분을 보고 전체 알기

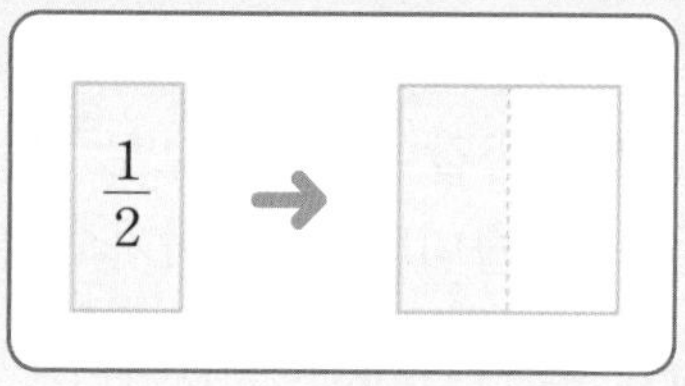

부분이 $\frac{1}{2}$이므로 전체는 똑같은 부분이 1개 더 있어야 합니다.

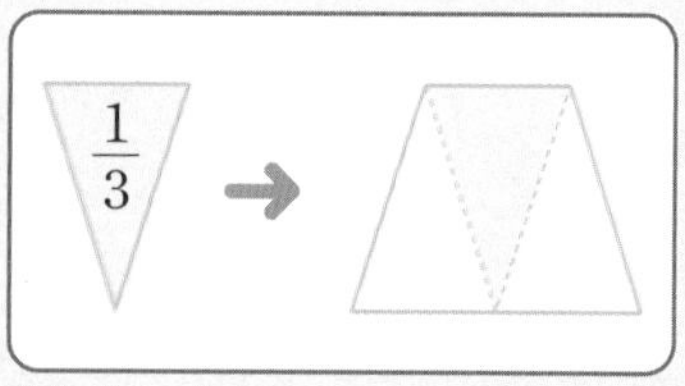

부분이 $\frac{1}{3}$이므로 전체는 똑같은 부분이 2개 더 있어야 합니다.

확인 1 슬기는 케이크를 똑같이 4조각으로 나눈 것 중에서 3조각을 먹었습니다. □ 안에 알맞은 수를 써넣으세요.

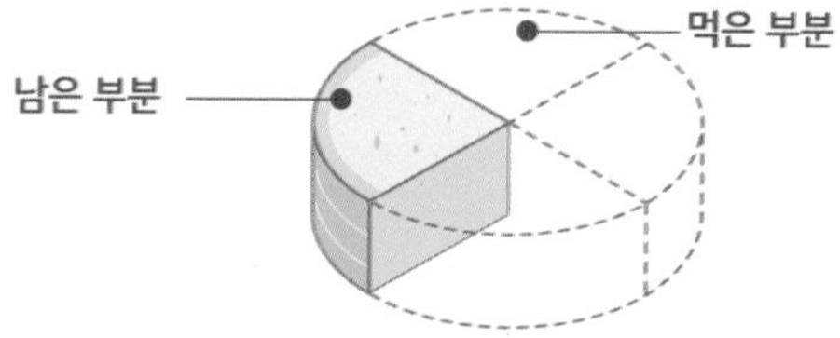

(1) 남은 케이크는 □조각입니다.

➜ 남은 부분은 전체의 $\frac{□}{□}$입니다.

(2) 먹은 케이크는 □조각입니다.

➜ 먹은 부분은 전체의 $\frac{□}{□}$입니다.

기본기 다지는 교과서 문제

» 정답 · 풀이 34쪽

1 남은 부분과 먹은 부분을 각각 분수로 나타내어 보세요.

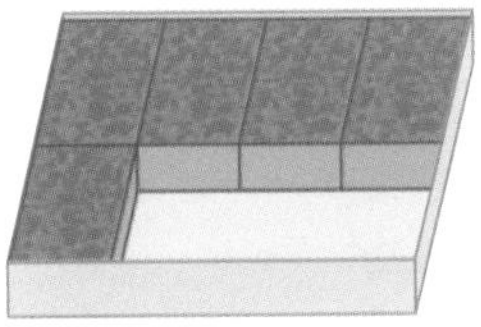

• 남은 부분은 전체의 $\frac{\square}{\square}$

• 먹은 부분은 전체의 $\frac{\square}{\square}$

개념 따라쓰기

남은 부분과 먹은 부분을 분수로 나타내기

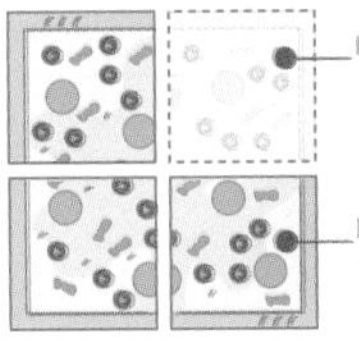

남은 부분과 먹은 부분을 합치면 전체와 같습니다.

2 색칠한 부분과 색칠하지 않은 부분을 각각 분수로 나타내어 보세요.

(1)

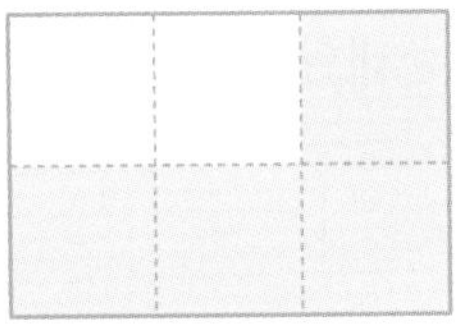

$\frac{4}{6}$ ☐

(2)

☐ ☐

3 부분을 보고 전체를 그려 보세요.

(1)

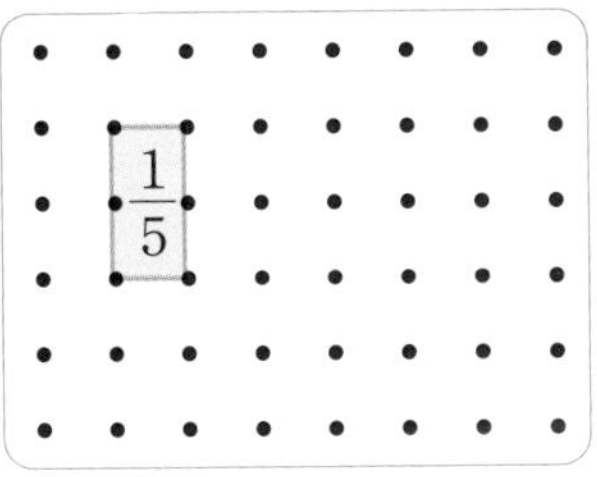

(2)

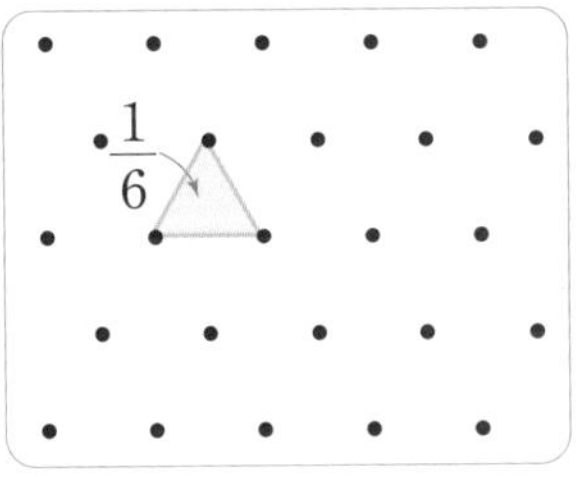

부분을 보고 전체 그리기

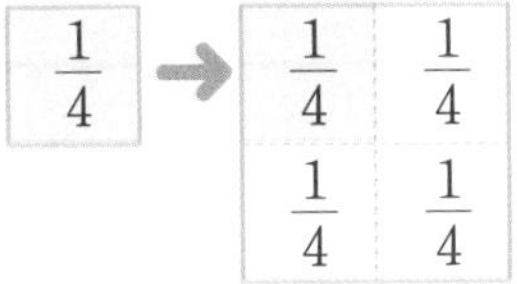

부분이 $\frac{1}{4}$이므로 전체는 똑같은 부분이 3개 더 있어야합니다.

스스로 풀어내는 도전 10 문제

1 적용

남은 부분과 먹은 부분을 각각 분수로 나타내어 보세요.

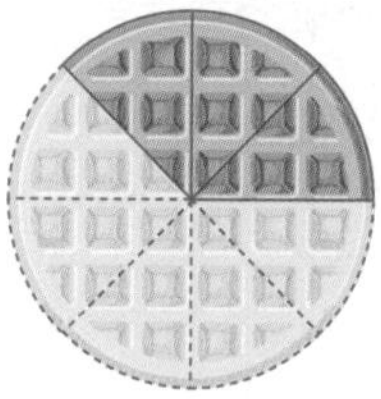

• 남은 부분: ☐

• 먹은 부분: ☐

2 60쪽 이해

색칠한 부분과 색칠하지 않은 부분을 각각 분수로 나타내어 보세요.

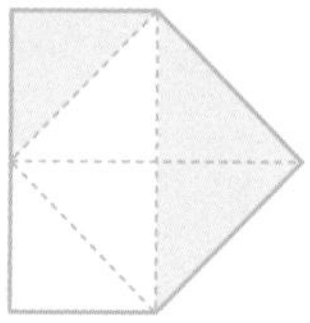

☐ ☐

3 60쪽 적용

전체에 알맞은 도형을 찾아 ○표 하세요.

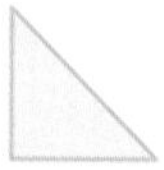

전체를 똑같이 5로 나눈 것 중의 1입니다.

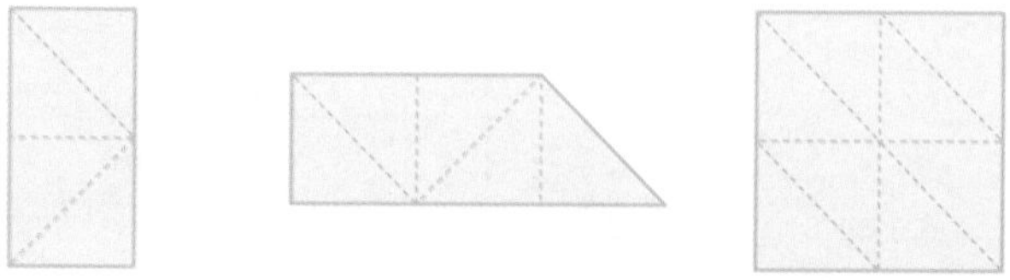

(　　　) (　　　) (　　　)

4 60쪽 추론

전체를 똑같이 4로 나눈 것 중의 3입니다. 부분과 전체를 선으로 이어 보세요.

부분

전체

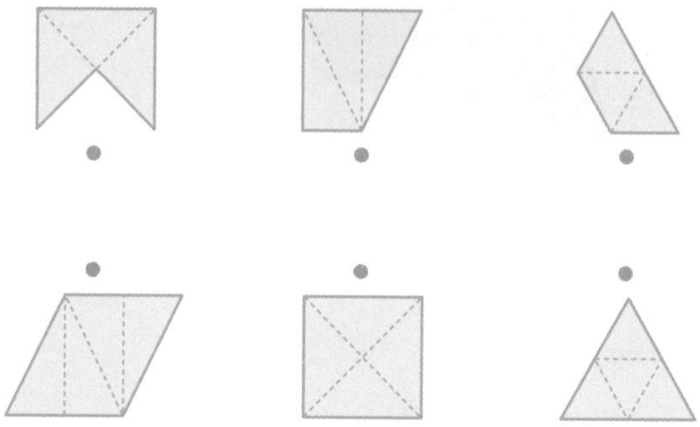

5 60쪽 추론

부분을 보고 전체를 그려 보세요.

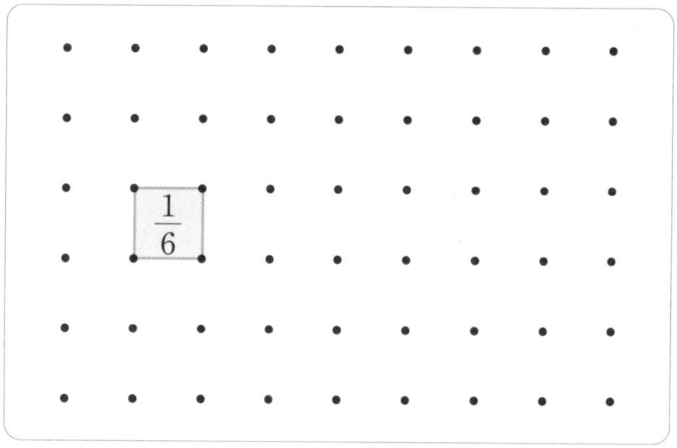

6 문제 해결

사각형을 두 가지 방법으로 똑같이 나누어 $\frac{3}{4}$만큼 색칠해 보세요.

7 61쪽 창의 융합

그림을 보고 남은 부분은 전체의 얼마인지 분수로 나타내어 보세요.

(　　　　　　　　)

8 61쪽 문제 해결

왼쪽 도형은 전체를 똑같이 몇으로 나눈 것 중의 1입니다. 오른쪽 도형을 같은 수로 똑같이 나누어 보세요.

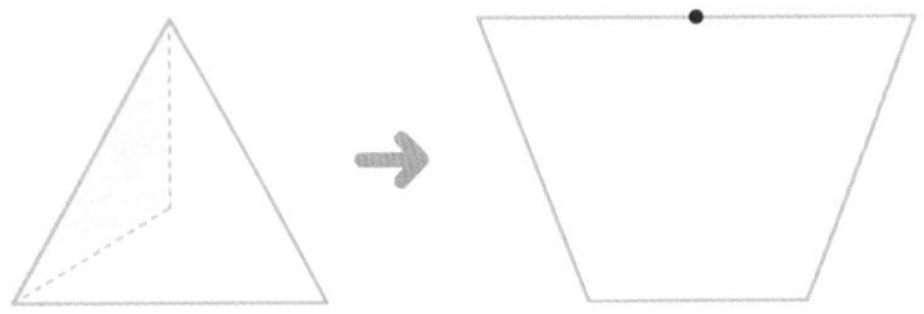

+9 61쪽 수학적 독해력

색칠한 부분은 전체를 똑같이 ■로 나눈 것 중의 1입니다. ■는 얼마인지 구하세요.

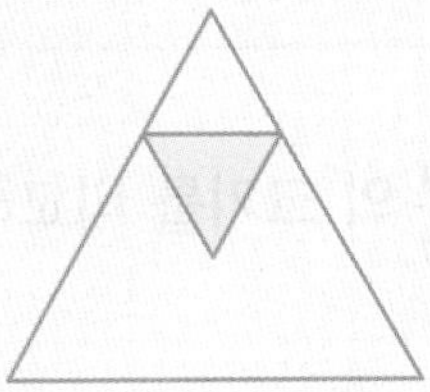

(　　　　　　　　)

🔍 **독해 포인트** ■는 분모를 나타내는 수입니다.

+10 61쪽 수학적 표현력

영민이가 파이를 똑같이 6조각으로 나누어 전체의 $\frac{1}{2}$만큼 먹었습니다. 영민이는 파이를 몇 조각 먹었는지 풀이 과정을 쓰고, 답을 구하세요.

[풀이] 파이를 똑같이 6조각으로 나눈 것 중의 $\frac{1}{2}$은

____

____

[답] ______________________________

오늘 공부 어땠나요?

10개 중 맞힌 문제 [　] 개

틀린 문제는 힌트를 보고 다시 도전해 보세요.

맞힌 문제는 힌트를 보고 자신의 생각과 비교해 보세요.

31일 분모가 같은 분수의 크기 비교

① 분모가 같은 분수의 크기 비교하기

$\frac{1}{4}$ → $\frac{1}{4}$은 $\frac{1}{4}$이 1개

$\frac{2}{4}$ → $\frac{2}{4}$는 $\frac{1}{4}$이 2개

$\frac{3}{4}$ → $\frac{3}{4}$은 $\frac{1}{4}$이 3개

$\frac{4}{4}$ → $\frac{4}{4}$는 $\frac{1}{4}$이 4개

$\frac{4}{4}$와 같이 분모와 분자가 같은 수는 1이 됩니다.

분모가 같은 분수는 분자가 클수록 더 큽니다.

$\frac{1}{4}<\frac{2}{4}<\frac{3}{4}<\frac{4}{4}$

◐ 색칠한 부분의 길이로 분수의 크기를 비교할 수도 있습니다. 색칠한 부분이 $\frac{2}{4}$가 $\frac{1}{4}$보다 길므로 $\frac{2}{4}>\frac{1}{4}$입니다.

◐ $\frac{\blacktriangle}{\blacksquare}$는 $\frac{1}{\blacksquare}$이 ▲개입니다.

◐ **분모가 같은 분수의 크기 비교**
$1<2<3<4$이므로
$\frac{1}{\blacksquare}<\frac{2}{\blacksquare}<\frac{3}{\blacksquare}<\frac{4}{\blacksquare}$입니다.

확인 1 $\frac{4}{5}$와 $\frac{2}{5}$의 크기를 비교하려고 합니다. 물음에 답하세요.

$\frac{4}{5}$, $\frac{2}{5}$

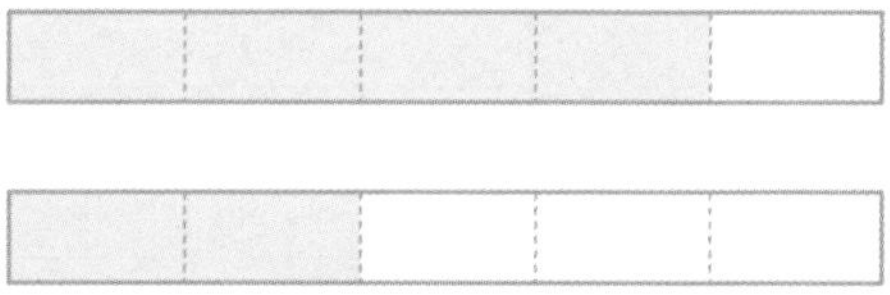

(1) $\frac{4}{5}$는 $\frac{1}{5}$이 □개입니다.

(2) $\frac{2}{5}$는 $\frac{1}{5}$이 □개입니다.

(3) $4>2$이므로 $\frac{4}{5}$는 $\frac{2}{5}$보다 (큽니다 , 작습니다).

확인 2 $\frac{3}{6}$과 $\frac{5}{6}$의 크기를 비교하려고 합니다. 물음에 답하세요.

(1) $\frac{3}{6}$은 $\frac{1}{6}$이 □개입니다.

(2) $\frac{5}{6}$는 $\frac{1}{6}$이 □개입니다.

(3) 3 ◯ 5이므로 $\frac{3}{6}$ ◯ $\frac{5}{6}$입니다.

» 정답 · 풀이 35쪽

기본기 다지는 교과서 문제

1 주어진 분수만큼 색칠하고, ◯ 안에 >, =, <를 알맞게 써넣으세요.

(1) 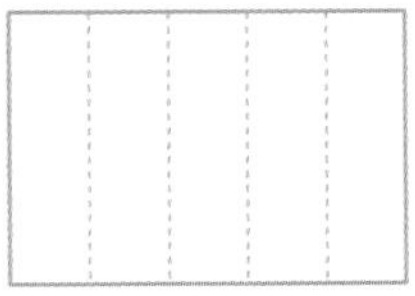 $\frac{2}{5}$ ◯ $\frac{3}{5}$ 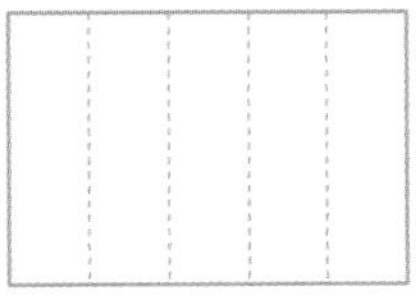

(2) 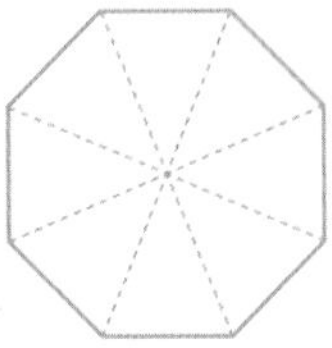 $\frac{7}{8}$ ◯ $\frac{4}{8}$ 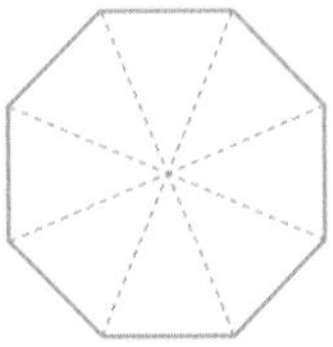

(3) 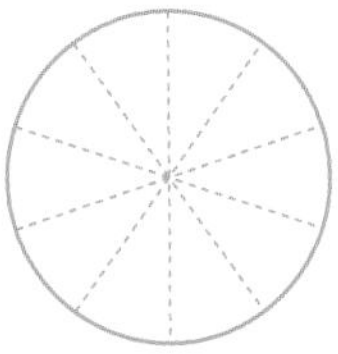 $\frac{2}{10}$ ◯ $\frac{8}{10}$ 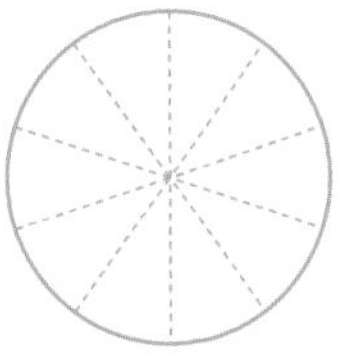

2 두 분수의 크기를 비교하여 ◯ 안에 >, =, <를 알맞게 써넣으세요.

(1) $\frac{3}{4}$ ◯ $\frac{2}{4}$

(2) $\frac{3}{5}$ ◯ $\frac{4}{5}$

(3) $\frac{5}{7}$ ◯ $\frac{2}{7}$

(4) $\frac{5}{9}$ ◯ $\frac{8}{9}$

개념 따라쓰기

그림으로 분수의 크기 알아보기

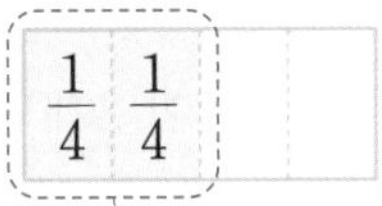

$\frac{1}{4}$이 2개 → $\frac{2}{4}$

$\frac{▲}{■}$는 $\frac{1}{■}$이 ▲개입니다.

분모가 같은 분수의 크기 비교하기

$\frac{1}{■} < \frac{2}{■} < \frac{3}{■}$

분모가 같은 분수는 분자가 클수록 더 큰 분수입니다.

6 단원

스스로 풀어내는 도전 10 문제

막힐 땐 힌트북

1

이해

다음 수를 바르게 나타낸 것의 기호를 쓰세요.

$\frac{1}{5}$이 3개인 수

가 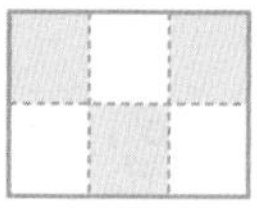 나 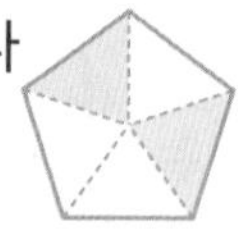 다 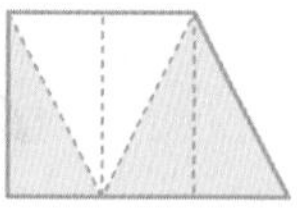

(   )

2

이해

□ 안에 알맞은 수를 써넣고, ○ 안에 >, =, <를 알맞게 써넣으세요.

$\frac{4}{7}$는 $\frac{1}{7}$이 □개

$\frac{6}{7}$은 $\frac{1}{7}$이 □개

→ $\frac{4}{7}$ ○ $\frac{6}{7}$

3

62쪽

계산

두 분수의 크기를 비교하여 ○ 안에 >, =, <를 알맞게 써넣으세요.

(1) $\frac{4}{9}$ ○ $\frac{8}{9}$

(2) $\frac{7}{11}$ ○ $\frac{6}{11}$

4

62쪽

적용

㉠과 ㉡의 합을 구해 보세요.

- $\frac{3}{8}$은 $\frac{1}{8}$이 ㉠개입니다.
- $\frac{5}{7}$는 $\frac{1}{㉡}$이 5개입니다.

(   )

5

62쪽

적용

$\frac{8}{12}$보다 큰 분수를 모두 찾아 쓰세요.

$\frac{3}{12}$ $\frac{9}{12}$ $\frac{7}{12}$ $\frac{10}{12}$ $\frac{6}{12}$

(   )

6

62쪽

의사 소통

가장 큰 분수에 ○표, 가장 작은 분수에 △표 하세요.

$\frac{7}{14}$ $\frac{11}{14}$ $\frac{2}{14}$ $\frac{9}{14}$ $\frac{13}{14}$

» 정답 · 풀이 35쪽

7 63쪽

창의 융합

1부터 9까지의 수 중에서 □ 안에 들어갈 수 있는 수를 모두 쓰세요.

$$\frac{4}{11} < \frac{\square}{11} < \frac{10}{11}$$

(　　　　　　　　)

8 63쪽

문제 해결

각 모둠이 먹은 피자의 양을 분수로 나타내고 가장 많이 먹은 모둠을 찾아 쓰세요.

1모둠　　2모둠　　3모둠

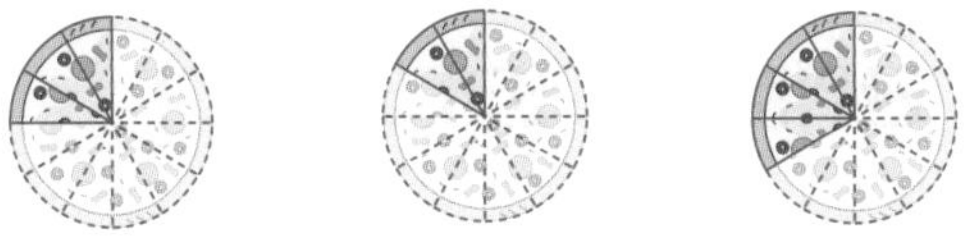

□　　□　　□

(　　　　　　　　)

+9 63쪽

수학적 독해력

수현이네 집에서 우체국까지의 거리는 $\frac{7}{9}$ km입니다. 수현이네 집에서 소방서까지의 거리는 $\frac{5}{9}$ km입니다. 우체국과 소방서 중 수현이네 집에서 더 가까운 곳은 어디일까요?

(　　　　　　　　)

독해 포인트 거리를 나타내는 수가 작을수록 '더 가까운 곳'입니다.

+10 63쪽

수학적 표현력

서준이와 종욱이는 주스 한 병을 나누어 마셨습니다. 서준이는 전체의 $\frac{3}{7}$을 마시고 나머지는 종욱이가 마셨습니다. 주스를 더 많이 마신 사람은 누구인지 풀이 과정을 쓰고, 답을 구하세요.

[풀이] 서준이가 마신 주스는 전체의 $\frac{3}{7}$이므로 종욱이는

____

____

[답] ______________________

오늘 공부 어땠나요?

10개 중 맞힌 문제 □ 개 > **틀린 문제**는 힌트를 보고 다시 도전해 보세요. > **맞힌 문제**는 힌트를 보고 자신의 생각과 비교해 보세요.

공부한 날 월 일

32일 단위분수의 크기 비교

① 단위분수 알아보기

분수 중에서 $\frac{1}{2}, \frac{1}{3}, \frac{1}{4}, \frac{1}{5}$……과 같이 분자가 1인 분수를 **단위분수**라고 합니다.

분자가 1인 분수를 단위분수라고 하는 이유
분수의 크기를 나타낼 때 $\frac{2}{3}$는 $\frac{1}{3}$이 2개, $\frac{3}{4}$는 $\frac{1}{4}$이 3개, $\frac{3}{5}$는 $\frac{1}{5}$이 3개와 같이 '분자가 1인 분수'를 단위로 사용하기 때문입니다.

② 단위분수의 크기 비교하기

$\frac{1}{2}$ → 전체를 똑같이 2로 나눈 것 중의 1

$\frac{1}{3}$ → 전체를 똑같이 3으로 나눈 것 중의 1

$\frac{1}{4}$ → 전체를 똑같이 4로 나눈 것 중의 1

$\frac{1}{5}$ → 전체를 똑같이 5로 나눈 것 중의 1

단위분수는 분모가 작을수록 더 큽니다.

$$\frac{1}{2} > \frac{1}{3} > \frac{1}{4} > \frac{1}{5}$$

단위분수의 크기 비교
분모가 작을수록 전체를 똑같이 나눈 것 중의 하나는 더 커지므로, 단위분수는 분모가 작을수록 더 큽니다.

확인 1 □ 안에 알맞은 말을 써넣으세요.

분수 중에서 $\frac{1}{2}, \frac{1}{3}, \frac{1}{4}, \frac{1}{5}$……과 같이 분자가 □인 분수를 □라고 합니다.

확인 2 그림을 보고 알맞은 말에 ○표 하세요.

$\frac{1}{4}$, $\frac{1}{8}$

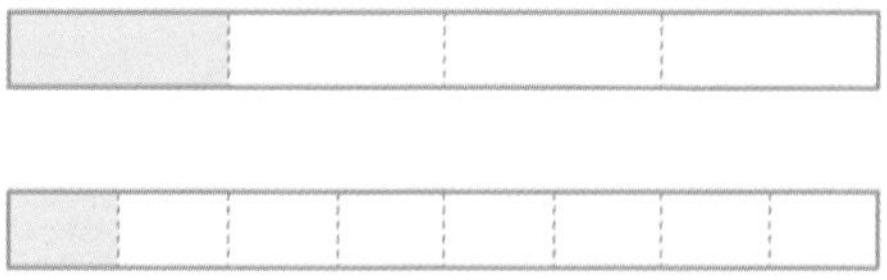

→ $\frac{1}{4}$은 $\frac{1}{8}$보다 더 (큽니다 , 작습니다).

기본기 다지는 교과서 문제

1 주어진 분수만큼 색칠하고, ◯ 안에 >, =, <를 알맞게 써넣으세요.

(1) 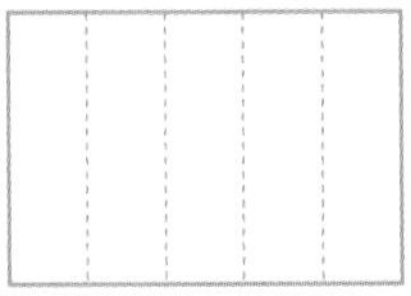 $\frac{1}{5}$ ◯ $\frac{1}{7}$ 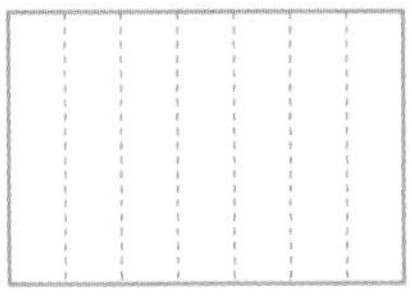

(2) 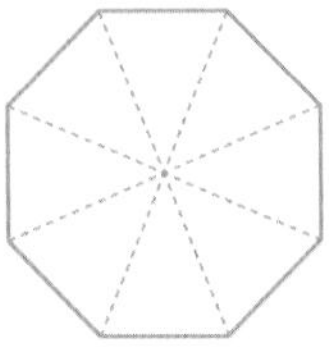 $\frac{1}{8}$ ◯ $\frac{1}{4}$ 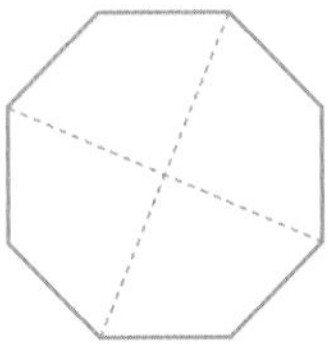

(3) 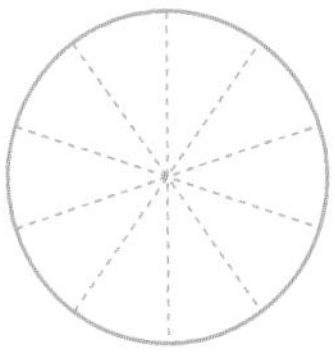 $\frac{1}{10}$ ◯ $\frac{1}{12}$ 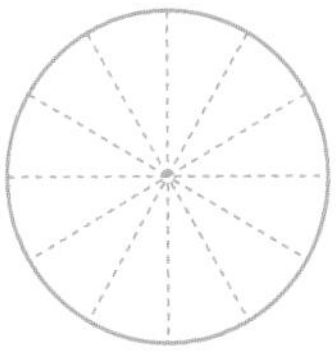

2 두 분수의 크기를 비교하여 ◯ 안에 >, =, <를 알맞게 써넣으세요.

(1) $\frac{1}{3}$ ◯ $\frac{1}{2}$

(2) $\frac{1}{5}$ ◯ $\frac{1}{7}$

(3) $\frac{1}{9}$ ◯ $\frac{1}{11}$

(4) $\frac{1}{13}$ ◯ $\frac{1}{10}$

개념 따라쓰기

단위분수 알아보기

$\frac{1}{2}$, $\frac{1}{3}$, $\frac{1}{4}$, $\frac{1}{5}$ ...... $\frac{1}{■}$

단위분수

단위분수는 분자가 1인 분수입니다.

단위 분수의 크기 비교하기

$\frac{1}{2} > \frac{1}{3} > \frac{1}{4}$

단위분수는 분모가 작을수록 더 큰 분수입니다.

6 단원

스스로 풀어내는 도전 10 문제

1

이해

주어진 분수만큼 색칠하고 두 분수의 크기를 비교해 보세요.

$\frac{1}{5}$

$\frac{1}{6}$

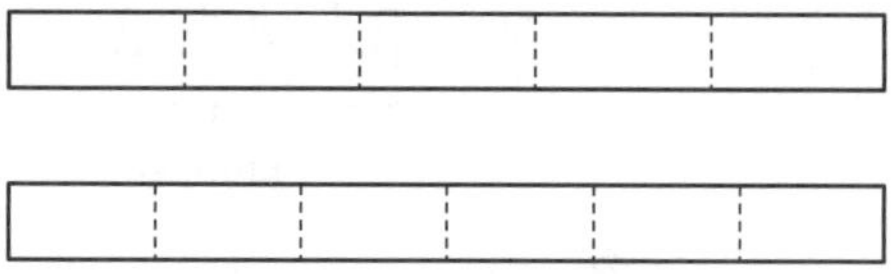

$\frac{1}{5}$ ○ $\frac{1}{6}$

2

64쪽

이해

○ 안에 $>$, $=$, $<$를 알맞게 써넣으세요.

(1) 9 ○ 4 ➜ $\frac{1}{9}$ ○ $\frac{1}{4}$

(2) 8 ○ 13 ➜ $\frac{1}{8}$ ○ $\frac{1}{13}$

3

계산

두 분수의 크기를 비교하여 ○ 안에 $>$, $=$, $<$를 알맞게 써넣으세요.

(1) $\frac{1}{12}$ ○ $\frac{1}{2}$

(2) $\frac{1}{11}$ ○ $\frac{1}{13}$

4

64쪽

적용

$\frac{1}{12}$보다 작은 분수를 모두 찾아 쓰세요.

$\frac{1}{7}$ $\frac{1}{8}$ $\frac{1}{11}$ $\frac{1}{13}$ $\frac{1}{15}$

(　　　　　　　　)

5

64쪽

문제 해결

분수의 크기를 비교하여 작은 수부터 차례로 쓰세요.

$\frac{1}{8}$ $\frac{1}{10}$ $\frac{1}{14}$ $\frac{1}{12}$ $\frac{1}{3}$

□－□－□－□－□

6

64쪽

추론

2부터 9까지의 수 중에서 □ 안에 들어갈 수 있는 수를 모두 쓰세요.

$\frac{1}{6}<\frac{1}{\square}$

(　　　　　　　　)

≫ 정답 · 풀이 36쪽

조금 더 어려운 문제에 도전해 볼까요?

7 65쪽 창의 융합

주어진 조건에 알맞은 분수를 모두 쓰세요.

- 단위분수입니다.
- $\frac{1}{9}$보다 큰 분수입니다.
- 분모는 5보다 큽니다.

(　　　　　　　　)

8 65쪽 추론

수 카드 중 2장을 한 번씩만 사용하여 가장 큰 단위분수를 만들어 보세요.

4 6 1 8

(　　　　　　　　)

+9 65쪽 수학적 독해력

$\frac{1}{7}$보다 크고 $\frac{1}{3}$보다 작은 분수 중, 분자가 1인 분수는 모두 몇 개일까요?

(　　　　　　　　)

독해 포인트 '분자가 1인 분수'를 무엇이라고 하는지 생각해 보세요.

+10 65쪽 수학적 표현력

지혜, 윤하, 민호는 같은 양의 우유를 각각 한 병씩 가지고 있습니다. 지혜는 전체의 $\frac{1}{6}$, 윤하는 전체의 $\frac{1}{8}$, 민호는 전체의 $\frac{1}{5}$을 마셨습니다. 우유를 가장 많이 마신 사람은 누구인지 풀이 과정을 쓰고, 답을 구하세요.

풀이 $8>6>5$이므로 ______________________

____

답 ______________________

6 단원

오늘 공부 어땠나요? 10개 중 맞힌 문제 ☐ 개 〉 틀린 문제는 힌트를 보고 다시 도전해 보세요. 〉 맞힌 문제는 힌트를 보고 자신의 생각과 비교해 보세요.

33일 소수 알아보기 (1)

1보다 작은 소수

① 0.1 알아보기

• 전체를 똑같이 10으로 나눈 것 중의 1은 $\frac{1}{10}$입니다.

• 분수 $\frac{1}{10}$을 **0.1**이라 쓰고 **영 점 일**이라고 읽습니다.

$$\frac{1}{10}=0.1$$

◐ **0.1의 개수로 소수 알아보기**
0.2는 0.1이 2개입니다.
0.3은 0.1이 3개입니다.
0.4는 0.1이 4개입니다.

② 소수 알아보기

• $\frac{1}{10}$, $\frac{2}{10}$, $\frac{3}{10}$ …… $\frac{9}{10}$를 **0.1, 0.2, 0.3** …… **0.9**라 쓰고 **영 점 일, 영 점 이, 영 점 삼** …… **영 점 구**라고 읽습니다.

• 0.1, 0.2, 0.3과 같은 수를 **소수**라 하고 '.'을 **소수점**이라고 합니다.

◐ 0.■는 영 점 ■라고 읽습니다.

◐ **분수를 소수로 나타내기**
$\frac{■}{10}$를 소수로 나타내면 0.■입니다.

개념+ 분수와 소수의 관계

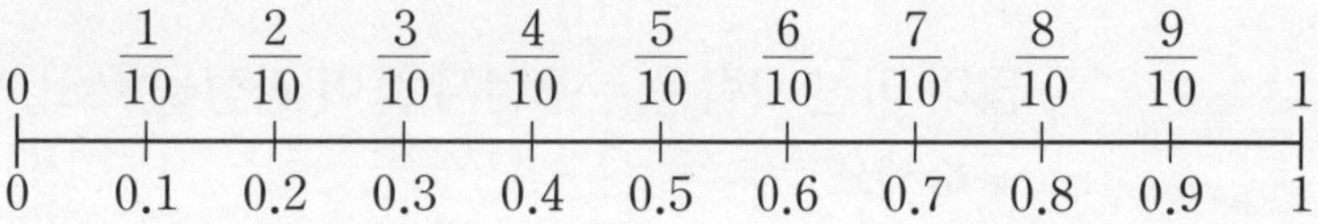

➜ 같은 크기의 수를 분수 또는 소수로 나타낼 수 있습니다.

확인 1 □ 안에 알맞은 수나 말을 써넣으세요.

(1) 전체를 똑같이 10으로 나눈 것 중의 1을 분수로 나타내면 $\frac{\square}{\square}$입니다.

(2) 이 분수를 소수로 나타내면 □이고 □이라고 읽습니다.

확인 2 그림을 보고 □ 안에 알맞은 수나 말을 써넣으세요.

(1) 색칠한 부분은 0.1이 □개입니다.

(2) 이 분수를 소수로 나타내면 □이고 □이라고 읽습니다.

기본기 다지는 교과서 문제

» 정답 · 풀이 37쪽

1 □ 안에 알맞은 분수 또는 소수를 써넣으세요.

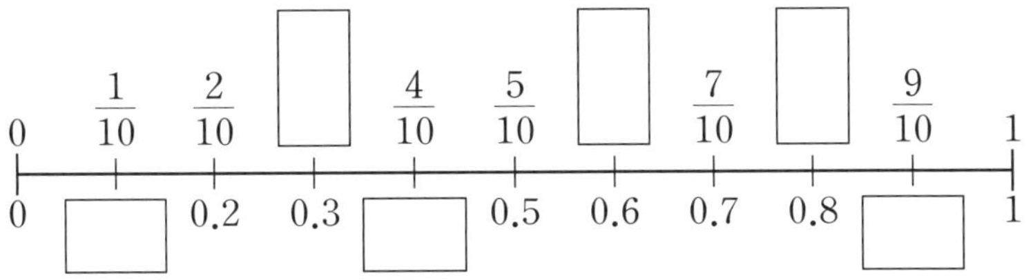

2 빈칸에 알맞은 수를 써넣으세요.

분수 □

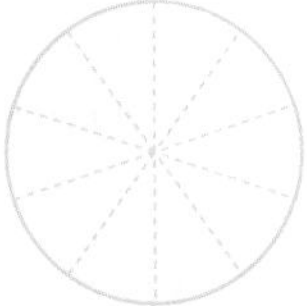

소수 □

3 같은 것끼리 선으로 이어 보세요.

0.8 •	• 영 점 팔
0.3 •	• 영 점 삼

4 □ 안에 알맞은 수를 써넣으세요.

(1) 0.4는 0.1이 □개입니다.

(2) 0.1이 6개이면 □입니다.

개념 따라쓰기

소수 알아보기

$\frac{1}{10}$ → 0.1, $\frac{2}{10}$ → 0.2, $\frac{3}{10}$ → 0.3 ← 소수

0.1, 0.2, 0.3과 같은 수를 소수라고 합니다.

분수를 소수로 나타내기

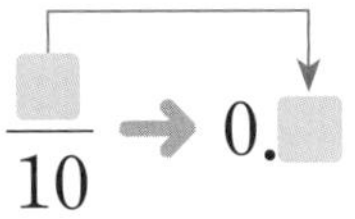

$\frac{■}{10}$ → 0.■

분수 $\frac{■}{10}$를 소수로 나타내면 0.■입니다.

0.1의 개수로 소수 알아보기

소수 0.■는 0.1이 ■개인 수입니다.

6 단원

1
이해

색칠한 부분을 분수와 소수로 나타내어 보세요.

분수 □ 소수 □

2
적용

관계있는 것끼리 선으로 이어 보세요.

$\frac{9}{10}$ •	• 0.4
$\frac{4}{10}$ •	• 0.9

3
66쪽

이해

□ 안에 알맞은 수를 써넣으세요.

(1) 0.5는 0.1이 □개입니다.

(2) 0.1이 □개이면 0.7입니다.

(3) $\frac{1}{10}$이 □개이면 0.6입니다.

(4) $\frac{□}{□}$이 2개이면 0.2입니다.

4
66쪽

적용

주어진 수를 수직선에 나타내어 보세요.

0.7 $\frac{4}{10}$ 0.3 $\frac{8}{10}$

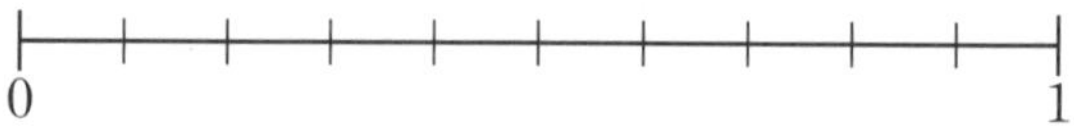

5
66쪽

적용

빈칸에 알맞게 써넣으세요.

분수	소수	소수 읽기
$\frac{2}{10}$		
	0.5	
$\frac{7}{10}$		영 점 칠

6
66쪽

적용

주어진 소수만큼 색칠해 보세요.

0.6

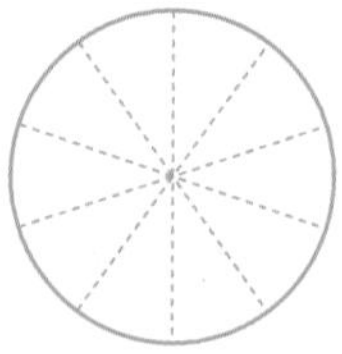

조금 더 어려운 문제에 도전해 볼까요?

7 67쪽 창의 융합

㉠과 ㉡의 합을 구해 보세요.

- 0.6은 0.1이 ㉠개입니다.
- 0.1이 ㉡개이면 0.4입니다.

(　　　　　　　)

8 67쪽 문제 해결

주어진 조건에 알맞은 분수를 소수로 나타내어 보세요.

- 분모가 10입니다.
- $\frac{7}{10}$보다 크고 $\frac{9}{10}$보다 작습니다.

(　　　　　　　)

+9 67쪽 수학적 독해력

소수에 대한 설명이 틀린 것을 모두 찾아 기호를 쓰세요.

㉠ 0.4는 0.1이 4개입니다.
㉡ 0.1이 3개이면 3.0입니다.
㉢ $\frac{1}{10}$이 7개이면 0.7입니다.
㉣ 0.6은 $\frac{1}{6}$이 6개입니다.

(　　　　　　　)

독해 포인트 $\frac{1}{10}$=0.1입니다.

+10 67쪽 수학적 표현력

길이가 1 m인 끈을 똑같이 10조각으로 나누어 그 중 3조각은 슬기가, 5조각은 로운이가 사용했습니다. 슬기와 로운이가 사용한 끈의 길이는 각각 몇 m인지 풀이 과정을 쓰고, 소수로 나타내어 보세요.

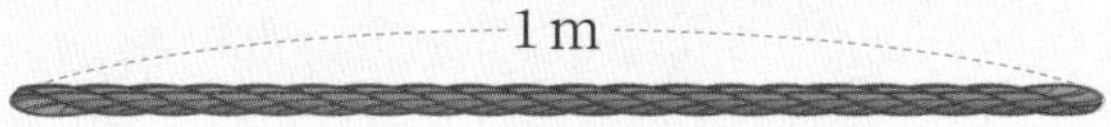

풀이 1 m를 똑같이 10조각으로 나누었으므로 한 조각은 ______________________

____

답 ______________________

오늘 공부 어땠나요? 10개 중 맞힌 문제 [　] 개 › 틀린 문제는 힌트를 보고 다시 도전해 보세요. › 맞힌 문제는 힌트를 보고 자신의 생각과 비교해 보세요.

34일 소수 알아보기 (2)

1보다 큰 소수

① 자연수와 소수로 이루어진 소수 알아보기

예 2와 0.3만큼인 수

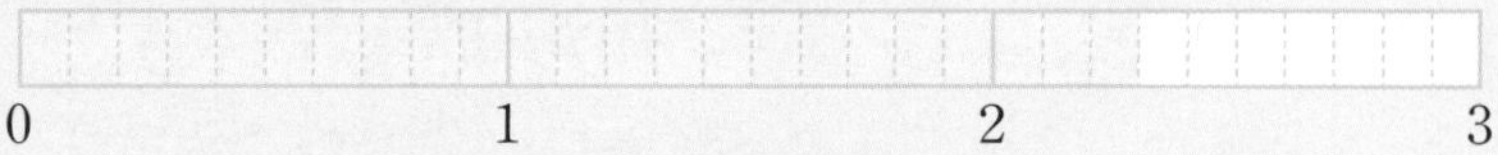

2와 0.3만큼을 **2.3**이라 쓰고 **이 점 삼**이라고 읽습니다.

> **0.1의 개수로 소수 알아보기**
> 0.1이 20개이면 2, 0.1이 3개이면 0.3이므로, 0.1이 23개이면 2.3입니다.

② 길이를 소수로 나타내기

- 1 cm=10 mm이므로 1 mm는 1 cm를 똑같이 10으로 나눈 것 중의 1입니다. ➜ 1 mm=0.1 cm
- 1 mm=0.1 cm임을 이용하여 길이를 소수로 나타낼 수 있습니다.

예

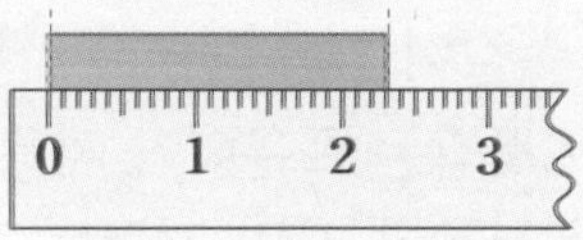

방법 1 2 cm보다 3 mm 더 긴 길이

=2 cm+0.3 cm=2.3 cm (3 mm=0.3 cm)

방법 2 2 cm 3 mm

=20 mm+3 mm=23 mm=2.3 cm (2 cm=20 mm, 1 mm가 23개)

> **cm와 mm의 관계**
> 1 mm=$\frac{1}{10}$ cm=0.1 cm

> **몇 cm로 나타내기**
> ■cm보다 ▲mm 더 긴 길이 ➜ ■.▲cm
> ■cm ▲mm ➜ ■.▲cm

확인 1 그림을 보고 □ 안에 알맞은 수를 써넣으세요.

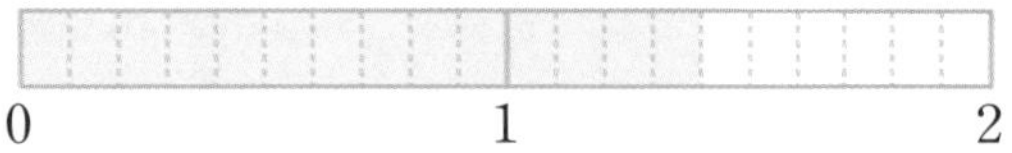

(1) 색칠한 부분은 1과 □만큼인 수입니다.

(2) 색칠한 부분은 0.1이 □개입니다.

(3) 색칠한 부분을 소수로 나타내면 □입니다.

확인 2 그림을 보고 □ 안에 알맞은 수를 써넣으세요.

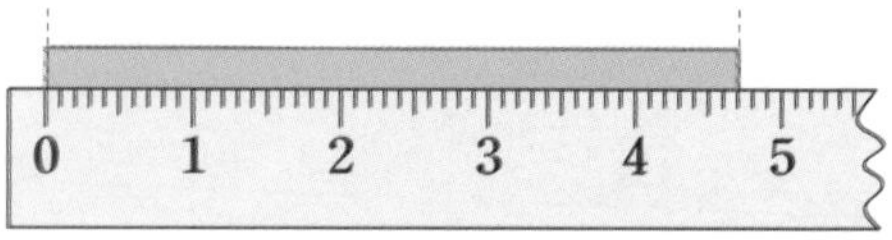

(1) 막대의 길이는 4 cm보다 □ mm 더 깁니다.

(2) 7 mm를 cm로 나타내면 □ cm입니다.

(3) 막대의 길이는 □ cm입니다.

» 정답 · 풀이 38쪽

기본기 다지는 교과서 문제

1 그림을 보고 □ 안에 알맞은 수를 써넣으세요.

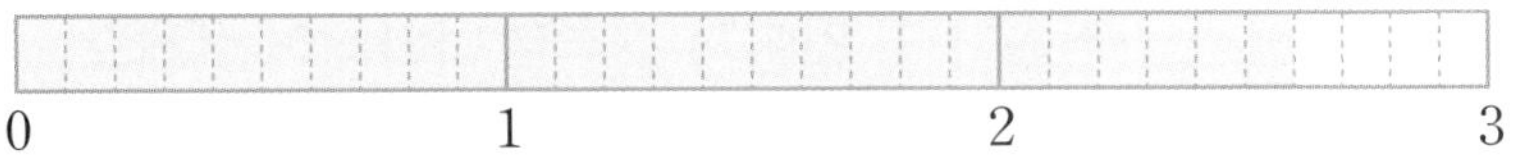

색칠한 부분을 소수로 나타내면 □이고 □이라고 읽습니다.

2 □ 안에 알맞은 소수를 쓰고 읽어 보세요.

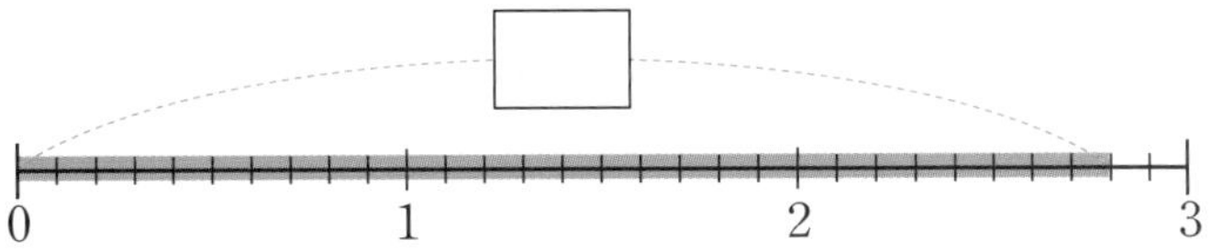

(　　　　　　)

3 □ 안에 알맞은 수를 써넣으세요.

(1) 0.1이 15개이면 □입니다.

(2) 0.1이 □개이면 3.2입니다.

(3) 5.3은 0.1이 □개입니다.

(4) 1.9는 □이 19개입니다.

4 □ 안에 알맞은 수를 써넣으세요.

(1) 4 cm 8 mm = □ cm

(2) 63 mm = □ cm

개념 따라쓰기

자연수와 소수로 이루어진 소수

1.2
→ 1과 0.2만큼의 수
→ 0.1이 12개인 수

cm와 mm의 관계

1 cm = 10 mm
↓
10 mm = 1 cm
1 mm = 0.1 cm

1 cm는 10 mm이므로
1 mm는 0.1 cm입니다.

6 단원

1

이해

□ 안에 알맞은 소수를 써넣으세요.

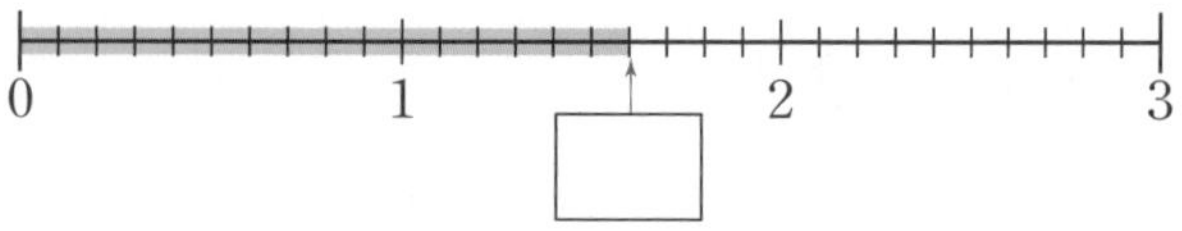

2

적용

관계있는 것끼리 선으로 이어 보세요.

1.8	사 점 이
4.2	육 점 칠
6.7	일 점 팔

3

68쪽

이해

다음 수를 소수로 나타내어 보세요.

(1) 7과 0.3만큼인 수 → (　　　　　　)

(2) 4와 $\frac{5}{10}$만큼인 수 → (　　　　　　)

4

68쪽

문제 해결

주스가 몇 컵인지 소수로 나타내어 보세요.

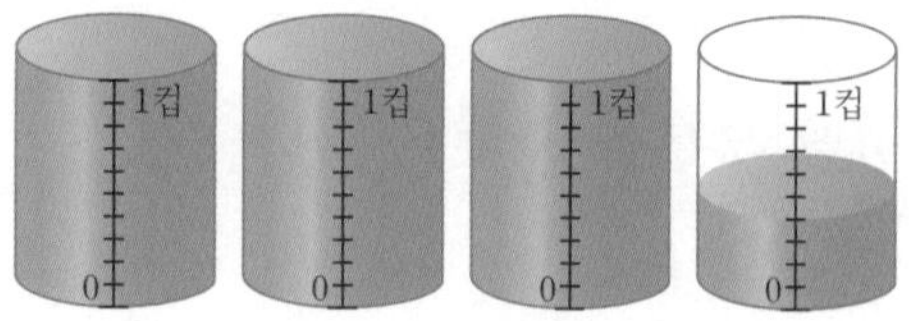

□컵

5

68쪽

창의 융합

나비의 길이를 cm로 나타내어 보세요.

2 cm 4 mm
↓
□ cm

38 mm
↓
□ cm

6

68쪽

의사 소통

설명한 내용이 틀린 사람은 누구인지 찾아 이름을 쓰세요.

서준: 5.5는 0.1이 55개인 수입니다.
슬기: 0.1이 39개이면 3.9입니다.
영민: 0.1이 63개이면 63입니다.

(　　　　　　)

» 정답 · 풀이 38쪽

조금 더 어려운 문제에 도전해 볼까요?

7 69쪽 적용

□ 안에 알맞은 소수를 써넣으세요.

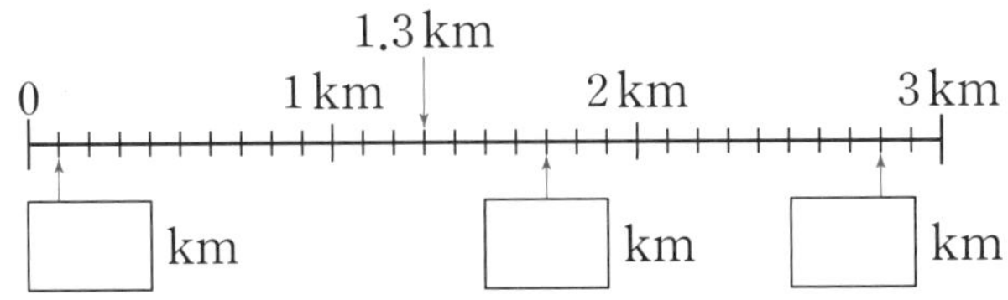

8 69쪽 의사 소통

㉠과 ㉡에 알맞은 수를 각각 구해 보세요.

- $\frac{1}{10}$이 74개인 수를 소수로 나타내면 ㉠입니다.
- $\frac{1}{10}$이 ㉡개인 수를 소수로 나타내면 5.9입니다.

㉠ (　　　　　　)
㉡ (　　　　　　)

+9 69쪽 수학적 독해력

1개가 똑같이 10조각으로 나누어져 있는 초콜릿이 여러 개 있습니다. 종욱이는 이 초콜릿 37조각을 친구들과 나누어 먹었습니다. 친구들과 나누어 먹은 초콜릿은 몇 개인지 소수로 나타내어 보세요.

□개

독해 포인트 1개가 10조각일 때, 1조각은 0.1개로 나타낼 수 있습니다.

+10 69쪽 수학적 표현력

비가 지난달에는 73 mm 내렸고, 이번 달에는 지난달보다 16 mm 더 많이 내렸습니다. 이번 달에 내린 비는 몇 cm인지 풀이 과정을 쓰고, 소수로 나타내어 보세요.

[풀이] 이번 달 내린 비의 양은 지난달보다 16 mm 더 많으므로 ______________________

____

[답] ______________________

6 단원

오늘 공부 어땠나요? 10개 중 맞힌 문제 □개 > 틀린 문제는 힌트를 보고 다시 도전해 보세요. > 맞힌 문제는 힌트를 보고 자신의 생각과 비교해 보세요.

35일 소수의 크기 비교

① 소수의 크기 비교하기

예 0.6과 0.8의 크기 비교하기

- 색칠한 칸 수가 0.6보다 0.8이 더 많습니다. ➜ $0.6 < 0.8$
- 0.6은 0.1이 6개, 0.8은 0.1이 8개입니다.
  0.1의 개수를 비교하면 0.6보다 0.8이 더 많습니다.
  ➜ $0.6 < 0.8$

◐ 소수의 크기 비교
① 색칠한 칸 수가 많을수록 더 큰 소수입니다.
② 0.1의 개수가 많을수록 더 큰 소수입니다.

② 자연수와 소수로 이루어진 소수의 크기 비교하기

① 자연수의 크기를 먼저 비교합니다.
➜ 자연수의 크기가 클수록 더 큰 소수입니다.
예 $1.4 < 2.1$ ($1 < 2$)

② 자연수의 크기가 같으면, 소수의 크기를 비교합니다.
➜ 소수의 크기가 클수록 더 큰 소수입니다.
예 $1.8 > 1.5$ ($8 > 5$)

◐ 자연수와 소수로 이루어진 소수의 크기 비교하는 방법

자연수의 크기를 비교합니다.
↓
자연수의 크기가 같으면, 소수의 크기를 비교합니다.

확인 1 0.8과 0.5의 크기를 비교하려고 합니다. 알맞은 말에 ○표 하세요.

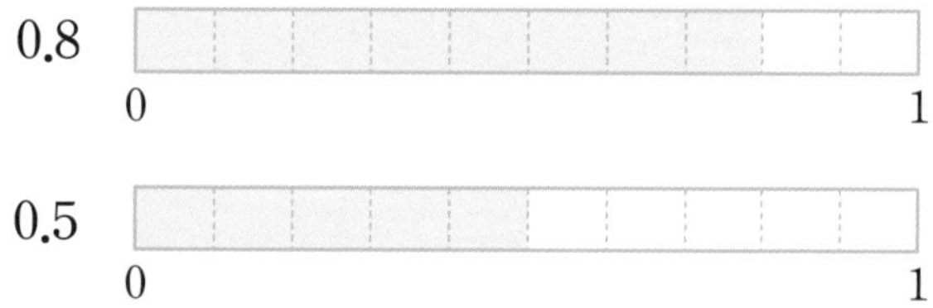

색칠한 칸수가

0.8이 0.5보다 더 (많으므로 , 적으므로)

0.8이 0.5보다 더 (큽니다 , 작습니다).

확인 2 □ 안에 알맞은 수를 써넣고, ◯ 안에 $>$, $=$, $<$를 알맞게 써넣으세요.

1.7은 0.1이 □개인 수
2.4는 0.1이 □개인 수

➜ 1.7 ◯ 2.4

기본기 다지는 교과서 문제

» 정답 · 풀이 39쪽

1 해바라기의 키만큼 각각 색칠하고 어느 해바라기가 더 많이 자랐는지 쓰세요.

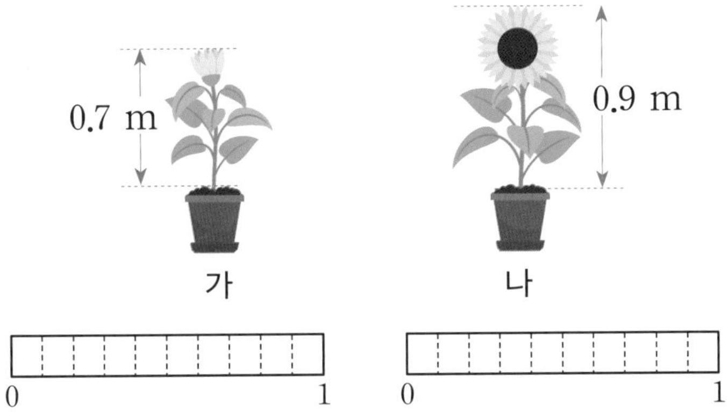

☐ 해바라기가 더 많이 자랐습니다.

2 소수를 수직선에 나타내고 ◯ 안에 >, =, <를 알맞게 써넣으세요.

1.3

0.8

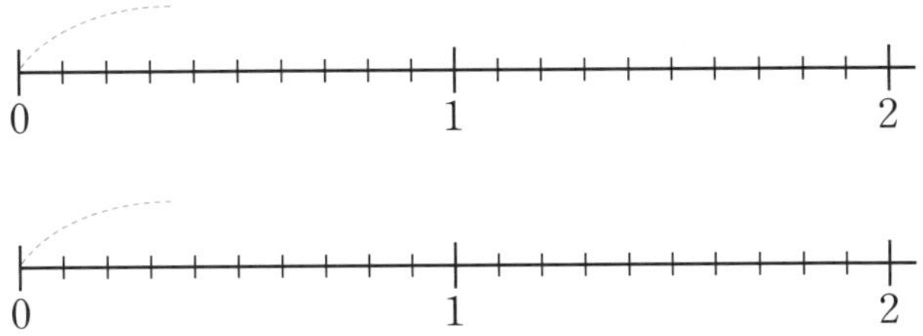

1.3 ◯ 0.8

3 ☐ 안에 알맞은 수를 써넣으세요.

4.7은 0.1이 ☐개, 4.2는 0.1이 ☐개이므로 4.7과 4.2 중 더 큰 소수는 ☐입니다.

개념 따라쓰기

색칠한 칸수로 소수의 크기 비교하기

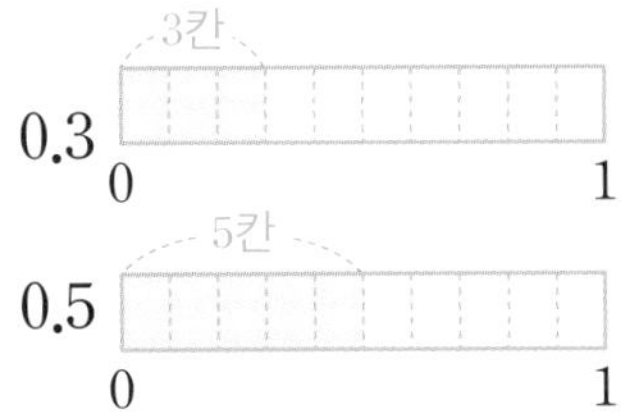

0.3 < 0.5

색칠한 칸 수가 많을수록 더 큰 소수입니다.

0.1의 개수로 소수의 크기 비교하기

0.1이 3개 　 0.1이 5개

0.3 < 0.5

0.1의 개수가 많을수록 더 큰 소수입니다.

6 단원

스스로 풀어내는 도전 10 문제

막힐 때 힌트북

1

이해

소수만큼 색칠하고 ◯ 안에 >, =, <를 알맞게 써넣으세요.

1.2

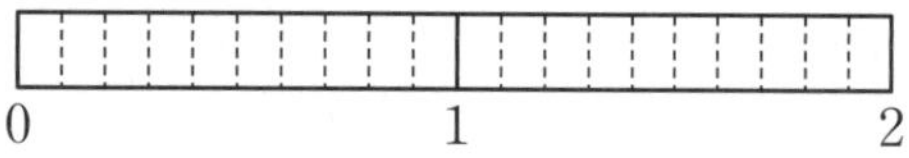

1.7

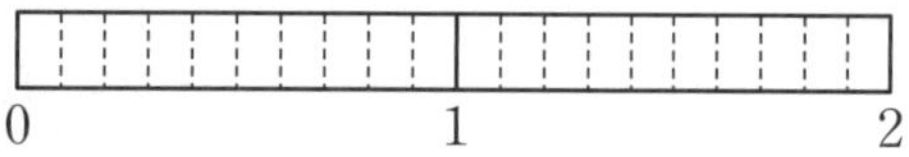

1.2 ◯ 1.7

2

이해

두 소수의 크기를 비교하여 ◯ 안에 >, =, <를 알맞게 써넣으세요.

(1) 0.8 ◯ 0.9

(2) 5.1 ◯ 4.9

3

70쪽

적용

두 수의 크기를 비교하여 ◯ 안에 >, =, <를 알맞게 써넣으세요.

(1) 1.1 ◯ 0.1이 9개인 수

(2) 0.1이 32개인 수 ◯ 3.5

4

70쪽

적용

4.7보다 큰 수를 모두 찾아 쓰세요.

1.8	5.2	3.7	6.1	2.9

(　　　　　　　)

5

70쪽

창의 융합

윤하의 필통에 있는 학용품의 길이를 나타낸 것입니다. 가장 긴 것부터 차례로 기호를 쓰세요.

㉠ 볼펜: 9.2 cm
㉡ 딱풀: 8.1 cm
㉢ 연필: 8.4 cm

□−□−□

6

70쪽

문제 해결

서준이네 집에서 가장 가까운 곳은 어디인지 쓰세요.

(　　　　　　　)

» 정답 · 풀이 39쪽

조금 더 **어려운 문제**에 도전해 볼까요?

7 71쪽 의사 소통

가장 큰 수부터 차례로 기호를 쓰세요.

㉠ 0.1이 33개인 수

㉡ $\frac{1}{10}$이 41개인 수

㉢ $\frac{1}{10}$이 29개인 수

㉣ 0.1이 54개인 수

□-□-□-□

8 71쪽 창의 융합

수 카드 중 2장을 한 번씩만 사용하여 □.△ 형태의 소수를 만들려고 합니다. 가장 큰 소수를 구해 보세요.

6 4 2

( )

+9 71쪽 수학적 독해력

슬기는 화요일부터 금요일까지 매일 달리기를 하고 요일별로 달리기 기록표를 작성하였습니다. 가장 많이 달린 요일은 언제일까요?

달리기 기록표

요일	화	수	목	금
거리	1.2 km	$\frac{9}{10}$ km	1.4 km	$\frac{8}{10}$ km

( )

독해 포인트 분수를 소수로, 또는 소수를 분수로 바꾼 다음 생각합니다.

+10 71쪽 수학적 표현력

1부터 9까지의 수 중에서 □ 안에 들어갈 수 있는 수는 모두 몇 개인지 풀이 과정을 쓰고, 답을 구하세요.

7.4<7.□

[풀이] 자연수가 7로 같으므로 소수의 크기를 비교하면

[답]

6단원

오늘 공부 어땠나요? 10개 중 맞힌 문제 □ 개 > 틀린 문제는 힌트를 보고 다시 도전해 보세요. > 맞힌 문제는 힌트를 보고 자신의 생각과 비교해 보세요.

28~35일 단원평가

6. 분수와 소수

시험 시간 20분 | 문제 수 10개

01 과자를 똑같이 몇 조각으로 나누었을까요? ( )

① 3조각 ② 4조각
③ 5조각 ④ 6조각
⑤ 7조각

02 색칠한 부분을 분수로 바르게 쓰고 읽은 사람의 이름을 쓰세요.

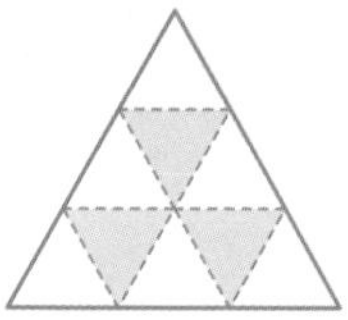

- 슬기: $\frac{3}{9}$, 9분의 3
- 지혜: $\frac{6}{9}$, 9분의 6

( )

03 □ 안에 들어갈 수 있는 자연수를 모두 쓰세요.

$$\frac{8}{13} < \frac{\square}{13} < \frac{12}{13}$$

( )

04 가장 큰 분수에 ○표, 가장 작은 분수에 △표 하세요.

$\frac{1}{16}$	$\frac{1}{4}$	$\frac{1}{9}$	$\frac{1}{14}$
( )	( )	( )	( )

05 색칠한 부분을 분수와 소수로 나타내 보세요.

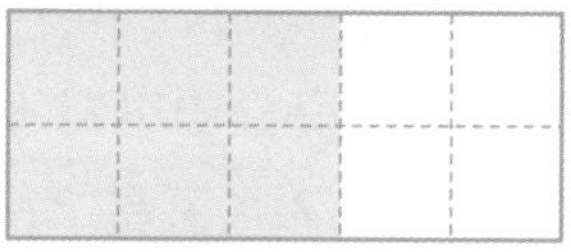

분수 ( )

소수 ( )

06 지우개의 길이는 36 mm입니다. 지우개의 길이를 소수로 나타내면 몇 cm일까요? ( )

① 1.6 cm ② 3 cm ③ 3.3 cm
④ 3.6 cm ⑤ 36 cm

07 □ 안에 알맞은 소수를 써넣으세요.

(1) 7 cm 8 mm = □ cm

(2) 56 mm = □ cm

08 가장 큰 수부터 차례로 기호를 쓰세요.

㉠ 0.1이 11개인 수
㉡ 0.1이 9개인 수
㉢ $\frac{1}{10}$이 12개인 수

□ − □ − □

09 0부터 9까지의 수 중에서 □ 안에 들어갈 수 있는 수를 모두 찾아 ○표 하세요.

5.3 > □.8

(0 , 1 , 2 , 3 , 4 , 5 , 6 , 7 , 8 , 9)

6단원

서술형

10 영민이와 수현이는 각각 떡 1개씩을 사서 똑같이 10조각을 만들었습니다. 영민이는 10조각 중 7조각을, 수현이는 10조각 중 4조각을 먹었습니다. 남은 떡을 소수로 나타내면 각각 몇 개인지 풀이 과정을 쓰고, 답을 구하세요.

풀이 ______________________

____

____

답 영민 ________ 개, 수현 ________ 개

memo

모든 문제의 첫 번째 힌트는
문제를 다시 읽는 것입니다.

새 교과서 분석 반영
초등 1등 공부 비법

막힐 땐

힌트북

초등수학 3-1

막힐 때 찾아보는 **힌트북**

슬기로운공부

힌트 = 개념

막힐 땐

힌트북

초등수학 3-1

막힐 때 찾아보는 힌트북

01일 (세 자리 수)+(세 자리 수) (1)

받아올림이 없는 경우

각 자리의 숫자를 자리를 맞추어 쓴 다음 같은 자리 수끼리 더해.

$$\begin{array}{r} 3\ 1\ 5 \\ +\ 5\ 3\ 2 \\ \hline \square\ \square\ \square \end{array}$$

알아둬!

가로셈은 세로셈으로 바꾸어 생각하면 편리해.

264에서 325만큼 "더 갔으니까" 덧셈이야.

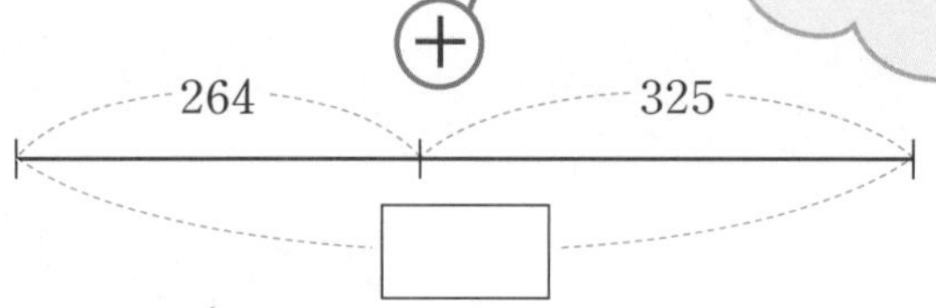

$$\begin{array}{r} 3\ 2\ 3 \\ +\ 4\ 7\ 1 \\ \hline \square\ \square\ \square \end{array}$$

길이의 "합"이니까 덧셈으로 계산해.

이틀 동안의 방문자를 "모두" 구하는 것이니까 덧셈이야.

어제	2	1	4
오늘 (+)	2	3	1
	□	□	□

1 계산해 보세요.

(1)
$$\begin{array}{r} 3\ 4\ 2 \\ +\ 1\ 5\ 4 \\ \hline \end{array}$$

(2) 315+532

2 그림을 보고 □ 안에 알맞은 수를 써넣으세요.

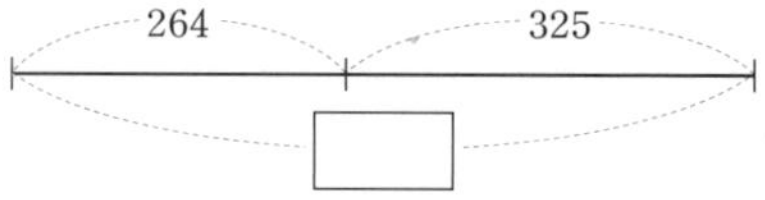

4 두 색 테이프의 길이의 합은 몇 cm일까요?

6 서연이네 학교 도서관 방문자가 어제는 214명이고, 오늘은 231명입니다. 어제와 오늘 이틀 동안의 도서관 방문자는 모두 몇 명일까요?

7 수 카드 4장 중 3장을 한 번씩 사용하여 세 자리 수를 만들려고 합니다. 만들 수 있는 가장 큰 수와 가장 작은 수의 합을 구해 보세요.

5 7 2 3

5 7 2 3

가장 큰 수는 큰 수부터 차례로 → 7 □ □

가장 작은 수는 작은 수부터 차례로 → 2 □ □

8 321과 632를 두 가지 방법으로 계산하려고 합니다. □ 안에 알맞은 수를 써넣으세요.

슬기: 300+□, 20+□, 1+□를 계산하면 □이 됩니다.

로운: 1+□, 20+□, □+□을 계산하면 □이 됩니다.

백의 자리부터 계산할 수도 있고

일의 자리부터 계산할 수도 있어.

$$\begin{array}{r} 3\ 2\ 1 \\ +\ 6\ 3\ 2 \\ \hline \square\ \square\ \square \end{array}$$

주의해! 반드시 같은 자리의 수끼리 더해야 해.

수학적 독해력

+9 영민이는 학교에서 출발하여 병원을 지나 집으로 가려고 합니다. 영민이가 걸어야 하는 거리는 모두 몇 m일까요?

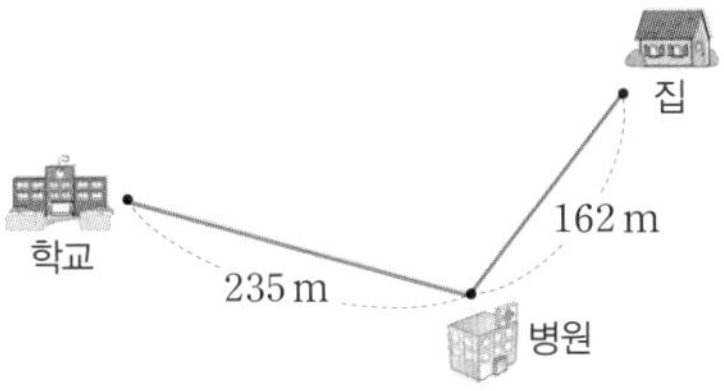

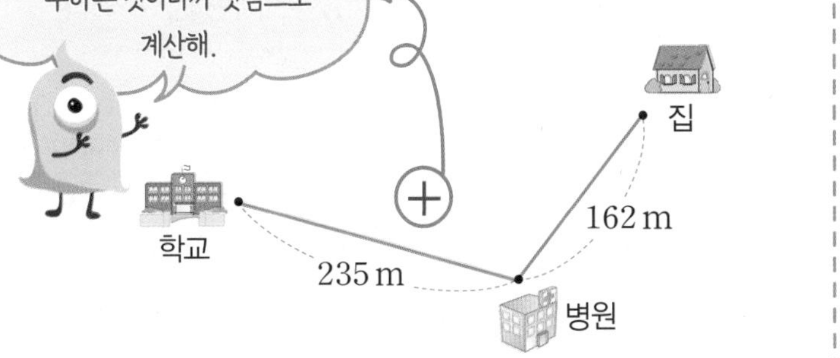

수학적 표현력

+10 ㉠과 ㉡의 합은 얼마인지 풀이 과정을 쓰고, 답을 구하세요.

㉠ 100이 5개, 10이 2개, 1이 4개인 수
㉡ 100이 3개, 1이 35개인 수

㉠ 100이 5개, 10이 2개, 1이 4개인 수 → ㉠
㉡ 100이 3개, 1이 35개인 수 → ㉡

㉠과 ㉡을 각각 수로 나타낸 후 더해.

주의해! ㉡에서 1이 35개이면 10이 3개, 1인 5개인 것과 같아.

02일 (세 자리 수)+(세 자리 수) (2)

받아올림이 한 번 있는 경우

일의 자리에서 받아올림이 있으면 십의 자리로 받아올려 계산해.

		1	
	1	5	6
+	4	2	9
	□	□	5

\\ 주의해! //

십의 자리로 받아올림한 수는 잊지 말고 십의 자리 수와 함께 계산해.

1 계산해 보세요.

(1)

	1	5	6
+	4	2	9

(2) 226＋381

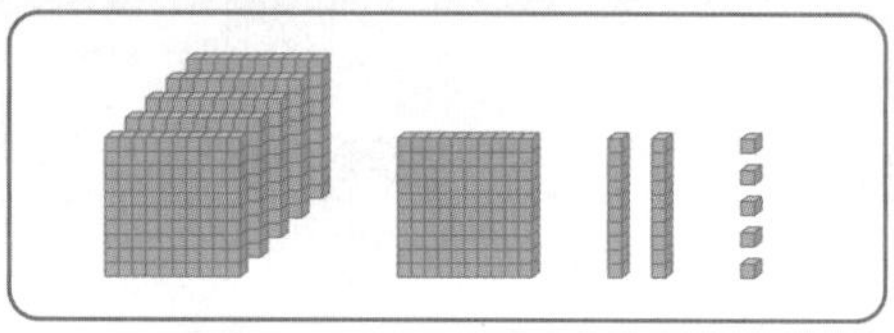

+238＝□

수 모형이 나타내는 수보다 "큰 수"니까 덧셈으로 구해.

2 민호가 말하는 수를 구하세요.

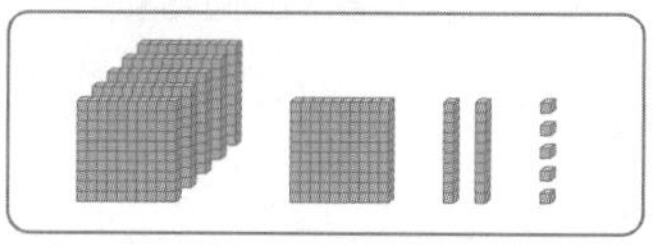

수 모형이 나타내는 수보다 238 큰 수야.

민호

221	208	525	542

가장 큰 수 ＋ 가장 작은 수

가장 큰 수와 가장 작은 수의 "합"이니까 덧셈이야.

5 가장 큰 수와 가장 작은 수의 합을 구하세요.

221	208	525	542

1 은 십의 자리에서 받아올림한 수니까 백의 자리 수야.

	1		
	3	6	2
+	2	4	7
	6	0	9

6 다음 계산에서 1이 실제로 나타내는 수는 얼마인지 구하세요.

	1		
	3	6	2
+	2	4	7
	6	0	9

7 ㉠과 ㉡이 나타내는 수의 합을 구해 보세요.

㉠ 279보다 112 더 큰 수
㉡ 352보다 191 더 큰 수

"더 큰 수"니까 덧셈으로 계산해.

■보다 ▲ 더 큰 수 → ■ ⊕ ▲

\\ 주의해! //
구하려는 것은 ㉠과 ㉡의 합이야.

8 □ 안에 알맞은 수를 써넣으세요.

	□	6	9
+	2	□	□
	9	8	7

	□	6	9
+	2	□	□
	9	8	⑦

7은 9+□의 일의 자리 수니까
9+□=17이야.

수학적 독해력

+9 과일 가게에서 오늘 사과를 153개 팔고, 귤은 사과보다 176개 더 팔았습니다. 오늘 과일 가게에서 판 사과와 귤은 모두 몇 개인지 구하세요.

사과를 153개를 팔고, 귤은 사과보다 176개를 더 팔았습니다. 오늘 과일 가게에서 판 사과와 귤은 모두 몇 개일까요?

사과와 귤의 개수 = 사과의 개수 + 귤의 개수

수학적 표현력

+10 계산에서 잘못된 부분을 찾아 잘못된 이유를 쓰고, 바르게 계산해 보세요.

	5	6	2
+	3	7	1
	8	3	3

→

	5	6	2
+	3	7	1

십의 자리에서 받아올림한 수

	①		
	5	6	2
+	3	7	1
	□	3	3

십의 자리에서 받아올림한 수는 백의 자리 계산에서 함께 더해야 해.

03일 (세 자리 수)+(세 자리 수) (3)

받아올림이 두 번, 세 번 있는 경우

일의 자리에서 받아올림한 수

$$\begin{array}{cccc} & & \textcircled{1} & \\ & 3 & 2 & 6 \\ + & 2 & 8 & 4 \\ \hline & \square & \square & \square \end{array}$$

받아올림이 있을 때에는 바로 위의 자리로 받아올려 계산해.

1 계산해 보세요.

(1)
$$\begin{array}{r} 3\ 2\ 6 \\ +\ 2\ 8\ 4 \\ \hline \end{array}$$

(2) 619+285

"합"이니까 사각형 안의 두 수를 더해.

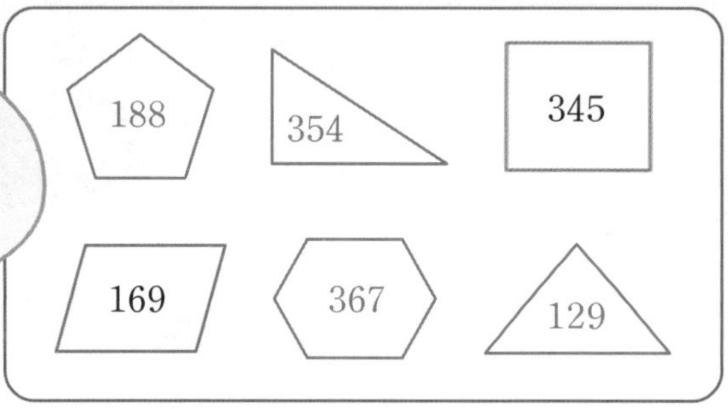

4 사각형 안에 있는 수의 합을 구해 보세요.

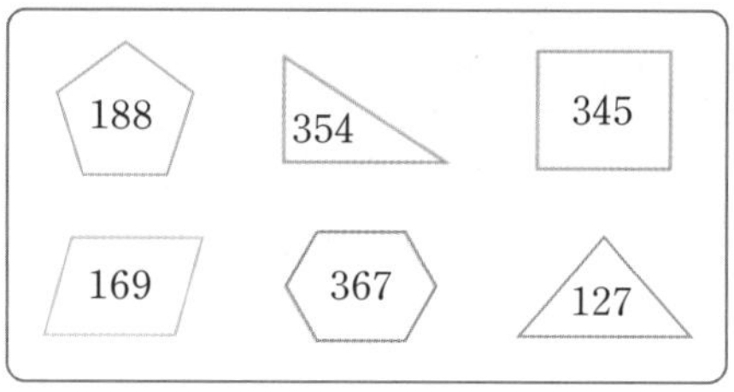

각 자리 수에서 받아올림이 있으면 바로 위의 자리로 받아올려 계산해.

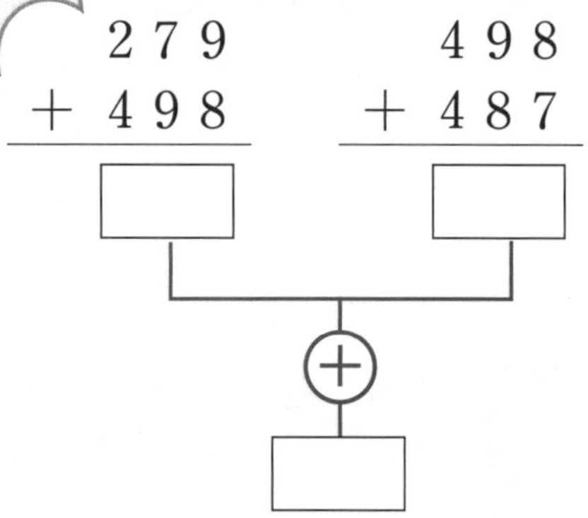

5 두 수의 합을 아래 빈칸에 써넣으세요.

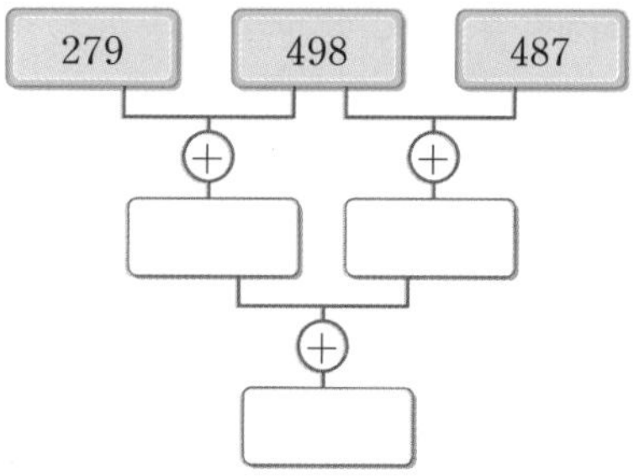

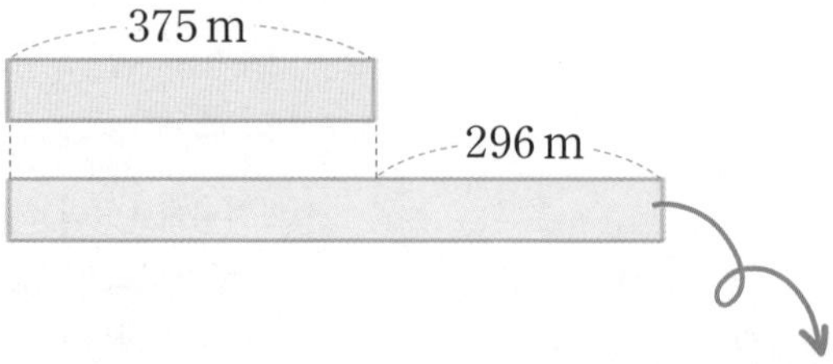

'노란색 테이프보다 296 m 더' 길므로, 덧셈으로 파란색 테이프의 길이를 구할 수 있어.

6 노란색 테이프의 길이는 375 cm이고, 파란색 테이프의 길이는 노란색 테이프의 길이보다 296 cm 더 깁니다. 파란색 테이프의 길이는 몇 cm일까요?

7 □ 안에 알맞은 수를 써넣으세요.

	5	6	□
+	2	□	7
	8	5	3

	5	6	□
+	2	□	7
	8	5	③

3은 □+7의 일의 자리 수니까 **□+7=13**이야.

8 1부터 9까지의 수 중에서 □ 안에 들어갈 수 있는 수를 모두 써 보세요.

358+□65>1123

	1	1	
	3	5	8
+	□	6	5
		2	3

>1123

1+3+□

더한 결과가 1123보다 커야 하므로, **1+3+□>11**이야.

수학적 독해력

+9 동물원 입구에서 코끼리를 보러 가려고 합니다. ㉠, ㉡, ㉢ 길 중에서 가장 짧은 길의 기호를 쓰세요.

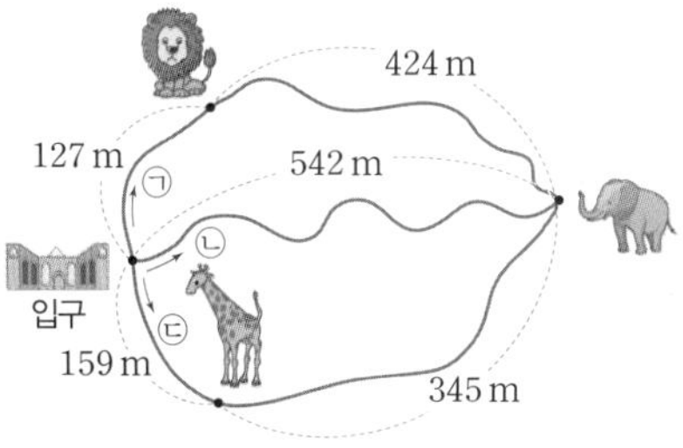

값이 가장 작은 것이 "가장 짧은 길"이야.

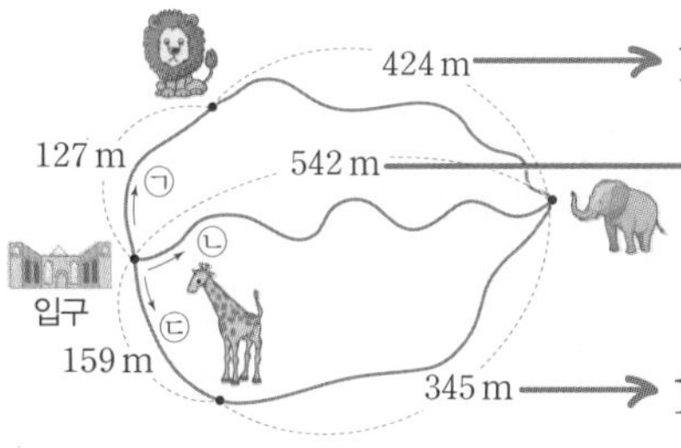

127+424=□

542

159+345=□

수학적 표현력

+10 계산에서 잘못된 부분을 찾아 잘못된 이유를 쓰고, 바르게 계산해 보세요.

	4	3	6
+	7	8	4
1	1	2	0

→

	4	3	6
+	7	8	4

	□1	□1	
	4	3	6
+	7	8	4
□	□	2	0

각 자리 수끼리 계산할 때에는 바로 아랫자리에서 받아올림한 수를 빠뜨리지 말고 계산해야 해.

04일 (세 자리 수)−(세 자리 수) (1)

받아내림이 없는 경우

알아둬!

가로셈은 세로셈으로 바꾸어 생각하면 편리해.

자리를 맞추어 쓴 다음 같은 자리 수끼리 빼.

$$\begin{array}{r} 6\ 3\ 9 \\ -\ 5\ 2\ 7 \\ \hline \square\ \square\ \square \end{array}$$

1 계산해 보세요.

(1) $\begin{array}{r} 5\ 7\ 6 \\ -\ 4\ 5\ 1 \\ \hline \end{array}$

(2) 639−527

$$\begin{array}{r} 7\ 5\ 2 \\ -\ 1\ 4\ 1 \\ \hline \square\ \square\ \square \end{array} \quad \bigcirc \quad \begin{array}{r} 8\ 6\ 5 \\ -\ 2\ 1\ 3 \\ \hline \square\ \square\ \square \end{array}$$

계산한 결과를 비교해 봐.

4 계산 결과를 비교하여 ◯ 안에 >, =, <를 알맞게 써넣으세요.

752−141 ◯ 865−213

더 긴 리본의 길이에서 더 짧은 리본의 길이를 빼.

㉠  152 cm < ㉡ 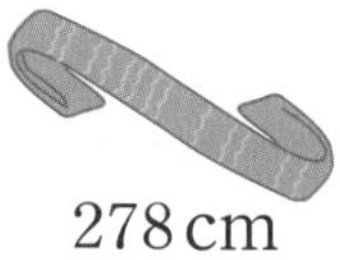 278 cm

알아둬!

두 수의 "차"를 구할 때에는 큰 수에서 작은 수를 빼.

5 두 리본 중 어느 리본이 몇 cm 더 길까요?

㉠  152 cm

㉡ 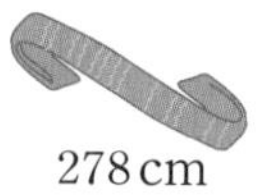 278 cm

➜ (　　)이 (　　　　) cm 더 깁니다.

한 번 충전하면 758분 동안 사용할 수 있는 휴대폰을 412분 사용하였습니다. 앞으로 휴대폰을 몇 분 더 사용할 수 있을까요?

더 사용할 수 있는 시간 = 사용할 수 있는 시간 − 사용한 시간

6 한 번 충전하면 758분 동안 사용할 수 있는 휴대폰을 412분 사용하였습니다. 앞으로 휴대폰을 몇 분 더 사용할 수 있을까요?

7 주어진 수 중에서 2개를 골라 뺄셈식을 만들려고 합니다. □ 안에 알맞은 수를 써넣으세요.

435 121 569

□ − □ = 134

435 121 569

569 − 435 = □

569 − 121 = □

435 − 121 = □

569 > 435 > 121이니까 큰 수에서 작은 수를 빼는 뺄셈식을 3개 만들 수 있어.

8 735 − 523을 여러 가지 방법으로 계산하려고 합니다. □ 안에 알맞은 수를 써넣으세요.

〔방법 ❶〕 700 − □, 30 − □, 5 − □ 을 계산하면 □가 됩니다.

〔방법 ❷〕 35 − □을 먼저 계산하고 □ − □의 값에 더하면 □입니다.

백의 자리부터 계산할 수도 있고

몇십몇을 먼저 계산하고 몇백을 계산할 수도 있어.

	7	3	5
−	5	2	3
	□	□	□

주의해!

반드시 같은 자리 수끼리 **빼야 해.**

수학적 독해력

9 두 사람 중 동화책을 더 많이 읽은 사람은 누구일까요?

슬기: 나는 328쪽짜리 책을 읽고 있는데 127쪽 남았어.

로운: 나는 287쪽짜리 책을 읽고 있는데 124쪽 남았어.

읽은 쪽수 = 전체 쪽수 − 남은 쪽수

(슬기가 읽은 쪽수) = 328 − 127

(로운이가 읽은 쪽수) = 287 − 124

수학적 표현력

10 민호가 알아보려는 값은 얼마인지 풀이 과정을 쓰고, 답을 구하세요.

> 종욱: 어떤 수보다 312 큰 수는 854야.
> 민호: 그럼 어떤 수보다 312 작은 수는 얼마인지 알아볼래.

종욱이의 말에서 "어떤 수"를 먼저 구해.

(어떤 수) + 312 = 854

> 종욱: 어떤 수보다 312 큰 수는 854야.
> 민호: 그럼 어떤 수보다 312 작은 수는 얼마인지 알아볼래.

05 일 (세 자리 수)−(세 자리 수) (2)

받아내림이 한 번 있는 경우

일의 자리 수끼리 뺄 수 없으면 십의 자리에서 받아내려 계산해.

		0	10
	2	~~1~~	8
−	1	0	9
	□	□	9

주의해!

일의 자리로 받아내림 했을 때 십의 자리 계산에서는 받아내림한 수를 빼고 계산해.

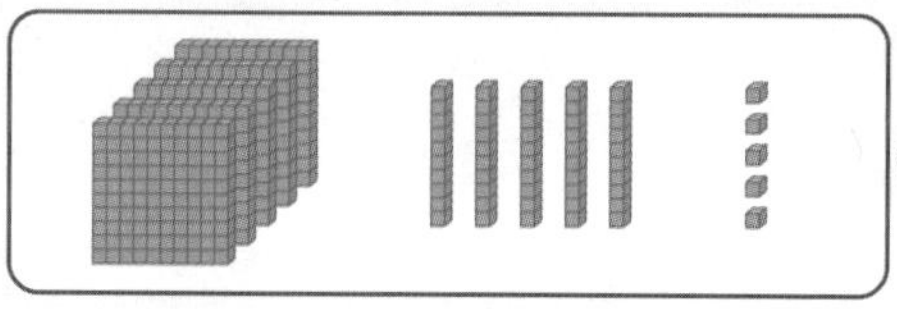

수 모형이 나타내는 수보다 "작은 수"니까 뺄셈으로 구해.

□ − 274 = □

알아둬!

(■보다 ▲ 작은 수)=■−▲

[4]는 십의 자리 수 5에서 일의 자리로 받아내림하고 남은 수야.

		[4]	10
	7	~~5~~	4
−	2	3	7
	5	1	7

받아내림한 수

더한 만큼 거꾸로 빼면 처음의 수가 돼.

□ —(+317)→ 843

843 —(−317)→ □

1 계산해 보세요.

(1)

	2	1	8
−	1	0	9

(2) $654-318$

2 서연이가 말하는 수를 구하세요.

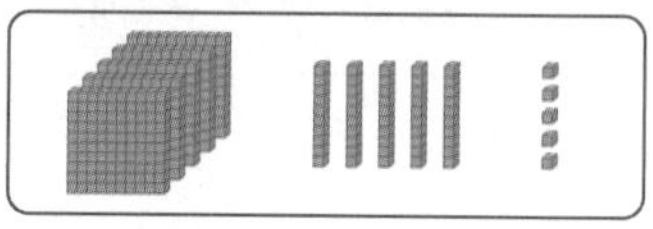

수 모형이 나타내는 수보다 274 작은 수야.

서연

5 다음 계산에서 [4]가 실제로 나타내는 수는 얼마인지 구하세요.

		[4]	10
	7	5	4
−	2	3	7
	5	1	7

6 빈칸에 알맞은 수를 써넣으세요.

□ —(+317)→ 843

7 수 카드 4장 중 3장을 한 번씩 사용하여 만들 수 있는 세 자리 수 중에서 가장 큰 수와 가장 작은 수의 차는 얼마일까요?

8 3 6 5

8 3 6 5

가장 큰 수는
큰 수부터 차례로

8 □ □

가장 작은 수는
작은 수부터 차례로

3 □ □

8 □ 안에 알맞은 수를 써넣으세요.

	5	7	4
−	2	□	□
	□	4	7

		6	10
	5	7̸	4
−	2	□	□
	□	4	7

4−□는 7이 될 수 없으니까 십의 자리에서 받아내려 계산해.
$10+4-\square=7$

수학적 독해력

9 종이 2장에 세 자리 수를 각각 써 놓았는데 그중 한 장이 찢어져서 백의 자리 숫자만 보입니다. 두 수의 합이 855일 때 찢어진 종이에 적힌 세 자리 수를 구하세요.

528 3

528 + 3 =855 → 두 수의 합

855− 528 = 3

수학적 표현력

10 수현이네 학교 학생 752명 중에서 남학생은 361명입니다. 여학생은 몇 명인지 풀이 과정을 쓰고, 답을 구하세요.

수현이네 학교 학생 752명 중에서 남학생은 361명입니다. 여학생은 몇 명일까요?

여학생 수 = 전체 학생 수 − 남학생 수

06일 (세 자리 수)−(세 자리 수) (3)

받아내림이 두 번 있는 경우

	3	11	10
	~~4~~	~~2~~	5
−	2	2	7
	□	□	8

같은 자리 수끼리 뺄 수 없을 때에는 바로 위의 자리에서 받아내려 계산해.

1 계산해 보세요.

(1)

$$\begin{array}{r} 4\ 2\ 5 \\ -\ 2\ 2\ 7 \\ \hline \end{array}$$

(2) 562−285

주어진 수보다 "작은 수"니까 뺄셈으로 구해.

100이 9개, 1이 15개인 수 ⊖156= □

\\ 주의해! //

1이 15개이면 10이 1개, 1이 5개인 것과 같아.

4 다음 수보다 156 작은 수는 얼마인지 구해 보세요.

100이 9개, 1이 15개인 수

⊖ → 523−345

	523	345	□
⊖ ↓	357		
523−357	□		

같은 자리 수끼리 뺄 수 없을 때에는 바로 위의 자리에서 받아내려 계산해.

5 빈칸에 알맞은 수를 써넣으세요.

523	345	□
357		
□		

로운이는 2 m를 뛰어넘었고, 영민이는 175 cm를 뛰어넘었습니다. 로운이는 영민이보다 몇 cm 더 높이 뛰어넘었을까요?

로운이가 더 뛴 높이 = 로운이가 뛴 높이 − 영민이가 뛴 높이

\\ 주의해! //

단위를 모두 cm로 나타낸 후 계산해. 1 m=100 cm

6 높이뛰기를 하였습니다. 로운이는 2 m를 뛰어넘었고, 영민이는 175 cm를 뛰어넘었습니다. 로운이는 영민이보다 몇 cm 더 높이 뛰어넘었을까요?

7 □ 안에 알맞은 수를 써넣으세요.

	□	2	5
−	2	3	□
	4	□	7

		11	10
	□	2	5
−	2	3	□
	4	□	⑦

5−□는 7이 될 수 없으므로 십의 자리에서 받아내려 계산해.
$10+5-\square=7$

1−3도 계산할 수 없으므로 백의 자리에서 받아내려 계산해.

8 주어진 수 중에서 2개를 골라 뺄셈식을 만들려고 합니다. 두 수의 차가 가장 크게 되도록 식을 만들어 보세요.

764 812 475 286

□−□=□

"두 수의 차가 가장 크게" 되려면 가장 큰 수에서 가장 작은 수를 빼야 해.

764 812 475 286

가장 큰 수 − 가장 작은 수 = 차가 가장 큰 수

수학적 독해력

9 278에 어떤 수를 더하였더니 820이 되었습니다. 어떤 수에서 153을 빼면 얼마가 될까요?

278에 어떤 수를 더하였더니 820이 되었습니다. 어떤 수에서 153을 빼면 얼마가 될까요?

$278+(\text{어떤 수})=820$

$(\text{어떤 수})-153=\square$

"어떤 수"를 먼저 구해.

수학적 표현력

10 계산에서 잘못된 부분을 찾아 잘못된 이유를 쓰고, 바르게 계산해 보세요.

	6	2	3
−	3	8	9
	3	3	4

→

	6	2	3
−	3	8	9

	⑤	11	10
	6	2	3
−	3	8	9
	□	3	4

주의해!

아랫자리로 받아내림하면 위의 자리 계산에서는 받아내림한 수를 빼고 계산해야 해.

07 일 선의 종류

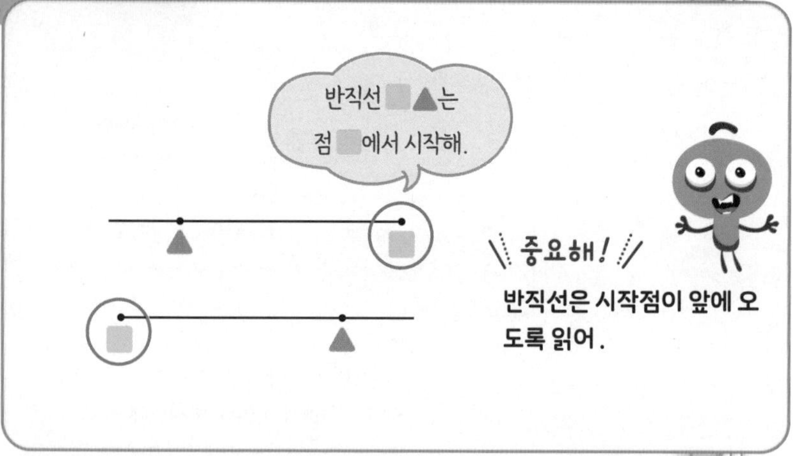

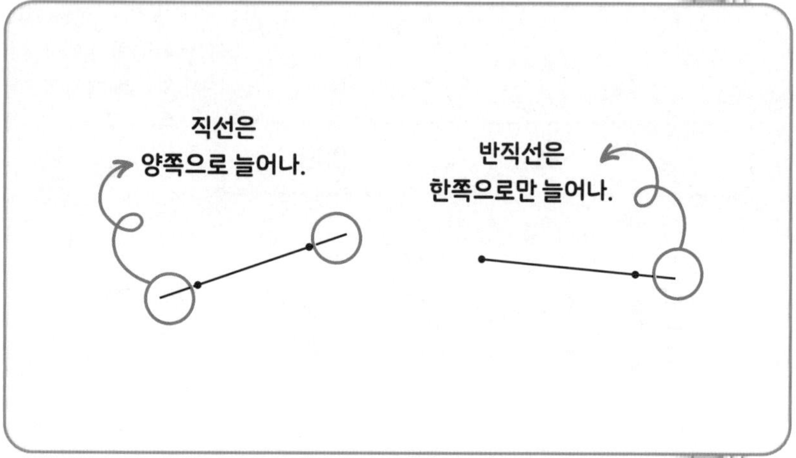

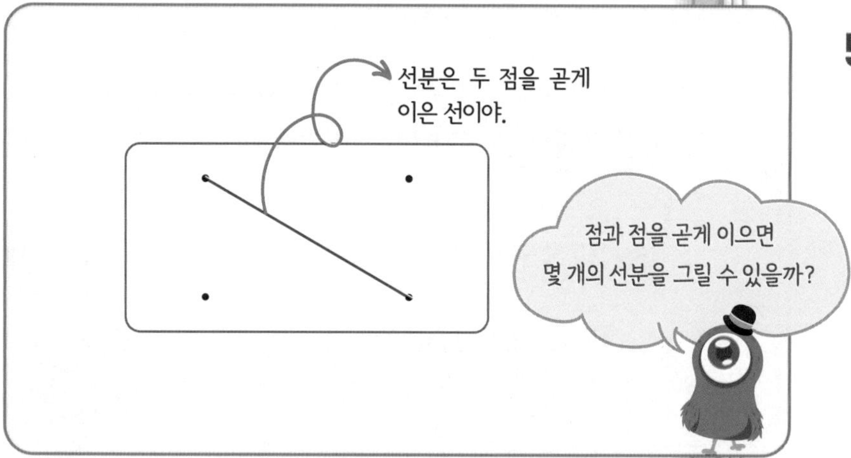

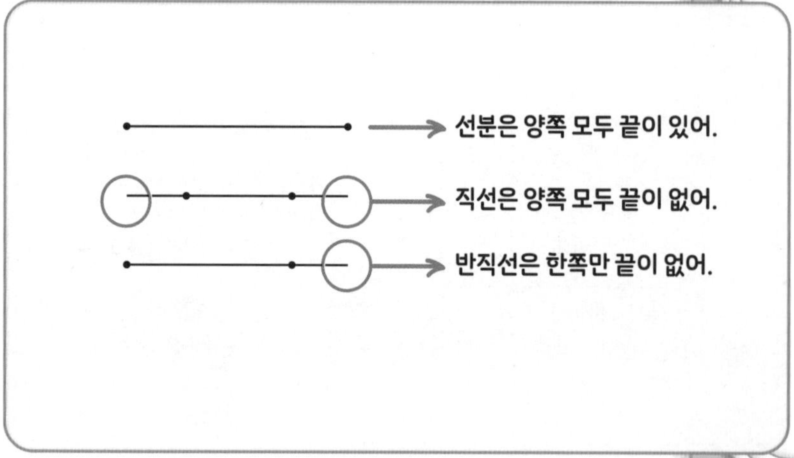

3 다음 중 반직선 ㅂㅁ을 찾아 기호를 쓰세요.

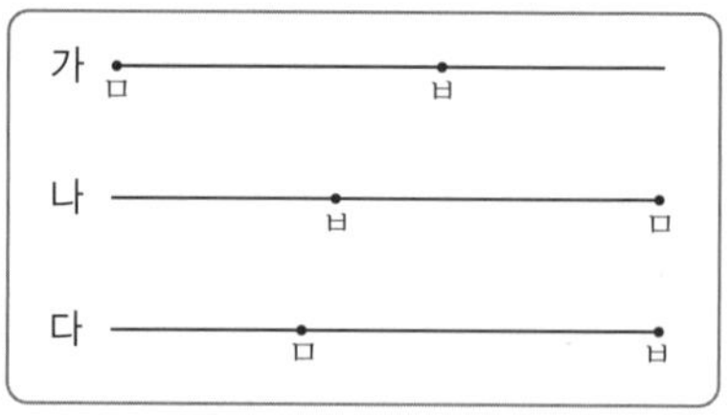

4 점을 이용하여 직선 ㄱㄴ과 반직선 ㄷㄹ을 그어 보세요.

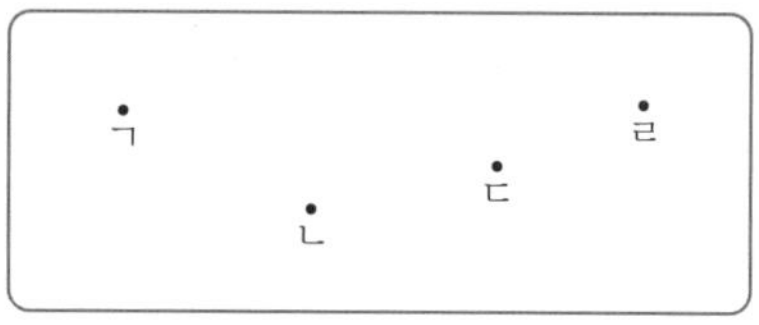

5 다음 4개의 점을 이용하여 그을 수 있는 선분을 모두 그어 보세요.

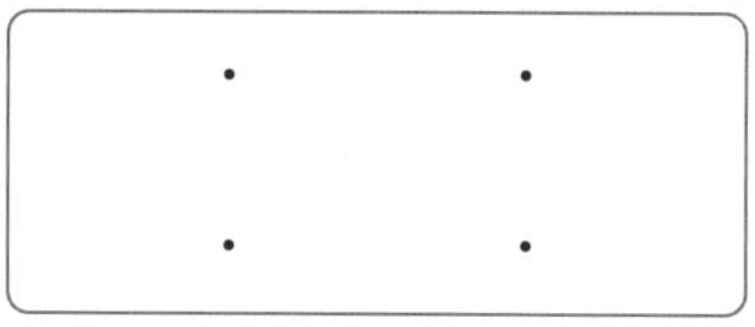

6 바르게 설명한 것에 ○표, 바르지 않게 설명한 것에 ×표를 하세요.

(1) 선분은 끝이 없지만 직선은 끝이 있습니다. (　　　)

(2) 반직선은 한쪽으로 끝없이 늘어나지만 직선은 양쪽으로 끝없이 늘어납니다. (　　　)

7 다음 중 선분은 직선보다 몇 개 더 많은지 쓰세요.

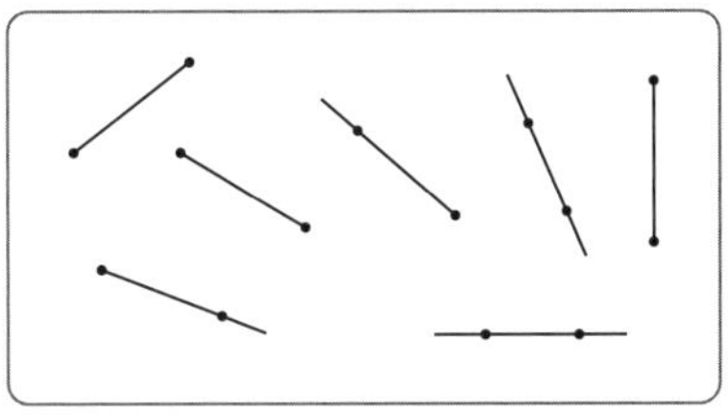

헷갈리지 않도록 선분에 ○표, 직선에 △표를 하며 세어 봐.

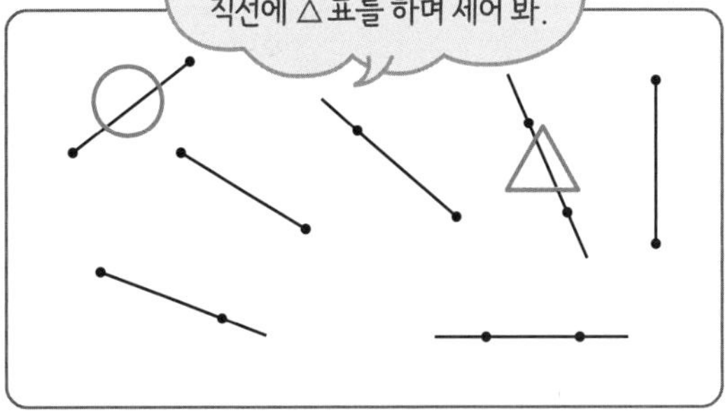

선분 ☐개 직선 ☐개

주의해!

반직선을 직선으로 생각하지 않도록 조심해.

8 3개의 점 중에서 2개의 점을 이어 그릴 수 있는 반직선은 모두 몇 개일까요?

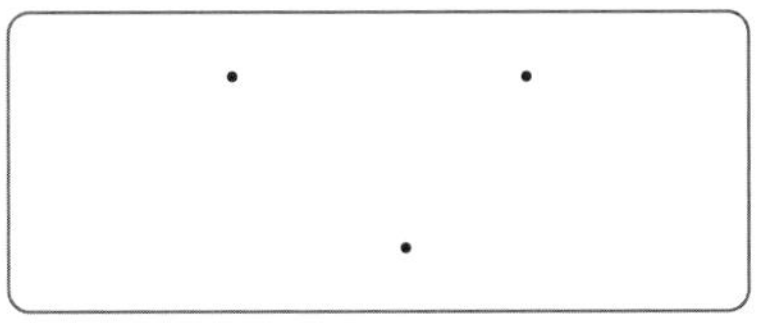

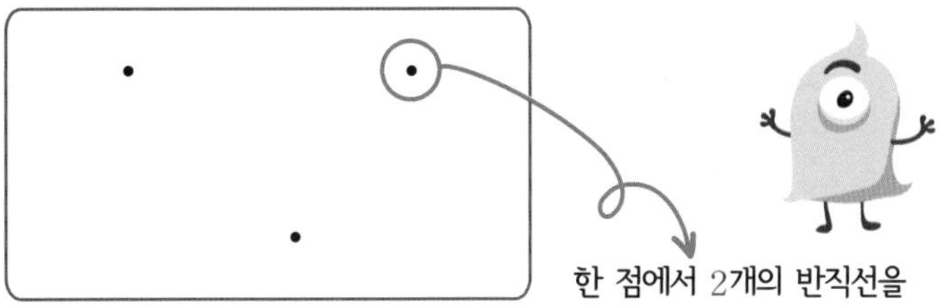

한 점에서 2개의 반직선을 그을 수 있어.

수학적 독해력

9 다음 중 잘못 말한 사람은 누구일까요?

- 슬기: 선분은 두 점 사이의 곧은 선이야.
- 로운: 반직선은 한쪽 끝이 정해져 있고 다른 쪽 끝은 정해져 있지 않은 곧은 선이야.
- 윤하: 직선은 양쪽 끝이 정해져 있는 곧은 선이야.

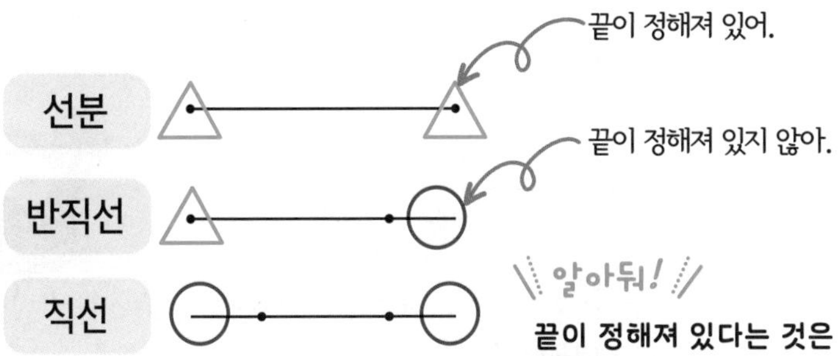

알아둬!

끝이 정해져 있다는 것은 끝이 점이라는 뜻이야.

수학적 표현력

10 다음 도형은 반직선이 아닙니다. 그 이유를 설명해 보세요.

반직선은 한 점에서 시작하여 한쪽으로 끝없이 늘인 곧은 선이야.

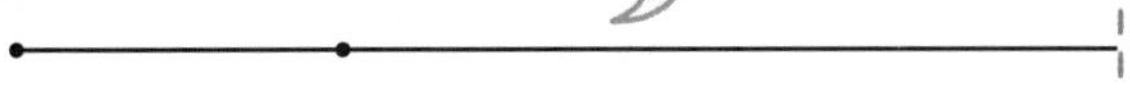

08일 각 알아보기

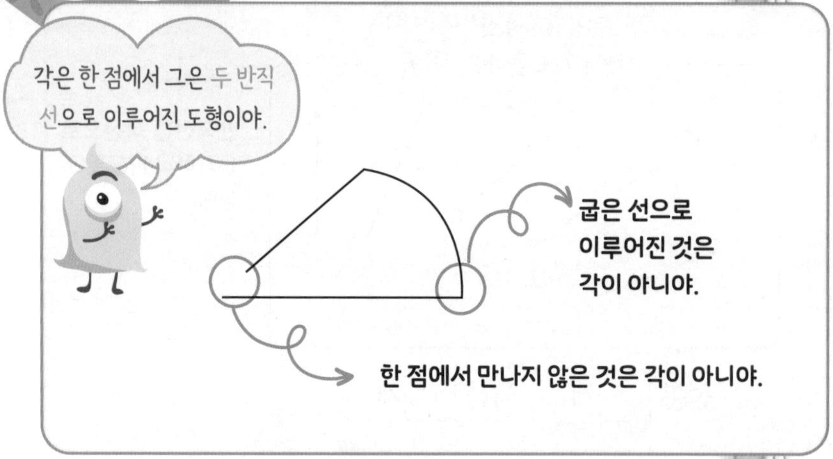

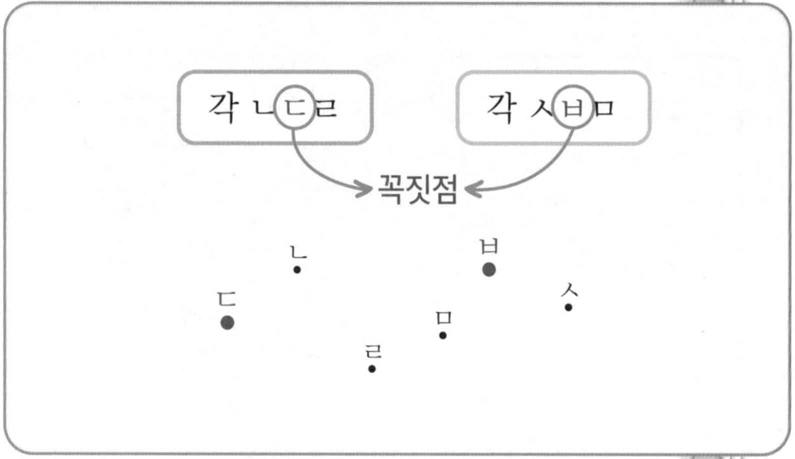

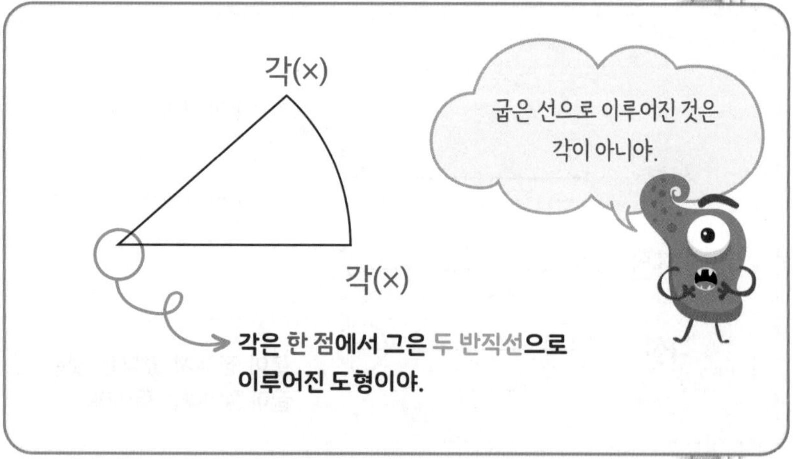

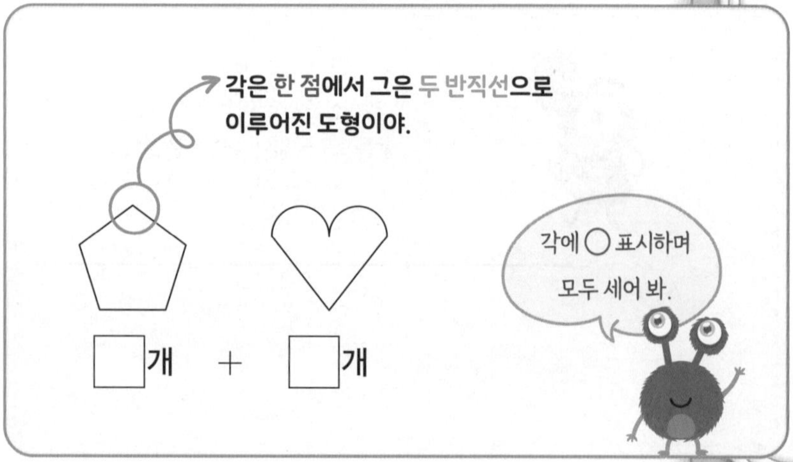

3 각을 모두 찾아 ○표 하세요.

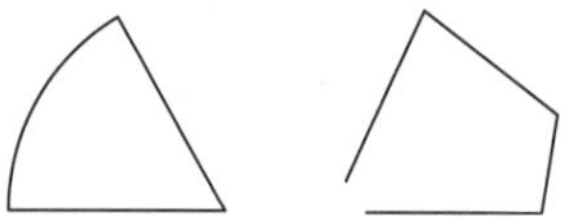

4 주어진 각을 그려 보세요.

각 ㄴㄷㄹ　　각 ㅅㅂㅁ

5 다음 중 각이 있는 도형의 기호를 모두 고르세요.

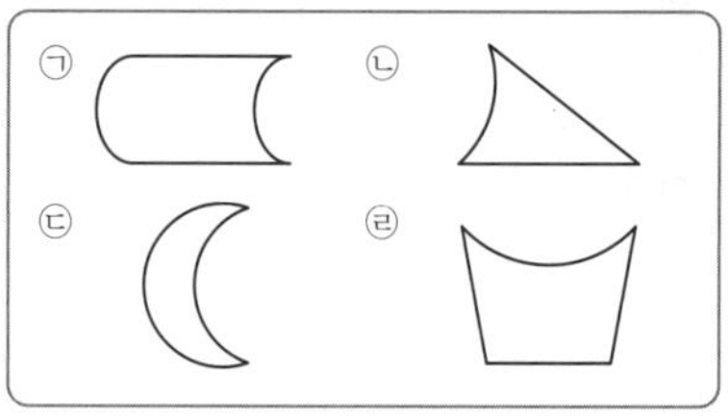

6 두 도형에서 찾을 수 있는 각은 모두 몇 개일까요?

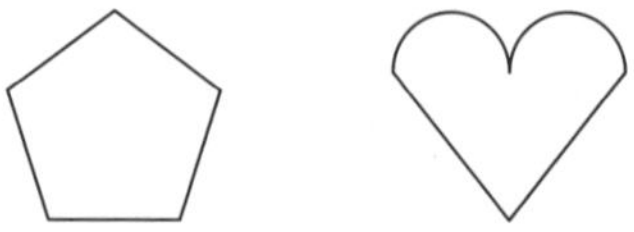

2 단원

7 각이 많은 도형부터 순서대로 기호를 쓰세요.

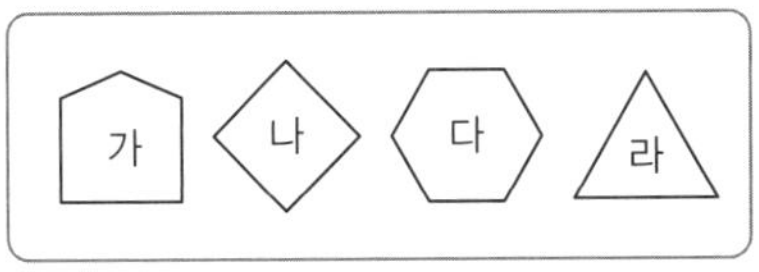

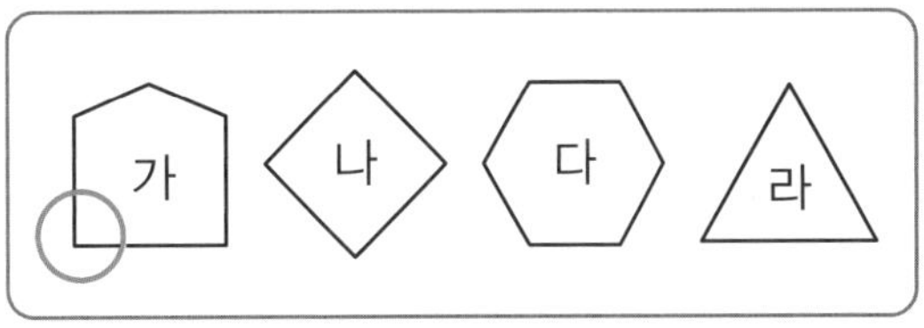

□개 □개 □개 □개

8 세 점을 이용하여 꼭짓점이 서로 다른 각을 그려 보세요.

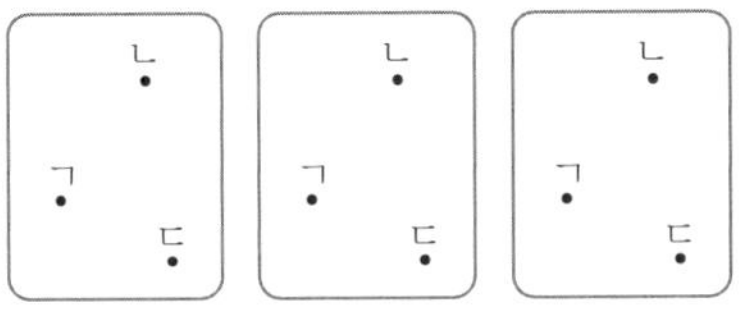

꼭짓점이 서로 다른 경우

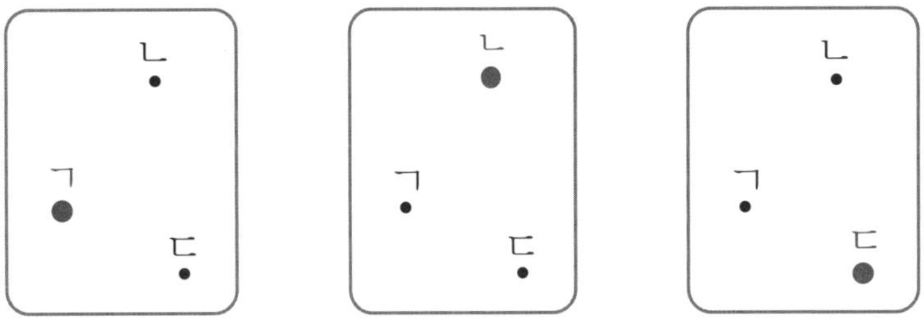

수학적 독해력

9 그림에서 찾을 수 있는 크고 작은 각은 모두 몇 개일까요?

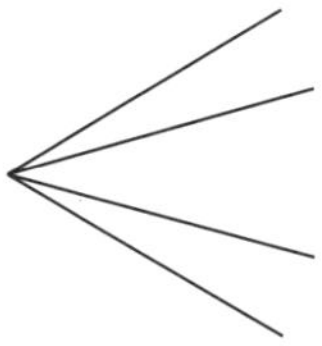

작은 각 1개, 2개, …로 이루어진 각을 각각 찾아.

1개짜리 2개짜리 3개짜리

□개 + □개 + □개

수학적 표현력

10 다음 도형은 각이 아닙니다. 그 이유를 설명해 보세요.

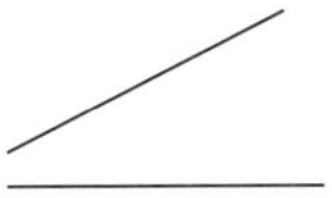

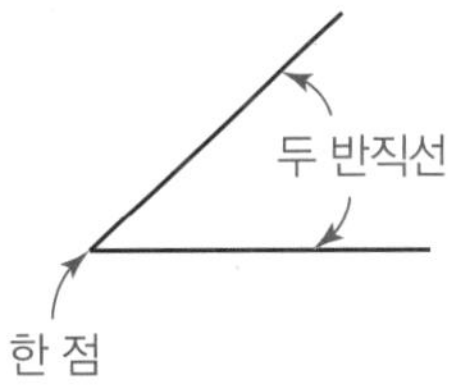

09 일 직각 알아보기

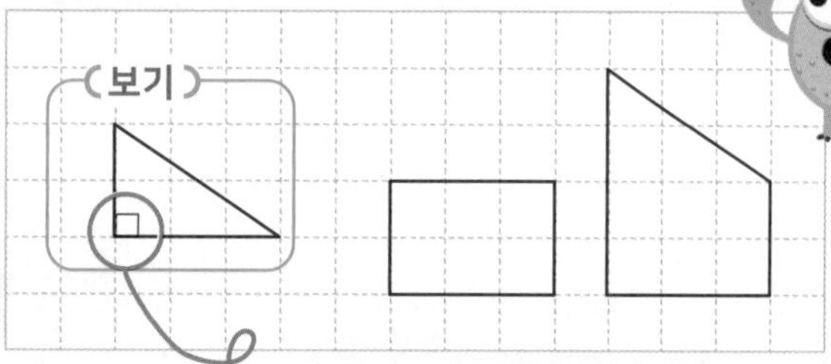

모눈의 가로선과 세로선은 모두 직각으로 만난다는 점을 이용해.

모눈의 가로선과 세로선은 모두 직각으로 만나.

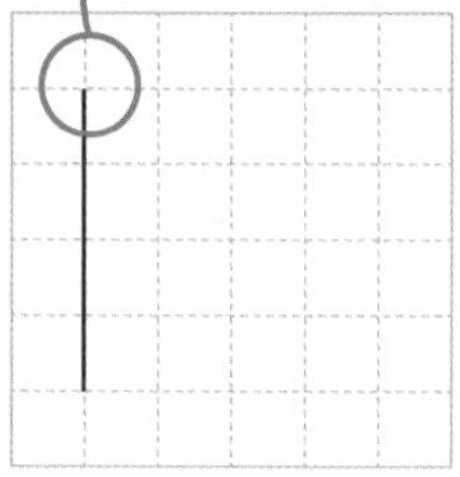

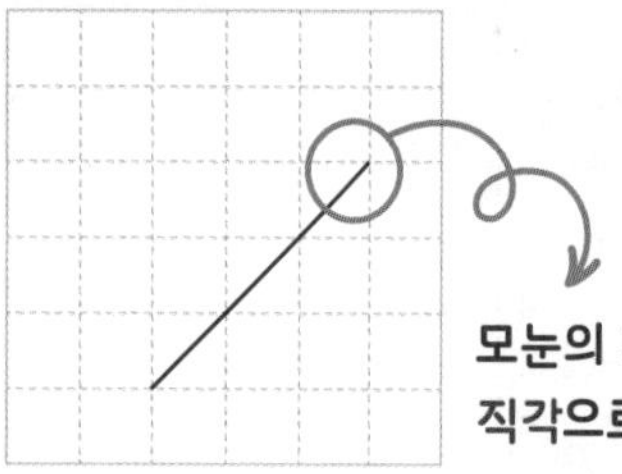

모눈의 대각선끼리도 직각으로 만나.

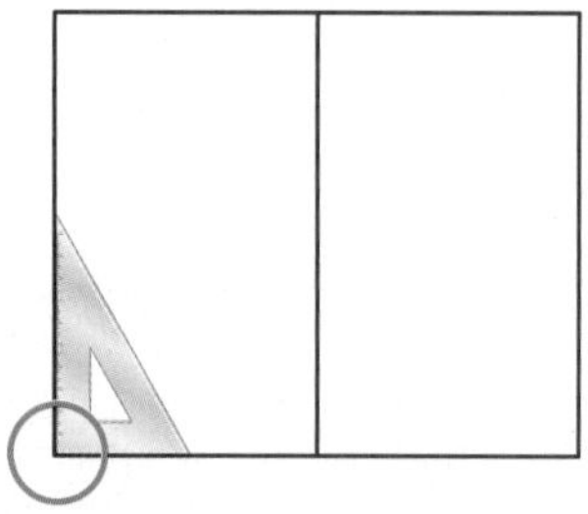

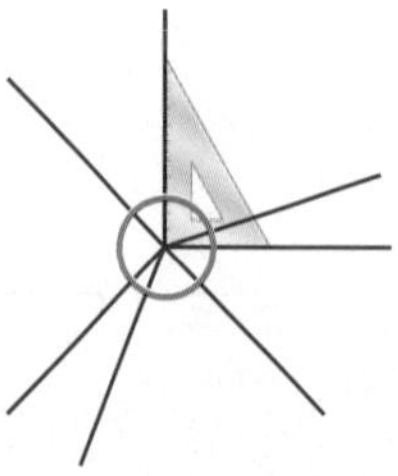

3 〈보기〉와 같이 직각을 모두 찾아 ∟ 로 표시하세요.

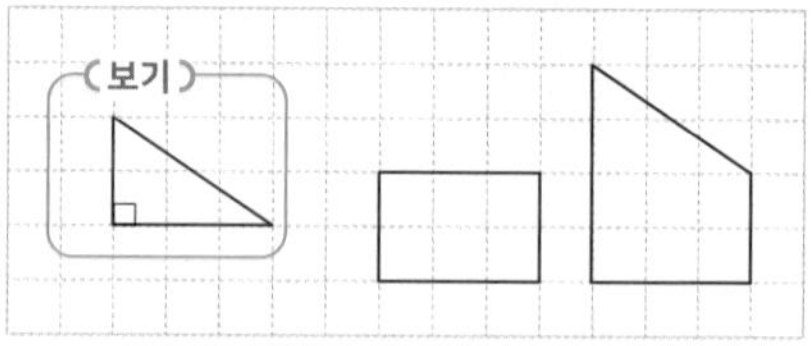

4 다음 직선을 한 변으로 하는 직각을 완성해 보세요.

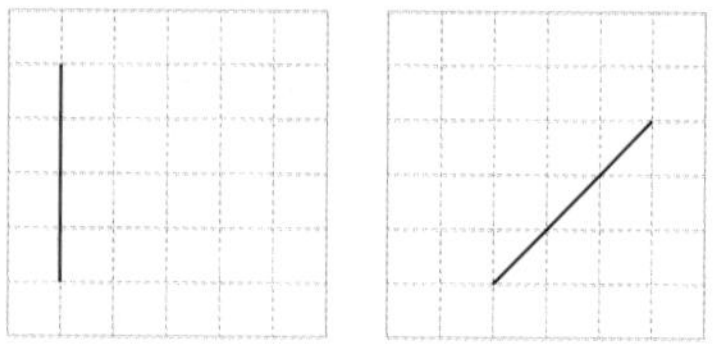

5 다음 도형에서 찾을 수 있는 직각은 모두 몇 개일까요?

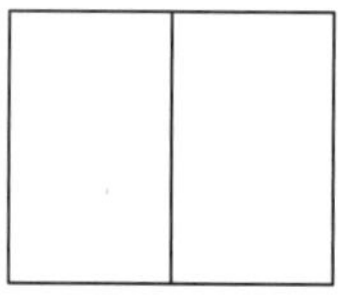

6 다음 도형에서 찾을 수 있는 직각은 모두 몇 개일까요?

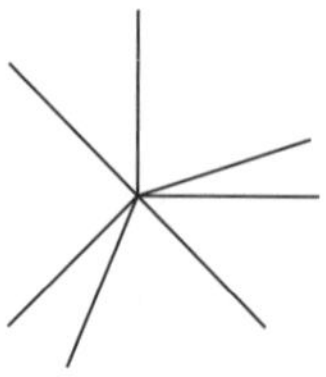

7 다음 도형에서 찾을 수 있는 직각은 모두 몇 개일까요?

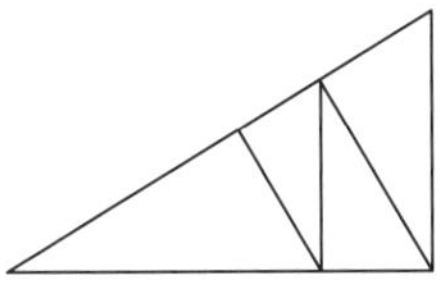

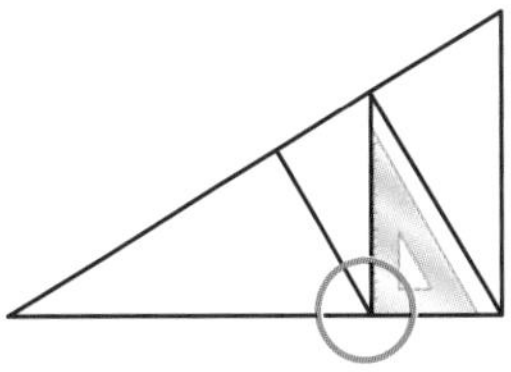

직각 삼각자의 직각 부분이 꼭 맞게 겹쳐지는 각에 모두 ㄴ 표시하며 세어 봐.

알아둬!

한 쪽이 직각이면 반대쪽 각도 직각이야.

8 시계의 긴 바늘과 짧은바늘이 이루는 작은 쪽의 각이 직각인 경우를 모두 고르세요.

㉠ 3시 ㉡ 7시 ㉢ 9시

㉠ 3시 ㉡ 7시 ㉢ 9시

시계를 그려서 직각인 경우를 찾아.

수학적 독해력

+9 각 ㄱㄴㄷ이 직각이 되게 그리려고 합니다. 어느 점을 점 ㄷ으로 잡아야 할까요?

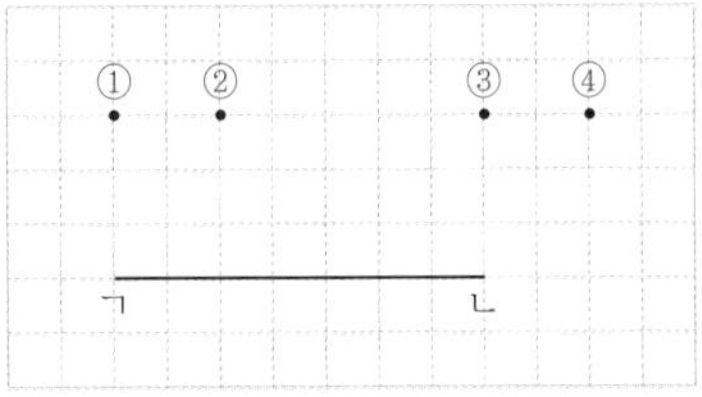

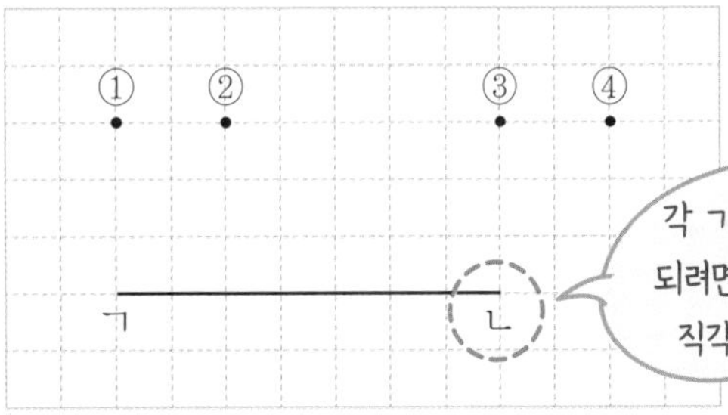

각 ㄱㄴㄷ이 직각이 되려면 꼭짓점 ㄴ에서 직각이 되어야 해.

수학적 표현력

+10 직각의 개수가 가장 많은 도형을 찾으려고 합니다. 풀이 과정을 쓰고, 알맞은 기호를 쓰세요.

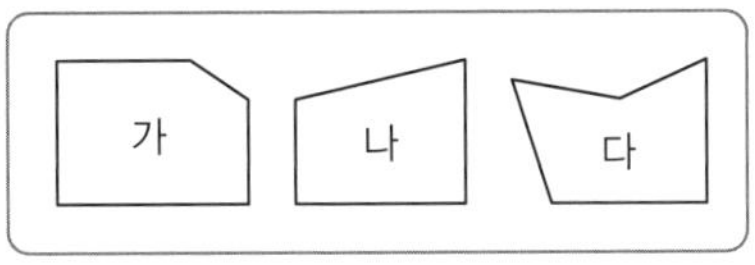

직각 삼각자의 직각 부분이 꼭 맞게 겹쳐지는 각에 모두 ㄴ 표시하며 세어 봐.

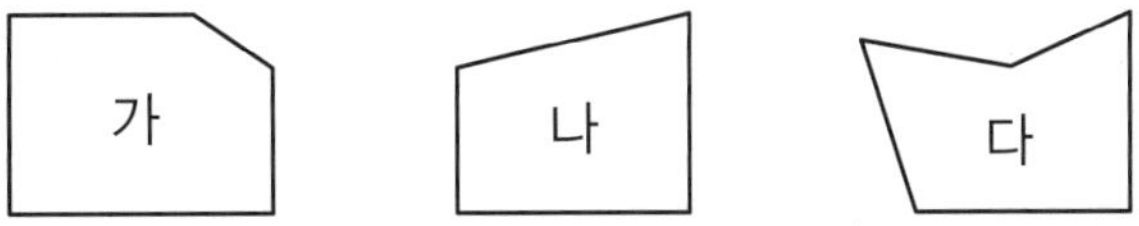

가 □개 나 □개 다 □개

10일 직각삼각형

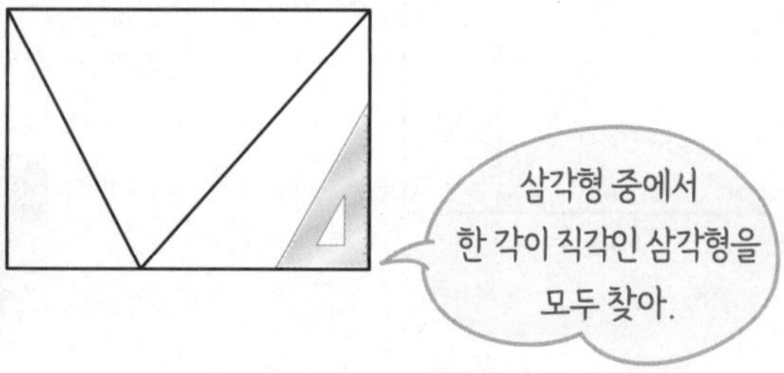

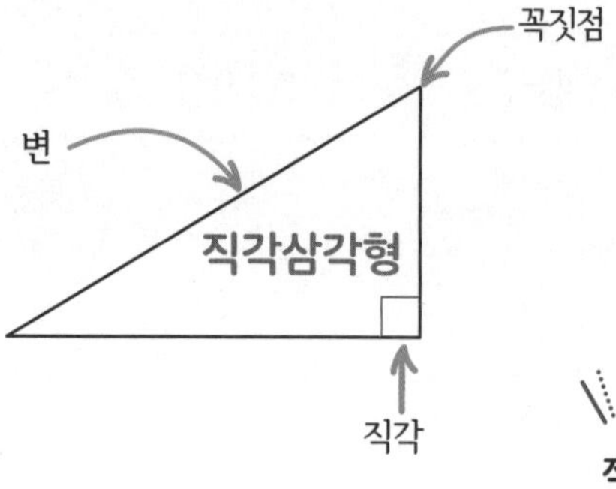

중요해!

직각삼각형은 한 각이 직각인 삼각형이야.

한 각이 직각인 삼각형 → **직각삼각형**

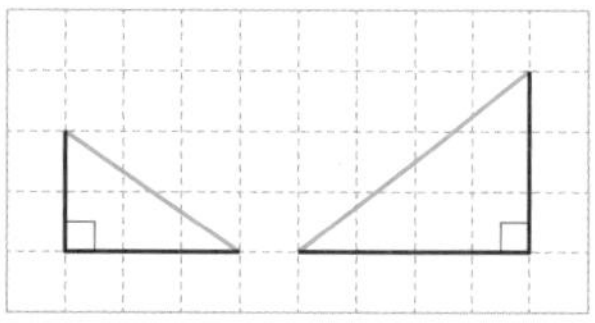

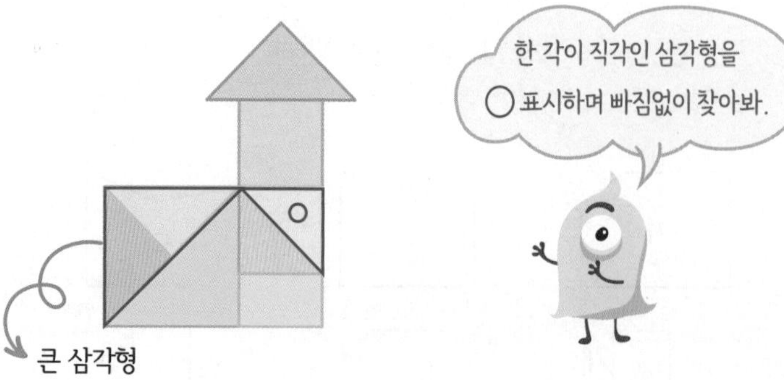

3 다음 도형에서 찾을 수 있는 직각삼각형은 모두 몇 개일까요?

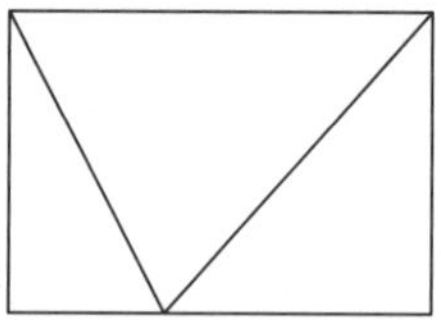

4 다음 직각삼각형을 보고 빈칸에 알맞은 수를 써넣으세요.

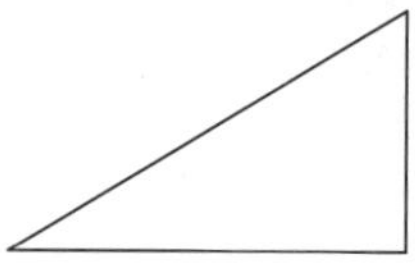

	변	꼭짓점	직각
개수(개)			

5 두 직각삼각형의 같은 점과 다른 점을 쓰려고 합니다. □ 안에 알맞은 말을 써넣으세요.

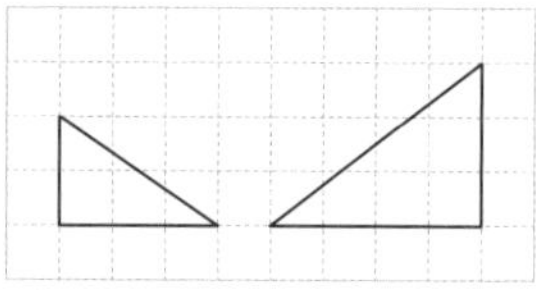

[같은 점] 한 각이 □입니다.

[다른 점] □의 길이가 다릅니다.

6 다음 그림에서 찾을 수 있는 크고 작은 직각삼각형은 모두 몇 개일까요?

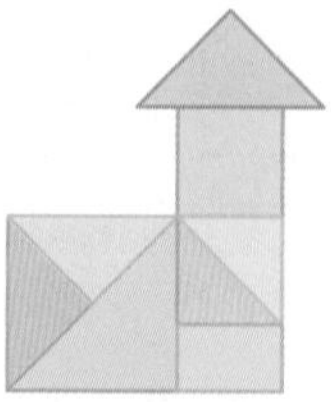

7 다음 도형에서 찾을 수 있는 크고 작은 직각삼각형은 모두 몇 개일까요?

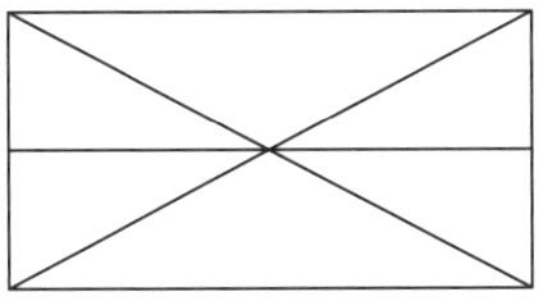

작은 삼각형 1개, 2개, …로 이루어진 직각삼각형을 각각 찾아봐.

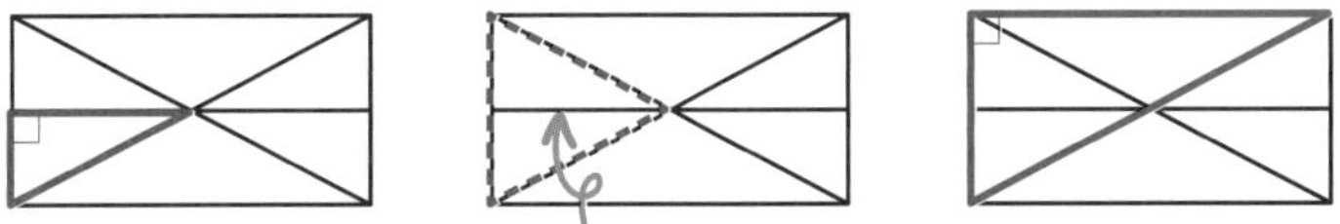

□개 ＋ 0개 ＋ □개

8 다음을 보고 ㉠＋㉡＋㉢의 값을 구하세요.

- 직각삼각형은 변이 ㉠개입니다.
- 직각삼각형은 각이 ㉡개입니다.
- 직각삼각형은 직각이 ㉢개입니다.

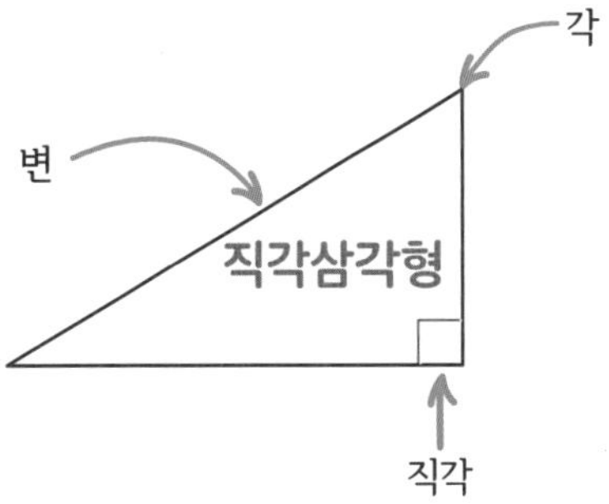

주의해!

직각삼각형의 세 각 중 직각은 1개뿐이야.

수학적 독해력

9 점 종이에 다음과 같은 삼각형을 그렸습니다. 꼭짓점 한 개를 옮겨서 직각삼각형이 되도록 그려 보세요.

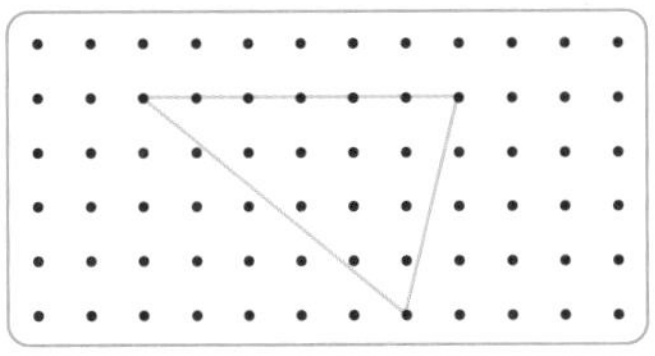

(   )

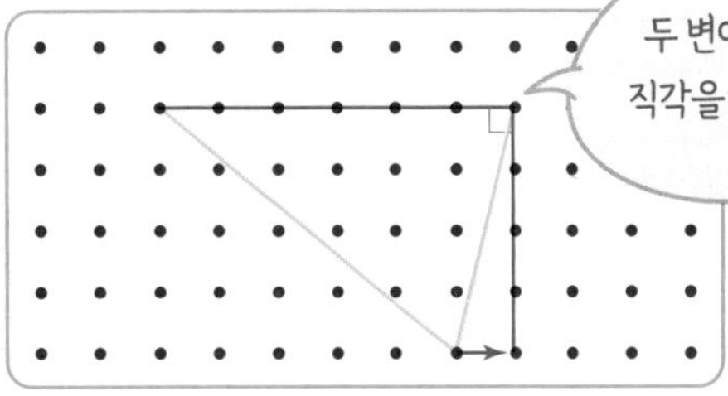

두 변이 ┐ ┌ ┘ └ 모양으로 직각을 이루도록 꼭짓점을 옮겨 봐.

수학적 표현력

10 다음 도형은 직각삼각형이 아닙니다. 그 이유를 설명해 보세요.

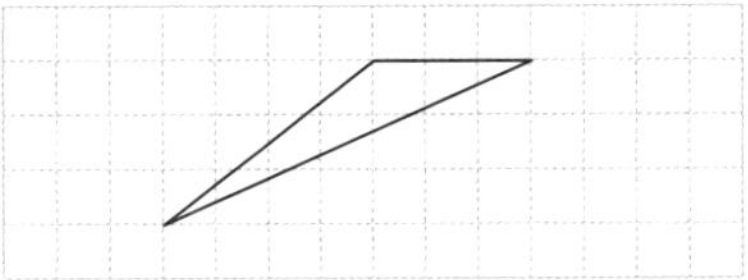

세 각 중에서 한 각이 직각이어야 직각삼각형이야.

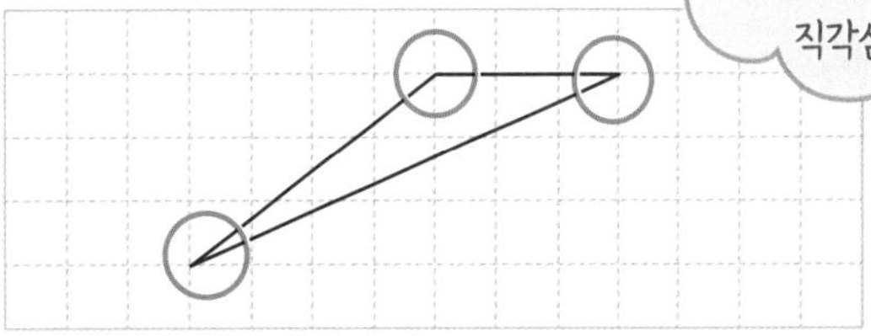

11 일 직사각형

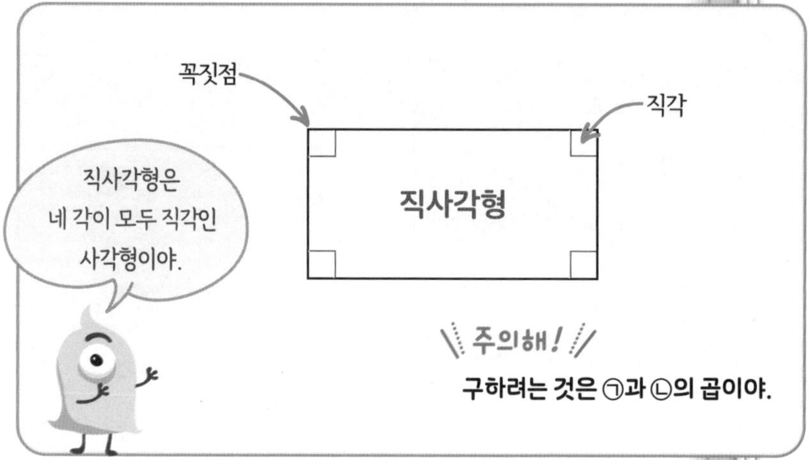

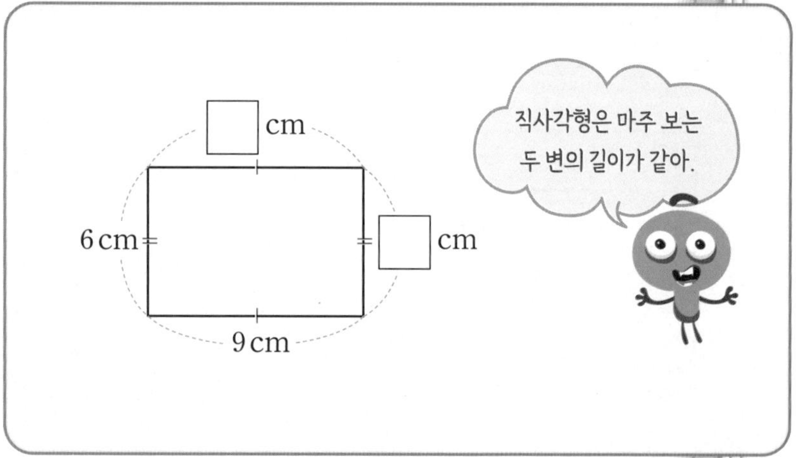

3 직사각형 모양의 종이를 점선을 따라 자르면 직사각형은 모두 몇 개 생길까요?

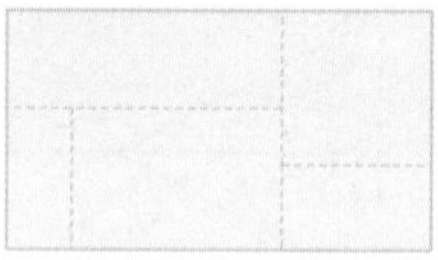

4 다음을 보고 ㉠과 ㉡의 곱을 구하세요.

- 직사각형은 꼭짓점이 ㉠개입니다.
- 직사각형은 직각이 ㉡개입니다.

5 다음 도형은 직사각형입니다. □ 안에 수를 써넣으세요.

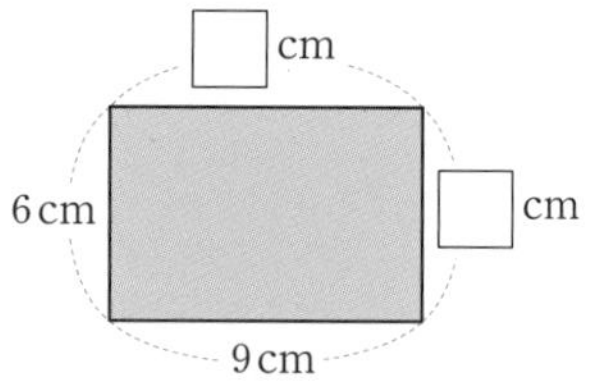

6 직사각형에 대한 설명으로 옳지 않은 것을 모두 고르세요.

㉠ 변이 4개입니다.
㉡ 직각이 2개입니다.
㉢ 네 변의 길이가 모두 같습니다.
㉣ 마주 보는 두 변의 길이가 같습니다.

7 다음 그림에서 찾을 수 있는 크고 작은 직사각형은 모두 몇 개일까요?

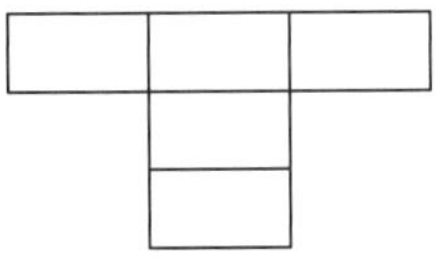

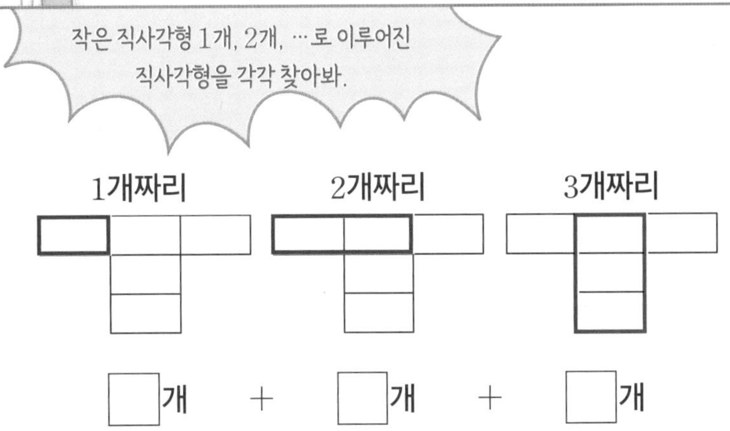

8 다음 직사각형의 네 변의 길이의 합은 56 cm입니다. 직사각형의 가로의 길이는 몇 cm일까요?

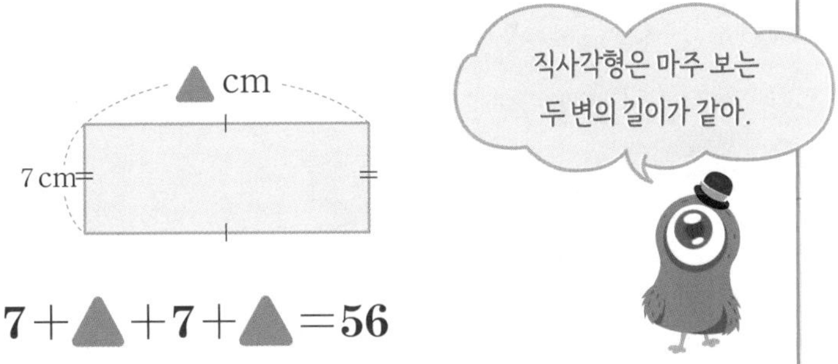

수학적 독해력

9 크기가 같은 직사각형 모양의 종이 4장을 겹치지 않게 이어 붙여 그림과 같은 직사각형을 만들었습니다. 만든 직사각형의 네 변의 길이의 합은 몇 cm일까요?

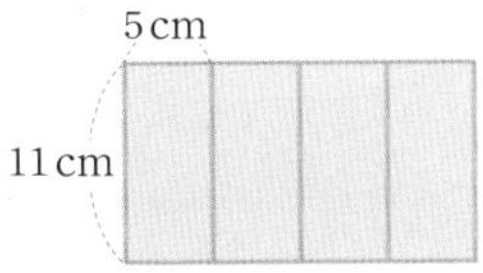

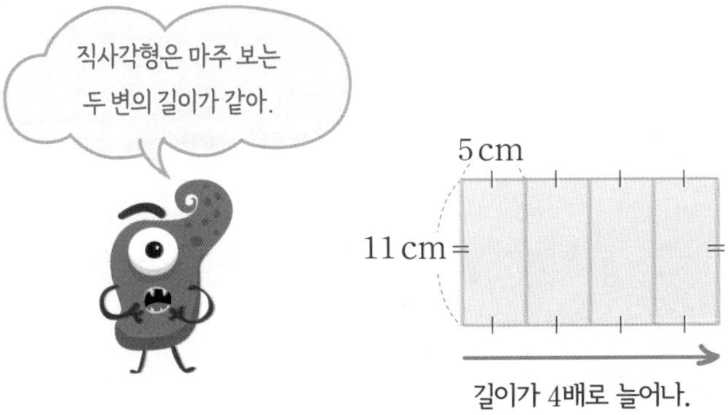

수학적 표현력

10 다음 도형은 직사각형이 아닙니다. 그 이유를 설명하세요.

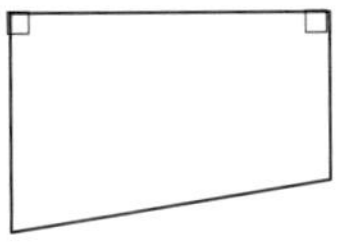

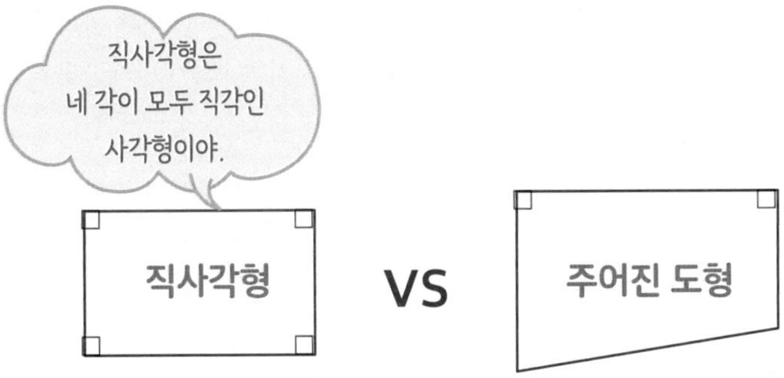

12일 정사각형

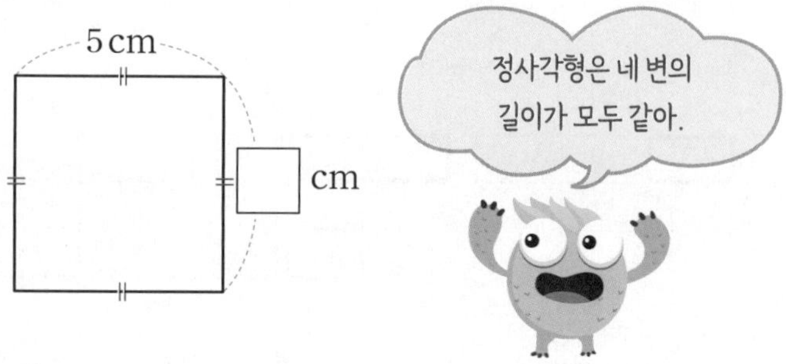

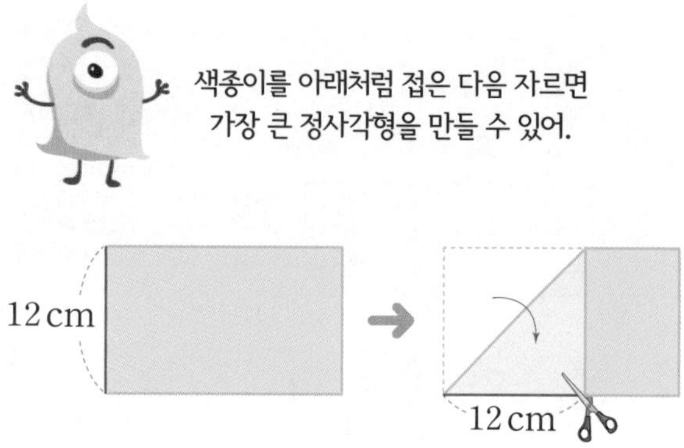

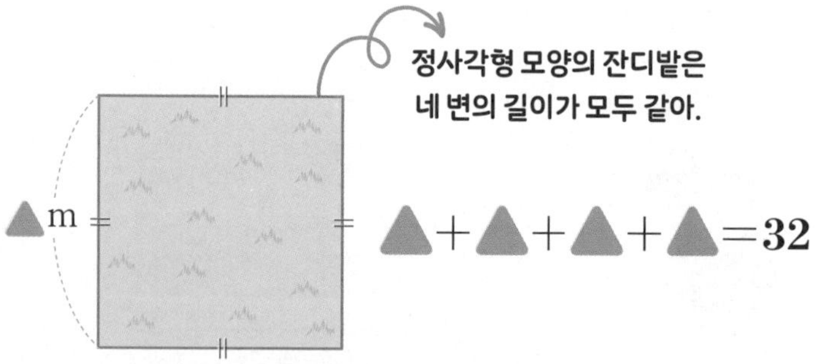

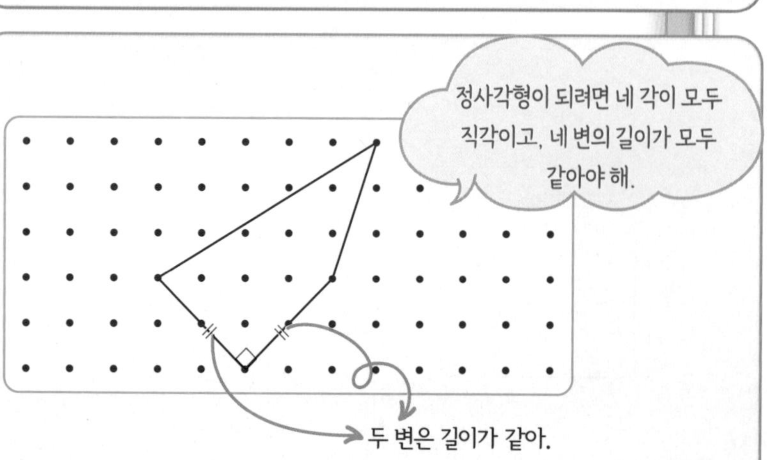

3 다음 도형은 정사각형입니다. □ 안에 알맞은 수를 써넣으세요.

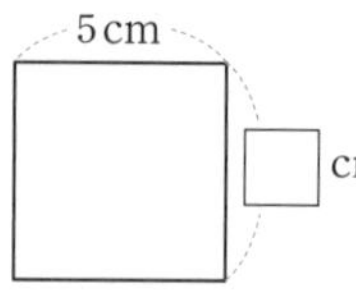

4 다음 직사각형 모양의 종이를 한 번만 잘라 가장 큰 정사각형을 만들었습니다. 만든 정사각형의 한 변의 길이는 몇 cm일까요?

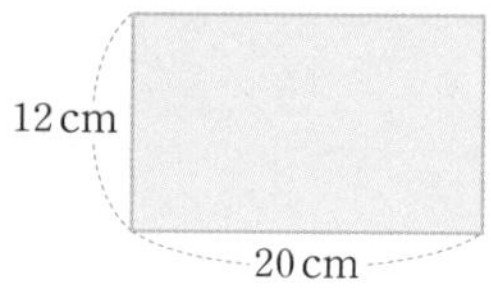

5 네 변의 길이의 합이 32 m인 정사각형 모양의 잔디밭이 있습니다. 이 잔디밭의 한 변의 길이는 몇 m일까요?

6 점 종이에 다음과 같은 사각형을 그렸습니다. 꼭짓점 하나를 옮겨서 정사각형이 되도록 그려 보세요.

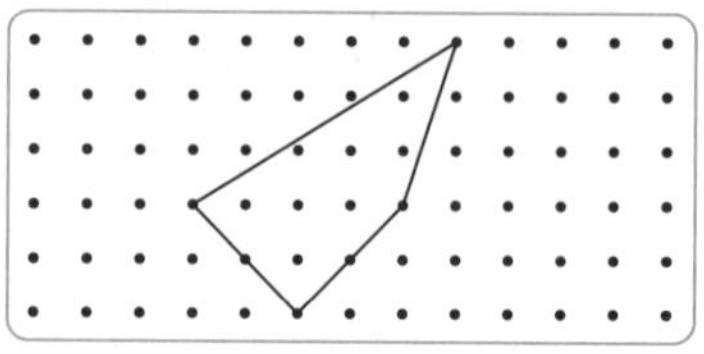

7 다음 그림에서 찾을 수 있는 크고 작은 정사각형은 모두 몇 개일까요?

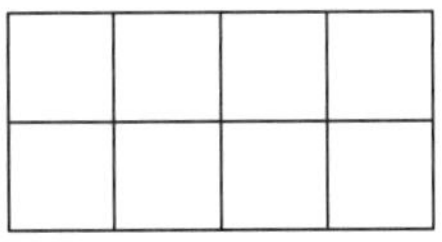

작은 정사각형 1개, 4개로 이루어진 정사각형을 각각 찾아봐.

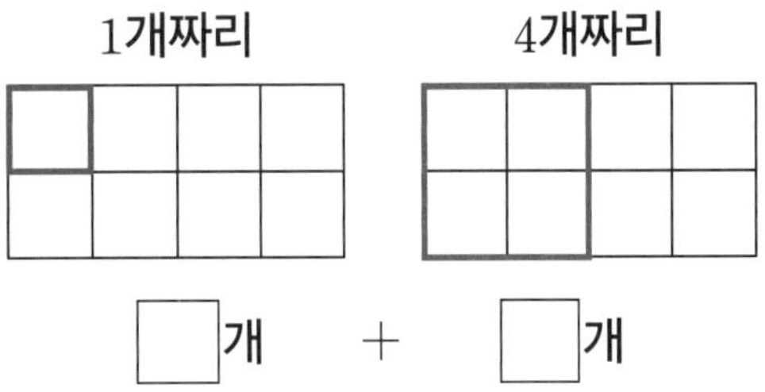

□개 + □개

주의해!

작은 정사각형 2개(▭), 3개(▭▭▭)로는 정사각형을 만들 수 없어.

8 직사각형 가와 정사각형 나의 네 변의 길이의 합은 같습니다. 정사각형 나의 한 변의 길이는 몇 cm인지 구하세요.

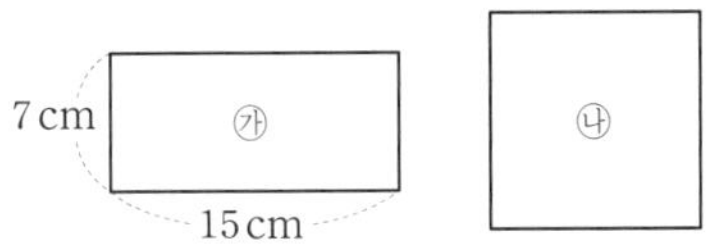

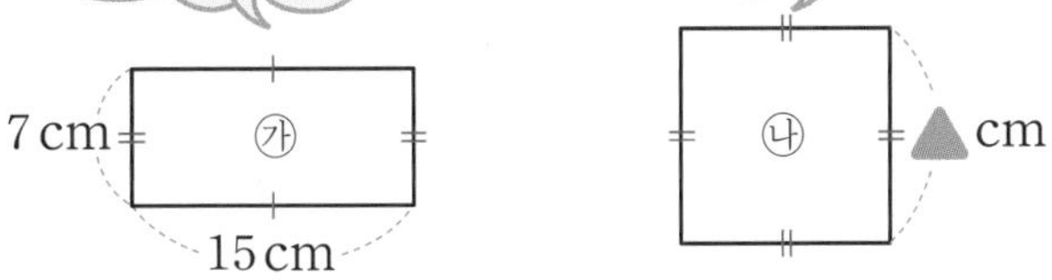

$7+15+7+15=▲+▲+▲+▲$

수학적 독해력

9 바르게 설명한 것을 모두 골라 기호를 쓰세요.

㉠ 직사각형은 정사각형이라고 할 수 있습니다.
㉡ 정사각형은 직사각형이라고 할 수 있습니다.
㉢ 직사각형과 정사각형은 네 각이 모두 직각입니다.

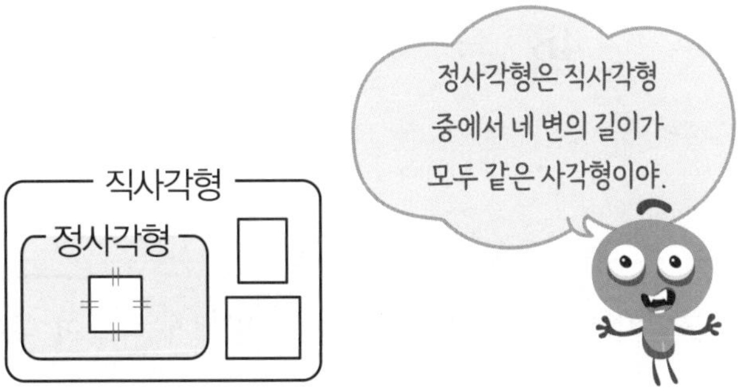

수학적 표현력

10 다음 도형과 정사각형의 공통점과 차이점을 설명해 보세요.

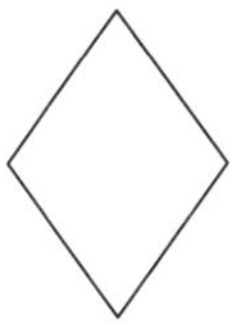

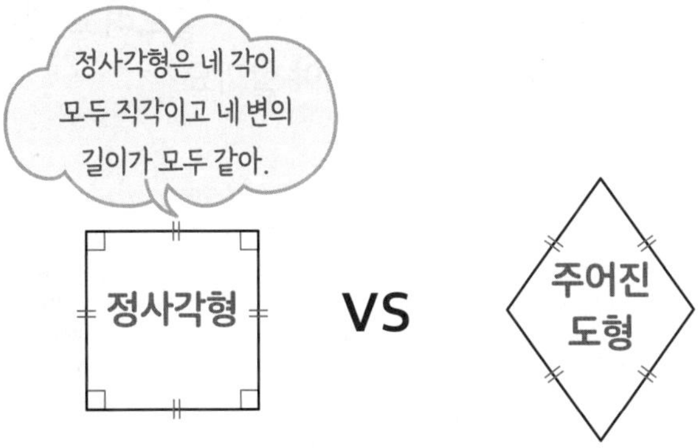

13일 똑같이 나누기 (1)

몇 묶음으로 똑같이 나누기

□ ÷ △ = ○

읽기 ↓ ↑ 쓰기

□ 나누기 △는 ○와 같습니다.

연필 42자루를 7묶음씩 똑같이 나누면 한 묶음은 6자루씩 됩니다.

□ ÷ △ = ○

'똑같이 나눈' 것은 나눗셈식으로 나타내.

$48 \div 8 = 6$

나눗셈식으로 나타내.

붙임딱지 □개를 친구 □명에게 똑같이 나누어 주면 한 사람에게 □개씩 줄 수 있습니다.

인형 28개를 상자 4개에 똑같이 나누어 넣으려고 합니다. 상자 한 개에 인형을 몇 개씩 넣어야 할까요?

□ ÷ △ = ○

3 나눗셈식을 보고 □ 안에 알맞은 수를 써넣으세요.

$24 \div 6 = 4$

(1) 24 나누기 □은 □와 같습니다.

(2) 4는 □를 □으로 나눈 몫입니다.

4 다음을 나눗셈식으로 나타내어 보세요.

연필 42자루를 7묶음씩 똑같이 나누면 한 묶음은 6자루씩 됩니다.

5 나눗셈식 $48 \div 8 = 6$을 문장으로 나타낸 것입니다. □ 안에 알맞은 수를 써넣으세요.

붙임딱지 □개를 친구 □명에게 똑같이 나누어 주면 한 사람에게 □개씩 줄 수 있습니다.

6 인형 28개를 상자 4개에 똑같이 나누어 넣으려고 합니다. 상자 한 개에 인형을 몇 개씩 넣어야 할까요?

〔식〕 □ ÷ □ = □

〔답〕 □개

7 딸기 18개를 접시에 똑같이 나누어 놓으려고 합니다. 접시의 수에 따라 놓을 수 있는 딸기의 수를 구하세요.

접시 2개에 놓을 때 ➜ 한 접시에 □개

접시 3개에 놓을 때 ➜ 한 접시에 □개

전체 딸기의 수 / 접시의 수 / 한 접시의 딸기 수

$18 \div 2 = \square$

$18 \div 3 = \square$

알아둬!

묶음의 수가 커질수록 한 묶음 안의 수는 작아져.

8 남김없이 똑같이 나누어 가질 수 없는 경우를 말한 사람은 누구일까요?

지혜: 연필 21자루를 7명이 똑같이 나누어 가졌어.
영민: 색연필 40자루를 8명이 똑같이 나누어 가졌어.
슬기: 공책 35권을 6명이 똑같이 나누어 가졌어.

최대한 똑같이 나누고도 남는 것이 있으면 남김없이 똑같이 나눌 수 없어.

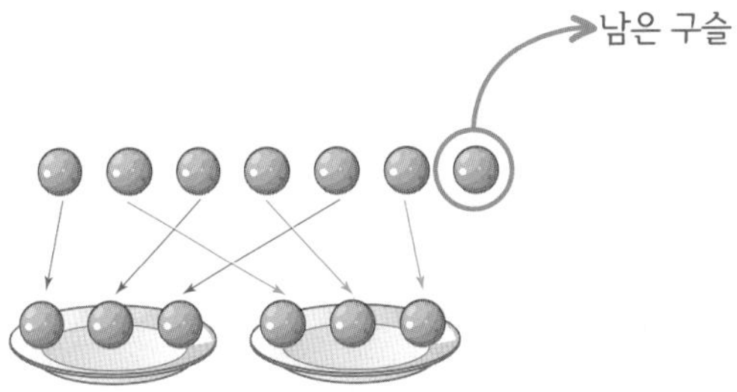

$7 \div 2 = 3 \cdots 1$ (남은 것)

수학적 독해력

+9 지우개 15개를 같은 색깔의 필통에 남김없이 똑같이 나누어 담으려고 합니다. 빨간색 필통과 보라색 필통 중 어디에 담아야 할까요?

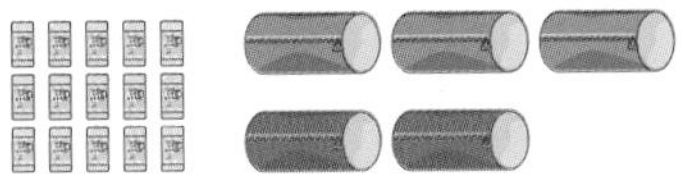

전체 지우개의 수 / 필통의 수 / 한 필통에 담은 지우개의 수

$15 \div 3 = \square$

$15 \div 2 = \square$

알아둬!

똑같이 나누었을 때 남거나 모자라면, ■÷▲=●와 같은 식으로 나타낼 수 없어.

수학적 표현력

+10 색종이 45개를 5명이 똑같이 나누어 가지려고 합니다. 한 명이 색종이를 몇 개씩 가질 수 있는지 풀이 과정을 쓰고, 답을 구하세요.

색종이 45개를 5명이 똑같이 나누어 가지려고 합니다. 한 명이 몇 개씩 가질 수 있을까요?

■ ÷ ▲ = ●

14일 똑같이 나누기 (2)

몇 개씩 똑같이 나누기

18−6−6−6=0

3번

18÷6=□

56에서 8을 7번 덜어 내면 0이 됩니다.

56÷□=□

45쪽짜리 책을 하루에 5쪽씩 읽으려고 합니다. 이 책을 모두 읽으려면 며칠이 걸릴까요?

□ ÷ □ = □

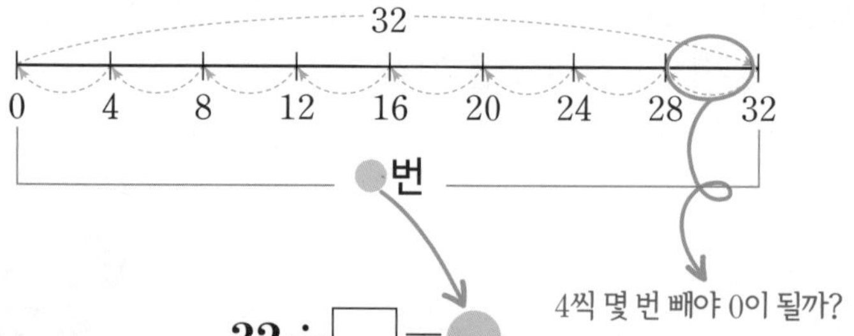

32÷□=●

3 뺄셈식을 보고 □ 안에 알맞은 수를 써넣으세요.

(1) 18−6−6−6=0

➜ 18÷□=□

(2) 35−7−7−7−7−7=0

➜ 35÷□=□

4 다음을 나눗셈식으로 나타내어 보세요.

56에서 8을 7번 덜어 내면 0이 됩니다.

5 45쪽짜리 책을 하루에 5쪽씩 읽으려고 합니다. 이 책을 모두 읽으려면 며칠이 걸릴까요?

[식] □÷□=□

[답] □일

6 수직선을 보고 나눗셈식으로 나타내어 보세요.

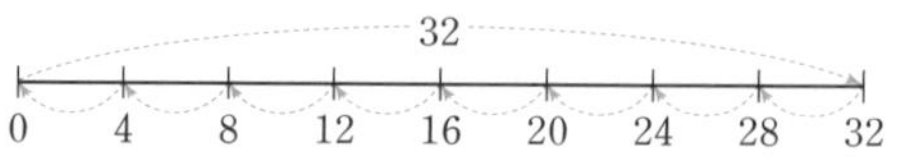

□÷□=□

7 다음은 $30 \div 6 = 5$를 뺄셈식으로 나타낸 것입니다. 바르게 나타낸 것의 기호를 쓰세요.

㉠ $30-6-6-6-6-6=0$
㉡ $30-5-5-5-5-5-5=0$

■ ÷ ▲ = ●

●번

■ − ▲ − ▲ − ··· − ▲ = 0

\\ 주의해! //
나눗셈식을 뺄셈식으로 나타낼 때, 나누는 수는 빼는 수가 되고, 몫은 뺀 횟수가 돼.

8 빵 40개를 한 명에게 8개씩 주려고 합니다. 몇 명에게 나누어 줄 수 있는지 두 가지 방법으로 해결해 보세요.

[뺄셈식] $40-\square-\square-\square-\square-\square=\square$

[나눗셈식] $40 \div \square = \square$

[답] □명

40에서 8을 몇 번 덜어 내면 0이 될까?

[뺄셈식] $40-\square-\square-\square-\square-\square=0$

[나눗셈식] $40 \div \square = \square$

40을 8씩 묶으면 몇 묶음이 될까?

뺄셈식으로 나눗셈식을 나타낼 수 있어.

수학적 독해력

9 뺄셈식을 나눗셈식으로 나타낼 때 나눗셈의 몫이 큰 것부터 차례로 기호를 쓰세요.

㉠ $24-6-6-6-6=0$
㉡ $18-3-3-3-3-3-3=0$
㉢ $27-9-9-9=0$

$24-6-6-6-6=0$

□번

$24 \div 6 = \square$

같은 수를 여러 번 빼서 0이 될 때 뺀 횟수는 나눗셈에서 몫과 같아.

수학적 표현력

10 수박 36개를 한 사람에게 9개씩 주려고 합니다. 몇 명에게 나누어 줄 수 있는지 두 가지 방법으로 해결해 보세요.

[뺄셈식] ______________________

[나눗셈식] ______________________

[답] ______________________

36에서 9를 몇 번 덜어 내면 0이 될까?

[뺄셈식] ______________________

[나눗셈식] ______________________

36을 9씩 묶으면 몇 묶음이 될까?

3 단원

15일 곱셈과 나눗셈의 관계

도넛을 한 명에게 4개씩 주면 몇 명에게 나누어 줄 수 있을까?

[곱셈식]

$4\times5=20$

[나눗셈식]

$\square\div\square=\square$

전체 도넛의 수

나눗셈식에서는 가장 큰 수가 나누어지는 수가 돼.

가장 큰 수가 맨 앞에

$9\times2=18$

$18\div\square=\square$

$18\div\square=\square$

가장 큰 수가 맨 뒤에

곱셈식에서는 가장 큰 수가 곱의 결과야.

$30\div5=6$

$\square\times\square=30$

$\square\times\square=30$

가장 큰 수가 맨 앞에

나눗셈식에서는 가장 큰 수가 나누어지는 수가 돼.

$8\times7=56$

$56\div8=7$

$56\div7=8$

2 그림을 보고 곱셈식을 나눗셈식으로 바꿔 보세요.

도넛을 한 명에게 4개씩 주면 몇 명에게 나누어 줄 수 있을까?

[곱셈식] $4\times5=20$

[나눗셈식] $\square\div\square=\square$

3 그림을 보고 알맞은 나눗셈식 2개를 쓰세요.

[곱셈식] $9\times2=18$

[나눗셈식] $\square\div\square=\square$

$\square\div\square=\square$

5 곱셈식을 나눗셈식으로, 나눗셈식을 곱셈식으로 바꿔 보세요.

(1) $7\times4=28$ → $\square\div\square=\square$, $\square\div\square=\square$

(2) $30\div5=6$ → $\square\times\square=\square$, $\square\times\square=\square$

6 다음 곱셈식을 나눗셈식으로 바꾼 것을 모두 고르세요.

$8\times7=56$

㉠ $54\div6=9$	㉡ $56\div7=8$
㉢ $56\div8=7$	㉣ $72\div9=8$

7 나눗셈의 몫을 구하고, 나눗셈을 곱셈식 2개로 바꿔 보세요.

[나눗셈식] $63 \div 9 = \square$

[곱셈식] ____________ , ____________

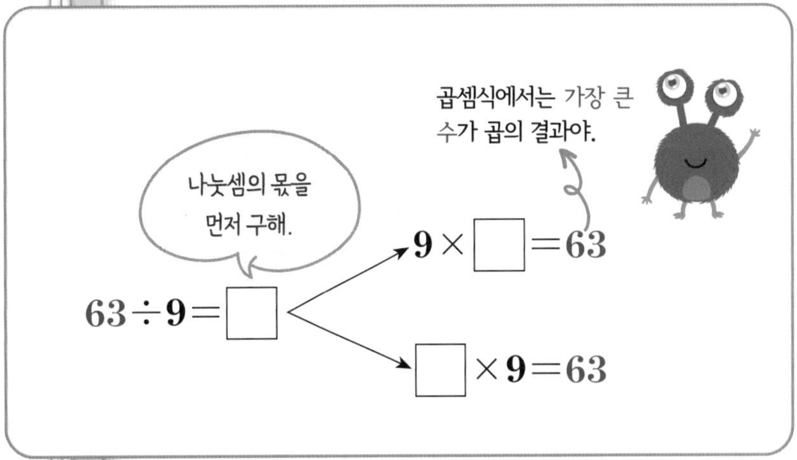

8 수 카드를 한 번씩 사용하여 곱셈식과 나눗셈식을 2개씩 만들어 보세요.

7 35 5

[곱셈식] ____________ , ____________

[나눗셈식] ____________ , ____________

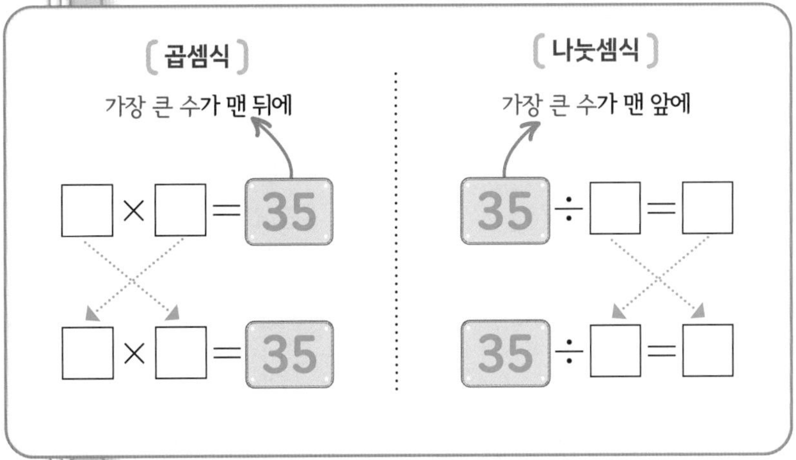

수학적 독해력

9 서연이는 나눗셈을 하고 계산이 맞았는지를 곱셈식 $4 \times 8 = 32$로 알아보았습니다. 서연이가 계산한 나눗셈식을 쓰세요.

[나눗셈식] ____________

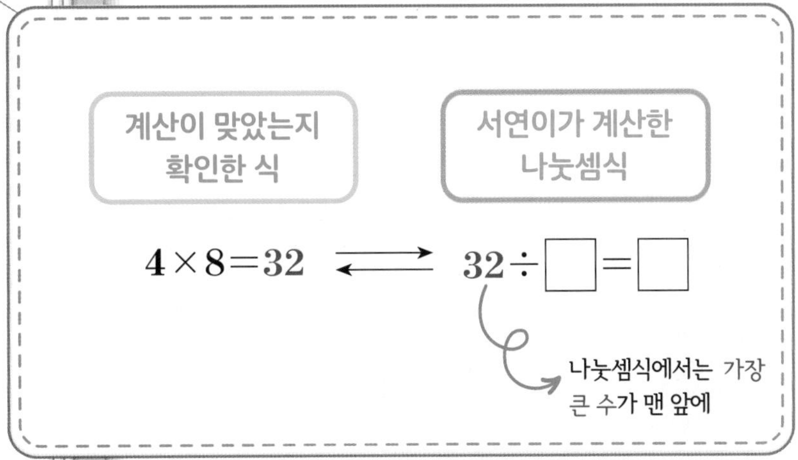

수학적 표현력

10 곱셈식을 나타내는 문장을 읽고 나눗셈식에 알맞은 문장을 만들어 보세요.

> [곱셈식] $6 \times 8 = 48$
> → 쿠키가 한 상자에 6개씩 8상자에 모두 48개 있습니다.

[나눗셈식] $48 \div 6 = 8$

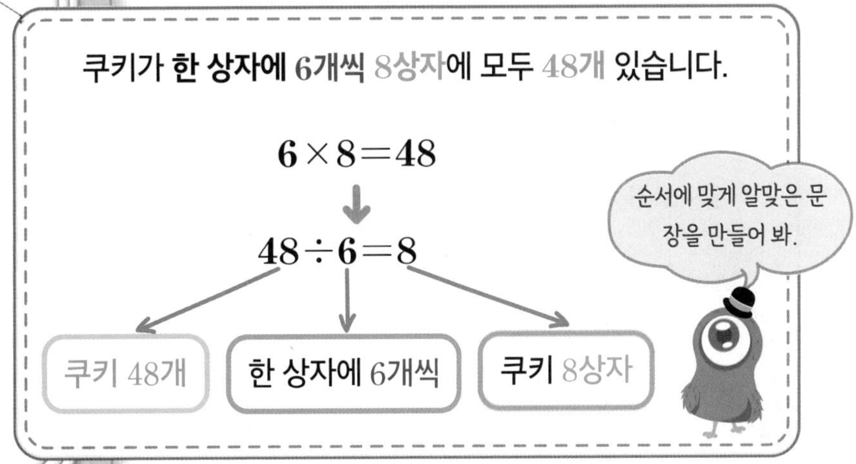

16일 나눗셈의 몫을 곱셈식으로 구하기

곱셈에서 곱하는 수나 곱해지는 수를 찾아 나눗셈의 몫을 찾을 수 있어.

어떤 수에 3을 곱해야 27이 될까?

$27 \div 3 = ㉠ \rightarrow ㉠ \times 3 = 27$

몫

곱셈식에서 곱하는 수나 곱해지는 수가 나눗셈의 몫이야.

[나눗셈식] ■ ÷ ▲ → [곱셈식] ▲ × ● = ■

몫

나눗셈의 몫은 곱셈식에서 곱하는 수나 곱해지는 수를 구해 찾을 수 있어.

9에 어떤 수를 곱해야 63이 될까?

[나눗셈식] $63 \div 9 = \square$

[곱셈식] $9 \times \square = 63$

[몫] $\square$일

몫

$18 \div 6 = \square \rightarrow 6 \times \square = 18$, $\square \times 6 = 18$

몫

곱셈식에서 곱하는 수나 곱해지는 수가 나눗셈의 몫이야.

3 ㉠에 알맞은 값을 구하세요.

$27 \div 3 = ㉠ \rightarrow ㉠ \times 3 = 27$

4 관계있는 것끼리 선으로 이어 보세요.

[나눗셈식]	[곱셈식]	[몫]
$12 \div 4$	$5 \times 8 = 40$	7
$40 \div 5$	$4 \times 3 = 12$	3
$42 \div 6$	$6 \times 7 = 42$	8

5 63쪽짜리 책을 하루에 9쪽씩 읽으려고 합니다. 이 책을 모두 읽으려면 며칠이 걸릴까요?

[나눗셈식] $63 \div 9 = \square$

[곱셈식] $9 \times \square = 63$

[몫] $\square$일

6 18÷6의 몫을 구하려고 합니다. 필요한 곱셈식으로 알맞은 것을 모두 고르세요.

㉠ $2 \times 9 = 18$ ㉡ $3 \times 6 = 18$
㉢ $6 \times 3 = 18$ ㉣ $9 \times 2 = 18$

7 몫이 5인 수를 찾아 기호를 쓰세요.

㉠ $15\div5$	㉡ $42\div6$	㉢ $45\div9$

나눗셈의 몫이 5가 되려면 곱셈식으로 바꿨을 때 곱하는 수가 5이어야 해.

㉠ $15\div5=\square$ → $5\times\square=15$

㉡ $42\div6=\square$ → $6\times\square=42$

㉢ $45\div9=\square$ → $9\times\square=45$

8 ◆÷♥의 값을 구하세요.

$24\div4=$◆　　$21\div$♥$=7$

$24\div4=$◆ → $4\times$◆$=24$ (몫)

$21\div$♥$=7$ → ♥$\times7=21$ (몫)

주의해! 구해야 하는 것은 ◆÷♥의 값이야.

수학적 독해력

9 영민이가 어떤 수를 4로 나누었더니 몫이 9가 되었습니다. 어떤 수를 6으로 나눈 몫은 얼마일까요?

어떤 수부터 먼저 구해 봐.

(어떤 수)$\div4=9$ → $4\times9=$(어떤 수) (몫)

(어떤 수)$\div6=\square$ → $6\times\square=$(어떤 수) (몫)

수학적 표현력

10 $40\div8$의 몫을 8×5를 이용하여 구하는 방법을 설명하세요.

$40\div8=\square$ → $8\times5=\square$ (몫)

곱셈식으로 나눗셈의 몫을 구할 수 있어.

17일 나눗셈의 몫을 곱셈구구로 구하기

나눗셈의 몫을 구할 때에는 나누는 수의 단 곱셈구구를 이용해.

●의 단 곱셈구구에서 곱이 ■인 곱셈식을 찾아.

■÷●

㉠ 8÷4　　㉡ 16÷8

㉢ 64÷8　　㉣ 72÷8

8의 단 곱셈구구를 이용해 몫을 구할 수 있는 경우는 나누는 수가 8일 때야.

4의 단 곱셈구구를 외워 곱이 36이 되는 경우를 찾아.

36÷●=4 → 4×●=36

나누는 수의 단 곱셈구구를 외워 곱이 48이 되는 경우를 찾아.

48÷□=□

피자 한 판으로 6명이 먹을 수 있으니까, 나누는 수는 6이야.

3 25÷5의 몫을 구할 때 필요한 곱셈식을 찾아 ○표 하세요.

5×1=5	5×2=10	5×3=15
5×4=20	5×5=25	5×6=30
5×7=35	5×8=40	5×9=45

4 8의 단 곱셈구구를 이용하여 몫을 구할 수 <u>없는</u> 것을 찾아 기호를 쓰세요.

㉠ 8÷4　　㉡ 16÷8

㉢ 64÷8　　㉣ 72÷8

5 다음 나눗셈식에서 나누는 수에 ● 스티커가 붙어 보이지 않습니다. 나누는 수는 얼마일까요?

36÷●=4

6 피자 한 판으로 6명이 먹을 수 있습니다. 48명이 먹으려면 피자 몇 판이 필요할까요?

[식] ____________________

[답] ____________________

3 단원

7 □ 안에 알맞은 수를 구하세요.

$28 \div 4 = 35 \div \square$

먼저 4의 단 곱셈구구를 외워 ★를 찾아.

$28 \div 4 = 35 \div \square$

↓

★

8 다음에서 8로 똑같이 나눌 수 있는 수는 모두 몇 개일까요?

18	24	30	42	64

18, 24, 30, 42, 64 $\div 8$

나누는 수가 8이니까 8의 단 곱셈구구를 외워 곱인 수를 모두 찾아.

알아둬!

곱셈구구 ■×▲=●에서 ■와 ▲는 모두 ●를 똑같이 나눌 수 있어.

수학적 독해력

9 과자 21개를 상자에 똑같이 나누어 담으려고 합니다. 몇 개씩 몇 상자에 담을 수 있는지 곱셈구구를 이용하여 구하세요.

□개씩 □상자

곱셈구구에서 곱이 21이 되는 두 수를 찾아.

몇 개 × 몇 상자 = 21개

알아둬!

"■개씩 ▲상자의 개수"와 "▲개씩 ■상자의 개수"는 그 결과가 같아.

수학적 표현력

10 연필이 9자루씩 4상자 있습니다. 이 연필을 한 사람에게 6자루씩 나누어 주면 모두 몇 명에게 나누어 줄 수 있는지 풀이 과정을 쓰고, 답을 구하세요.

연필이 9자루씩 4상자 있습니다. 이 연필을 한 사람에게 6자루씩 나누어 주면 모두 몇 명에게 나누어 줄 수 있는지 구하세요.

9×4

★ ÷ 6

전체 연필의 수(★)를 먼저 구한 다음, 6의 단 곱셈구구를 외워 몫을 찾아.

18일 (몇십)×(몇)

(몇십) × (몇)은 (몇) × (몇)의 계산 결과에 0을 붙여!

■ × ▲ = ★

■0 × ▲ = ★0

■ × ▲0 = ★0

$30 \times 2 = \square 0$

(몇십) × (몇)은 (몇) × (몇)의 계산 결과에 0을 붙여!

$10 \times 6 = \square 0$

$30 \times 3 = \square 0$

$20 \times 2 = \square 0$

(몇십) × (몇)은 (몇) × (몇)의 계산 결과에 0을 붙여!

과자를 한 통에 20개씩 몇 개의 통에 담았더니 모두 80개입니다.

$20 \times (몇) = 80$

2 계산해 보세요.

(1) $20 \times 4 = \square$

$2 \times 40 = \square$

(2) $10 \times 7 = \square$

$1 \times 70 = \square$

3 빈칸에 알맞은 수를 써넣으세요.

⊗ →		
30	2	
3		

5 계산 결과를 찾아 선으로 이어 보세요.

10×6 •	• 90
30×3 •	• 60
20×2 •	• 40

6 과자를 한 통에 20개씩 몇 개의 통에 담았더니 모두 80개입니다. 과자를 담은 통은 몇 개일까요?

7 □ 안에 들어갈 수가 같은 곱셈식을 모두 고르세요.

㉠ $10\times\square=40$	㉡ $20\times\square=60$
㉢ $30\times\square=90$	㉣ $30\times\square=60$

㉠ $10\times\square=40$

㉡ $20\times\square=60$

㉢ $30\times\square=90$

㉣ $30\times\square=60$

8 한 변의 길이가 10 cm인 정사각형의 네 변의 길이의 합은 몇 cm일까요?

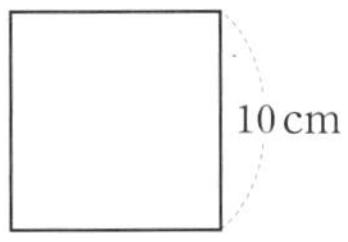

정사각형은 네 변의 길이가 모두 같아.

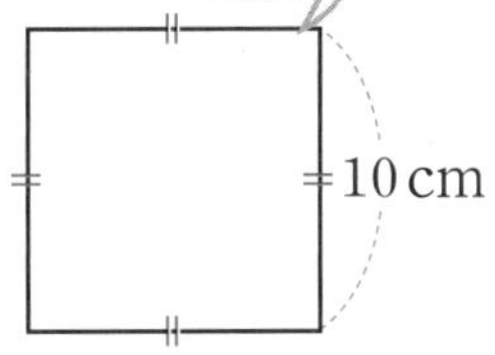

$10+10+10+10$
$=10\times\square$

■를 ▲번 더한 것을 곱셈식으로 나타내면 ■×▲이야.

수학적 독해력

9 슬기와 로운이가 각각 가지고 있는 클립 개수를 구하세요.

> 민호: 나는 클립을 10개 가지고 있어.
> 슬기: 나는 민호가 가지고 있는 클립 수의 3배만큼 가지고 있어.
> 로운: 나는 슬기가 가지고 있는 클립 수의 2배만큼 가지고 있어.

슬기: □개, 로운: □개

수학적 표현력

10 수현이가 마트에서 자두를 사 왔습니다. 한 봉지에 20개씩 4봉지를 사 왔다면 수현이가 사 온 자두는 모두 몇 개인지 풀이 과정을 쓰고, 답을 구하세요.

한 봉지에 20개씩 4봉지를 사 왔다면 수현이가 사 온 자두는 모두 몇 개일까요?

$20\times4=\square0$

19일 (몇십몇)×(몇) (1)

올림이 없는 경우

일의 자리 수와의 곱은 일의 자리에

$12 \times 2 = \square\square$

십의 자리 수와의 곱은 십의 자리에

일의 자리 수와의 곱은 일의 자리에

$11 \times 8 = \square\square$

십의 자리 수와의 곱은 십의 자리에

〈보기〉

	3	4
×		2
	6	0
		8
	6	8

60 ← 십의 자리 수와의 곱은 십의 자리에

8 ← 일의 자리 수와의 곱은 일의 자리에

〈보기〉는 십의 자리부터 계산하는 방법이야.

소나무 수의 3배가 되는 나무는?

$11 \times 3 = \square$

알아둬!

■의 ▲배는 ■×▲야.

3 □ 안에 알맞은 수를 써넣으세요.

12 → ×2 → □

12 → ×4 → □

4 계산 결과를 비교하여 ○ 안에 >, =, <를 알맞게 써넣으세요.

(1) 11×8 ○ 43×2

(2) 33×3 ○ 11×9

5 〈보기〉와 같은 방법으로 계산해 보세요.

〈보기〉

	3	4
×		2
	6	0
		8
	6	8

	2	1
×		4

6 윤하네 학교에 있는 나무들의 수를 나타낸 것입니다. 소나무 수의 3배가 되는 나무는 무엇일까요?

소나무	벚나무	단풍나무	은행나무
11	22	13	33

7 설명이 맞는 것을 찾아 기호를 쓰세요.

> ㉠ 32씩 2묶음은 $32 \times 2 = 34$입니다.
> ㉡ 12+12+12는 $12+3=15$입니다.
> ㉢ 23의 2배는 $23 \times 2 = 46$입니다.

식으로 바르게 표현했는지,
계산 결과가 올바른지 확인해.

㉠ 32씩 2묶음은 $32 \times 2 = 34$입니다.

㉡ 12+12+12는 $12+3=15$입니다.

㉢ 23의 2배는 $23 \times 2 = 46$입니다.

8 자전거를 타고 매일 지혜는 12 km를, 영민이는 13 km를 운동합니다. 두 사람이 3일 동안 자전거를 탄 거리는 모두 몇 km일까요?

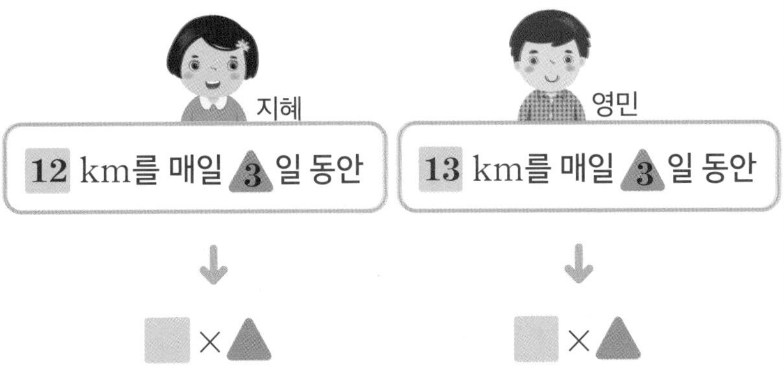

수학적 독해력

+9 서준이는 10살입니다. 엄마와 아빠의 나이의 합은 몇 살일까요?

> 서연: 나는 서준이보다 3살 많아요.
> 엄마: 나는 서연이 나이의 3배입니다.
> 아빠: 서준이 나이에 4를 곱한 것이 내 나이랍니다.

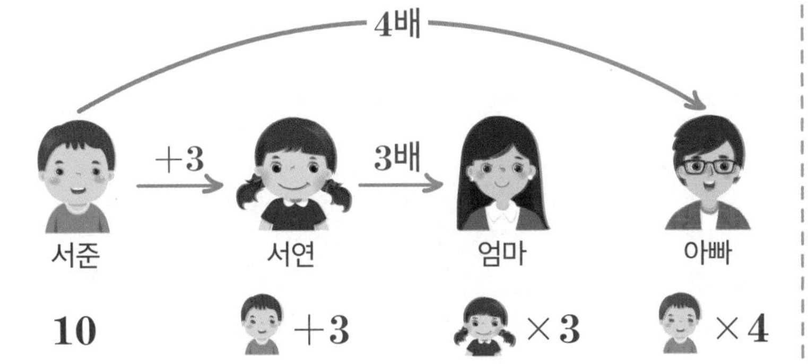

수학적 표현력

+10 곱셈식을 보고 파란색 숫자 6이 뜻하는 것을 〈보기〉와 같이 써 보세요.

$$\begin{array}{r} 2\ 2 \\ \times\quad 3 \\ \hline 6\ 6 \end{array}$$

〈보기〉
빨간색 숫자 6은 $2 \times 3 = 6$을 나타냅니다.

파란색 숫자 6은 ______________________

____

$$\begin{array}{r} 2\ 2 \\ \times\quad 3 \\ \hline 6 \\ 6\ 0 \\ \hline 6\ 6 \end{array}$$

2×3을 계산한 결과야.

20×3을 계산한 결과야.

20일

(몇십몇)×(몇) (2)

십의 자리에서 올림이 있는 경우

$$\begin{array}{r} 84 \\ \times\ \ 2 \\ \hline 8 \\ 160 \\ \hline 168 \end{array}$$

십의 자리 수와의 곱에서 올림한 수는 백의 자리에 써.

$$\begin{array}{r} 72 \\ \times\ \ 2 \\ \hline 4 \\ 14 \\ \hline 18 \end{array}$$

×	53	62	71
2			

$$\begin{array}{r} 5\ 3 \\ \times\ \ \ 2 \\ \hline \square\square\square \end{array}$$

십의 자리 수와의 곱에서 올림한 수는 백의 자리에 써.

3	51	61	6	31

$$\begin{array}{r} \square\square \\ \times\ \ \square \\ \hline \square\square\square \end{array}$$

←가장 큰 수

←가장 작은 수

십의 자리 수와의 곱에서 올림한 수는 백의 자리에 써.

십의 자리 수와의 곱에서 올림한 수는 백의 자리에 써.

$$\begin{array}{r} 52 \\ \times\ \ 3 \\ \hline \end{array} \qquad \begin{array}{r} 92 \\ \times\ \ 4 \\ \hline \end{array}$$

3 곱셈의 계산이 잘못된 것의 기호를 쓰고, 바르게 계산한 값을 구하세요.

㉠ $\begin{array}{r} 84 \\ \times\ \ 2 \\ \hline 8 \\ 160 \\ \hline 168 \end{array}$ ㉡ $\begin{array}{r} 72 \\ \times\ \ 2 \\ \hline 4 \\ 14 \\ \hline 18 \end{array}$

잘못된 것의 기호 (　　　　　　　　)

바르게 계산한 값 (　　　　　　　　)

4 빈칸에 알맞은 수를 써넣으세요.

×	53	62	71
2			

5 가장 큰 수와 가장 작은 수의 곱을 구하세요.

3	51	61	6	31

6 ㉠+㉡의 값을 구해 보세요.

• 52×3=㉠　　• 92×4=㉡

7 □ 안에 알맞은 수를 써넣으세요.

$$\begin{array}{r} 6\square \\ \times \quad \square \\ \hline 1\ 2\ 6 \end{array}$$

\ 알아둬! /

곱셈의 계산 과정을 생각하면서 □에 알맞은 수를 하나씩 차례로 구해.

$$\begin{array}{r} 6\square \\ \times \quad \square \\ \hline 1\ 2\ 6 \end{array}$$

십의 자리의 수와의 곱 $6\times\square=12$야.

4단원

8 1부터 9까지의 수 중에서 □ 안에 들어갈 수 있는 수를 모두 구하세요.

$31\times\square<43\times3$

$31\times\square<43\times3$

↓

$31\times\square<129$

1부터 9까지의 수를 하나씩 넣어 식이 성립하는지 확인해 봐.

수학적 독해력

+9 한 상자에 62개씩 들어 있는 쿠키 3상자가 있습니다. 이 중에서 50개를 꺼내어 먹었다면 남은 쿠키는 몇 개일까요?

남은 쿠키 = 전체 쿠키 − 먹은 쿠키

전체 쿠키 ↓ 62×3

먹은 쿠키 ↓ 50개

62개씩 3상자야.

수학적 표현력

+10 하루 동안 종이학을 종욱이는 32개, 지혜는 41개 접습니다. 두 사람이 4일 동안 만든 종이학은 모두 몇 개인지 풀이 과정을 쓰고, 답을 구하세요.

종욱

32 개씩 4 일

↓

□ × △

지혜

41 개씩 4 일

↓

□ × △

21일 (몇십몇)×(몇) (3)

일의 자리에서 올림이 있는 경우

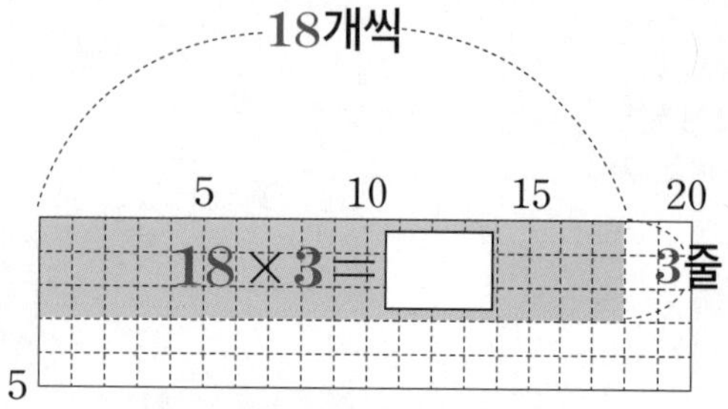

일의 자리 수와의 곱에서 올림한 수를 십의 자리 수와의 곱과 더해.

$$\begin{array}{r} \square \\ 1\ 5 \\ \times\quad 3 \\ \hline \end{array}$$

일의 자리 수와의 곱에서 올림한 수를 십의 자리 수와의 곱과 더해.

$$\begin{array}{r} \square \\ 1\ 9 \\ \times\quad 4 \\ \hline \end{array} \qquad \begin{array}{r} \square \\ 1\ 6 \\ \times\quad 5 \\ \hline \end{array}$$

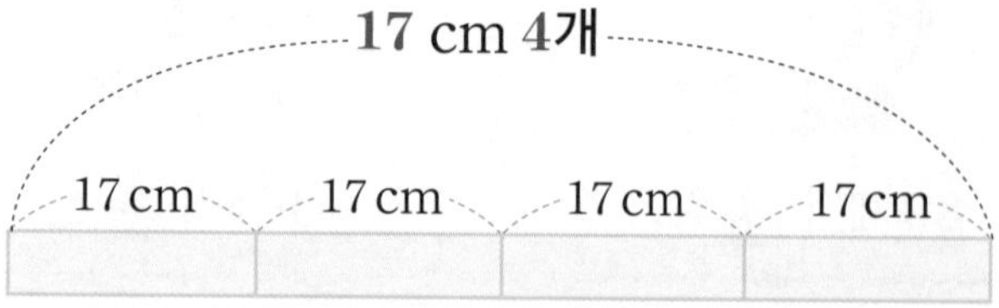

17×□=□

1 모눈종이에 18×3를 색칠해 보고, 18×3의 값을 구하세요.

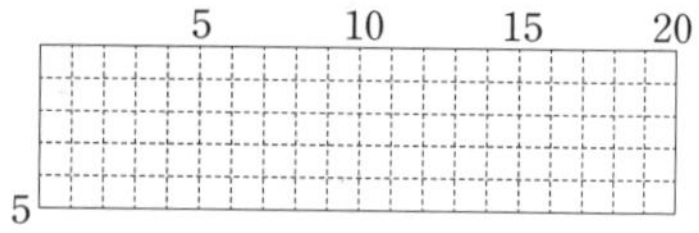

(　　　　　　)

3 계산이 잘못된 부분을 찾아 바르게 고쳐 보세요.

$$\begin{array}{r} 1\ 5 \\ \times\quad 3 \\ \hline 3\ 5 \end{array} \rightarrow \begin{array}{r} 1\ 5 \\ \times\quad 3 \\ \hline \end{array}$$

5 계산 결과를 비교하여 ◯ 안에 >, =, <를 알맞게 써넣으세요.

19×4 ◯ 16×5

6 길이가 17 cm인 색 테이프 4장을 그림과 같이 겹치지 않게 이어 붙였습니다. 이어 붙인 색 테이프 전체의 길이는 몇 cm일까요?

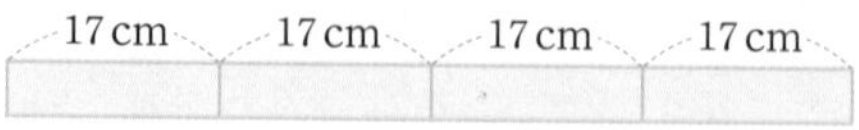

7 곱이 작은 것부터 차례로 기호를 쓰세요.

㉠ 25×3　㉡ 16×4　㉢ 28×2

㉠ □	㉡ □	㉢ □
2 5	1 6	2 8
× 3	× 4	× 2

\\ 주의해! //
십의 자리 숫자가 작다고 해서 **곱의 결과가 작은 것은 아니야.**

8 계산 결과를 보고 펜으로 지워진 곳에 알맞은 수를 구하세요.

```
    1 [redacted]
×       5
---------
    8   5
```

```
    1 [redacted]
×       5
---------
    5   0
  [ 3   5 ]
---------
    8   5
```

[redacted] × 5의 계산 결과가 35야.

수학적 독해력

+9 계산 결과가 50에 가장 가깝도록 □에 알맞은 자연수를 구하세요.

$14\times\square$

\\ 주의해! //
"▒에 가장 가깝다"는 것은 수직선에서 ▒까지의 거리가 가장 짧다는 뜻이야.

50에 가장 가까운 것은 어떤 수일까?

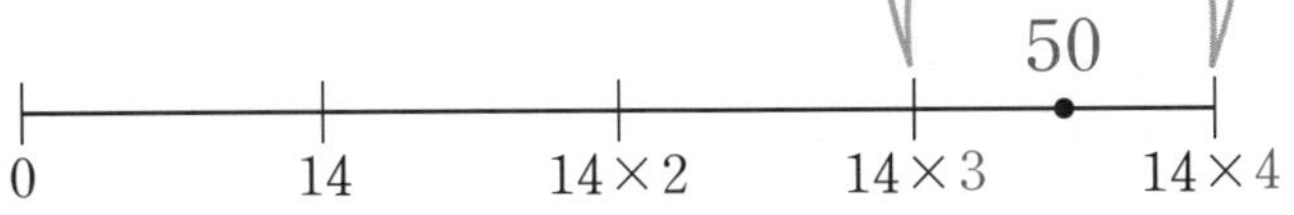

수학적 표현력

+10 오리 17마리와 강아지 16마리의 다리는 모두 몇 개인지 풀이 과정을 쓰고, 답을 구하세요.

17마리의 다리의 개수　　16마리의 다리의 개수
↓　　↓
$17\times\square$ + $16\times\square$

22일 (몇십몇)×(몇) (4)

십의 자리와 일의 자리에서 올림이 있는 경우

	③	
	6	6
×		6
	□	□ 6

주의해!

일의 자리에서 올림한 수는 십의 자리를 계산할 때 빠뜨리지 말고 더해야 해.

45를 8번 더한 수

↓

$45+45+45+\cdots\cdots+45=45\times\square$ (8번)

$74\times5+74=74\times㉠$

$74+74+74+74+74+74$ (㉠번)

영민이네 학교 3학년은 7개 반이고, 각 반의 학생 수는 27명입니다. 영민이네 학교 3학년의 학생 수는 모두 몇 명일까요?

3학년의 학생 수 = 학급 수 × 한 반의 학생 수

3 계산이 잘못된 부분을 찾아 바르게 고쳐 보세요.

	6	6
×		6
3	6	6

→

	6	6
×		6

4 45를 8번 더한 수는 얼마인지 곱셈식을 쓰고 구하세요.

곱셈식 ______________________

답 ______________________

5 ㉠과 ㉡에 알맞은 수를 각각 구하세요.

$74\times5+74=74\times㉠=㉡$

㉠ (　　　　　)

㉡ (　　　　　)

6 영민이네 학교 3학년은 7개 반이고, 각 반의 학생 수는 27명입니다. 영민이네 학교 3학년의 학생 수는 모두 몇 명일까요?

7 □ 안에 알맞은 수를 써넣으세요.

	□	4
×		8
2	7	2

	□	4
×		8
	3	2
2	4	0
2	7	2

십의 자리 수의 곱 □×8의 계산 결과가 24야.

8 수 카드를 한 번씩만 사용하여 만든 곱셈식입니다. 곱이 가장 큰 것의 기호를 쓰세요.

8 4 6

㉠ 86×4 ㉡ 48×6 ㉢ 64×8

㉠ □

	8	6
×		4

㉡ □

	4	8
×		6

㉢ □

	6	4
×		8

곱이 가장 큰 것을 찾아.

수학적 독해력

9 도로 한쪽에 나무 7그루를 23 m 간격으로 나란히 심었습니다. 첫 번째 나무와 마지막 나무 사이의 거리는 몇 m일까요? (단, 나무의 두께는 생각하지 않습니다.)

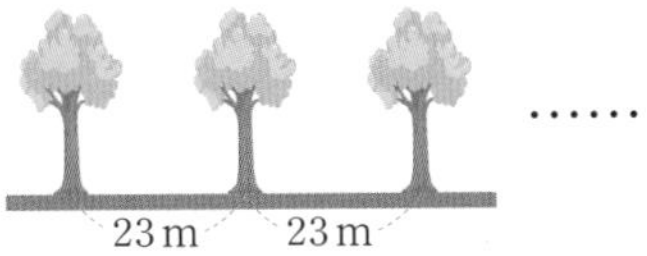

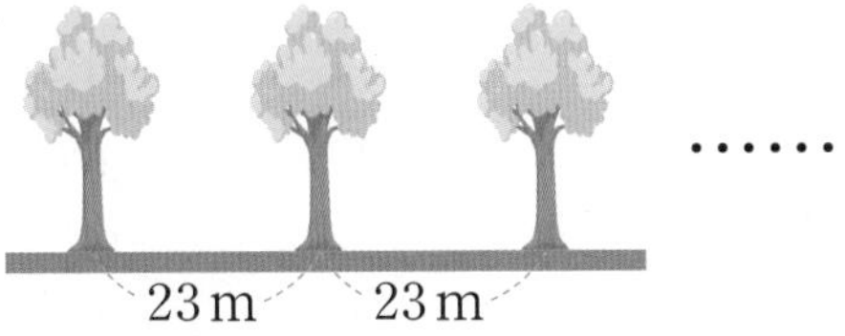

나무가 7그루이면 23 m 간격이 □번 → 23 × □

수학적 표현력

10 ♥에 알맞은 수는 얼마인지 풀이 과정을 쓰고, 답을 구하세요.

$12\times7=$◆
◆$\times4=$♥

같은 모양은 같은 수를 나타내.

	1	2
×		7
	◆	

	◆	
×		4
	♥	

23일 1 cm보다 작은 단위

6 cm보다 2 mm 더 길어!

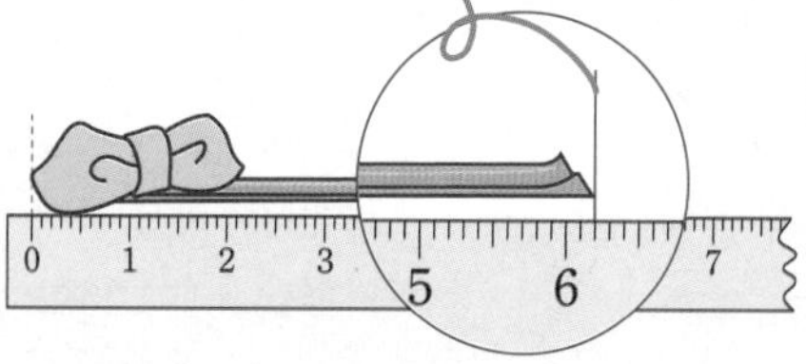

□ cm □ mm → □ mm

■cm보다▲mm 더 긴 것을■cm▲mm라고 써.

cm와 mm로 나타내기	mm로 나타내기
■ cm ▲ mm	■▲ mm

1 cm=10 mm야.

■cm▲mm를 mm로 나타내면■▲mm야.

■ cm ▲ mm = ■▲ mm

길이의 단위를 모두 mm로 나타내어 비교해 봐!

㉠ 180 mm

㉡ 10 cm 8 mm → □ mm

㉢ 80 cm → □ mm

㉣ 810 mm

알아둬!

몇 mm로 나타내지 않고 몇 cm 몇 mm로 나타내어 비교해도 돼.

180 mm=18 cm

3 머리핀의 길이를 재어 보세요.

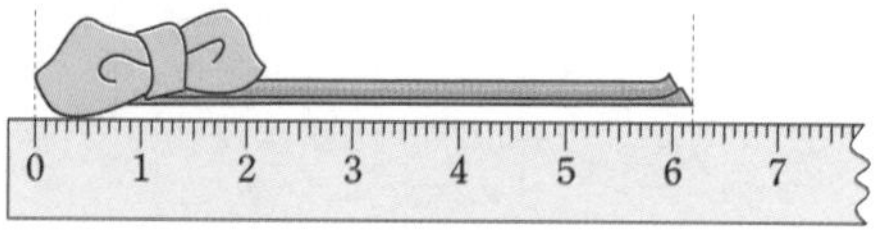

□ cm □ mm=□ mm

4 길이를 두 가지 방법으로 나타내어 보세요.

cm와 mm로 나타내기	mm로 나타내기
3 cm 5 mm	
	224 mm
13 cm	
	150 mm

5 같은 길이끼리 선으로 이어 보세요.

2 cm 1 mm •	• 210 mm
20 cm 1 mm •	• 21 mm
21 cm •	• 201 mm

6 길이가 긴 것부터 차례로 기호를 쓰세요.

㉠ 180 mm　㉡ 10 cm 8 mm
㉢ 80 cm　㉣ 810 mm

7 연필의 길이를 써넣으세요.

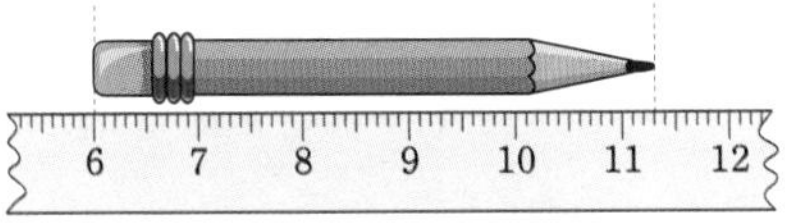

□ cm □ mm

1 cm가 5번 들어간 길이보다 3 mm 더 길어!

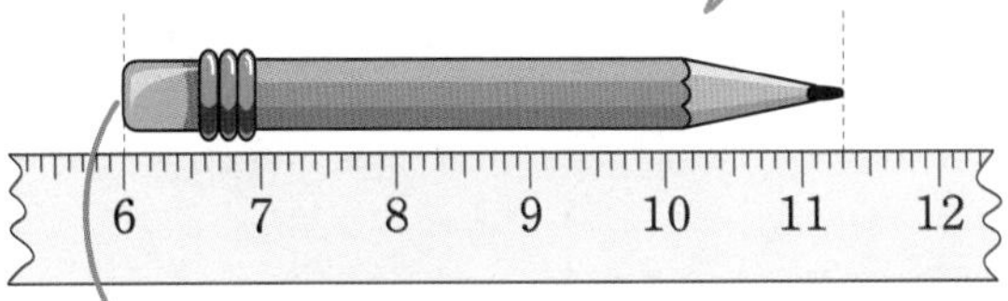

\\ 주의해! //

왼쪽 끝의 눈금이 0이 아닌 부분 **에서 시작했어.**

8 수직선을 보고 □ 안에 알맞은 수를 써넣으세요.

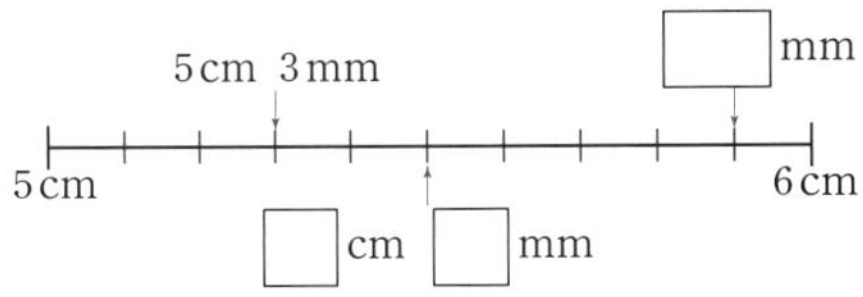

눈금 1칸은 1 mm야.

1 cm=10 mm 임을 이용해 mm로 나타내야 해.

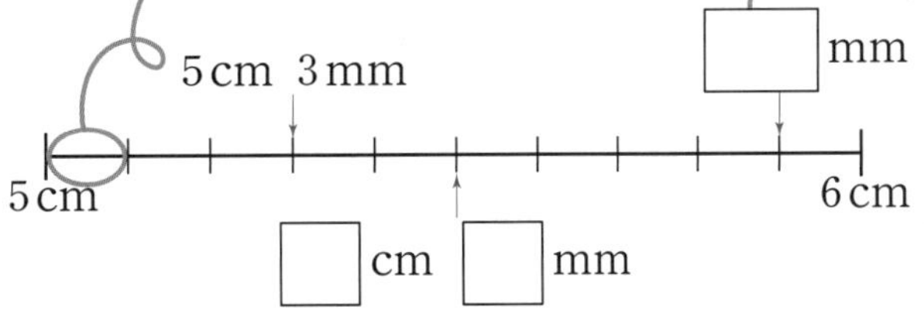

수학적 독해력

+9 단위를 바르게 사용한 문장을 모두 찾아 기호를 쓰세요.

㉠ 볼펜의 길이는 약 17 cm입니다.
㉡ 지우개의 두께는 약 8 cm입니다.
㉢ 휴대폰의 긴 쪽의 길이는 약 145 mm입니다.

단위가 알맞게 사용되었는지 확인해.

㉠ **볼펜의 길이**는 약 **17 cm**입니다.

㉡ **지우개의 두께**는 약 **8 cm**입니다.

㉢ **휴대폰의 긴 쪽의 길이**는 약 **145 mm**입니다.

수학적 표현력

+10 파란 막대의 길이는 6 cm보다 3 mm 더 길고, 노란 막대의 길이는 7 cm보다 2 mm 더 짧습니다. 어느 막대의 길이가 더 긴지 풀이 과정을 쓰고, 답을 구하세요.

파란 막대와 노란 막대의 길이를 각각 구해 봐.

파란 막대의 길이는 6 cm보다 3 mm 더 길어.

노란 막대의 길이는 7 cm보다 2 mm 더 짧아.

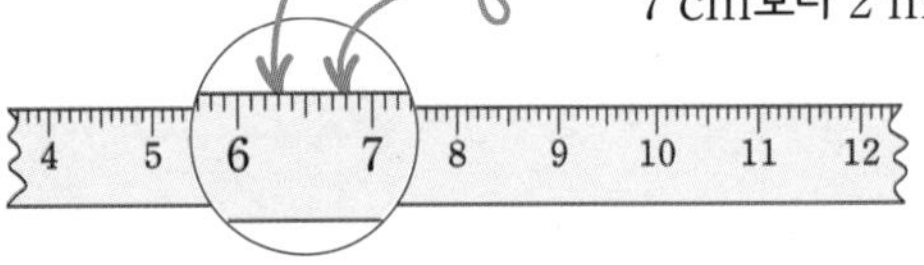

24일 1 m보다 큰 단위

■ km보다 ▲ m 더 먼 거리

↓

■ km ▲ m

km와 m로 나타내기	m로 나타내기
■ km ▲00 m	■▲00 m

1 km=1000 m야.

■ km = ■000 m

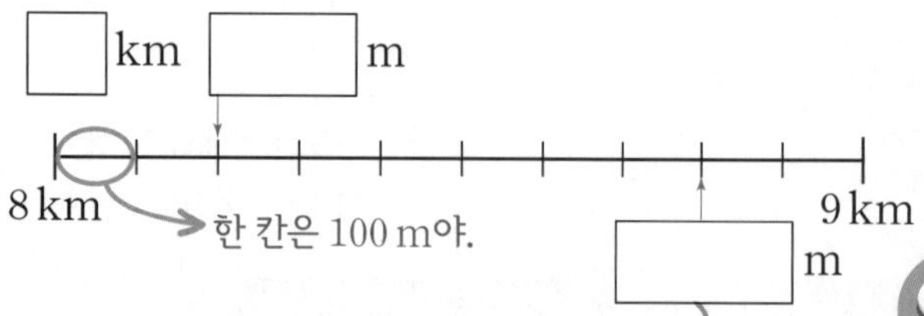

1 km=1000 m임을 이용해 m로 나타내야 해.

3 □ 안에 알맞은 수를 써넣으세요.

(1) 4 km보다 520 m 더 먼 거리

→ □ km □ m

(2) 7 km보다 935 m 더 먼 거리

→ □ km □ m

4 산의 높이를 두 가지 방법으로 나타내어 보세요.

산	km와 m로 나타내기	m로 나타내기
한라산	1 km 950 m	
지리산		1915 m
설악산	1 km 708 m	

5 같은 길이끼리 선으로 이어 보세요.

7 km 4 m •	• 7040 m
7 km 40 m •	• 7400 m
7 km 400 m •	• 7004 m

6 수직선을 보고 □ 안에 알맞은 수를 써넣으세요.

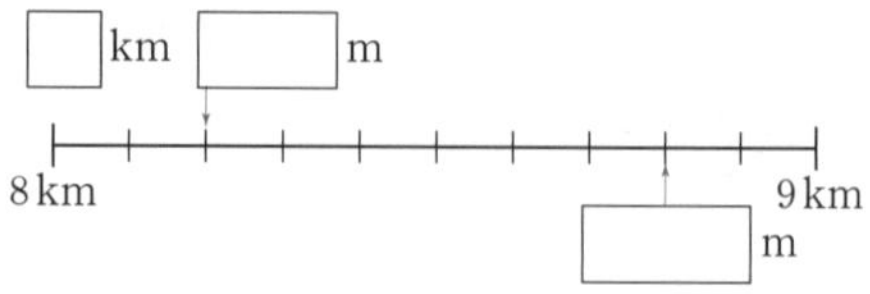

7 길이가 긴 것부터 차례로 기호를 쓰세요.

㉠ 6600 m
㉡ 5 km보다 1000 m 더 긴 길이
㉢ 6 km 60 m

길이의 단위를 모두 m로 나타내어 비교해 봐!

㉠ 6600 m
㉡ 5 km보다 1000 m 더 긴 길이 → ☐ m
㉢ 6 km 60 m → ☐ m

알아둬!

몇 m로 나타내지 않고 몇 km 몇 m로 나타내어 비교해도 돼.
6600 m=6 km 600 m

8 단위를 잘못 쓴 문장을 찾아 기호를 쓰세요.

㉠ 교실 문의 높이는 약 3 m입니다.
㉡ 9 km 25 m는 9025 m입니다.
㉢ 3003 m는 300 km 3 m입니다.

단위가 알맞게 사용되었는지 확인해.

㉠ **교실 문의 높이**는 약 **3 m**입니다.
㉡ **9 km 25 m**는 **9025 m**입니다.
㉢ **3003 m**는 **300 km 3 m**입니다.

1000 m=1 km야.

수학적 독해력

+9 서연이가 집에서 병원까지 길을 따라 가려고 합니다. 가장 짧은 거리를 가려면 몇 km 몇 m를 가야 병원에 도착할 수 있을까요? (단, 작은 사각형의 크기는 모두 같습니다.)

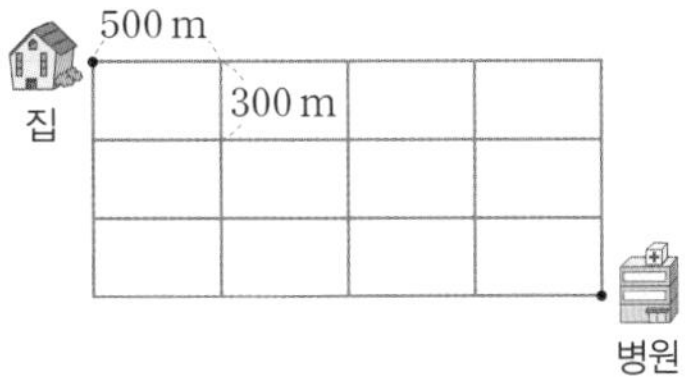

"가장 짧은 길"로 가려면 오른쪽과 아래쪽으로만 가면 돼.

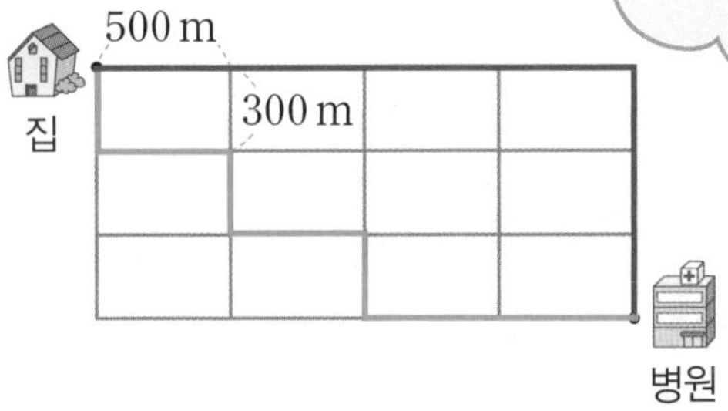

수학적 표현력

+10 민호는 학교에서 자전거를 타고 소방서를 거쳐 영화관에 갔습니다. 민호가 자전거를 타고 간 거리는 몇 m인지 풀이 과정을 쓰고, 답을 구하세요.

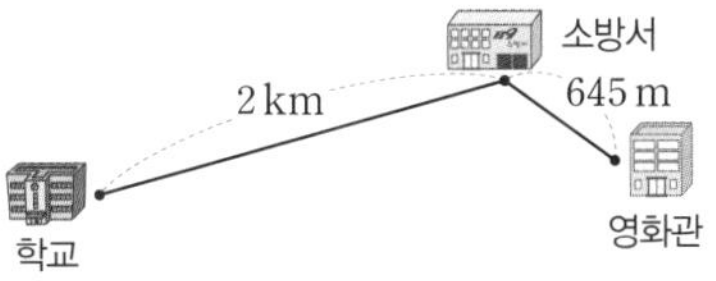

민호는 2 km를 간 후, 645 m를 더 갔어.

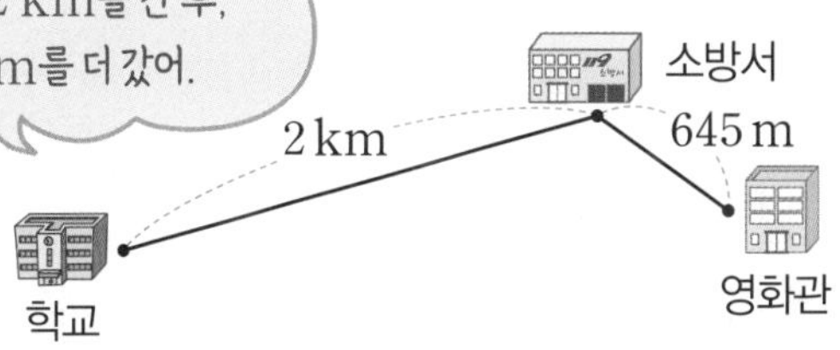

2 km 645 m=☐ m

주의해!

답을 쓸 때에는 m로 나타내야 해.

5 단원

25일 길이와 거리를 어림하고 재어 보기

우체통까지의 거리를 기준으로 하여 ㉠과 ㉡이 기준이 되는 거리의 몇 배쯤인지 어림해 봐.

"쌀 한 톨"은 1 cm보다 작아.

(1) **쌀 한 톨**의 길이는 약 ☐입니다.

(2) **집에서 병원까지의 거리**는 약 ☐입니다.

"거리"니까 m나 km로 나타내.

어림한 길이에 알맞은 단위를 선택했는지 확인해.

㉠ **한 걸음**은 약 **40 cm**입니다.

㉡ **연필의 길이**는 약 **15 cm**입니다.

㉢ **한 뼘의 길이**는 약 **18 m**입니다.

단위의 크기를 생각하며 cm, m, km 중에서 알맞은 단위를 선택해.

냉장고의 높이 •		• **2 km**
호수의 둘레 •		• **2 m**
단추의 길이 •		• **2 cm**

3 어림했을 때 어느 산책로가 더 긴지 기호를 쓰세요.

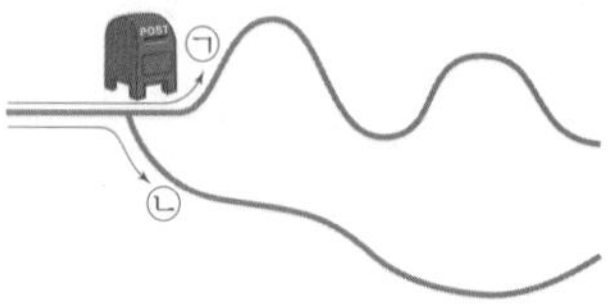

4 〈보기〉에서 알맞은 길이를 골라 문장을 완성해 보세요.

〈보기〉 1 km　　5 mm　　45 cm

(1) 쌀 한 톨의 길이는 약 ☐입니다.

(2) 집에서 병원까지의 거리는 약 ☐입니다.

5 단위를 잘못 쓴 것의 기호를 쓰세요.

㉠ 한 걸음은 약 40 cm입니다.
㉡ 연필의 길이는 약 15 cm입니다.
㉢ 한 뼘의 길이는 약 18 m입니다.

6 알맞은 것끼리 선으로 이어 보세요.

냉장고의 높이 •		• 2 km
호수의 둘레 •		• 2 m
단추의 길이 •		• 2 cm

7 옳은 문장을 모두 골라 기호를 쓰세요.

㉠ 산책로의 길이는 약 1 km입니다.
㉡ 교실 문의 짧은 쪽의 길이는 약 150 m입니다.
㉢ 급식판의 긴 쪽의 길이는 약 50 cm입니다.
㉣ 수학책의 두께는 약 10 cm입니다.

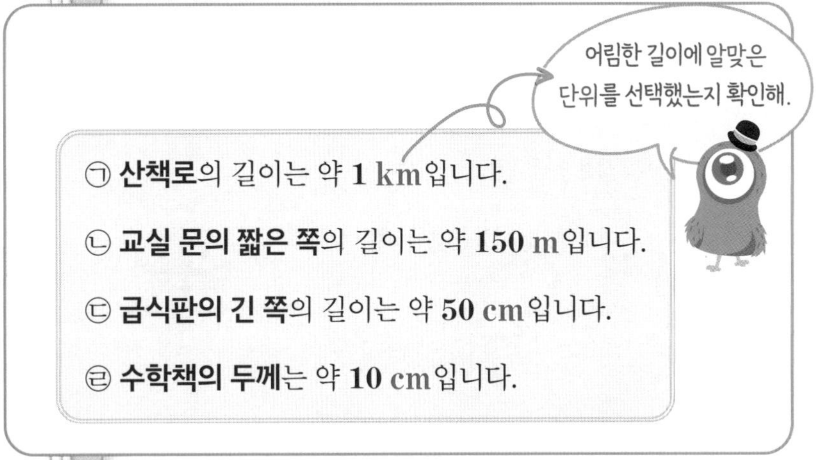

8 수현이네 집에서 약 2 km 떨어진 곳에는 어떤 장소가 있는지 모두 쓰세요.

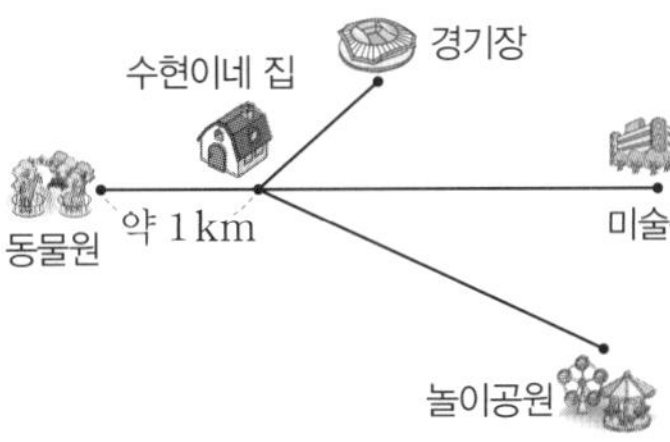

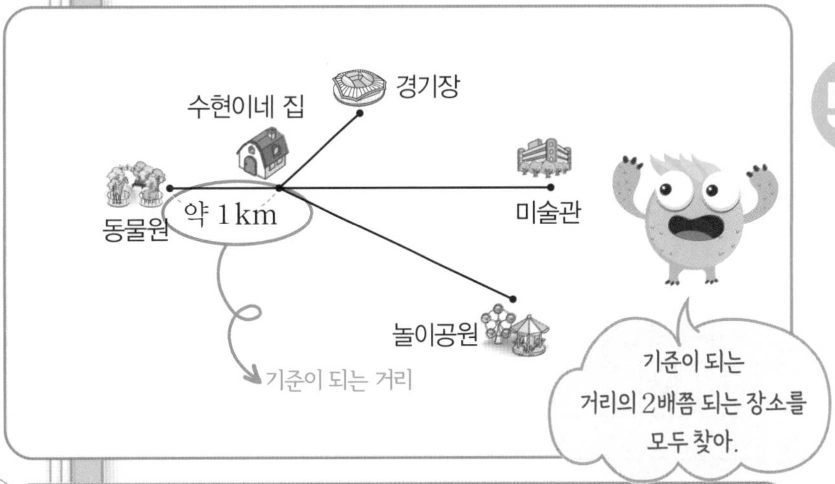

수학적 독해력

9 학교에서 소방서까지의 거리가 약 1 km입니다. 집에서 병원까지의 거리는 약 몇 km일까요?

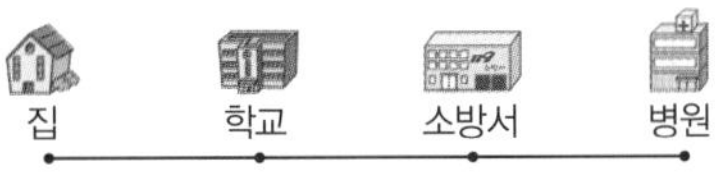

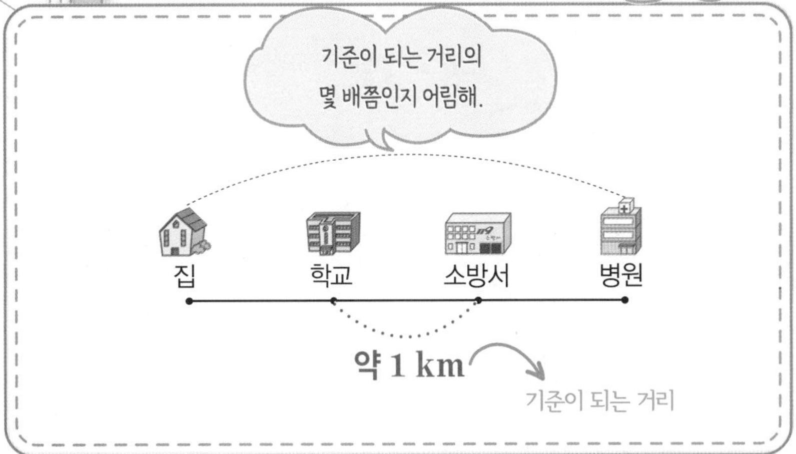

수학적 표현력

10 <u>잘못</u> 어림한 사람을 찾고, 바르게 고쳐 보세요.

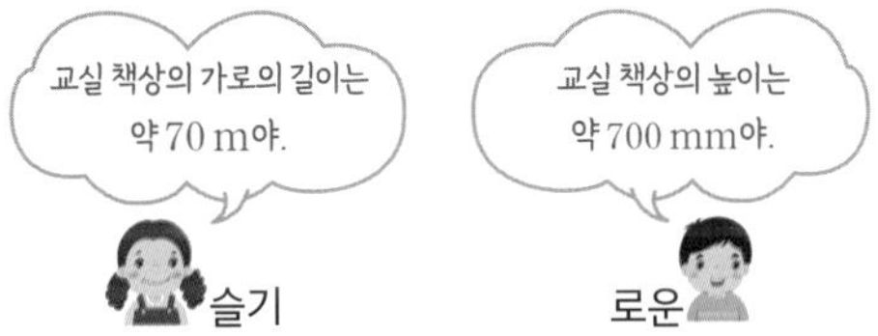

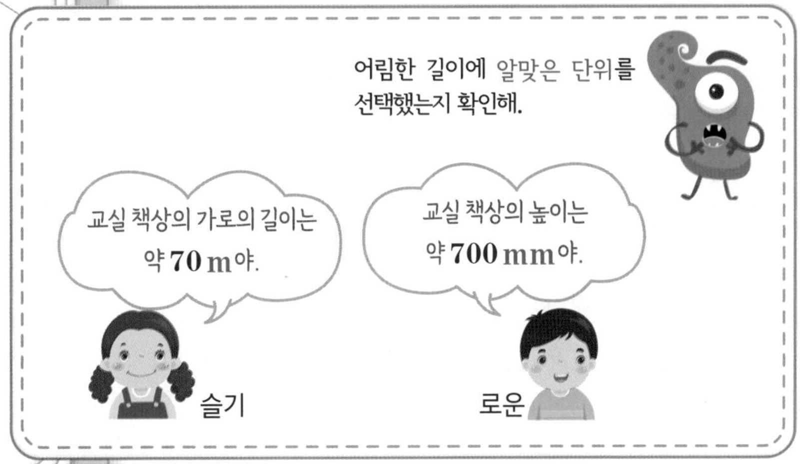

26일 1분보다 작은 단위

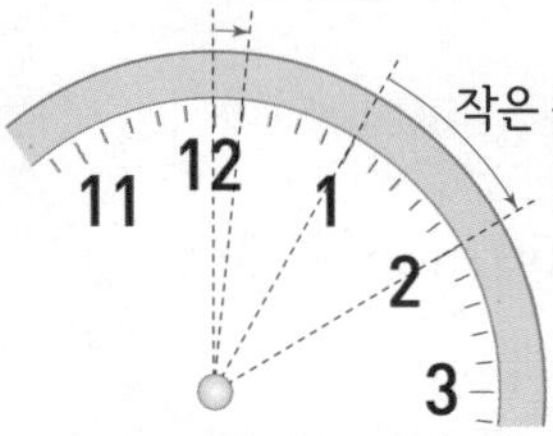

초바늘이 가리키는 수가 1씩 커질 때마다 5초씩 늘어나.

시각을 읽을 때에는
❶ 시 → ❷ 분 → ❸ 초 단위의 순서로 읽어.

□시 □분 □초 □시 □분 □초

6시 35분 10초

→ 작은 눈금 10칸

초바늘이 작은 눈금 10칸을 가면 숫자 몇을 가리킬까?

주의해!
숫자 10은 작은 눈금 50칸을 나타내.

시간, 분, 초를 넣어서 알맞은 것을 찾아봐.

(1) **발차기를 한 번** 하는 시간 → 2□

(2) **영화를 한 편** 보는 시간 → 2□

(3) **이를 닦는** 시간 → 2□

2 □ 안에 알맞은 수를 써넣으세요.

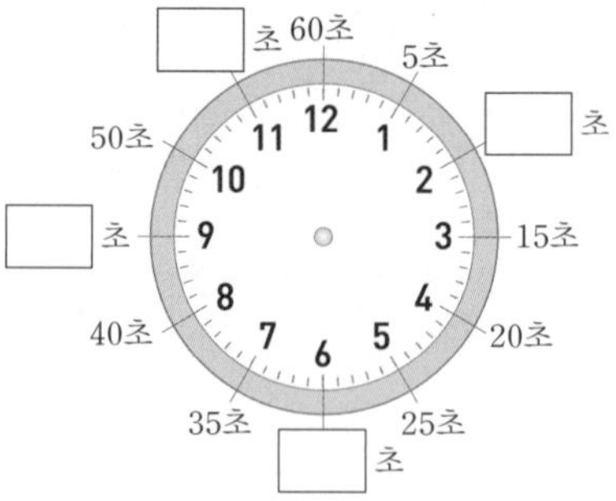

4 시각을 읽어 보세요.

(1)

(2)

( ) ( )

5 시각에 맞게 초바늘을 그려 넣으세요.

6시 35분 10초

6 □ 안에 시간, 분, 초 중 알맞은 시간의 단위를 써넣으세요.

(1) 발차기를 한 번 하는 시간 → 2□

(2) 영화를 한 편 보는 시간 → 2□

(3) 이를 닦는 시간 → 2□

7 세 사람이 게임을 하는 데 걸린 시간을 기록한 표입니다. 시간을 알맞게 나타내어 보세요.

이름	초로 나타내기	분과 초로 나타내기
지혜	170초	2분 50초
슬기	187초	
윤하		4분 12초

60초=1분

초로 나타내기	분과 초로 나타내기

1분=60초

8 다음을 모두 만족하는 시각을 구해 보세요.

- 10시와 11시 사이의 시각입니다.
- 긴바늘은 숫자 3을 막 지났습니다.
- 초바늘이 숫자 5를 가리킵니다.

시각을 읽을 때에는 시 → 분 → 초 단위의 순서로 읽어.

- **10시와 11시 사이의 시각**입니다. → ☐시
- **긴바늘은 숫자** 3을 막 지났습니다. → ☐분
- **초바늘이 숫자** 5를 가리킵니다. → ☐초

5 단원

수학적 독해력

+9 서준이네 반 친구들의 오래 달리기 기록입니다. 빨리 달린 학생부터 차례로 이름을 쓰세요.

이름	서준	민호	영민
기록	150초	1분 42초	2분 4초

이름	서준	민호	영민
기록	150초	1분 42초	2분 4초

몇 분 몇 초로 나타내어 비교해 봐.

☐분 ☐초

주의해!

"빨리 달린" 학생일수록 기록이 더 짧아.

수학적 표현력

+10 다음 중 잘못 말한 사람은 누구인지 찾으려고 합니다. 풀이 과정을 쓰고, 답을 구하세요.

308초는 5분 8초야.

로운

7분 12초는 712초야.

수현

60초=1분

308초는 5분 8초야.

로운

1분=60초

7분 12초는 712초야.

수현

27일 시간의 덧셈과 뺄셈

+1시간 5분 20초

8:26:37 → □시 □분 □초

"~ 후의 시각"이니까 덧셈으로 구해.

초끼리 뺄 수 없으니까 1분=60초임을 이용해 받아내림해.

\ 주의해! /

25분에서 1분을 받아내림 하면 1이 작아져.

	24	60
	25분	25초
−	10분	50초

9시 58분 + 4분

9시 58분 + 11분

"~ 후의 시각"은 덧셈으로 구해.

만화 영화가 끝난 시각에서 시작한 시각을 빼면 재생 시간을 알 수 있어.

	4 시	1 분	15 초	← 영화가 끝난 시각
−	3 시	25 분	30 초	← 영화가 시작한 시각
		□분	□초	← 영화의 재생 시간

3 현재 시각은 다음과 같습니다. 1시간 5분 20초 후의 시각을 구해 보세요.

8:26:37 → □시 □분 □초

4 계산이 잘못된 부분을 찾아 바르게 고쳐 보세요.

	25분	25초
−	10분	50초
	15분	35초

→

	25분	25초
−	10분	50초

5 다음은 버스 정류장의 전광판입니다. 100번 버스와 350번 버스가 도착하는 시각을 각각 구하세요.

버스 도착 안내

현재 시각 9:58

노선	도착 예정 시간
100	4분 후
350	11분 후

100번 버스 → □시 □분

350번 버스 → □시 □분

6 슬기가 본 만화 영화는 3시 25분 30초에 시작하여 4시 1분 15초에 끝났습니다. 슬기가 본 만화 영화의 제목을 쓰세요.

만화 영화 제목	재생 시간
하이로봇 뿌까	25분 15초
날아라 빗자루	30분 45초
너튜브 탐사대	35분 45초

7 □ 안에 알맞은 수를 써넣으세요.

□분 □초 —(+9분 17초)→ 12분 32초

12분 32초 —(+2시간 24분 9초)→ □시 □분 □초

"9분 17초 전의 시간"을 구해야 하니까 뺄셈을 이용해.

□분 □초 —(+9분 17초)→ 12분 32초

12분 32초 —(+2시간 24분 9초)→ □시 □분 □초

8 승차권을 보고 서울에서 부산까지 가는 데 걸린 시간은 몇 시간 몇 분인지 구하세요.

< 승차권 ☰
20○○년 ○월 ○일

서울	▶	부산
14 : 45		17 : 23

	17 시	23 분	← 부산 도착 시각
−	14 시	45 분	← 서울 출발 시각
	□시간	□분	← 걸린 시간

부산 도착 시각에서 서울 출발 시각을 빼면 걸린 시간을 구할 수 있어.

수학적 독해력

+9 두 명이 한 모둠이 되어 이어 달리기를 한 기록입니다. 경주에서 어느 모둠이 이겼을까요?

① 모둠	87초	1분 25초
② 모둠	1분 17초	92초

두 기록을 더했을 때 시간이 짧은 모둠이 이겨.

① 모둠	87초	+	1분 25초	→ □
② 모둠	1분 17초	+	92초	→ □

60초 = 1분임을 이용하여 모두 몇 분 몇 초로 나타낸 후 모둠별로 더해.

수학적 표현력

+10 윤하네 집에서 할머니 댁까지 자동차로 1시간 25분이 걸립니다. 윤하가 할머니 댁에 12시에 도착하려면 늦어도 몇 시 몇 분에 집에서 나와야 할지 풀이 과정을 쓰고, 답을 구하세요.

	12 시		← 할머니 댁 도착 시각
−	1 시간	25 분	← 할머니 댁까지 가는 데 걸리는 시간
	□시	□분	← 집에서 나와야 하는 시각

윤하는 할머니 댁에 도착하는 시각보다 1시간 25분 전에 집에서 나와야 해.

28일 똑같이 나누기

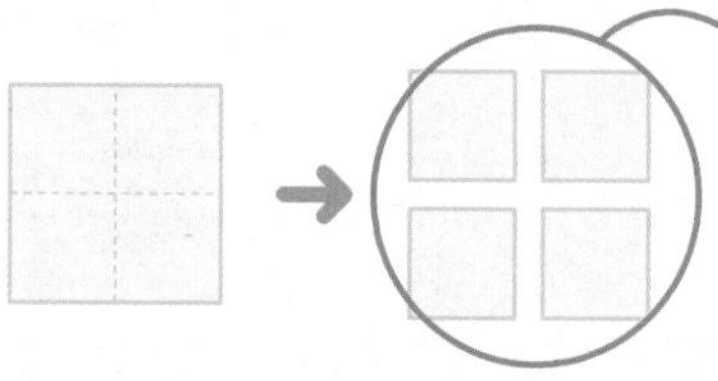

똑같이 나누면 나누어진 조각의 크기와 모양이 같아.

\ 알아둬! /

먼저 넷으로 나눈 것을 찾은 후, 똑같은지 확인하면 편리해.

나누어진 조각의 크기와 모양이 같으면 똑같이 나눈 거야.

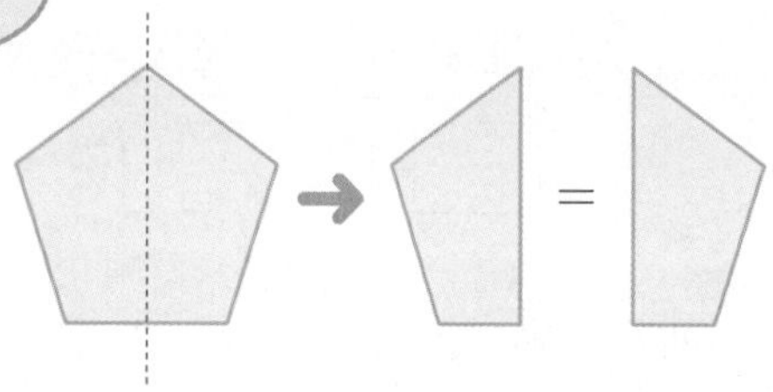

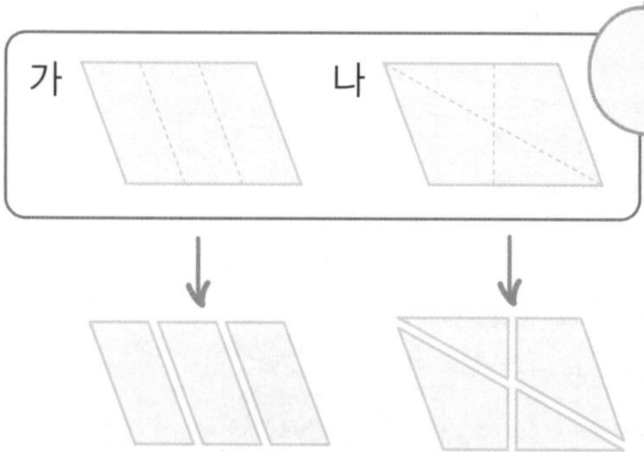

똑같이 나누어지지 않으면 나누어진 조각들의 크기와 모양이 달라.

주어진 점을 이용하여 똑같은 크기와 모양이 나오도록 도형을 나눠 봐.

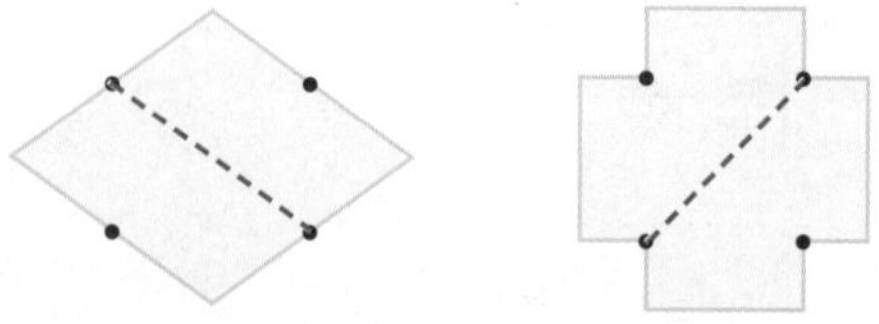

3 똑같이 넷으로 나누어진 도형을 모두 찾아 기호를 쓰세요.

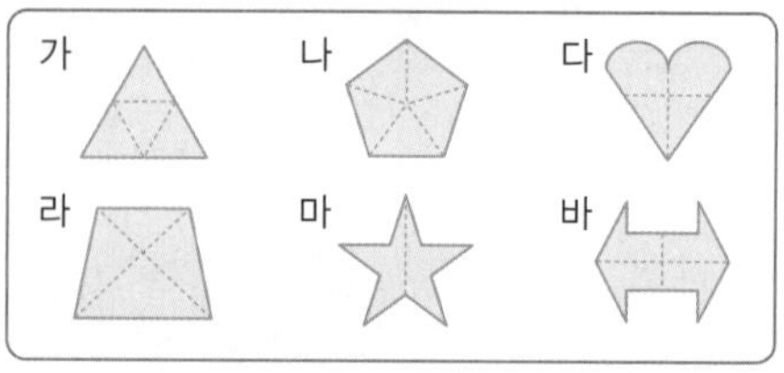

4 다음 도형을 똑같이 둘로 나눌 수 <u>없는</u> 선을 찾아 기호를 쓰세요.

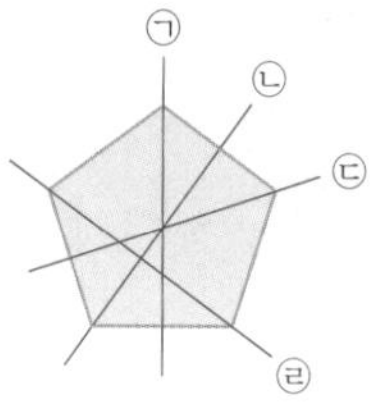

5 도형이 똑같이 나누어지지 <u>않은</u> 것의 기호를 쓰세요.

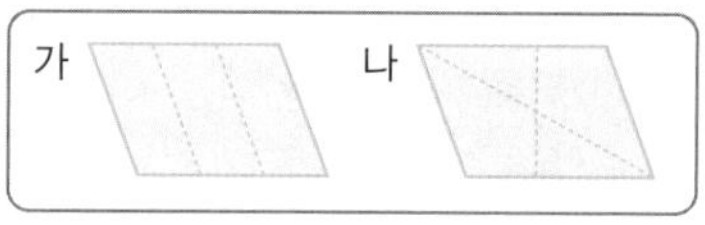

6 주어진 점을 이용하여 도형을 똑같이 넷으로 나누어 보세요.

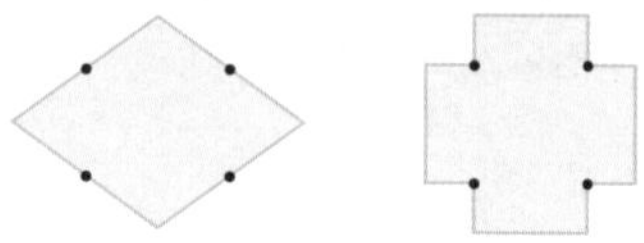

7 윤하가 말하는 대로 도형을 나누어 보세요.

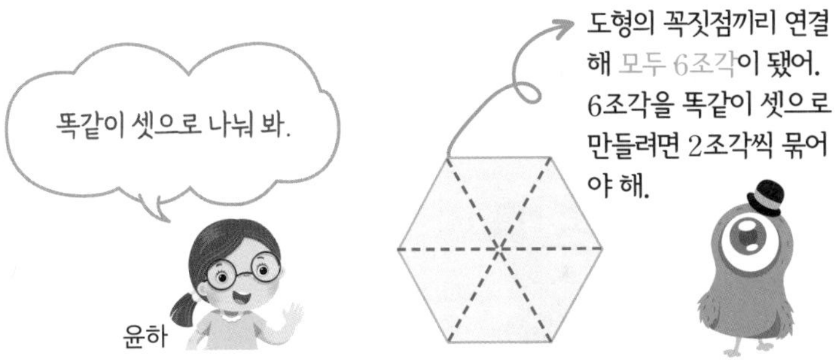

8 두 가지 방법으로 도형을 똑같이 여덟으로 나누어 보세요.

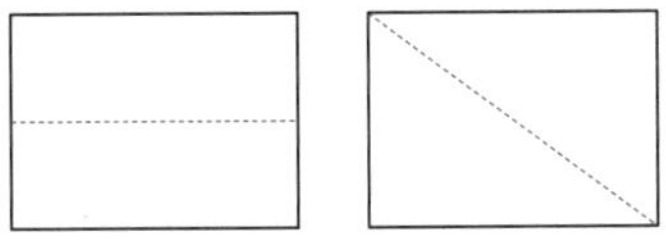

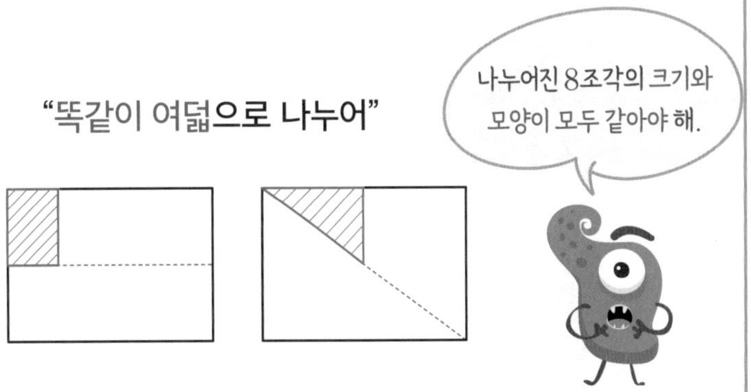

수학적 독해력

+9 피자를 똑같이 둘로 나눈 다음 나눈 각각을 똑같이 셋으로 나누었습니다. 피자는 모두 몇 조각일까요?

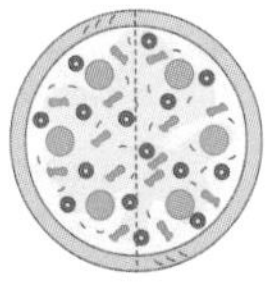

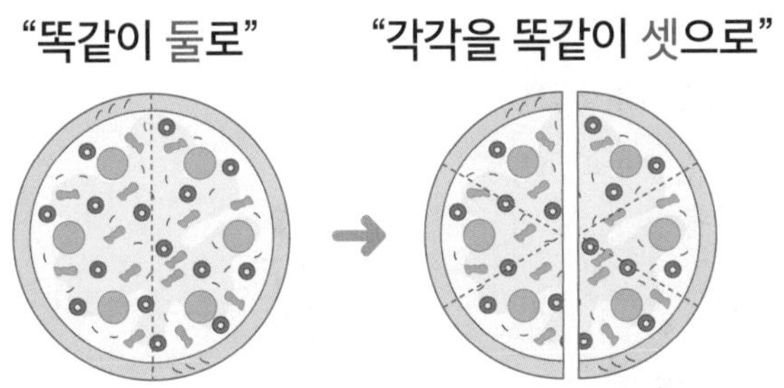

수학적 표현력

+10 누구의 말이 맞는지 쓰고, 그 이유를 써 보세요.

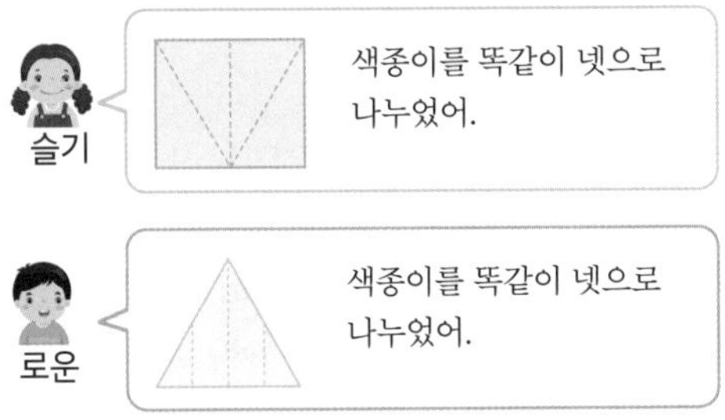

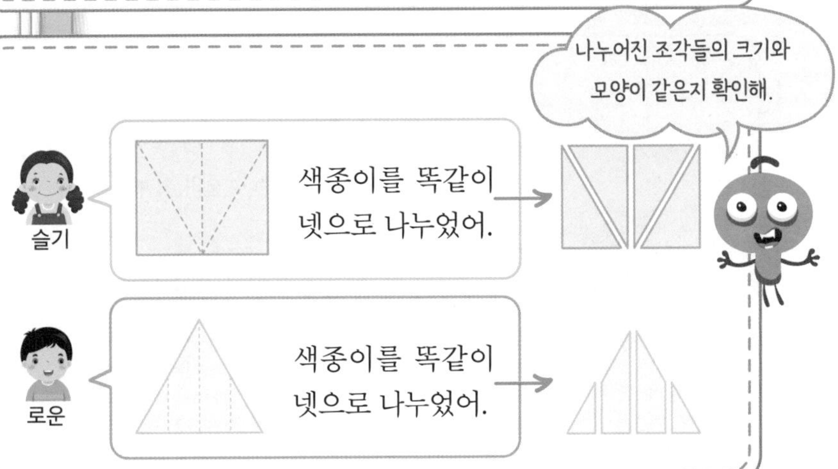

29일 분수 알아보기 (1)

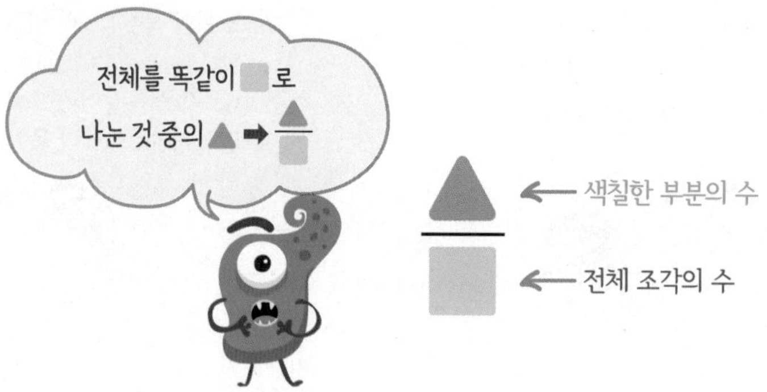

$\frac{3}{5}$ ← 색칠한 부분의 수 / ← 전체 조각의 수

$\frac{5}{8}$ ← 색칠한 부분의 수 / ← 전체 조각의 수

3 관계 있는 것끼리 선으로 이어 보세요.

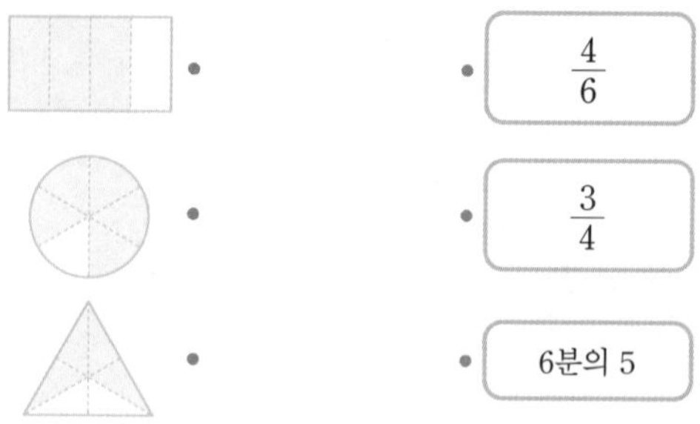

4 분수에 맞게 색칠한 것을 찾아 ○표 하세요.

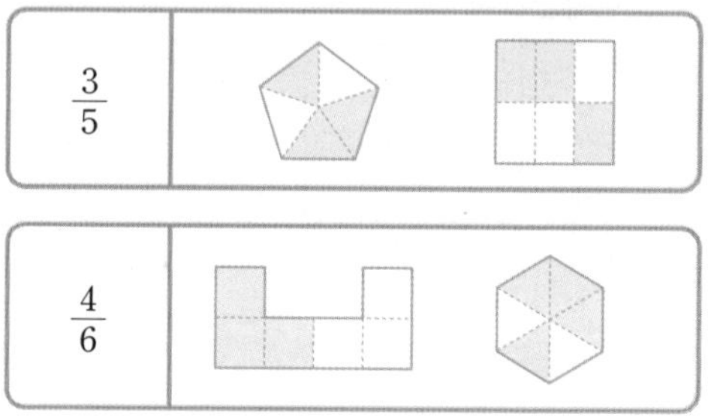

5 주어진 분수만큼 색칠해 보세요.

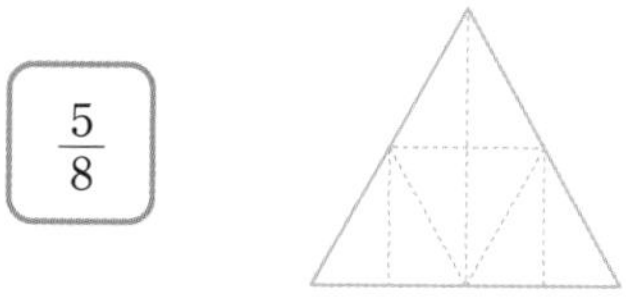

6 민호가 먹은 피자는 전체의 얼마인지 분수로 나타내어 보세요.

7 분수에 맞게 색칠한 것을 찾아 ○표 하세요.

$\frac{3}{7}$

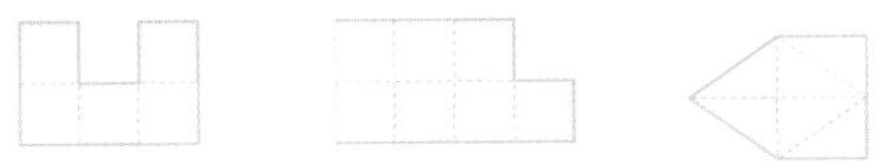

( ) ( ) ( )

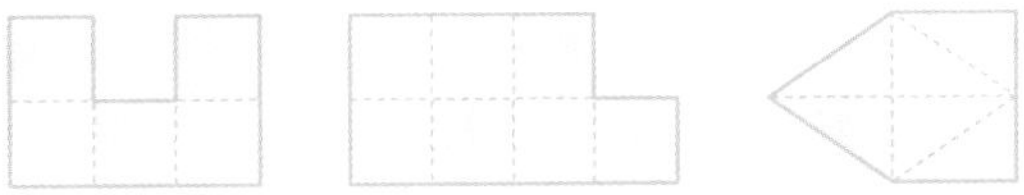

$\frac{3}{\square}$ $\frac{3}{\square}$ $\frac{3}{\square}$

← 색칠한 조각의 수

← 전체 조각의 수

8 색칠한 부분이 나타내는 분수가 나머지와 다른 하나를 찾아 기호를 쓰세요.

가 나 다

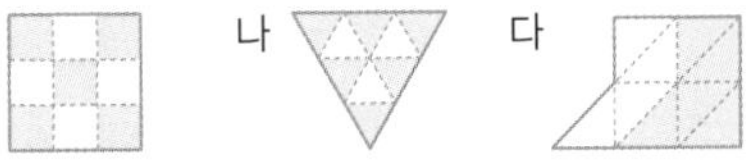

가 나 다

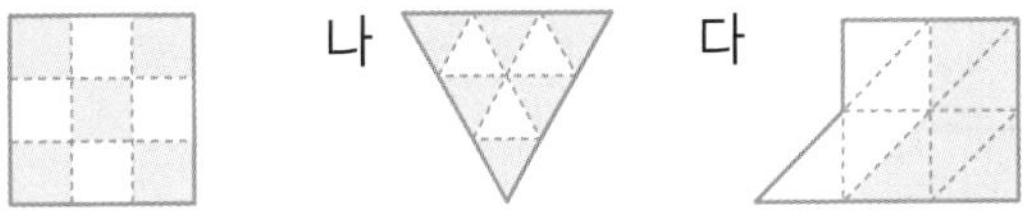

$\frac{\square}{9}$ $\frac{\square}{9}$ $\frac{\square}{9}$

← 색칠한 조각의 수

← 전체 조각의 수

수학적 독해력

+9 색칠한 부분이 전체를 똑같이 8로 나눈 것 중의 6인 것을 찾아 기호를 쓰세요.

가 나 다

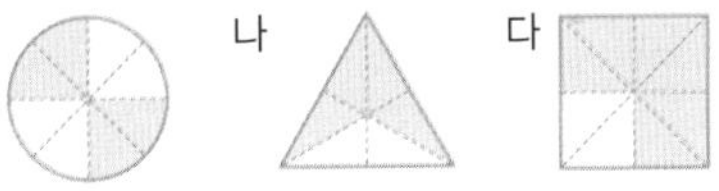

가 나 다

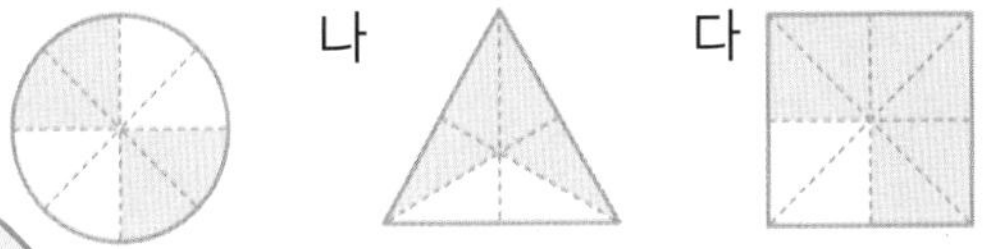

$\frac{\square}{8}$ $\frac{\square}{\square}$ $\frac{\square}{8}$

수학적 표현력

+10 다음 글을 읽고 틀린 문장을 찾아 바르게 고쳐 보세요.

> 영민이는 케이크를 똑같이 5조각으로 나눈 후 그 중 4조각을 먹었습니다. 영민이가 먹은 케이크의 양을 분수로 나타내면 $\frac{5}{4}$입니다.

← 먹은조각의 수

← 전체 조각의 수

6단원

30일 분수 알아보기 (2)

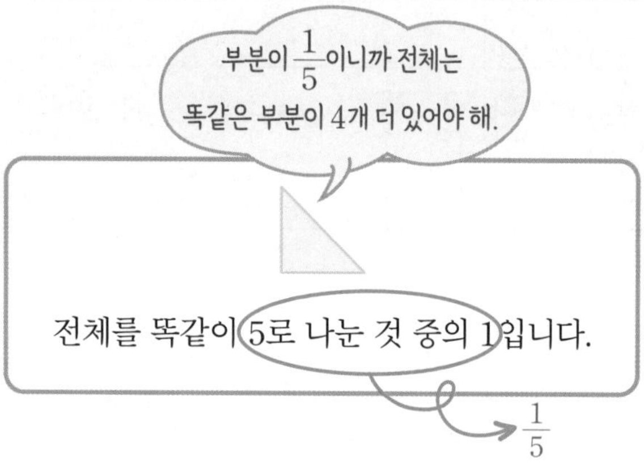

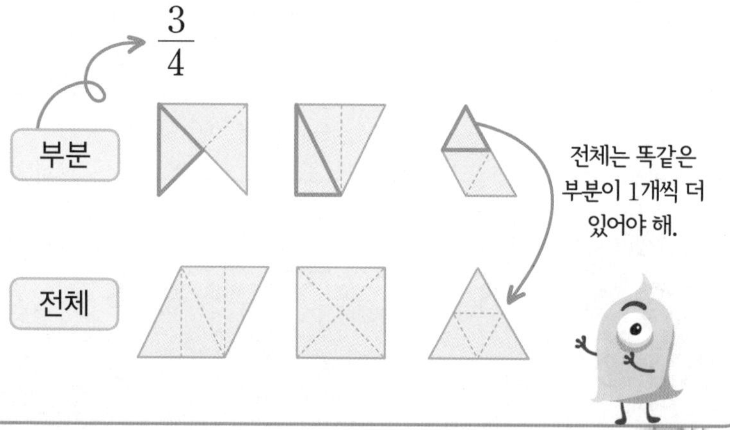

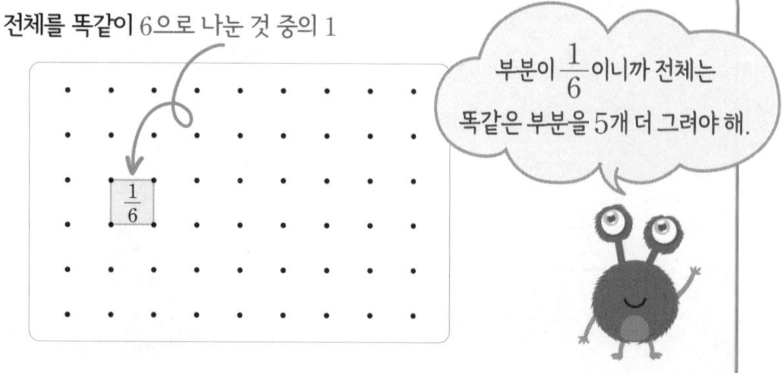

2 색칠한 부분과 색칠하지 않은 부분을 각각 분수로 나타내어 보세요.

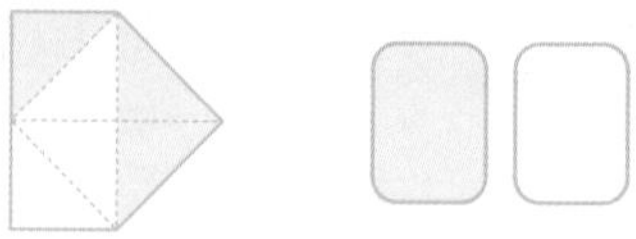

3 전체에 알맞은 도형을 찾아 ○표 하세요.

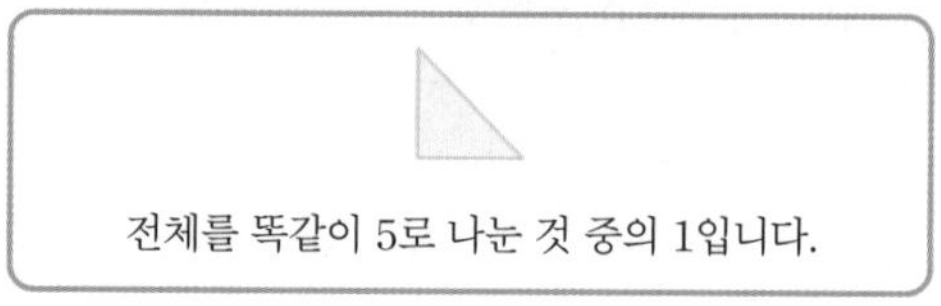

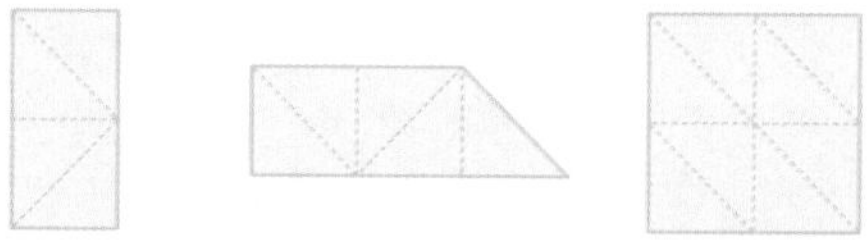

( ) ( ) ( )

4 전체를 똑같이 4로 나눈 것 중의 3입니다. 부분과 전체를 선으로 이어 보세요.

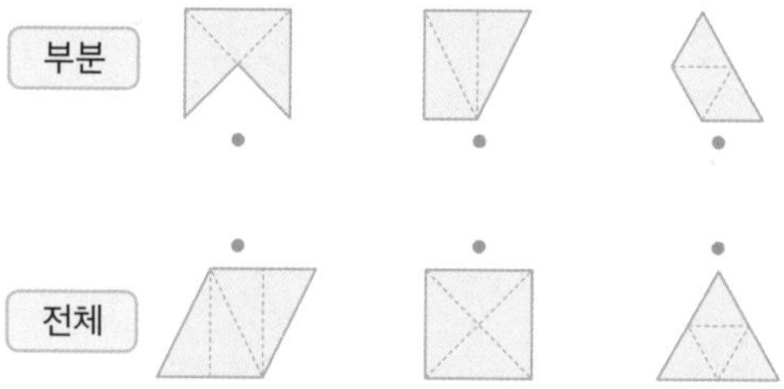

5 부분을 보고 전체를 그려 보세요.

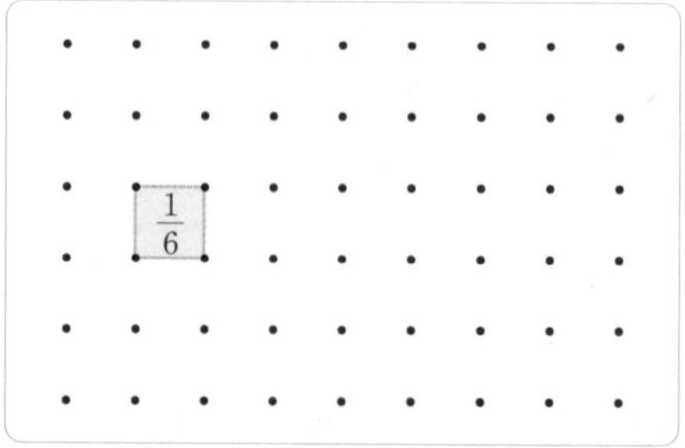

7 그림을 보고 남은 부분은 전체의 얼마인지 분수로 나타내어 보세요.

남은 부분은 전체 □ 조각 중 2개 → $\frac{2}{\square}$

알아둬!

남은 부분과 먹은 부분을 합치면 전체와 같아.

8 왼쪽 도형은 전체를 똑같이 몇으로 나눈 것 중의 1입니다. 오른쪽 도형을 같은 수로 똑같이 나누어 보세요.

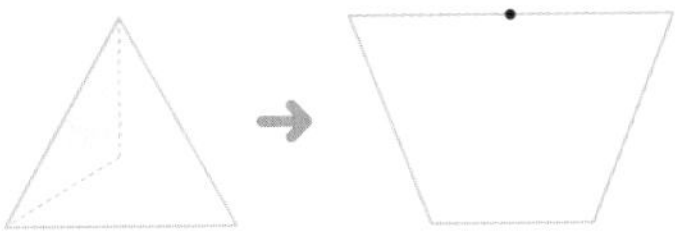

"몇으로 나눈 것 중의 1"을 분수로 나타내면?

도형을 □로 똑같이 나누면?

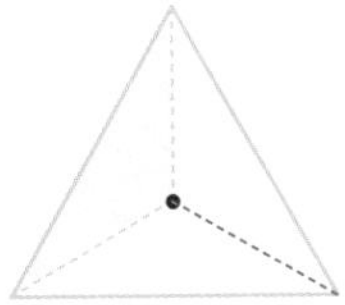

$\frac{1}{\square}$ →

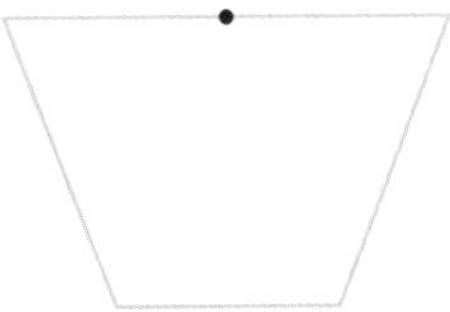

수학적 독해력

+9 색칠한 부분은 전체를 똑같이 ■로 나눈 것 중의 1입니다. ■는 얼마인지 구하세요.

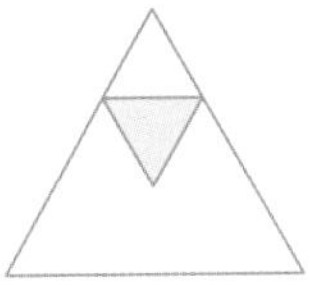

전체를 똑같이 ■로 나눈 것 중의 1

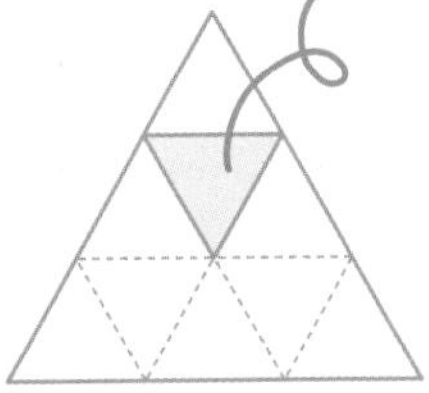

→ $\frac{1}{■}$

■는 전체 조각의 수야.

수학적 표현력

+10 영민이가 파이를 똑같이 6조각으로 나누어 전체의 $\frac{1}{2}$ 만큼 먹었습니다. 영민이는 파이를 몇 조각 먹었는지 풀이 과정을 쓰고, 답을 구하세요.

전체를 똑같이 6조각으로 나누고

전체 6조각 중의 $\frac{1}{2}$ 만큼 먹었어.

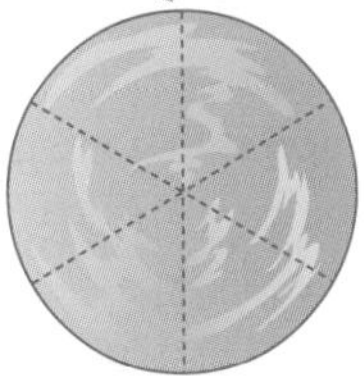

→

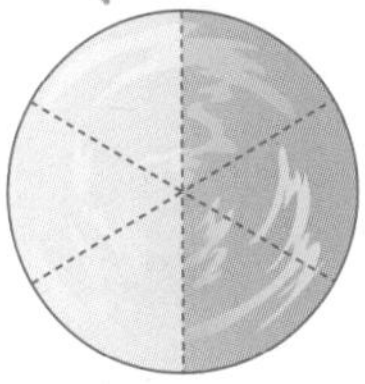

31일 분모가 같은 분수의 크기 비교

3 두 분수의 크기를 비교하여 ○ 안에 >, =, <를 알맞게 써넣으세요.

(1) $\frac{4}{9}$ ○ $\frac{8}{9}$

(2) $\frac{7}{11}$ ○ $\frac{6}{11}$

분모가 같은 분수는 분자가 클수록 더 커.

(1) $\frac{4}{9}$ ○ $\frac{8}{9}$

(2) $\frac{7}{11}$ ○ $\frac{6}{11}$

4 ㉠과 ㉡의 합을 구해 보세요.

- $\frac{3}{8}$은 $\frac{1}{8}$이 ㉠개입니다.
- $\frac{5}{7}$는 $\frac{1}{㉡}$이 5개입니다.

$\frac{\blacktriangle}{\blacksquare}$는 $\frac{1}{\blacksquare}$이 ▲개입니다.

5 $\frac{8}{12}$보다 큰 분수를 모두 찾아 쓰세요.

$\frac{3}{12}$ $\frac{9}{12}$ $\frac{7}{12}$ $\frac{10}{12}$ $\frac{6}{12}$

분모가 같은 분수는 분자가 클수록 더 커.

분자가 8보다 큰 분수를 모두 찾아.

$\frac{3}{12}$ $\frac{9}{12}$ $\frac{7}{12}$ $\frac{10}{12}$ $\frac{6}{12}$

$\frac{8}{12}$

6 가장 큰 분수에 ○표, 가장 작은 분수에 △표 하세요.

$\frac{7}{14}$ $\frac{11}{14}$ $\frac{2}{14}$ $\frac{9}{14}$ $\frac{13}{14}$

$\frac{7}{14}$ $\frac{11}{14}$ $\frac{2}{14}$ $\frac{9}{14}$ $\frac{13}{14}$

분모가 같을 때에는 분자가 가장 큰 것이 가장 큰 분수, 분자가 가장 작은 것이 가장 작은 분수야.

7 1부터 9까지의 수 중에서 □ 안에 들어갈 수 있는 수를 모두 쓰세요.

$$\frac{4}{11}<\frac{\square}{11}<\frac{10}{11}$$

분모가 같을 땐 분자의 크기로 분수의 크기를 비교해.

$$\frac{4}{11}<\frac{\square}{11}<\frac{10}{11} \rightarrow 4<\square<10$$

8 각 모둠이 먹은 피자의 양을 분수로 나타내고 가장 많이 먹은 모둠을 찾아 쓰세요.

1모둠 2모둠 3모둠

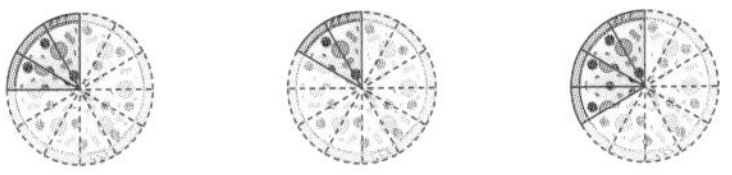

□ □ □

1모둠 2모둠 3모둠

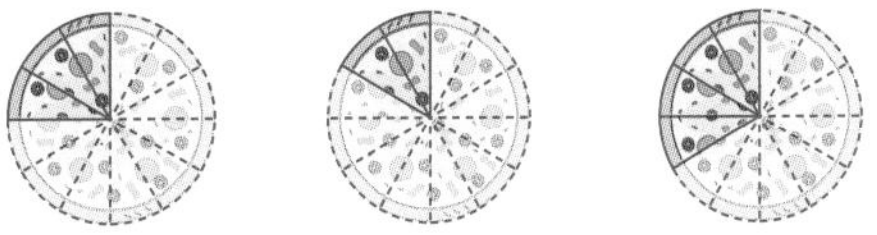

$\frac{\square}{12}$ $\frac{\square}{12}$ $\frac{\square}{12}$

각 모둠 모두 전체 조각의 수가 12로 같아.

수학적 독해력

9 수현이네 집에서 우체국까지의 거리는 $\frac{7}{9}$ km입니다. 수현이네 집에서 소방서까지의 거리는 $\frac{5}{9}$ km입니다. 우체국과 소방서 중 수현이네 집에서 더 가까운 곳은 어디일까요?

우체국까지의 거리		소방서까지의 거리
$\frac{7}{9}$ km	○	$\frac{5}{9}$ km

주의해!
"더 가까운 곳"이니까 거리가 더 짧은 곳을 찾아야 해.

수학적 표현력

10 서준이와 종욱이는 주스 한 병을 나누어 마셨습니다. 서준이는 전체의 $\frac{3}{7}$을 마시고 나머지는 종욱이가 마셨습니다. 주스를 더 많이 마신 사람은 누구인지 풀이 과정을 쓰고, 답을 구하세요.

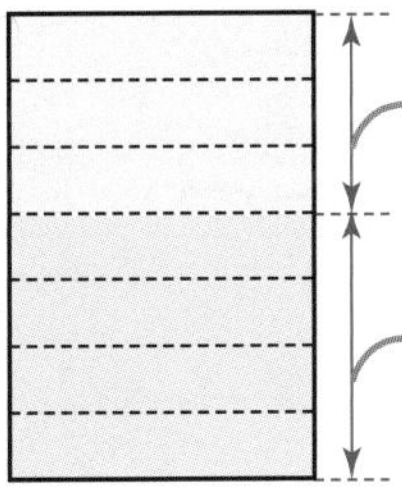

서준이가 마신 양 → $\frac{3}{7}$

종욱이가 마신 양 → $\frac{\square}{7}$

분모가 같을 땐 분자가 클수록 더 큰 분수야.

32일 단위분수의 크기 비교

분자가 1인 단위분수

(1) 9 ○ 4 → $\frac{1}{9}$ ○ $\frac{1}{4}$

(2) 8 ○ 13 → $\frac{1}{8}$ ○ $\frac{1}{13}$

단위분수는 분모가 작을수록 더 커.

단위분수는 분모가 클수록 더 작아.

$\frac{1}{7}$ $\frac{1}{8}$ $\frac{1}{11}$ $\frac{1}{13}$ $\frac{1}{15}$

$\frac{1}{12}$

분모가 12보다 큰 분수를 모두 찾아.

$\frac{1}{8}$ $\frac{1}{10}$ $\frac{1}{14}$ $\frac{1}{12}$ $\frac{1}{3}$

단위분수는 분모가 작을수록 더 커.

$\frac{1}{6} < \frac{1}{\square}$ → 6 > □

단위분수는 분모가 작을수록 더 커.

2 ○ 안에 >, =, <를 알맞게 써넣으세요.

(1) 9 ○ 4 → $\frac{1}{9}$ ○ $\frac{1}{4}$

(2) 8 ○ 13 → $\frac{1}{8}$ ○ $\frac{1}{13}$

4 $\frac{1}{12}$보다 작은 분수를 모두 찾아 쓰세요.

$\frac{1}{7}$ $\frac{1}{8}$ $\frac{1}{11}$ $\frac{1}{13}$ $\frac{1}{15}$

5 분수의 크기를 비교하여 작은 수부터 차례로 쓰세요.

$\frac{1}{8}$ $\frac{1}{10}$ $\frac{1}{14}$ $\frac{1}{12}$ $\frac{1}{3}$

□ - □ - □ - □ - □

6 2부터 9까지의 수 중에서 □ 안에 들어갈 수 있는 수를 모두 쓰세요.

$\frac{1}{6} < \frac{1}{\square}$

7 주어진 조건에 알맞은 분수를 모두 쓰세요.

- 단위분수입니다.
- $\frac{1}{9}$보다 큰 분수입니다.
- 분모는 5보다 큽니다.

- **단위분수**입니다. → 분자가 1인 분수
- **$\frac{1}{9}$보다 큰 분수**입니다. → 분모가 9보다 작은 분수
- 분모는 5보다 큽니다.

단위분수는 분모가 작을수록 더 커.

8 수 카드 중 2장을 한 번씩만 사용하여 가장 큰 단위분수를 만들어 보세요.

4 6 1 8

4 6 1 8

$\frac{1}{\square}$

단위분수니까 1을 분자에 사용해.

단위분수는 분모가 작을수록 더 커.

수학적 독해력

9 $\frac{1}{7}$보다 크고 $\frac{1}{3}$보다 작은 분수 중, 분자가 1인 분수는 모두 몇 개일까요?

단위분수니까, 분모의 크기로 분수의 크기를 비교해.

$\frac{1}{7} < \frac{1}{\square} < \frac{1}{3}$ → $3 > \square > 7$

단위분수는 분모가 작을수록 더 커.

수학적 표현력

10 지혜, 윤하, 민호는 같은 양의 우유를 각각 한 병씩 가지고 있습니다. 지혜는 전체의 $\frac{1}{6}$, 윤하는 전체의 $\frac{1}{8}$, 민호는 전체의 $\frac{1}{5}$을 마셨습니다. 우유를 가장 많이 마신 사람은 누구인지 풀이 과정을 쓰고, 답을 구하세요.

단위분수는 분모가 작을수록 더 커.

지혜 $\frac{1}{6}$ 윤하 $\frac{1}{8}$ 민호 $\frac{1}{5}$

주의해!

"가장 많이 마신" 사람이니까, 단위분수가 가장 큰 것을 찾아야 해.

33일

소수 알아보기 (1)

1보다 작은 소수

$\frac{■}{10}$ → 0.■ → 0.1이 ■개

$\frac{3}{10}$ → 0.3 → 0.1이 3개

눈금 한 칸은 0.1 또는 $\frac{1}{10}$ 이겠군!

눈금 한 칸은 똑같이 10으로 나눈 것 중의 1이야.

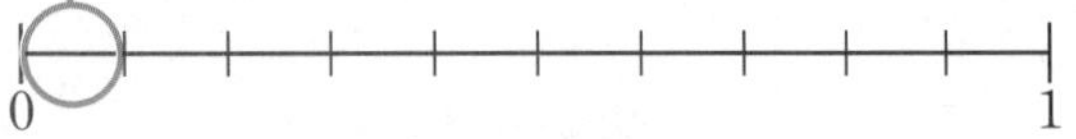

분수	소수	소수 읽기
↑	↑	↑
$\frac{■}{10}$	0.■	영 점 ■

분수로 나타내면? 색칠하면?

0.6 → $\frac{□}{10}$ →

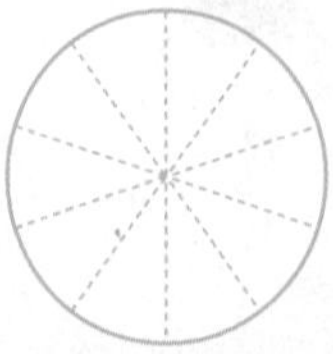

3 □ 안에 알맞은 수를 써넣으세요.

(1) 0.5는 0.1이 □개입니다.

(2) 0.1이 □개이면 0.7입니다.

(3) $\frac{1}{10}$이 □개이면 0.6입니다.

(4) $\frac{□}{□}$이 2개이면 0.2입니다.

4 주어진 수를 수직선에 나타내어 보세요.

0.7　$\frac{4}{10}$　0.3　$\frac{8}{10}$

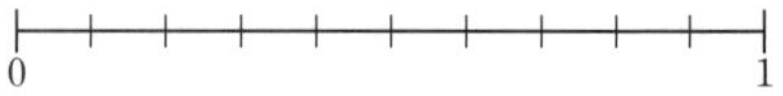

5 빈칸에 알맞게 써넣으세요.

분수	소수	소수 읽기
$\frac{2}{10}$		
	0.5	
$\frac{7}{10}$		영 점 칠

6 주어진 소수만큼 색칠해 보세요.

0.6

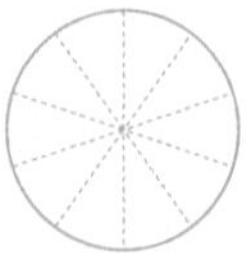

7 ㉠과 ㉡의 합을 구해 보세요.

- 0.6은 0.1이 ㉠개입니다.
- 0.1이 ㉡개이면 0.4입니다.

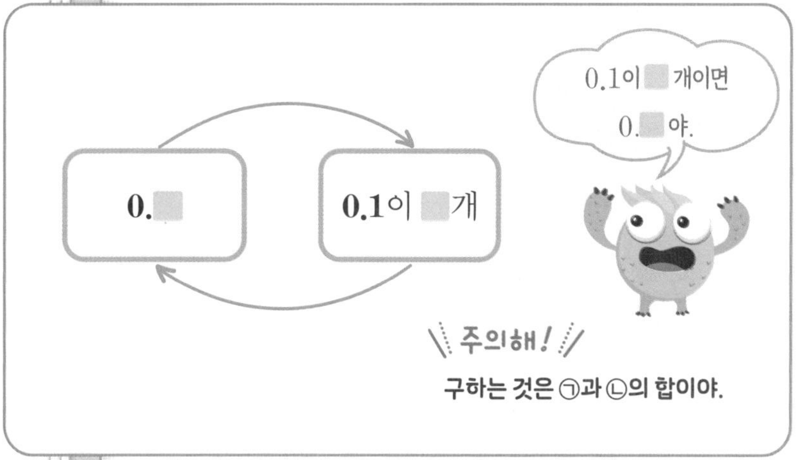

8 주어진 조건에 알맞은 분수를 소수로 나타내어 보세요.

- 분모가 10입니다.
- $\frac{7}{10}$보다 크고 $\frac{9}{10}$보다 작습니다.

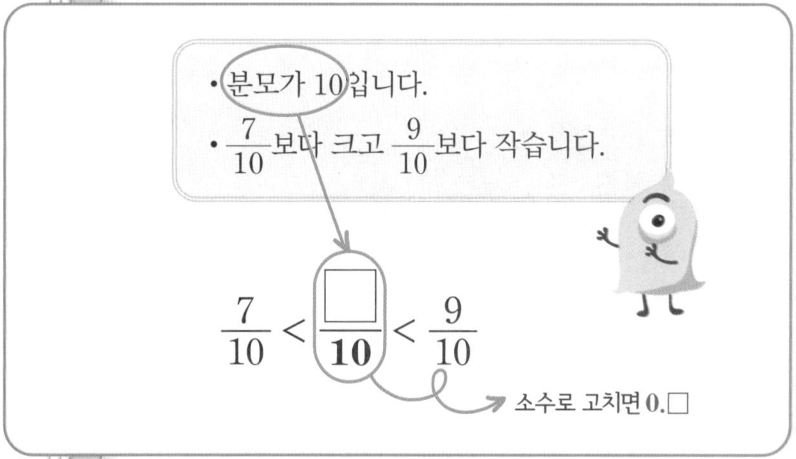

수학적 독해력

9 소수에 대한 설명이 틀린 것을 모두 찾아 기호를 쓰세요.

㉠ 0.4는 0.1이 4개입니다.
㉡ 0.1이 3개이면 3.0입니다.
㉢ $\frac{1}{10}$이 7개이면 0.7입니다.
㉣ 0.6은 $\frac{1}{6}$이 6개입니다.

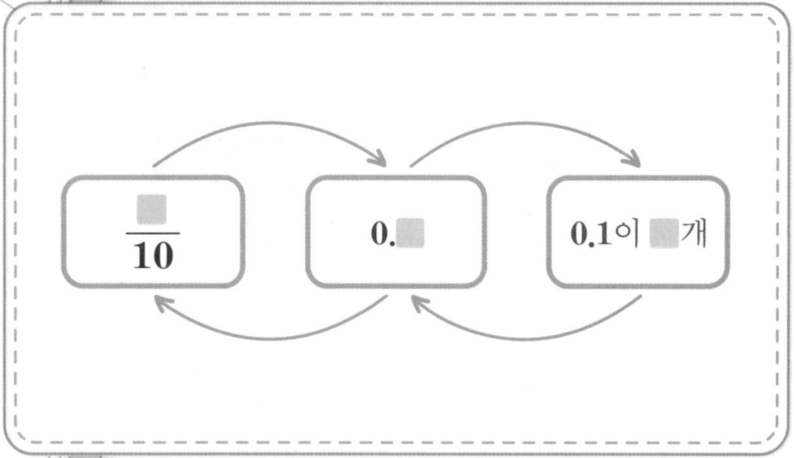

수학적 표현력

10 길이가 1 m인 끈을 똑같이 10조각으로 나누어 그 중 3조각은 슬기가, 5조각은 로운이가 사용했습니다. 슬기와 로운이가 사용한 끈의 길이는 각각 몇 m인지 풀이 과정을 쓰고, 소수로 나타내어 보세요.

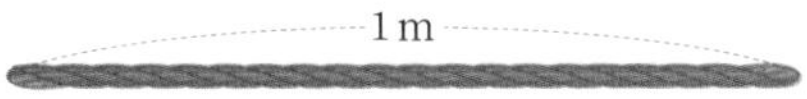

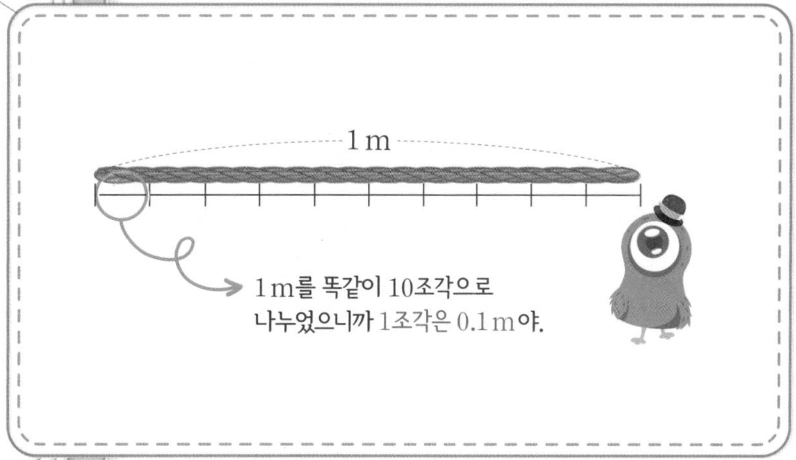

34일 소수 알아보기 (2)

1보다 큰 소수

■와 0.▲만큼인 수 → ■.▲

2와 0.3만큼인 수 → 2.3

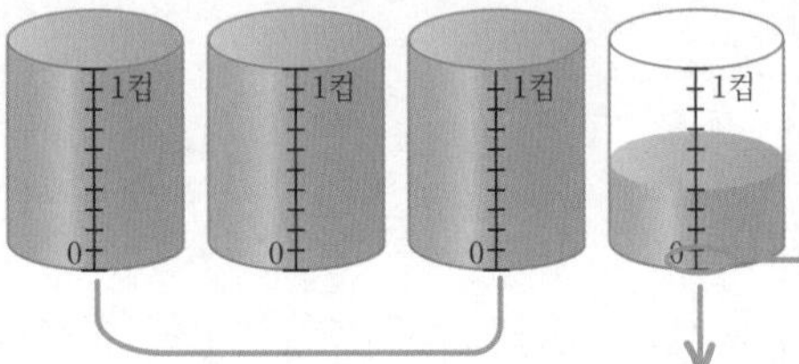

3컵 0.□컵

눈금 한 칸은 0.1컵이야.

2 cm 4 mm

4 mm=0.4 cm야.

38 mm

38 mm는 0.1 cm가 38개야.

0.1이 ■▲개 ⇄ ■.▲

3 다음 수를 소수로 나타내어 보세요.

(1) 7과 0.3만큼인 수 → (　　　　　)

(2) 4와 $\frac{5}{10}$만큼인 수 → (　　　　　)

4 주스가 몇 컵인지 소수로 나타내어 보세요.

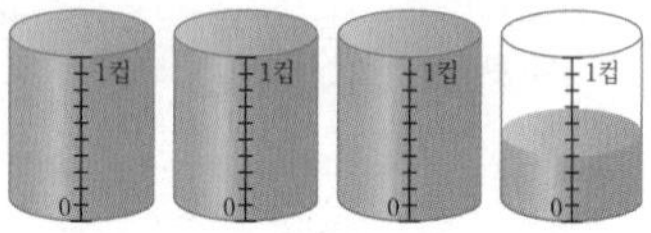

□컵

5 나비의 길이를 cm로 나타내어 보세요.

2 cm 4 mm → □ cm

38 mm → □ cm

6 설명한 내용이 틀린 사람은 누구인지 찾아 이름을 쓰세요.

서준: 5.5는 0.1이 55개인 수입니다.
슬기: 0.1이 39개이면 3.9입니다.
영민: 0.1이 63개이면 63입니다.

7 □ 안에 알맞은 소수를 써넣으세요.

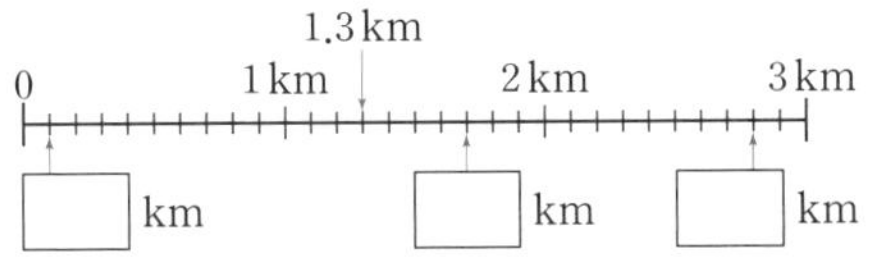

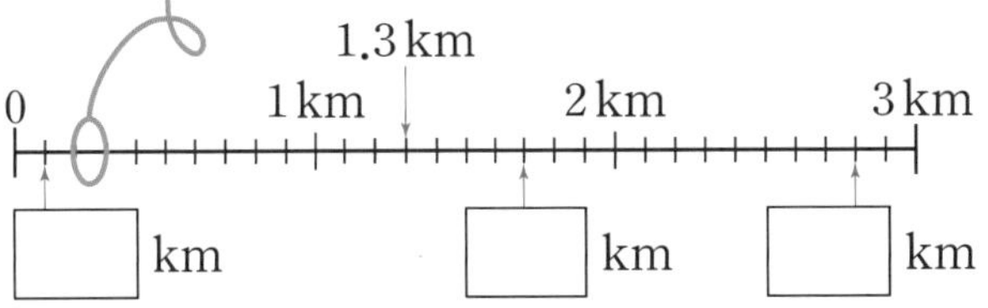

8 ㉠과 ㉡에 알맞은 수를 각각 구해 보세요.

- $\frac{1}{10}$이 74개인 수를 소수로 나타내면 ㉠입니다.
- $\frac{1}{10}$이 ㉡개인 수를 소수로 나타내면 5.9입니다.

㉠ (　　　　　　)
㉡ (　　　　　　)

$\frac{1}{10}$이 ■▲개이면 ■.▲야.

$\frac{1}{10}$이 ■▲개 ⇄ ■.▲

수학적 독해력

+9 1개가 똑같이 10조각으로 나누어져 있는 초콜릿이 여러 개 있습니다. 종욱이는 이 초콜릿 37조각을 친구들과 나누어 먹었습니다. 친구들과 나누어 먹은 초콜릿은 몇 개인지 소수로 나타내어 보세요.

□개

1개=10조각
↓
1조각=0.1개
↓
37조각=□개

수학적 표현력

+10 비가 지난달에는 73 mm 내렸고, 이번 달에는 지난달보다 16 mm 더 많이 내렸습니다. 이번 달에 내린 비는 몇 cm인지 풀이 과정을 쓰고, 소수로 나타내어 보세요.

이번 달 내린 비의 양 = 지난 달 내린 비의 양 + **16 mm**
= □ mm
= □ cm

mm를 cm로 바꿔.

35일 소수의 크기 비교

0.1의 개수가 많을수록 더 큰 소수야.

■.▲ → 0.1이 ■▲개인 수

1.2 → 0.1이 12개인 수

자연수의 크기가 클수록 더 큰 소수야.

1.8　5.2　3.7　6.1　2.9　　4.7

자연수가 4보다 큰 소수를 모두 찾아.

자연수의 크기가 클수록 더 큰 소수야.

㉠ 볼펜: 9.2 cm

㉡ 딱풀: 8.1 cm

㉢ 연필: 8.4 cm

자연수의 크기가 같으면, 소수의 크기가 클수록 더 큰 소수야.

자연수부터 비교하고, 자연수가 같으면 소수를 비교해.

주의해!

"가장 가까운 곳"이니까 가장 작은 소수를 찾아야 해.

3 두 수의 크기를 비교하여 ◯ 안에 >, =, <를 알맞게 써넣으세요.

(1) 1.1 ◯ 0.1이 9개인 수

(2) 0.1이 32개인 수 ◯ 3.5

4 4.7보다 큰 수를 모두 찾아 쓰세요.

1.8	5.2	3.7	6.1	2.9

5 윤하의 필통에 있는 학용품의 길이를 나타낸 것입니다. 가장 긴 것부터 차례로 기호를 쓰세요.

㉠ 볼펜: 9.2 cm
㉡ 딱풀: 8.1 cm
㉢ 연필: 8.4 cm

6 서준이네 집에서 가장 가까운 곳은 어디인지 쓰세요.

7 가장 큰 수부터 차례로 기호를 쓰세요.

㉠ 0.1이 33개인 수
㉡ $\frac{1}{10}$이 41개인 수
㉢ $\frac{1}{10}$이 29개인 수
㉣ 0.1이 54개인 수

㉠ 0.1이 **33개**인 수
㉡ $\frac{1}{10}$이 **41개**인 수
㉢ $\frac{1}{10}$이 **29개**인 수
㉣ 0.1이 **54개**인 수

0.1의 개수가 많을수록
더 큰 소수야.

중요해!
0.1은 $\frac{1}{10}$이야.

8 수 카드 중 2장을 한 번씩만 사용하여 □.△ 형태의 소수를 만들려고 합니다. 가장 큰 소수를 구해 보세요.

6 4 2

자연수의 크기가
클수록 더 큰
소수야.

6 4 2

가장 큰 소수를 만들려면
자연수에 가장 큰 수 카드를
사용해야 해.

□.△

수학적 독해력

9 슬기는 화요일부터 금요일까지 매일 달리기를 하고 요일별로 달리기 기록표를 작성하였습니다. 가장 많이 달린 요일은 언제일까요?

달리기 기록표

요일	화	수	목	금
거리	1.2 km	$\frac{9}{10}$ km	1.4 km	$\frac{8}{10}$ km

요일	화	수	목	금
거리	1.2 km	$\frac{9}{10}$ km	1.4 km	$\frac{8}{10}$ km

모두 소수로 나타낸 후
크기를 비교해 봐.

□ km　□ km

수학적 표현력

10 1부터 9까지의 수 중에서 □ 안에 들어갈 수 있는 수는 모두 몇 개인지 풀이 과정을 쓰고, 답을 구하세요.

7.4<7.□

자연수의 크기가 같으면
소수의 크기가 클수록 더
큰 소수야.

7.4<7.□

4<□

memo

자신감 뿜뿜

수학이 만만해지는 힌트의 힘!

막힐 때 찾아보는

힌트북

풀이집은 개념의 빈틈을 채우는
두 번째 학습서입니다.

막힐 땐

힌트북

초등수학 3-1

정답 · 풀이

슬기로운공부

막힐 땐

힌트북

초등수학 3-1

정답 · 풀이

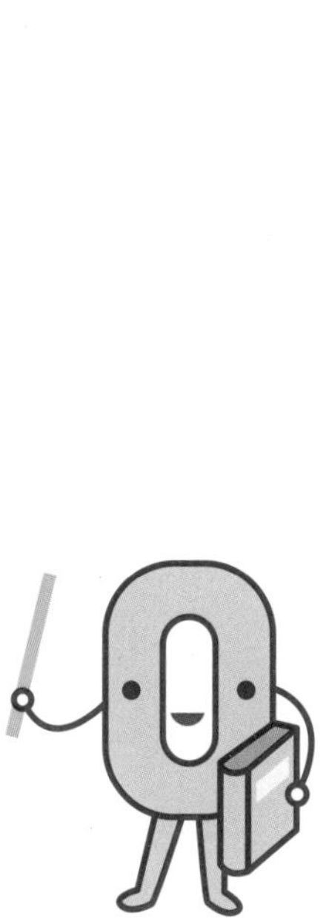

본책 008~011쪽

01일 (세 자리 수)+(세 자리 수) (1)

확인 008쪽

❶ 8 / 9, 8 / 4, 9, 8

기본기 다지는 교과서 문제 009쪽

1 564
2 (1) 6, 9, 4 (2) 6, 9, 7
3 (1) 700, 60, 7, 767 (2) 7, 60, 700, 767

1 백 모형이 5개, 십 모형이 6개, 일 모형이 4개이므로 243+321=564입니다.

2 각 자리 숫자를 맞추어 쓴 후 같은 자리 수끼리 차례로 더합니다.

3 백의 자리부터 계산한 결과와 일의 자리부터 계산한 결과는 서로 같습니다.

스스로 풀어내는 도전 10 문제 010~011쪽

1 (1) 496 (2) 847 **2** 589
3 8, 786 **4** 794 cm
5 647, 566 **6** 445명
7 988
8 600, 30, 2, 953 / 2, 30, 300, 600, 953
+9 397 m
+10 예 ㉠을 수로 나타내면 524이고, ㉡을 수로 나타내면 335입니다. 따라서 524+335=859입니다. / 859

1 각 자리 숫자를 맞추어 쓴 후 같은 자리 수끼리 차례로 더합니다.

(2)
$$\begin{array}{r} 3\ 1\ 5 \\ +\ 5\ 3\ 2 \\ \hline 8\ 4\ 7 \end{array}$$

2 264+325=589

3 212를 200으로, 574를 600으로 어림하여 계산하면 800입니다.

4 323+471=794 (cm)

5 235+412=647, 235+331=566

6 (어제와 오늘 방문자 수의 합)
=(어제 방문자 수)+(오늘 방문자 수)
=214+231=445(명)

7 7>5>3>2이므로 만들 수 있는 가장 큰 세 자리 수는 753, 가장 작은 세 자리 수는 235입니다.
➡ 753+235=988

힌트북 03쪽

8

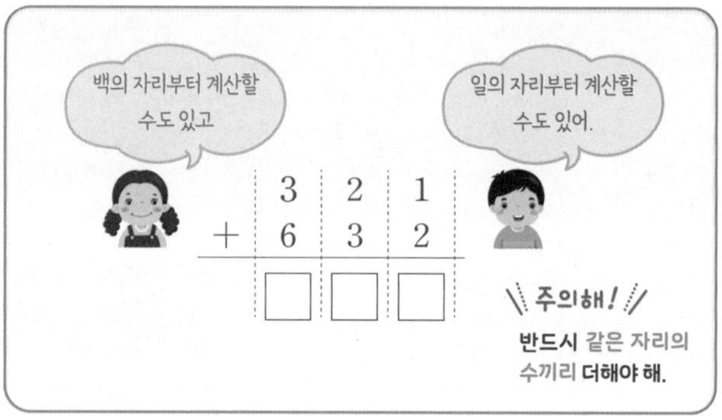

321=300+20+1, 632=600+30+2이므로 321+632는 300+600, 20+30, 1+2를 계산하면 953입니다.

+9 (걸어야 하는 거리)
=(학교에서 병원까지의 거리)
+(병원에서 집까지의 거리)
=235+162=397 (m)

+10 ㉠ 100이 5개이면 500
10이 2개이면 20
1이 4개이면 4
524

㉡ 100이 3개이면 300
1이 35개이면 35
335

➡ ㉠+㉡=524+335=859

본책 012~015 쪽

02일 (세 자리 수)+(세 자리 수) (2)

확인 ········· 012쪽

① 1, 2 / 1, 6, 2 / 1, 7, 6, 2

기본기 다지는 교과서 문제 013쪽

1 784
2 (1) 1, 6, 5, 1 (2) 1, 5, 7, 2
3 (1) 1, 8, 2, 6 (2) 1, 5, 3, 9

1 일 모형 14개에서 10개를 십 모형 1개로 바꾸면 백 모형이 7개, 십 모형이 8개, 일 모형이 4개이므로 436+348=784입니다.

2 일의 자리 수끼리의 합이 10이거나 10보다 크면 십의 자리로 받아올려 계산합니다.

3 십의 자리 수끼리의 합이 10이거나 10보다 크면 백의 자리로 받아올려 계산합니다.

스스로 풀어내는 도전 10 문제 014~015쪽

1 (1) 585 (2) 607 **2** 863
3 (1) 372 (2) 804 **4** <
5 750 **6** 100
7 934 **8** (위에서부터) 7, 1, 8
+9 482개
+10 예 십의 자리에서 받아올림한 수를 백의 자리 수와 함께 더하지 않았습니다. / 933

1 (1)
$$\begin{array}{r} ^{1} \\ 1\ 5\ 6 \\ +\ 4\ 2\ 9 \\ \hline 5\ 8\ 5 \end{array}$$
(2)
$$\begin{array}{r} ^{1} \\ 2\ 2\ 6 \\ +\ 3\ 8\ 1 \\ \hline 6\ 0\ 7 \end{array}$$

2 수 모형이 나타내는 수: 625
→ 625+238=863

3 (1)
$$\begin{array}{r} ^{1} \\ 1\ 3\ 5 \\ +\ 2\ 3\ 7 \\ \hline 3\ 7\ 2 \end{array}$$
(2)
$$\begin{array}{r} ^{1} \\ 5\ 4\ 3 \\ +\ 2\ 6\ 1 \\ \hline 8\ 0\ 4 \end{array}$$

4 156+537=693, 394+373=767
→ 693<767

5 542>525>221>208이므로 가장 큰 수는 542, 가장 작은 수는 208입니다.
→ 542+208=750

6 1은 십의 자리에서 받아올림한 수이므로 100을 나타냅니다.

7 ㉠ 279+112=391
㉡ 352+191=543
→ 391+543=934

힌트북 05쪽

8

일의 자리 계산: 9+□=17, □=17−9=8
십의 자리 계산: 1+6+□=8, 7+□=8,
□=8−7=1
백의 자리 계산: □+2=9, □=9−2=7

+9 귤은 '사과보다 176개 더' 팔았으므로
(판 귤 수)=(판 사과 수)+176
=153+176=329(개)
(판 사과와 귤 수의 합)=153+329=482(개)

+10
$$\begin{array}{r} ^{1} \\ 5\ 6\ 2 \\ +\ 3\ 7\ 1 \\ \hline 9\ 3\ 3 \end{array}$$

본책 016~019쪽

03일 (세 자리 수)+(세 자리 수) (3)

확인 ······ 016쪽

① 1, 2 / 1, 1, 3, 2 / 1, 1, 9, 3, 2

기본기 다지는 교과서 문제 017쪽

1 625
2 (1) 1, 1, 6, 1, 2 (2) 1, 1, 1, 2, 0, 3
3 (1) 914 (2) 1171

1 일 모형 10개를 십 모형 1개로, 십 모형 1개를 백 모형 1개로 바꾸면 백 모형이 6개, 십 모형이 2개, 일 모형이 5개이므로 269+356=625입니다.

2 각 자리 수에서 받아올림이 있으면 바로 위의 자리로 받아올려 계산합니다.

3 (1) 359+555=914
(2) 978+193=1171

스스로 풀어내는 도전 10 문제 018~019쪽

1 (1) 610 (2) 904 **2** 1131
3  **4** 514
5 (위에서부터) 777, 985, 1762
6 671 cm **7** (위에서부터) 6, 8
8 8, 9 **+9** ㉢
+10 예 십의 자리에서 받아올림한 수를 백의 자리 수와 함께 더하지 않았습니다. / 1220

1 (1)
$$\begin{array}{r} {\scriptstyle 1\ \ 1\ \ \ } \\ 3\ 2\ 6 \\ +\ 2\ 8\ 4 \\ \hline 6\ 1\ 0 \end{array}$$
(2)
$$\begin{array}{r} {\scriptstyle 1\ \ 1\ \ \ } \\ 6\ 1\ 9 \\ +\ 2\ 8\ 5 \\ \hline 9\ 0\ 4 \end{array}$$

2 658+473=1131

3
$$\begin{array}{r} {\scriptstyle 1\ \ 1\ \ \ } \\ 1\ 5\ 9 \\ +\ 9\ 4\ 3 \\ \hline 1\ 1\ 0\ 2 \end{array} \qquad \begin{array}{r} {\scriptstyle 1\ \ 1\ \ \ } \\ 6\ 5\ 4 \\ +\ 4\ 5\ 6 \\ \hline 1\ 1\ 1\ 0 \end{array} \qquad \begin{array}{r} {\scriptstyle 1\ \ 1\ \ \ } \\ 3\ 8\ 6 \\ +\ 7\ 3\ 4 \\ \hline 1\ 1\ 2\ 0 \end{array}$$

4 사각형 안에 있는 수는 345, 169입니다.
➔ 345+169=514

5 279+498=777, 498+487=985,
777+985=1762

6 (파란색 테이프의 길이)
=(노란색 테이프의 길이)+296
=375+296=671 (cm)

7 일의 자리 계산: □+7=13, □=13−7=6
십의 자리 계산: 1+6+□=15, 7+□=15,
□=15−7=8

8 □=7일 때 358+765=1123
□=8일 때 358+865=1223>1123
□=9일 때 358+965=1323>1123
따라서 □ 안에 들어갈 수 있는 수는 8, 9입니다.

+9 (㉠ 길)=127+424=551 (m)
(㉡ 길)=542 m
(㉢ 길)=159+345=504 (m)
504<542<551이므로 가장 짧은 길은 ㉢입니다.

힌트북 07쪽

+10

$$\begin{array}{r} \boxed{1}\ \boxed{1}\ \ \ \\ 4\ \ 3\ \ 6 \\ +\ 7\ \ 8\ \ 4 \\ \hline \square\ \square\ \ 2\ \ 0 \end{array}$$

$$\begin{array}{r} {\scriptstyle 1\ \ 1\ \ \ } \\ 4\ 3\ 6 \\ +\ 7\ 8\ 4 \\ \hline 1\ 2\ 2\ 0 \end{array}$$

본책 020~023쪽

04일 (세 자리 수)－(세 자리 수) (1)

확인 020쪽

1 1 / 3, 1 / 2, 3, 1

기본기 다지는 교과서 문제 021쪽

1 352
2 (1) 4, 3, 2 (2) 2, 8, 1
3 (1) 200, 50, 4, 254 (2) 4, 50, 200, 254

1 백 모형이 3개, 십 모형이 5개, 일 모형이 2개이므로 $578-226=352$입니다.

2 각 자리 숫자를 맞추어 쓴 후 같은 자리 수끼리 차례로 뺍니다.

3 백의 자리부터 계산한 결과와 일의 자리부터 계산한 결과는 서로 같습니다.

스스로 풀어내는 도전 10 문제 022~023쪽

1 (1) 125 (2) 112
2 6, 576
3 432
4 <
5 ㉡, 126
6 346분
7 569, 435
8 500, 20, 3, 212 / 23, 700, 500, 212
+9 슬기
+10 예 (어떤 수)+312=854에서 어떤 수는 542입니다. 민호가 알아보려는 값을 구하면 542−312=230입니다. / 230

1 각 자리 숫자를 맞추어 쓴 후 같은 자리 수끼리 차례로 뺍니다.

$$\begin{array}{r} 6\ 3\ 9 \\ -\ 5\ 2\ 7 \\ \hline 1\ 1\ 2 \end{array}$$

2 789를 800, 213을 200으로 어림하여 계산하면 600입니다.

3 $864-432=432$

4 $752-141=611$, $865-213=652$
→ $611<652$

힌트북 08쪽

5

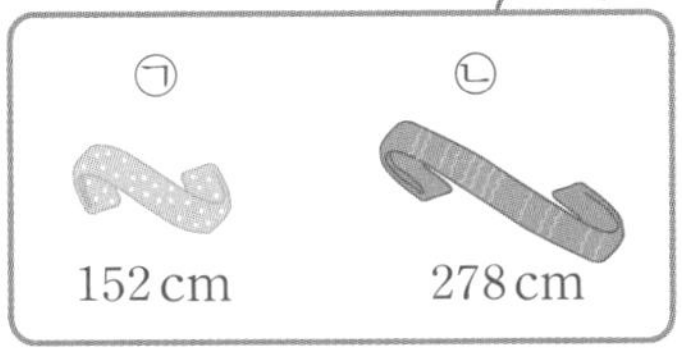

더 긴 리본의 길이에서 더 짧은 리본의 길이를 빼.

알아둬! 두 수의 "차"를 구할 때에는 큰 수에서 작은 수를 빼.

$152<278$이므로 ㉡이 $278-152=126$ (cm) 더 깁니다.

6 (더 사용할 수 있는 시간)
$=$(사용할 수 있는 시간)$-$(사용한 시간)
$=758-412=346$(분)

7 $569>435>121$이므로 뺄셈식 3개를 만들 수 있습니다.
→ $569-435=134$, $569-121=448$,
$435-121=314$

8 $735=700+30+5$, $523=500+20+3$이므로 $735-523$은 $700-500$, $30-20$, $5-3$을 계산하면 212가 됩니다.

+9 (읽은 쪽수)
$=$(전체 동화책 쪽수)$-$(남은 쪽수)
(슬기가 읽은 쪽수)$=328-127=201$(쪽)
(로운이가 읽은 쪽수)$=287-124=163$(쪽)
$201>163$이므로 슬기가 동화책을 더 많이 읽었습니다.

+10 (어떤 수)$+312=854$에서
(어떤 수)$=854-312=542$입니다.
(민호가 알아보려는 값)$=$(어떤 수)-312
$=542-312=230$

본책 024~027쪽

05일 (세 자리 수)－(세 자리 수) (2)

확인 024쪽

1 4, 10, 7 / 4, 10, 1, 7 / 4, 10, 2, 1, 7

기본기 다지는 교과서 문제 025쪽

1 338
2 (1) 6, 10, 2, 4, 6 (2) 4, 10, 1, 3, 7
3 (1) 5, 10, 2, 7, 3 (2) 6, 10, 1, 2, 5

1 십 모형 1개를 일 모형 10개로 바꾸어 백 모형 1개, 십 모형 2개, 일 모형 7개를 빼면 백 모형 3개, 십 모형 3개, 일 모형 8개가 되므로 465－127＝338입니다.

2 일의 자리 수끼리 뺄 수 없으면 십의 자리에서 받아내려 계산합니다.

3 십의 자리 수끼리 뺄 수 없으면 백의 자리에서 받아내려 계산합니다.

스스로 풀어내는 도전 10 문제 026~027쪽

1 (1) 109 (2) 336
2 281
3 (1) 217 (2) 339
4 ㉡
5 40
6 526
7 509
8 (위에서부터) 2, 7, 3
+9 327
+10 예 여학생의 수를 구하려면 전체 학생 수에서 남학생의 수를 빼야 합니다. 752－361＝391이므로 여학생은 391명입니다. / 391명

1 (1)
$$\begin{array}{r} {\scriptstyle 0\ 10} \\ 2\ \not{1}\ 8 \\ -\ 1\ 0\ 9 \\ \hline 1\ 0\ 9 \end{array}$$
(2)
$$\begin{array}{r} {\scriptstyle 4\ 10} \\ 6\ \not{5}\ 4 \\ -\ 3\ 1\ 8 \\ \hline 3\ 3\ 6 \end{array}$$

2 수 모형이 나타내는 수: 555
➜ 555－274＝281

3 (1)
$$\begin{array}{r} {\scriptstyle 1\ 10} \\ 4\ \not{2}\ 5 \\ -\ 2\ 0\ 8 \\ \hline 2\ 1\ 7 \end{array}$$
(2)
$$\begin{array}{r} {\scriptstyle 5\ 10} \\ 7\ \not{6}\ 0 \\ -\ 4\ 2\ 1 \\ \hline 3\ 3\ 9 \end{array}$$

4 ㉠ 549－352＝197 ㉡ 567－359＝208
➜ 197＜208

힌트북 10쪽

5
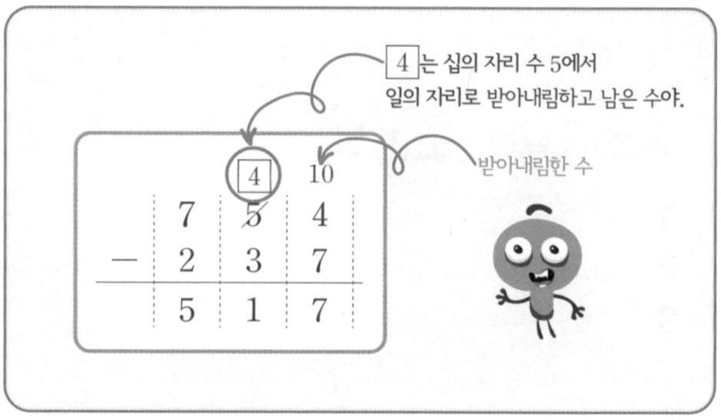

4는 십의 자리에서 받아내리고 남은 수이므로 40을 나타냅니다.

6 □＋317＝843이므로 □＝843－317＝526입니다.

7 8＞6＞5＞3이므로 만들 수 있는 세 자리 수 중에서 가장 큰 수는 865, 가장 작은 수는 356입니다.
➜ 865－356＝509

힌트북 11쪽

8
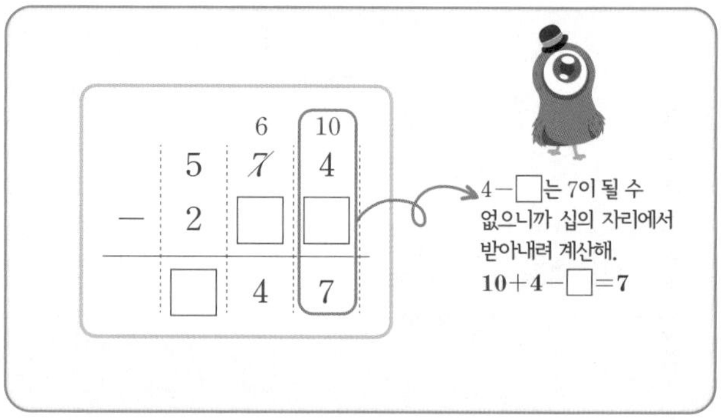

일의 자리 계산: 10＋4－□＝7, 14－□＝7,
□＝14－7＝7

십의 자리 계산: 7－1－□＝4, 6－□＝4,
□＝6－4＝2

백의 자리 계산: 5－2＝□, □＝3

+9 528＋3□□＝855이므로 3□□＝855－528＝327입니다.
따라서 찢어진 종이에 적힌 세 자리 수는 327입니다.

+10 (여학생 수)＋(남학생 수)＝(전체 학생 수)
➜ (여학생 수)＝(전체 학생 수)－(남학생 수)

본책 028~031쪽

06일 (세 자리 수)−(세 자리 수) (3)

확인 028쪽

❶ 4, 10, 7 / 2, 14, 10, 7, 7 / 2, 14, 10, 1, 7, 7

기본기 다지는 교과서 문제 029쪽

1 268
2 (1) 6, 11, 10, 3, 6, 6 (2) 5, 11, 10, 3, 4, 8
3 (1) 298 (2) 442

1 백 모형 1개를 십 모형 10개로, 십 모형 1개를 일 모형 10개로 바꾸어 백 모형 2개, 십 모형 6개, 일 모형 7개를 빼면 백 모형 2개, 십 모형 6개, 일 모형 8개가 되므로 535−267=268입니다.

2 같은 자리 수끼리 뺄 수 없으면 바로 위의 자리에서 받아내려 계산합니다.

3 (1) □=457−159=298
(2) □=620−178=442

스스로 풀어내는 도전 10 문제 030~031쪽

1 (1) 198 (2) 277
2 288
3

4 759
5 (위에서부터) 178, 166
6 25 cm
7 (위에서부터) 7, 8, 8
8 812, 286, 526
+9 389
+10 예 백의 자리 수끼리 계산할 때 백의 자리에서 십의 자리로 받아내림한 수를 빼지 않고 계산하였습니다. / 234

1 (1)
$$\begin{array}{r} {\scriptstyle 3\ 11\ 10} \\ \not{4}\ \not{2}\ 5 \\ -\ 2\ 2\ 7 \\ \hline 1\ 9\ 8 \end{array}$$
(2)
$$\begin{array}{r} {\scriptstyle 4\ 15\ 10} \\ \not{5}\ \not{6}\ 2 \\ -\ 2\ 8\ 5 \\ \hline 2\ 7\ 7 \end{array}$$

2 473−185=288

3
$$\begin{array}{r} {\scriptstyle 3\ 11\ 10} \\ \not{4}\ \not{2}\ 0 \\ -\ 1\ 8\ 9 \\ \hline 2\ 3\ 1 \end{array} \qquad \begin{array}{r} {\scriptstyle 4\ 15\ 10} \\ \not{5}\ \not{6}\ 0 \\ -\ 2\ 7\ 9 \\ \hline 2\ 8\ 1 \end{array} \qquad \begin{array}{r} {\scriptstyle 5\ 11\ 10} \\ \not{6}\ \not{2}\ 1 \\ -\ 4\ 9\ 8 \\ \hline 1\ 2\ 3 \end{array}$$

4 100이 9개, 1이 15개인 수는 915입니다.
➜ 915−156=759

5 523−345=178, 523−357=166

힌트북 12쪽

6

로운이는 2 m를 뛰어넘었고, 영민이는 175 cm를 뛰어넘었습니다. 로운이는 영민이보다 몇 cm 더 높이 뛰어넘었을까요?

로운이가 더 뛴 높이 = 로운이가 뛴 높이 − 영민이가 뛴 높이

주의해!
단위를 모두 cm로 나타낸 후 계산해. 1 m=100 cm

2 m=200 cm이므로 로운이는 영민이보다 200−175=25 (cm) 더 높이 뛰었습니다.

7 일의 자리 계산: 10+5−□=7, 15−□=7, □=15−7=8
십의 자리 계산: 10+2−1−3=□, □=8
백의 자리 계산: □−1−2=4, □−3=4, □=4+3=7

8 두 수의 차가 가장 크게 되려면 가장 큰 수에서 가장 작은 수를 빼야 합니다.
812>764>475>286이므로 가장 큰 수는 812, 가장 작은 수는 286입니다.
➜ 812−286=526

+9 어떤 수를 □라고 하면 278+□=820이므로 □=820−278=542입니다.
따라서 어떤 수에서 153을 빼면 542−153=389입니다.

+10
$$\begin{array}{r} {\scriptstyle 5\ 11\ 10} \\ \not{6}\ \not{2}\ 3 \\ -\ 3\ 8\ 9 \\ \hline 2\ 3\ 4 \end{array}$$

01~06일 단원평가

032~033쪽

01 576 **02** 901 **03** 421
04 ㉡ **05** 323 **06** 549
07 $521-288=233$ **08** ㉡, ㉢, ㉣, ㉠
09 2개 **10** 풀이 참조, 165개

01 수 모형이 나타내는 수는 449입니다.
➡ $449+127=576$

02 $602>597>315>299$이므로 가장 큰 수는 602, 가장 작은 수는 299입니다.
➡ $602+299=901$

03 $128+293=421$

04 ㉠ $348+381=729$ ㉡ $203+539=742$
➡ $729<742$

05 • 10이 23개, 1이 5개인 수: 235
• 100이 5개, 1이 58개인 수: 558
➡ $558-235=323$

06 $6>5>4>3$이므로 만들 수 있는 가장 큰 세 자리 수는 654입니다.
➡ $654-105=549$

07 두 수의 차가 가장 크게 되려면 가장 큰 수에서 가장 작은 수를 빼야 합니다.
$521>436>361>288$이므로 가장 큰 수는 521, 가장 작은 수는 288입니다.
➡ $521-288=233$

08 ㉠ $187+372=559$ ㉡ $245+276=521$
㉢ $753-227=526$ ㉣ $947-389=558$
521(㉡)$<$526(㉢)$<$558(㉣)$<$559(㉠)

09 □$=3$일 때 $337+365=702$이므로 □ 안에는 3보다 작은 수가 들어가야 합니다. 따라서 □ 안에 들어갈 수 있는 수는 1, 2로 모두 2개입니다.

10 예시 답안 남은 달걀 수는 닭이 낳은 달걀 수에서 판 달걀 수를 빼야 합니다.
(남은 달걀 수)$=530-365=165$(개)

채점 기준	
	❶ 남은 달걀 수 구하는 방법을 설명해야 함.
	❷ 남은 달걀 수를 구해야 함.

본책 034~037쪽

07일 선의 종류

확인 034쪽

❶ 가, 라 / 나, 다 ❷ 

기본기 다지는 교과서 문제 035쪽

1 ( )(○)( ) **2** ( )( )(○)
3 (○)( )( ) **4** 반직선, 선분, 직선

1 두 점을 곧게 이은 선을 찾아봅니다.

2 한 점에서 시작하여 한쪽으로 끝없이 늘인 곧은 선을 찾아봅니다.

3 선분을 양쪽으로 끝없이 늘인 곧은 선을 찾아봅니다.

스스로 풀어내는 도전 10 문제 036~037쪽

1 다
2 (1) 선분 ㄱㄴ 또는 선분 ㄴㄱ
(2) 직선 ㄷㄹ 또는 직선 ㄹㄷ
3 다
4 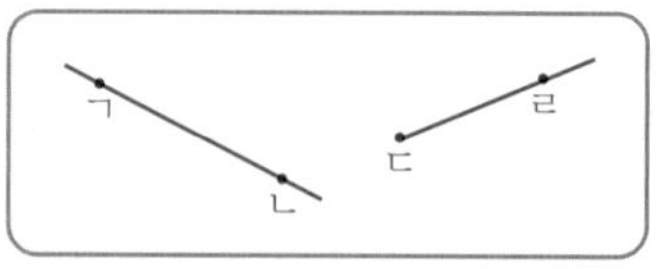

5  **6** (1) × (2) ○
7 1개 **8** 6개 **+9** 윤하
+10 예 반직선은 한 점에서 시작하여 한쪽으로 끝없이 늘어나는 곧은 선인데, 주어진 도형은 양쪽으로 끝없이 늘어나고 있기 때문에 반직선이 아닙니다.

1 두 점을 곧게 이은 선은 다입니다.

2 왼쪽 도형은 점 ㄱ과 점 ㄴ을 이은 선분이므로 선분 ㄱㄴ 또는 선분 ㄴㄱ이라고 씁니다.
오른쪽 도형은 점 ㄷ과 점 ㄹ을 지나는 직선이므로 직선 ㄷㄹ 또는 직선 ㄹㄷ이라고 씁니다.

힌트북 14쪽

3

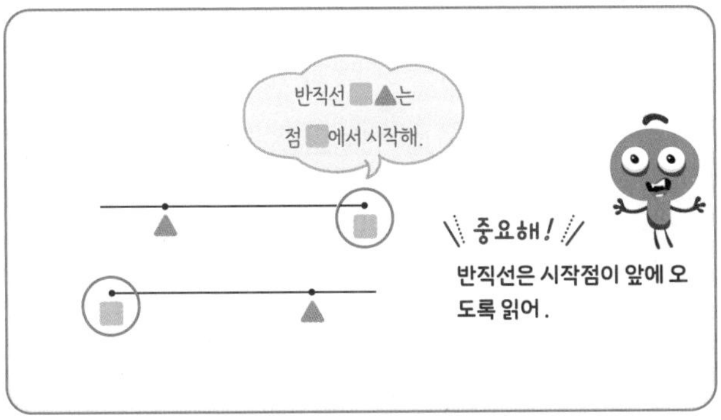

점 ㅂ에서 시작하여 점 ㅁ을 지나는 반직선은 다입니다.

4 직선 ㄱㄴ은 점 ㄱ과 점 ㄴ을 지나는 곧은 선이고, 반직선 ㄷㄹ은 점 ㄷ에서 시작하여 점 ㄹ을 지나는 곧은 선입니다.

5 두 점을 이어 선분을 긋습니다.

6 (1) 선분은 끝이 있지만 직선은 끝이 없습니다.

힌트북 15쪽

7

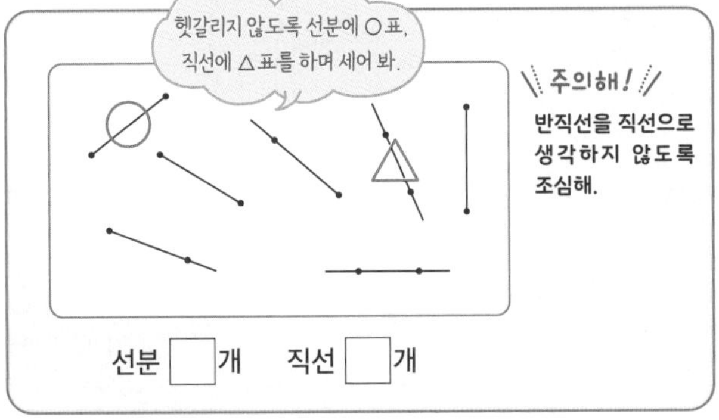

선분은 3개, 직선은 2개이므로 선분은 직선보다 1개 더 많습니다.

8 한 점에서 2개의 반직선을 그을 수 있으므로 3개의 점에서 그을 수 있는 반직선은 모두 6개입니다.

+9 양쪽 끝이 정해져 있는 곧은 선은 선분입니다.

+10 주어진 도형은 직선입니다.

본책 038~041 쪽

08일 각 알아보기

확인 038쪽

1

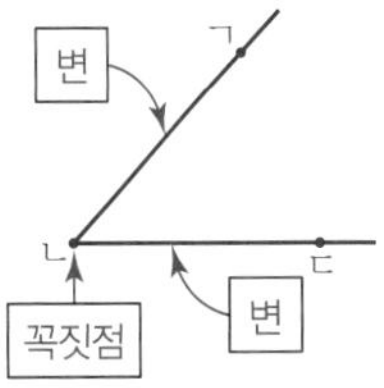

2 (1) ㄴ (2) ㄴㄱ, ㄴㄷ (3) ㄱㄴㄷ, ㄷㄴㄱ

기본기 다지는 교과서 문제 039쪽

1

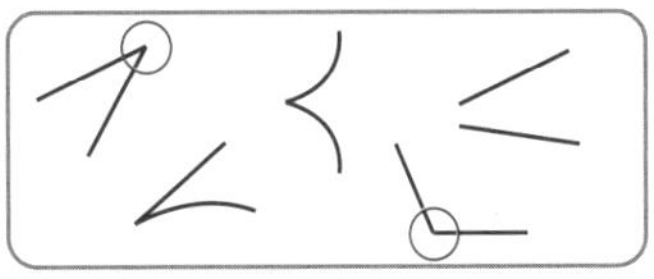

2 각 ㄷㄹㅁ, 각 ㅁㄹㄷ / 점 ㄹ / 변 ㄹㄷ, 변 ㄹㅁ

3

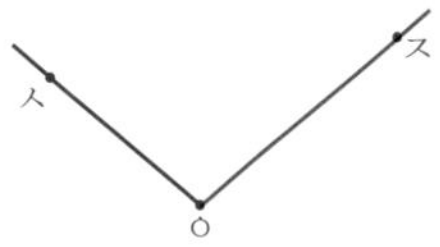

1 각은 한 점에서 그은 두 반직선으로 이루어진 도형입니다. 굽은 선으로 이루어져 있거나 한 점에서 만나지 않으면 각이 아닙니다.

2 각을 읽을 때에는 각의 꼭짓점이 가운데에 오도록 읽습니다.

3 각의 꼭짓점이 점 ㅇ이 되도록 점 ㅇ에서 반직선 ㅇㅈ을 그어 각 ㅅㅇㅈ을 완성합니다.

스스로 풀어내는 도전 10 문제 040~041쪽

1 ㉡

2 각 ㅂㅅㅇ 또는 각 ㅇㅅㅂ / 변 ㅅㅂ, 변 ㅅㅇ

3

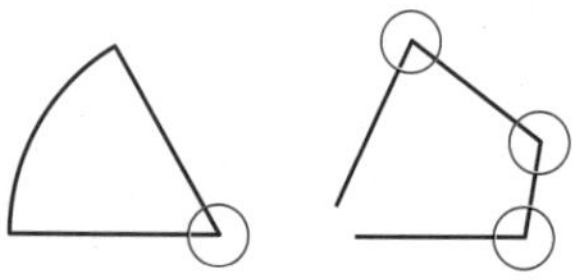

4

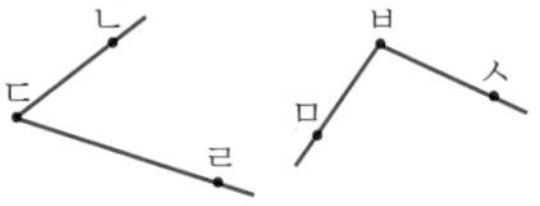

5 ㉡, ㉣ **6** 6개 **7** 다, 가, 나, 라

8

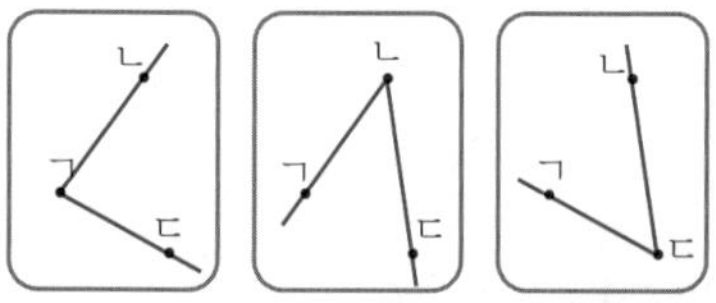

+9 6개

+10 예 각은 한 점에서 그은 두 반직선으로 이루어진 도형입니다. 그런데 주어진 도형은 한 점에서 시작하지 않았기 때문에 각이 아닙니다.

1 한 점에서 그은 두 반직선으로 이루어진 도형은 ㉡입니다.

2 각을 읽을 때에는 각의 꼭짓점 ㅅ이 가운데에 오도록 읽습니다.

3 굽은 선이 있으면 각이 아닙니다. 한 점에서 만나지 않아도 각이 아닙니다.

힌트북 16쪽

4

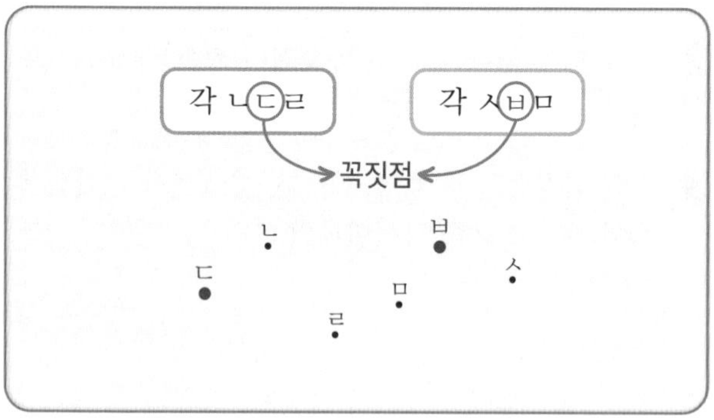

각 ㄴㄷㄹ은 각의 꼭짓점 ㄷ에서 반직선 ㄷㄴ과 반직선 ㄷㄹ을 그어 각을 그립니다.
각 ㅅㅂㅁ은 각의 꼭짓점 ㅂ에서 반직선 ㅂㅅ과 반직선 ㅂㅁ을 그어 각을 그립니다.

5 굽은 선으로 이루어져 있으면 각이 아닙니다.

6

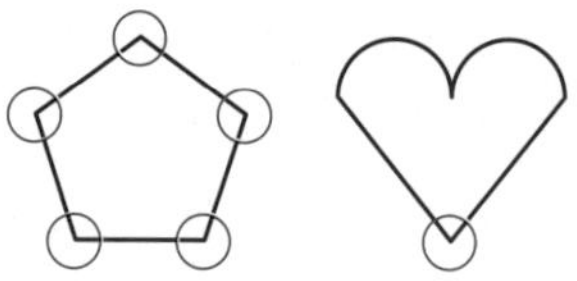

→ 6개

7 각의 수가 가는 5개, 나는 4개, 다는 6개, 라는 3개입니다. 따라서 각이 많은 도형부터 순서대로 기호를 쓰면 다, 가, 나, 라입니다.

힌트북 17쪽

8

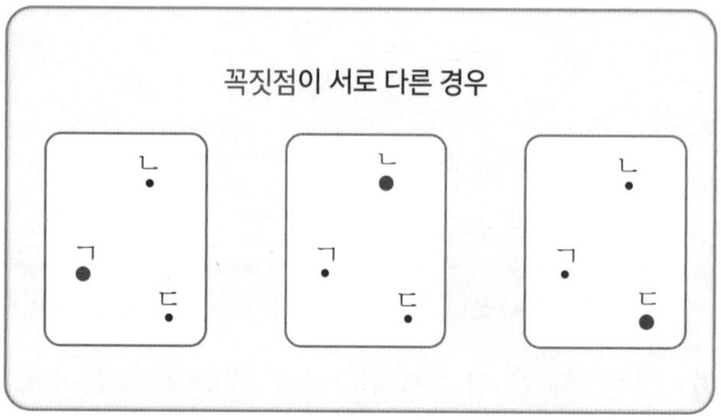

꼭짓점이 각각 점 ㄱ, 점 ㄴ, 점 ㄷ이 되도록 각을 그립니다.

+9 크고 작은 각을 모두 찾으면 다음과 같습니다.

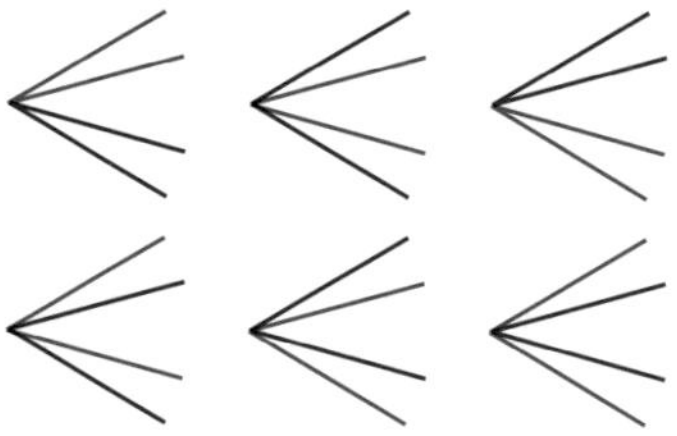

→ 6개

힌트북 17쪽

+10

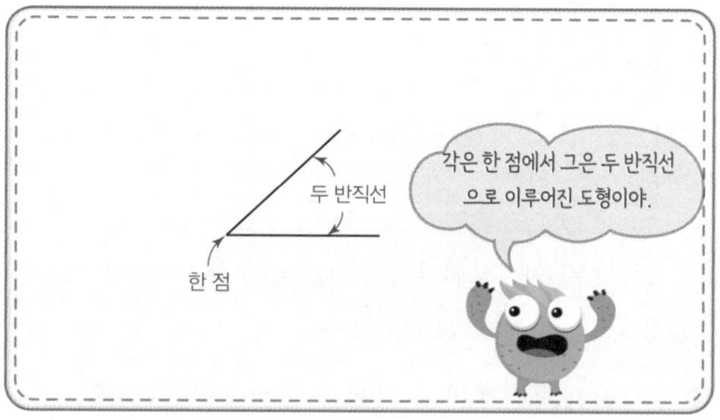

각은 한 점에서 그은 두 반직선으로 이루어진 도형이므로 꼭짓점이 있습니다.

본책 042~045쪽

09일 직각 알아보기

확인 042쪽

① 직각 ② 가, 다

기본기 다지는 교과서 문제 043쪽

1

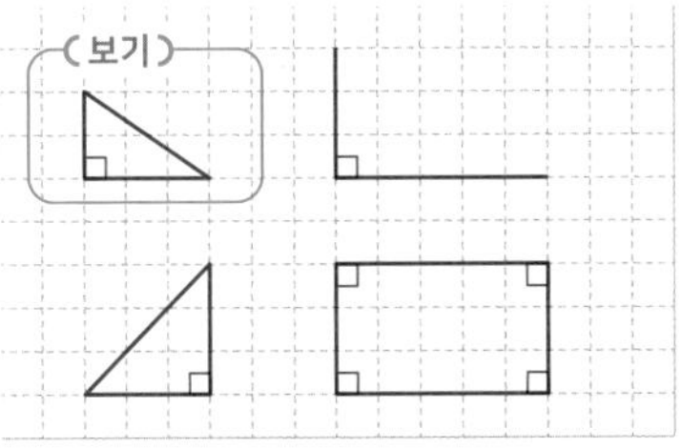

2

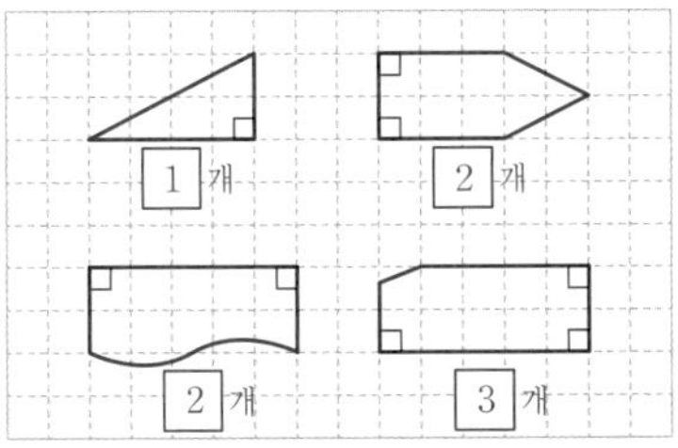

3 직각

1 모눈의 가로줄과 세로줄이 만나서 이루는 각이 직각입니다.

스스로 풀어내는 도전 10 문제 044~045쪽

1 ㉢ **2** 각 ㄹㅁㅂ 또는 각 ㅂㅁㄹ

3

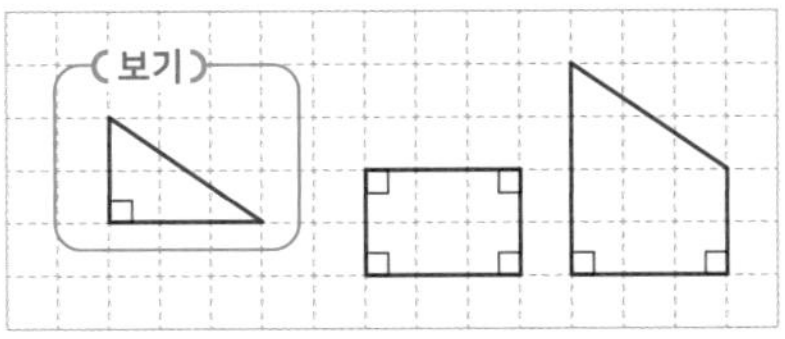

4 예

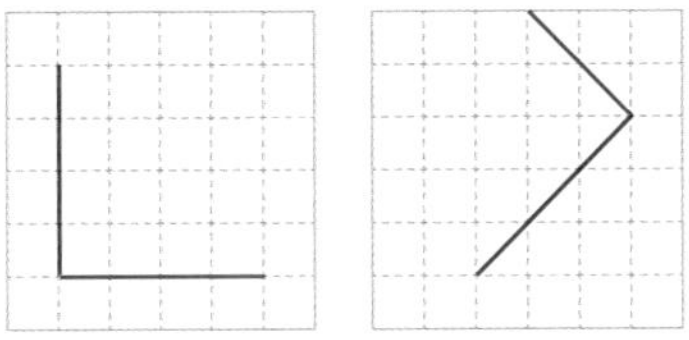

5 8개 **6** 3개 **7** 7개

8 ㉠, ㉢ **+9** ③

+10 예 직각의 개수를 구하면 가는 3개, 나는 2개, 다는 1개이므로 직각이 가장 많은 것은 가입니다. / 가

1 삼각자의 직각인 부분을 이용하면 직각을 쉽게 찾을 수 있습니다.

2 직각은 각 ㄹㅁㅂ 또는 각 ㅂㅁㄹ입니다.

3 모눈의 가로줄과 세로줄이 만나서 생기는 각이 직각입니다.

참고 모눈의 대각선끼리 만나도 직각이 생깁니다.

4 모눈의 가로줄과 세로줄이 만나거나 대각선끼리 만나면 직각임을 이용합니다.

5

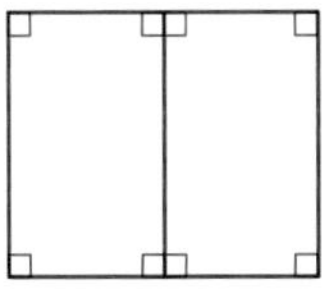

➜ 8개

6

➜ 3개

7

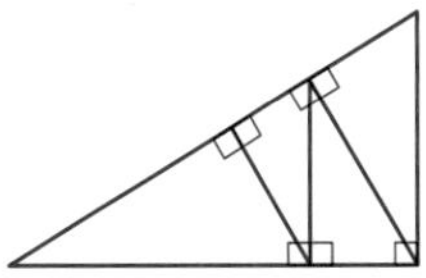

➜ 7개

8

3시 9시

+9 각 ㄱㄴㄷ의 꼭짓점은 점 ㄴ이므로 점 ㄷ은 ③이 되어야 합니다.

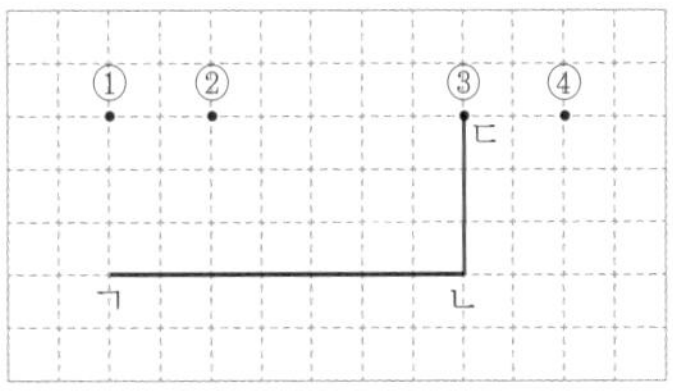

+10 삼각자의 직각 부분을 대어 직각을 찾아봅니다.

본책 046~049쪽

10일 직각삼각형

확인 046쪽

❶ (1) 가, 라 (2) 직각삼각형
❷ 3, 3, 3, 1

기본기 다지는 교과서 문제 047쪽

1 한에 ○표, 직각
2 나, 라, 바
3 예

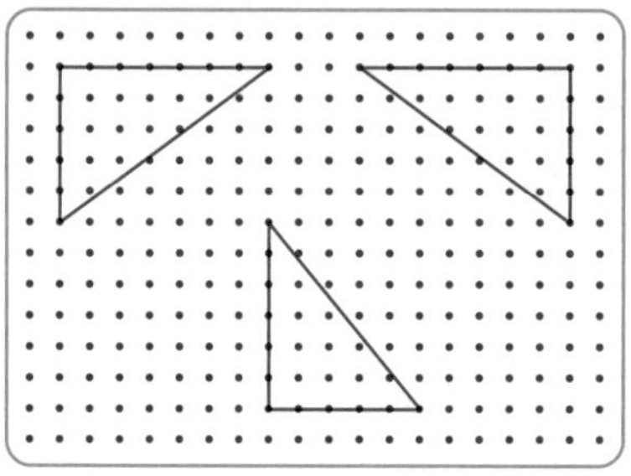

2 한 각이 직각인 삼각형을 찾아보면 나, 라, 바입니다.

3 한 각이 직각이 되도록 삼각형을 그립니다.

스스로 풀어내는 도전 10 문제 048~049쪽

1 ( )(○)( ) **2**

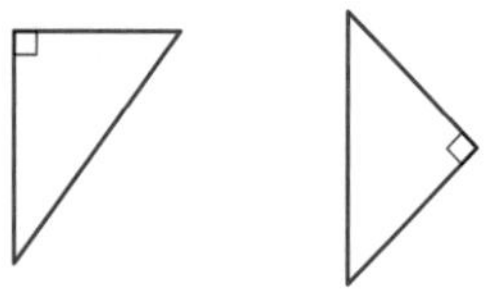

3 2개 **4** 3, 3, 1 **5** 직각, 변
6 7개 **7** 8개 **8** 7
+9 예

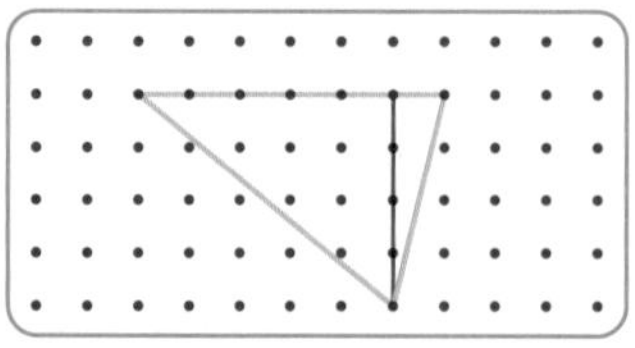

+10 예 직각삼각형은 한 각이 직각이어야 하는데, 주어진 삼각형에는 직각이 없기 때문에 직각삼각형이 아닙니다.

1 직각삼각형은 한 각이 직각인 삼각형입니다.

2 삼각자의 직각 부분을 대어 꼭 맞으면 직각입니다.

3

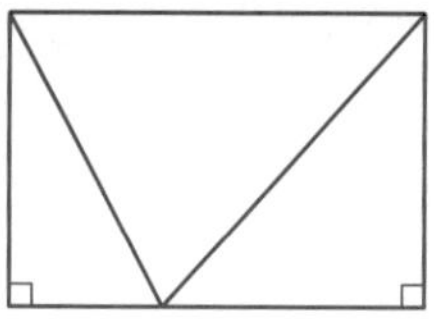

➜ 2개

4 삼각형은 변과 꼭짓점이 각각 3개씩 있고, 직각삼각형이므로 직각은 1개 있습니다.

5 두 삼각형 모두 직각삼각형이므로 한 각이 직각이고, 변과 꼭짓점이 각각 3개씩 있습니다.

6 삼각형 1개짜리: 6개, 삼각형 2개짜리: 1개
➜ 크고 작은 직각삼각형: $6+1=7$(개)

7

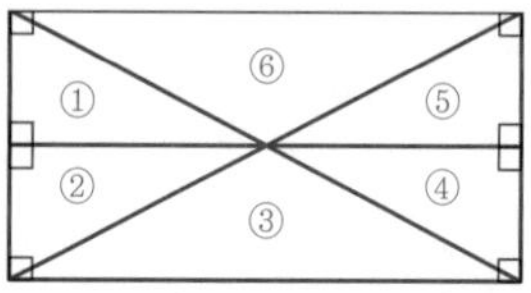

삼각형 1개짜리: ①, ②, ④, ⑤ ➜ 4개
삼각형 3개짜리: ①+②+③, ①+②+⑥, ③+④+⑤, ④+⑤+⑥ ➜ 4개
➜ 크고 작은 직각삼각형: $4+4=8$(개)

8 • 직각삼각형은 변이 3개입니다. ➜ ㉠=3
• 직각삼각형은 각이 3개입니다. ➜ ㉡=3
• 직각삼각형은 직각이 1개입니다. ➜ ㉢=1
➜ ㉠+㉡+㉢$=3+3+1=7$

힌트북 21쪽

+9

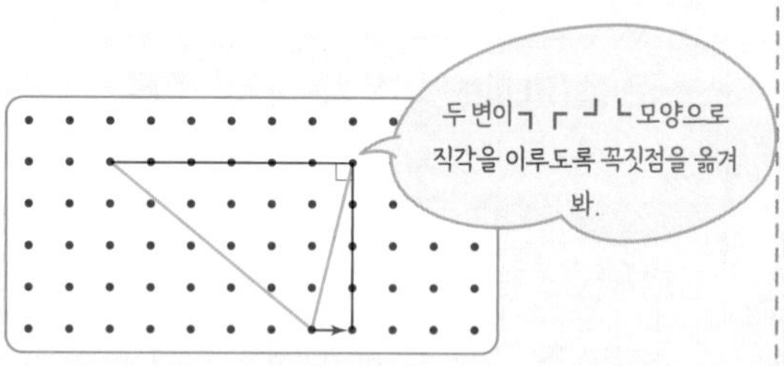

한 각이 직각인 삼각형은 모두 직각삼각형이므로, 어떤 꼭짓점을 옮기더라도 한 각이 직각이 되면 정답입니다.

+10 직각삼각형은 직각이 1개 있어야 합니다.

본책 050~053 쪽

11일 직사각형

확인 050쪽

1 (1) 나, 다 (2) 직사각형

2 4, 4, 4, 4

기본기 다지는 교과서 문제 051쪽

1 네에 ○표, 직각

2 가, 다, 마

3 예

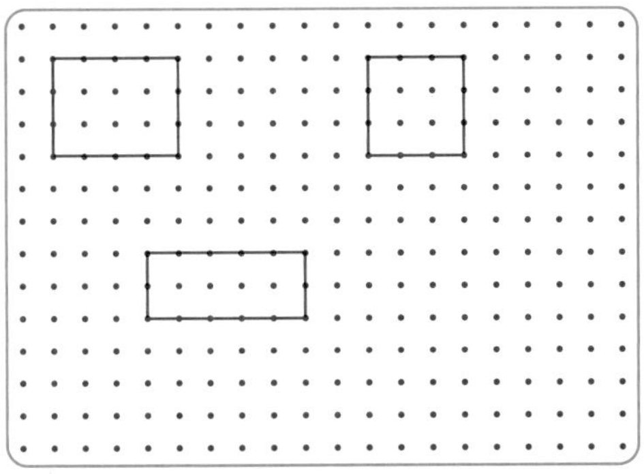

2 네 각이 직각인 사각형을 찾아보면 가, 다, 마입니다.

3 네 각이 모두 직각이 되도록 사각형을 그립니다.

스스로 풀어내는 도전 10 문제 052~053쪽

1 ㉢

2 예

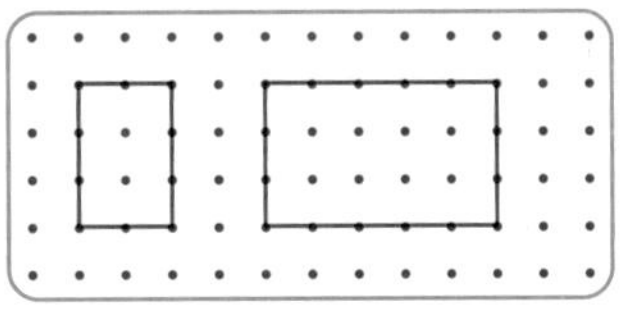

3 5개 **4** 16 **5** 9, 6

6 ㉡, ㉢ **7** 11개 **8** 21 cm

+9 62 cm

+10 예 직사각형은 네 각이 모두 직각이어야 하는데 주어진 사각형은 직각이 2개뿐이기 때문에 직사각형이 아닙니다.

1 직사각형은 네 각이 모두 직각인 사각형입니다.

2 네 각이 모두 직각이 되도록 사각형을 그립니다.

3

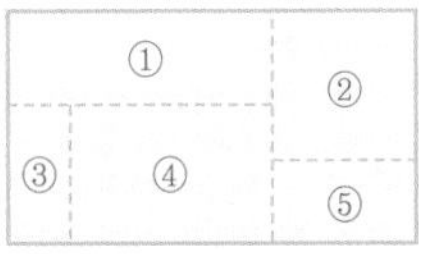

➜ 5개

4 • 직사각형은 꼭짓점이 4개입니다. ➜ ㉠=4

• 직사각형은 직각이 4개입니다. ➜ ㉡=4

➜ ㉠×㉡=4×4=16

5 직사각형은 마주 보는 두 변의 길이가 서로 같습니다.

6 ㉡ 직각이 4개입니다.

㉢ 네 변의 길이가 모두 같지는 않습니다.

7

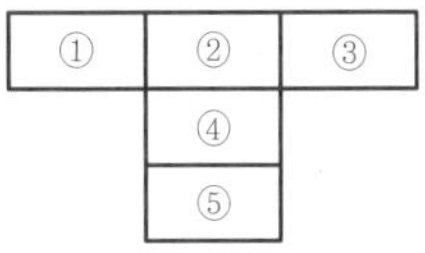

사각형 1개짜리: ①, ②, ③, ④, ⑤ ➜ 5개

사각형 2개짜리: ①+②, ②+③, ②+④, ④+⑤

➜ 4개

사각형 3개짜리: ①+②+③, ②+④+⑤ ➜ 2개

➜ 크고 작은 직사각형: 5+4+2=11(개)

8 직사각형은 마주 보는 변의 길이가 같으므로

7+7+(가로)+(가로)=56입니다.

(가로)+(가로)=42, 21+21=42이므로

(가로)=21 (cm)입니다.

힌트북 23쪽

+9

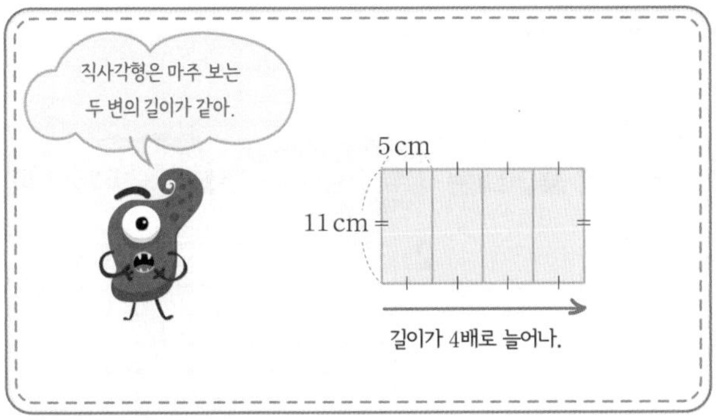

(직사각형의 가로)=5+5+5+5=20 (cm)

(직사각형의 세로)=11 cm

➜ (네 변의 길이의 합)

=20+11+20+11=62 (cm)

+10 직사각형은 직각이 4개 있어야 합니다.

본책 054~057쪽

12일 정사각형

확인 054쪽

① (1) 가, 라 (2) 다, 라 (3) 라 (4) 정사각형

기본기 다지는 교과서 문제 055쪽

1 네에 ○표, 직각, 네에 ○표

2 가, 다, 바

3 예

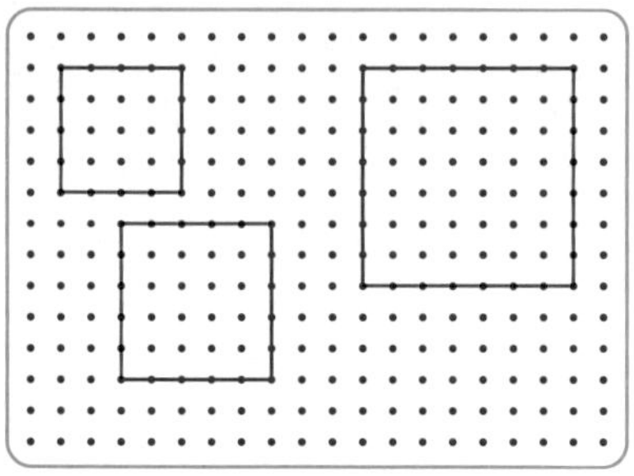

2 네 각이 모두 직각이고 네 변의 길이가 모두 같은 사각형을 찾아보면 가, 다, 바입니다.

3 네 각이 직각이고, 네 변의 길이가 같게 되도록 사각형을 그립니다.

스스로 풀어내는 도전 10 문제 056~057쪽

1 ㉢

2

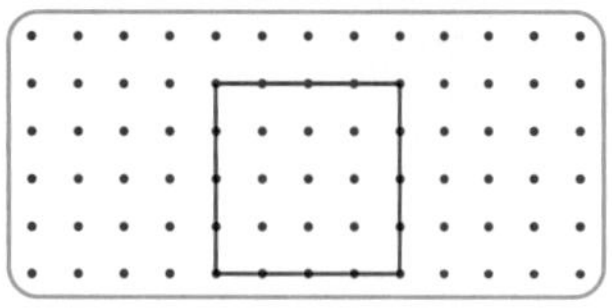

3 5　**4** 12 cm　**5** 8 m

6

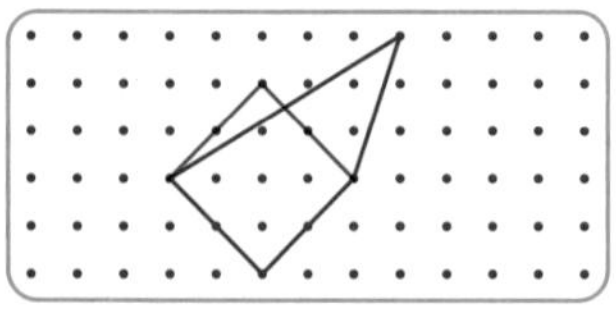

7 11개　**8** 11 cm　**+9** ㉡, ㉢

+10 예 [공통점] 네 변의 길이가 같습니다.
[차이점] 정사각형은 네 각이 모두 직각이지만, 주어진 도형에는 직각이 없습니다.

1 정사각형은 네 각이 모두 직각이고 네 변의 길이가 모두 같은 사각형입니다.

2 네 각이 모두 직각이고 네 변의 길이가 모두 같게 되도록 사각형을 그립니다.

3 정사각형은 네 변의 길이가 모두 같으므로 □=5입니다.

힌트북 24쪽

4

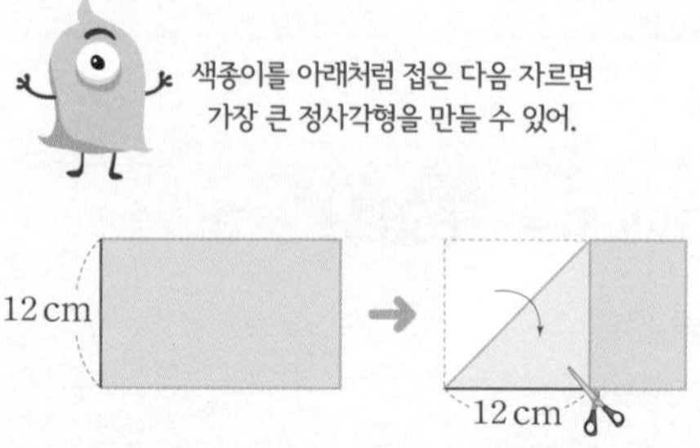

정사각형은 네 변의 길이가 모두 같으므로 직사각형의 가장 짧은 변의 길이를 정사각형의 한 변의 길이로 하면 가장 큰 정사각형이 됩니다.

5 정사각형은 네 변의 길이가 모두 같으므로 네 변의 길이의 합은 한 변의 길이의 4배입니다.
$8 \times 4 = 32$이므로 한 변의 길이는 8 m입니다.

6 길이가 같은 두 변에 있는 꼭짓점이 아닌 나머지 꼭짓점을 옮겨서 정사각형을 그립니다.

7

①	②	③	④
⑤	⑥	⑦	⑧

사각형 1개짜리: ①, ②, ③, ④, ⑤, ⑥, ⑦, ⑧ ➜ 8개
사각형 4개짜리: ①+②+⑤+⑥, ②+③+⑥+⑦, ③+④+⑦+⑧ ➜ 3개
➜ 크고 작은 직사각형: $8+3=11$(개)

8 (직사각형 ㉮의 네 변의 길이의 합)
$=7+15+7+15=44$ (cm)
$11+11+11+11=44$이므로 정사각형의 한 변의 길이는 11 cm입니다.

+9 ㉠ 직사각형은 정사각형이라고 할 수 없습니다.

+10 주어진 도형은 네 변의 길이가 같지만 네 각이 모두 직각이 아닙니다.

07~12일 단원평가 058~059쪽

01 ㉢	02 직선 ㄷㄹ 또는 직선 ㄹㄷ	
03 5개, 3개	04 3개	05 나, 라
06 5	07 ③	08 ⑤
09 8 cm	10 풀이 참조, 36 cm	

01 두 점을 곧게 이은 선은 ㉢입니다.

02 선분을 양쪽으로 끝없이 늘인 곧은 선을 찾아 읽어 보면 직선 ㄷㄹ 또는 직선 ㄹㄷ입니다.

03 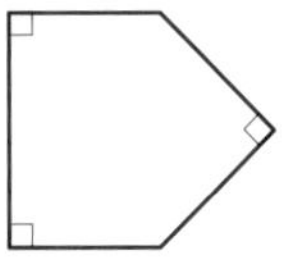
각은 5개, 직각은 3개입니다.

04 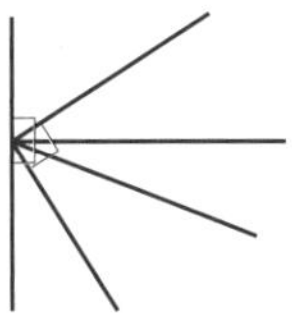
➔ 3개

05 한 각이 직각인 삼각형은 나, 라입니다.

06 • 직각삼각형은 직각이 1개입니다. ➔ ㉠=1
• 직사각형은 직각이 4개입니다. ➔ ㉡=4
➔ ㉠+㉡=1+4=5

07 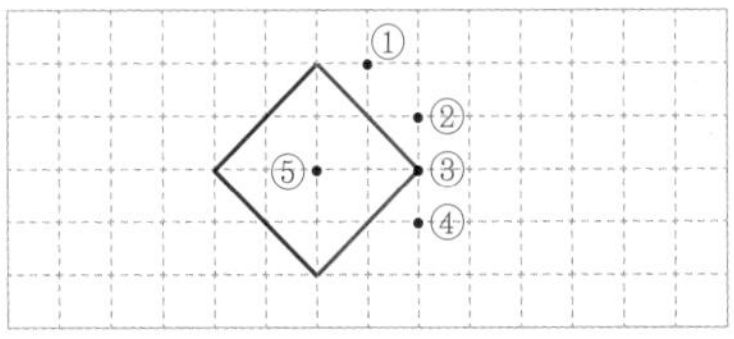

08 ① 각 ㄱㄴㄷ의 꼭짓점은 점 ㄴ입니다.
② 직각삼각형은 한 각이 직각입니다
③ 직사각형과 정사각형은 네 각이 직각인 사각형입니다.
④ 정사각형은 직각이 4개인 사각형입니다.

09 사각형 ㄱㄴㅂㅁ은 네 각이 모두 직각이고 네 변의 길이가 같으므로 정사각형입니다.
➔ (선분 ㄱㅁ)=(선분 ㄴㅂ)=7 cm
따라서 (선분 ㅁㄹ)=15−7=8 (cm)

10 예시 답안 정사각형은 네 변의 길이가 모두 같으므로 세로의 길이는 9 cm입니다. 따라서 직각삼각형의 세 변의 길이의 합은 15+12+9=36 (cm)입니다.

채점 기준	
	❶ 세로의 길이를 구해야 함.
	❷ 직각삼각형의 세 변의 길이의 합을 구해야 함.

본책 060~063쪽

13일 똑같이 나누기 (1)

확인 060쪽

❶ (1) 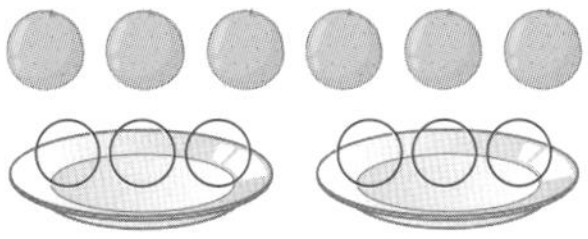 (2) 3 (3) 3

❷ (1) 5, 2 (2) 5, 2 (3) 2

기본기 다지는 교과서 문제 061쪽

1  / 6

2 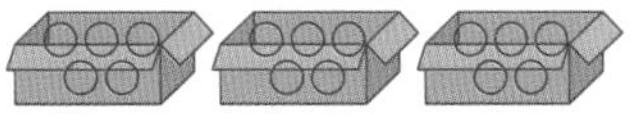 / 15, 3, 5

3 18, 3, 6 / 6

1 두 바구니에 ○를 1개씩 번갈아 가며 그리면 한 바구니에 ○를 6개씩 그릴 수 있습니다.

2 세 상자에 ○를 1개씩 번갈아 가며 그리면 한 상자에 ○를 5개씩 그릴 수 있습니다.

3 연필 18자루를 3명에게 똑같이 나누어 주면 한 명에게 18÷3=6(개)씩 줄 수 있습니다.

스스로 풀어내는 도전 10 문제 062~063쪽

1  / 3

2 20, 5, 4 / 4
3 (1) 6, 4 (2) 24, 6
4 42÷7=6
5 48, 8, 6
6 28, 4, 7 / 7
7 9, 6
8 슬기
+9 빨간색 필통
+10 예 색종이 45개를 5묶음으로 똑같이 나누면 한 묶음에 9개씩 됩니다. 따라서 한 명이 9개씩 가질 수 있습니다.
/ 9개

1 4개의 상자에 ○를 1개씩 번갈아 가며 그리면 한 상자에 ○를 3개씩 그릴 수 있습니다.

2 도토리 20개를 5개의 바구니에 똑같이 나누어 담으면 한 바구니에 $20 \div 5 = 4$(개)씩 담을 수 있습니다.

3 $24 \div 6 = 4$는 '24 나누기 6은 4와 같습니다'라고 읽고, 이때 4는 24를 6으로 나눈 몫입니다.

4 42는 나누어지는 수, 7은 나누는 수, 6은 몫입니다.
➡ $42 \div 7 = 6$

5 $48 \div 8 = 6$
➡ 48은 나누어지는 수, 8은 나누는 수, 6은 몫입니다.

6 인형 28개를 상자 4개에 똑같이 나누어 담으면 상자 한 개에 $28 \div 4 = 7$(개)씩 담을 수 있습니다.

7 접시 2개에 놓을 때는 한 접시에 $18 \div 2 = 9$(개)씩 놓을 수 있습니다.
접시 3개에 놓을 때는 한 접시에 $18 \div 3 = 6$(개)씩 놓을 수 있습니다.

힌트북 27쪽

8
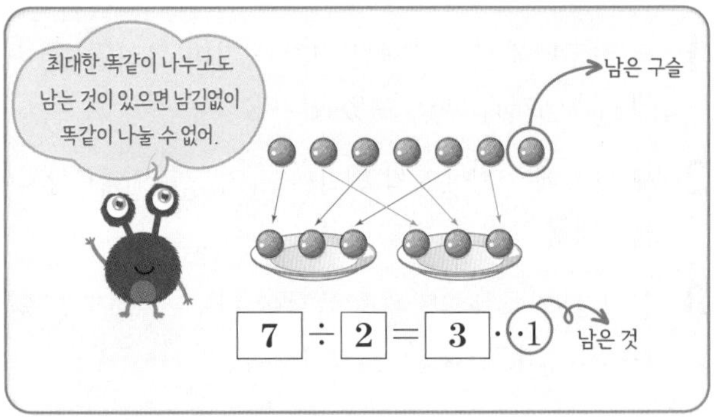

지혜: 연필 21자루를 7명이 똑같이 나누어 가지면 한 명이 $21 \div 7 = 3$(자루)씩 가질 수 있습니다.
영민: 색연필 40자루를 8명이 똑같이 나누어 가지면 한 명이 $40 \div 8 = 5$(자루)씩 가질 수 있습니다.
슬기: 공책 35권을 6명이 나누어 가지면 한 명이 5권씩 갖고 5권이 남으므로 똑같이 나누어 가질 수 없습니다.

+9 지우개 15개를 빨간색 필통 3개에 똑같이 나누어 담으면 필통 한 개에 $15 \div 3 = 5$(개)씩 담을 수 있습니다.

+10 $45 \div 5 = 9$(개)

본책 064~067쪽

14일 똑같이 나누기 (2)

확인 064쪽

❶ (1)  (2) 3, 3 (3) 3

❷ (1) 5, 5, 5 (2) 3, 3 (3) 3

기본기 다지는 교과서 문제 065쪽

1 (1) 4 (2) 24, 6, 4
2 (1) 5, 5, 5 (2) 20, 5, 4
3 21, 7, 3 / 3

1 옥수수 24개를 6개씩 나누면 4묶음이 됩니다.
➡ $24 \div 6 = 4$

2 $20 - 5 - 5 - 5 - 5 = 0$ ➡ $20 \div 5 = 4$
(4번)

3 밤 21개를 한 봉지에 7개씩 담으면 봉지는 $21 \div 7 = 3$(개)가 필요합니다.

스스로 풀어내는 도전 10 문제 066~067쪽

1 6
2 28, 7, 4 / 4
3 (1) 6, 3 (2) 7, 5
4 $56 \div 8 = 7$
5 45, 5, 9 / 9
6 32, 4, 8
7 ㉠
8 8, 8, 8, 8, 8, 0 / 8, 5 / 5
+9 ㉡, ㉠, ㉢
+10 예 [뺄셈식] $36 - 9 - 9 - 9 - 9 = 0$
[나눗셈식] $36 \div 9 = 4$ / 4명

1 사탕 30개를 5개씩 묶어 보면 6묶음이 되므로 6명에게 줄 수 있습니다.

2 튤립 28송이를 꽃병에 7송이씩 꽂으면 꽃병이 $28 \div 7 = 4$(개) 필요합니다.

3 (1) $18-6-6-6=0$ ➔ $18 \div 6 = 3$
3번

(2) $35-7-7-7-7-7=0$ ➔ $35 \div 7 = 5$
5번

4 56에서 8을 7번 덜어 내면 0이 됩니다.
➔ $56-8-8-8-8-8-8-8=0$
7번
➔ $56 \div 8 = 7$

5 45쪽짜리 책을 하루에 5쪽씩 읽으면 $45 \div 5 = 9$(일)이 걸립니다.

6 $32-4-4-4-4-4-4-4-4=0$
8번
➔ $32 \div 4 = 8$

힌트북 29쪽

7

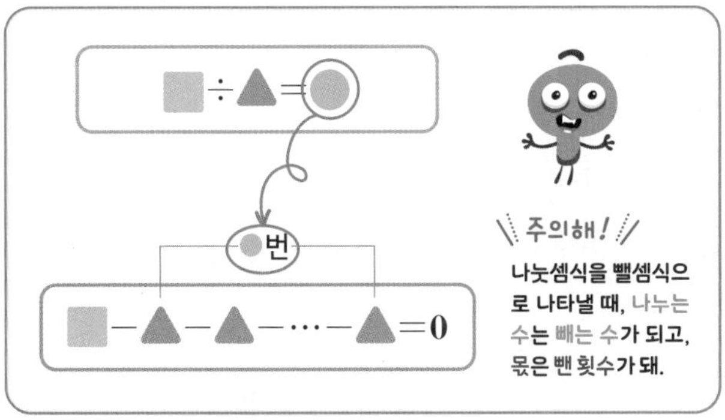

30에서 6을 5번 빼면 0이 됩니다.
$30 \div 6 = 5$ ➔ $30-6-6-6-6-6=0$

8 뺄셈식: 빵 40개에서 8개씩 5번 빼면 0이 되므로 $40-8-8-8-8-8=0$입니다.
나눗셈식: 빵 40개를 한 사람에게 8개씩 주면 $40 \div 8 = 5$(명)에게 나누어 줄 수 있습니다.

+9 ㉠ $24-6-6-6-6=0$ ➔ $24 \div 6 = 4$
㉡ $18-3-3-3-3-3-3=0$ ➔ $18 \div 3 = 6$
㉢ $27-9-9-9=0$ ➔ $27 \div 9 = 3$
몫이 큰 것부터 차례로 기호를 쓰면 ㉡, ㉠, ㉢입니다.

+10 뺄셈식: 수박 36개에서 9개씩 빼면 0이 됩니다.
➔ $36-9-9-9-9=0$
나눗셈식: 수박 36개를 9개씩 묶으면 4묶음이 됩니다.
➔ $36 \div 9 = 4$

본책 068~071쪽

15일 곱셈과 나눗셈의 관계

확인 068쪽

1 (1) 3, 3 (2) 3, 3

기본기 다지는 교과서 문제 069쪽

1 (1) 6, 5, 30 / 30 (2) 30, 6, 5 / 5 (3) 30, 5, 6 / 6
2 (1) 12, 2, 6 / 6 (2) 12, 6, 2 / 2

1 (1) 요구르트 6병씩 5줄은 $6 \times 5 = 30$(병)입니다.
(2) 요구르트 30병을 6봉지에 똑같이 나누어 담으면 한 봉지에 $30 \div 6 = 5$(병)씩 담을 수 있습니다.
(3) 요구르트 30병을 한 봉지에 5개씩 담으면 $30 \div 5 = 6$(봉지)에 담을 수 있습니다.

2 (1) 바나나 12개를 2접시에 똑같이 나누어 담으면 한 접시에 $12 \div 2 = 6$(개)씩 담을 수 있습니다.
(2) 바나나 12개를 한 접시에 6개씩 담으면 $12 \div 6 = 2$(접시)에 담을 수 있습니다.

스스로 풀어내는 도전 10 문제 070~071쪽

1 2, 2
2 20, 4, 5
3 18, 9, 2 / 18, 2, 9
4 6, 42 / $42 \div 7 = 6$, $42 \div 6 = 7$
5 (1) 28, 7, 4 / 28, 4, 7 (2) 5, 6, 30 / 6, 5, 30
6 ㉡, ㉢
7 7 / $9 \times 7 = 63$, $7 \times 9 = 63$
8 $7 \times 5 = 35$, $5 \times 7 = 35$ / $35 \div 7 = 5$, $35 \div 5 = 7$
+9 $32 \div 4 = 8$ 또는 $32 \div 8 = 4$
+10 예 쿠키 48개를 한 상자에 6개씩 넣으면 8상자입니다.

2 도넛 20개를 한 명에게 4개씩 주면 $20 \div 4 = 5$(명)에게 줄 수 있습니다.

3 $9 \times 2 = 18$ → $18 \div 9 = 2$ 　 $9 \times 2 = 18$ → $18 \div 2 = 9$

4 7개씩 6줄은 42개이므로 $7\times6=42$입니다.

$7\times6=42$ → $42\div7=6$ / $7\times6=42$ → $42\div6=7$

5 (1) $7\times4=28$ → $28\div7=4$ / $7\times4=28$ → $28\div4=7$

(2) $30\div5=6$ → $5\times6=30$ / $30\div5=6$ → $6\times5=30$

6 $8\times7=56$ → $56\div8=7$ / $8\times7=56$ → $56\div7=8$

7 63을 9씩 묶으면 7묶음이므로 $63\div9=7$입니다.

$63\div9=7$ → $9\times7=63$ / $63\div9=7$ → $7\times9=63$

힌트북 31쪽

8

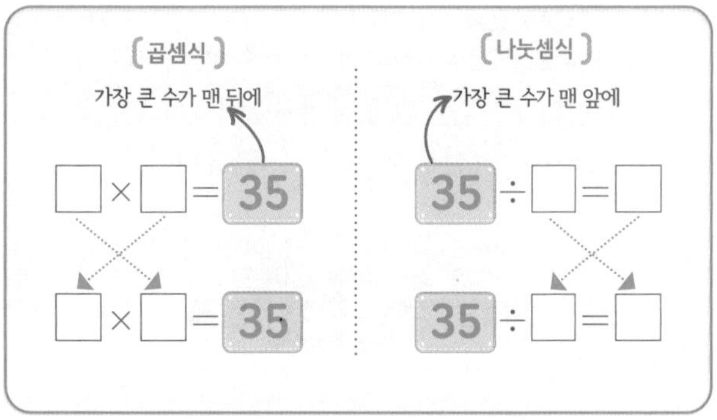

수 카드에서 작은 두 수의 곱은 가장 큰 수가 되므로 만들 수 있는 곱셈식은 $7\times5=35$ 또는 $5\times7=35$입니다.

$7\times5=35$ → $35\div7=5$ / $7\times5=35$ → $35\div5=7$

+9 $4\times8=32$ → $32\div4=8$ / $4\times8=32$ → $32\div8=4$

본책 072~075 쪽

16일 나눗셈의 몫을 곱셈식으로 구하기

확인 ··· 072쪽

1 (1) 9 (2) 9 (3) 9

기본기 다지는 교과서 문제 073쪽

1 (1) 6 / $4\times6=24$, 6에 ○표
(2) 5 / $5\times6=30$, 5에 ○표

2 2, 2 / 2

3 5, 7 / 7 / 7

1 곱셈식에서 곱하는 수나 곱해지는 수가 나눗셈의 몫이 됩니다.

2 곱셈식에서 곱하는 수나 곱해지는 수가 나눗셈의 몫이 됩니다.

3 $35\div5=7$ → $7\times5=35$

스스로 풀어내는 도전 10 문제 074~075쪽

1 (1) 7, 7 (2) 4, 4 **2** 8, 8, 8 **3** 9

4 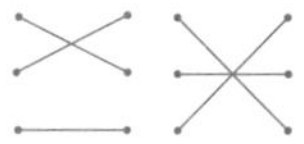 **5** 7, 7, 7 **6** ㉡, ㉢

7 ㉢ **8** 2 **+9** 6

+10 예 $8\times5=40$이므로 $40\div8$의 몫은 5입니다.

1 (1) $4\times7=28$ → $28\div4=7$

(2) $4\times8=32$ → $32\div8=4$

2 $6\times8=48$이므로 $48\div6=8$입니다.

3 $9\times3=27$이므로 $27\div3=9$입니다.

힌트북 32쪽

4

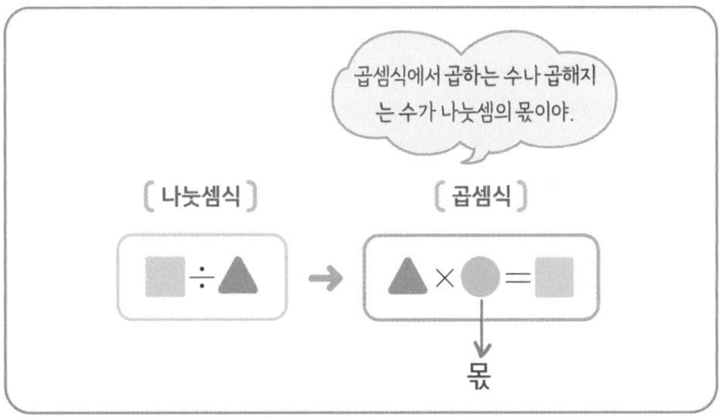

12÷4=3 ➔ 4×3=12 ➔ 몫: 3

40÷5=8 ➔ 5×8=40 ➔ 몫: 8

42÷6=7 ➔ 6×7=42 ➔ 몫: 7

5 63÷9=7 ➔ 9×7=63

6 곱셈식에서 곱하는 수나 곱해지는 수가 나눗셈의 몫이 됩니다.
18÷6=3 ➔ 6×3=18
18÷6=3 ➔ 3×6=18

힌트북 33쪽

7

나눗셈의 몫이 5가 되려면 곱셈식으로 바꿨을 때 곱하는 수가 5이어야 해.

㉠ 15÷5=□ ➔ 5×□=15
㉡ 42÷6=□ ➔ 6×□=42
㉢ 45÷9=□ ➔ 9×□=45

㉠ 15÷5=3 ➔ 5×3=15
㉡ 42÷6=7 ➔ 6×7=42
㉢ 45÷9=5 ➔ 9×5=45
따라서 몫이 5인 나눗셈은 ㉢입니다.

8 24÷4=6 ➔ ◆=6
21÷♥=7 ➔ 21÷7=♥, ♥=3
➔ ◆÷♥=6÷3=2

+9 (어떤 수)÷4=9이므로 곱셈과 나눗셈의 관계를 이용하여 곱셈식으로 나타내면
9×4=(어떤 수), (어떤 수)=36입니다.
➔ 36÷6=6

+10 40÷8=5 ➔ 8×5=40

본책 076~079 쪽

17일 나눗셈의 몫을 곱셈구구로 구하기

확인 076쪽

1 (1) 8 (2) 7 (3) 7

기본기 다지는 교과서 문제 077쪽

1 (1) 4 (2) 7
2 (1) 4, 4 (2) 9, 9
3 (1) 8 (2) 6

1 나누는 수의 단 곱셈구구를 이용하여 나눗셈의 몫을 구합니다.

3 (1) 9×8=72 ➔ 72÷9=8
(2) 6×6=36 ➔ 36÷6=6

스스로 풀어내는 도전 10 문제 078~079쪽

1 (1) 8 (2) 6
2 (1) 3의 단 (2) 9의 단
3 5×5=25에 ○표
4 ㉠
5 9
6 48÷6=8, 8판
7 5
8 2개
+9 예 3, 7
+10 예 9×4=36이므로 연필은 모두 36개 있습니다. 한 사람에게 6자루씩 나누어 주면 36÷6=6이므로 6명에게 나누어 줄 수 있습니다. / 6명

1 (1) 4×8=32 ➔ 32÷4=8
(2) 7×6=42 ➔ 42÷7=6

2 나누는 수의 단 곱셈구구를 이용하여 나눗셈의 몫을 구합니다.

3 5의 단 곱셈구구에서 곱이 25가 되는 곱셈식을 찾아봅니다.

4 ㉠은 4의 단 곱셈구구를 이용하여 몫을 구할 수 있습니다.
4×2=8 ➔ 8÷4=2

5 $36 \div ● = 4$ ➡ $36 \div 4 = ●$이므로 $● = 9$입니다.

힌트북 34쪽

6

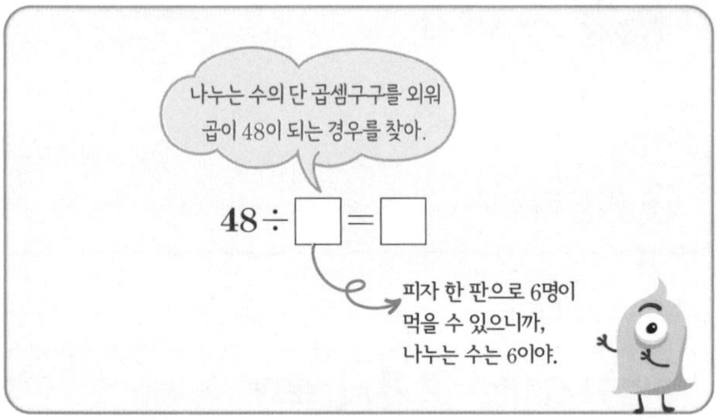

(필요한 피자의 양)
=(먹어야 할 사람 수)÷(피자 한 판을 먹을 수 있는 사람 수)
$=48 \div 6 = 8$(판)

7 $28 \div 4 = 7$이므로 $35 \div □ = 7$입니다.
$35 \div □ = 7$ ➡ $35 \div 7 = □$, $□ = 5$

8 $24 \div 8 = 3$, $64 \div 8 = 8$이므로 8로 똑같이 나눌 수 있는 수는 24, 64로 모두 2개입니다.

힌트북 35쪽

+9

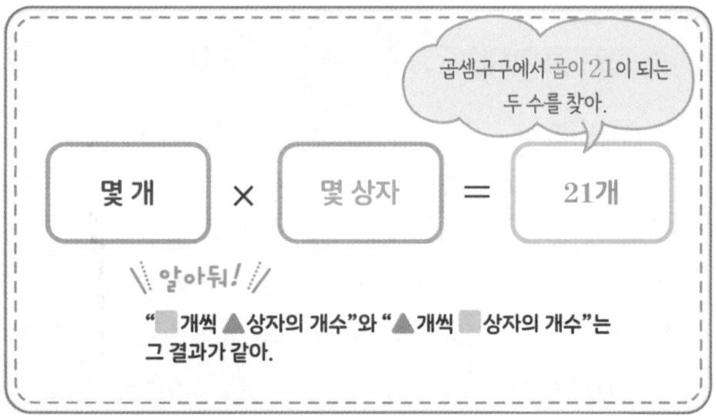

$21 \div 3 = 7$이므로 3개씩 7상자에 담을 수 있습니다. 또는 $21 \div 7 = 3$이므로 7개씩 3상자에 담을 수 있습니다.

+10 $6 \times 6 = 36$ ➡ $36 \div 6 = 6$

13~17일 단원평가 080~081쪽

01 6, 4 / 4
02 3, 6
03 32 / 8 / 8, 4
04 5, 7, 35 / 7, 5, 35
05 9 / 5, 9, 45(또는 9, 5, 45)
06 $40 \div 5 = 8$, $40 \div 8 = 5$
07 ㉠, ㉣
08 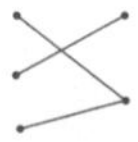
09 ⑤
10 풀이 참조, 4개

01 호두 24개를 한 명에게 6개씩 나누어 주면
$24 \div 6 = 4$(명)에게 나누어 줄 수 있습니다.

02 $18-3-3-3-3-3-3=0$ ➡ $18 \div 3 = 6$
(6번)

03 $4 \times 8 = 32$ → $32 \div 4 = 8$　　$4 \times 8 = 32$ → $32 \div 8 = 4$

04 $35 \div 7 = 5$ → $5 \times 7 = 35$　　$35 \div 7 = 5$ → $7 \times 5 = 35$

05 45를 5씩 묶으면 9묶음이므로 $45 \div 5 = 9$입니다.
$45 \div 5 = 9$ → $5 \times 9 = 45$　　$45 \div 5 = 9$ → $9 \times 5 = 45$

06 $5 \times 8 = 40$이므로 곱셈식을 나눗셈식으로 나타내면 $40 \div 5 = 8$, $40 \div 8 = 5$입니다.

07 곱셈식에서 곱하는 수나 곱해지는 수가 나눗셈의 몫이 됩니다.

08 $15 \div 5 = 3$, $20 \div 4 = 5$, $21 \div 7 = 3$
$25 \div 5 = 5$, $12 \div 4 = 3$

09 나누는 수가 3인 나눗셈을 찾습니다.

10 예시 답안 $8 \times 2 = 16$이므로 쿠키는 모두 16개 있습니다. 친구 4명에게 똑같이 나누어 주면 $16 \div 4 = 4$이므로 4개씩 줄 수 있습니다.

채점 기준	
	❶ 쿠키 수를 구해야 함.
	❷ 한 명에게 줄 쿠키 수를 구해야 함.

본책 082~085쪽

18일 (몇십)×(몇)

확인 082쪽

❶ (1) 6 (2) 60 (3) 60

❷ (1) 8, 8 (2) 5, 5

기본기 다지는 교과서 문제 083쪽

1 3, 90
2 10, 10, 50
3 4, 40
4 (1) 60 (2) 70 (3) 80 (4) 80

3 $10 \times 4 = 40$

4 (1) $10 \times 6 = 60$ (2) $10 \times 7 = 70$
(3) $20 \times 4 = 80$ (4) $40 \times 2 = 80$

스스로 풀어내는 도전 10 문제 084~085쪽

1 5, 50 **2** (1) 80, 80 (2) 70, 70
3 60, 90 **4** (1) 80 (2) 80
5  **6** 4개 **7** ㉡, ㉢
8 40 cm ⁺**9** 30, 60
⁺**10** 예 (전체 자두의 수)=(한 봉지에 담긴 자두의 수)×(봉지의 수)입니다. $20 \times 4 = 80$에서 자두는 모두 80개입니다. / 80개

1 $10 \times 5 = 50$(개)

2 (1) $20 \times 4 = 80$ (2) $10 \times 7 = 70$
$2 \times 40 = 80$ $1 \times 70 = 70$

3 $30 \times 2 = 60$, $30 \times 3 = 90$

4 (몇십)×(몇)은 (몇)×(몇)의 계산 결과에 0을 붙입니다.
(1) $10 \times 8 = 80$
(2) $40 \times 2 = 80$

힌트북 36쪽

5

$10 \times 6 = \square 0$

$30 \times 3 = \square 0$

$20 \times 2 = \square 0$

$10 \times 6 = 60$, $30 \times 3 = 90$, $20 \times 2 = 40$

6 (전체 과자 수)=(한 통에 담은 과자 수)×(통 수)이므로 과자를 담은 통 수를 □라고 하면
$20 \times \square = 80$입니다. $2 \times 4 = 8$이므로 □=4입니다.

7 ㉠ $10 \times 4 = 40$ ➔ □=4
㉡ $20 \times 3 = 60$ ➔ □=3
㉢ $30 \times 3 = 90$ ➔ □=3
㉣ $30 \times 2 = 60$ ➔ □=2
따라서 □ 안에 들어갈 수가 같은 곱셈식은 ㉡, ㉢입니다.

8 정사각형은 네 변의 길이가 모두 같으므로
(네 변의 길이의 합)=(한 변의 길이)×4
$= 10 \times 4 = 40$ (cm)입니다.

힌트북 37쪽

⁺**9**

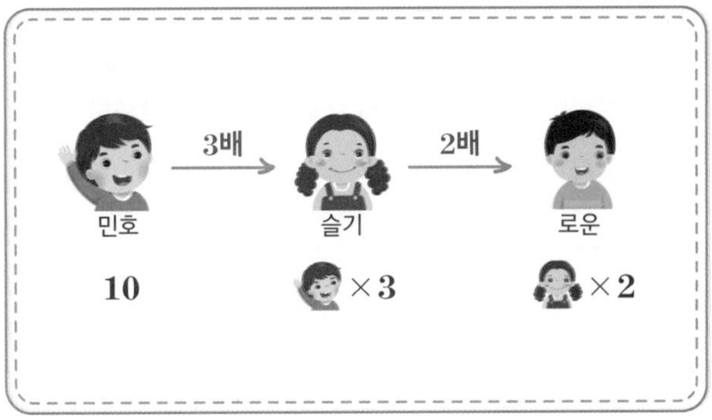

슬기: (민호가 가지고 있는 클립 수)×3
$= 10 \times 3 = 30$(개)

로운: (슬기가 가지고 있는 클립 수)×2
$= 30 \times 2 = 60$(개)

본책 086~089쪽

19일 (몇십몇)×(몇) (1)

확인 086쪽

1. (1) 4, 40 (2) 8 (3) 48
2. (1) 6 / 3, 6 (2) 4 / 8, 4

기본기 다지는 교과서 문제 087쪽

1 (1) 60, 6, 66 (2) 70, 7, 77
2 2, 24
3 3, 93
4 (1) 86 (2) 88

2 12개씩 2상자 ➜ $12\times2=24$(개)

3 $31+31+31=31\times3=93$

4 일의 자리 수와의 곱은 일의 자리에, 십의 자리 수와의 곱은 십의 자리에 씁니다.

스스로 풀어내는 도전 10 문제 088~089쪽

1 3, 63　**2** (1) 69 (2) 96　**3** 24, 48
4 (1) > (2) =　**5** $\begin{array}{r} 2\ 1 \\ \times\quad 4 \\ \hline 8\ 0 \\ 4 \\ \hline 8\ 4 \end{array}$　**6** 은행나무
7 ㉢　**8** 75 km　**+9** 79살
+10 예 파란색 숫자 6은 $20\times3=60$을 나타냅니다.

1 21개씩 3봉지 ➜ $21\times3=63$(개)

2 (1) $\begin{array}{r} 2\ 3 \\ \times\quad 3 \\ \hline 9 \\ 6\ 0 \\ \hline 6\ 9 \end{array}$　(2) $\begin{array}{r} 3\ 2 \\ \times\quad 3 \\ \hline 6 \\ 9\ 0 \\ \hline 9\ 6 \end{array}$

3 $12\times2=24$, $12\times4=48$

4 (1) $11\times8=88$, $43\times2=86$ ➜ $88>86$
(2) $33\times3=99$, $11\times9=99$ ➜ $99=99$

5 십의 자리부터 계산하는 방법입니다.

6 소나무 수의 3배는 $11\times3=33$(그루)이므로 은행나무입니다.

힌트북 39쪽

7

식으로 바르게 표현했는지, 계산 결과가 올바른지 확인해.

㉠ 32씩 2묶음은 $32\times2=34$입니다.
㉡ 12+12+12는 $12+3=15$입니다.
㉢ 23의 2배는 $23\times2=46$입니다.

㉠ 32씩 2묶음은 $32\times2=64$입니다.
㉡ 12+12+12는 $12\times3=36$입니다.

8 (지혜가 3일 동안 자전거를 탄 거리)
$=12\times3=36$ (km)
(영민이가 3일 동안 자전거를 탄 거리)
$=13\times3=39$ (km)
➜ (두 사람이 3일 동안 자전거를 탄 거리)
$=36+39=75$ (km)

+9 (서연이의 나이)=(서준이의 나이)+3
$=10+3=13$(살)
(엄마의 나이)=(서연이의 나이)×3
$=13\times3=39$(살)
(아빠의 나이)=(서준이의 나이)×4
$=10\times4=40$(살)
➜ (엄마와 아빠의 나이의 합)$=39+40=79$(살)

힌트북 39쪽

+10

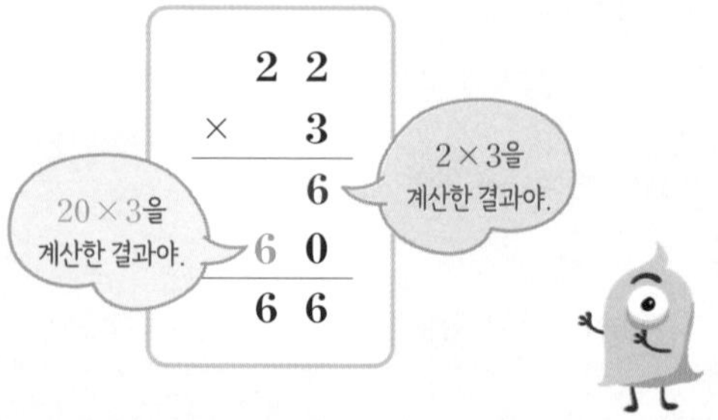

📖 본책 090~093 쪽

20일 (몇십몇)×(몇) (2)

확인 090쪽

❶ (1) 5 / 2, 5, 5 (2) 8 / 3, 2, 8

❷ (1) 150, 156 (2) 40, 2 / 168

기본기 다지는 교과서 문제 091쪽

1 (1) 140, 6, 146 (2) 400, 8, 408

2 6, 126

3 4, 208

4 (1) 249 (2) 288

2 21개씩 6개 ➡ $21\times6=126$(개)

3 $52+52+52+52=52\times4=208$

4 십의 자리 수와의 곱에서 올림한 수는 백의 자리에 씁니다.

스스로 풀어내는 도전 10 문제 092~093쪽

1 ㉡ **2** (1) 248 (2) 219 **3** ㉡, 144

4 106, 124, 142 **5** 183 **6** 524

7 3, 2 **8** 1, 2, 3, 4 **+9** 136개

+10 예 종욱이가 4일 동안 만든 종이학은 $32\times4=128$(개)입니다. 지혜가 4일 동안 만든 종이학은 $41\times4=164$(개)입니다. 두 사람이 만든 종이학은 모두 $128+164=292$(개)입니다. / 292개

1 31개씩 5상자 ➡ 31×5

2 (1)
$$\begin{array}{r} 6\ 2 \\ \times\quad 4 \\ \hline 8 \\ 2\ 4\ 0 \\ \hline 2\ 4\ 8 \end{array}$$
(2)
$$\begin{array}{r} 7\ 3 \\ \times\quad 3 \\ \hline 9 \\ 2\ 1\ 0 \\ \hline 2\ 1\ 9 \end{array}$$

힌트북 40쪽

3

$$\begin{array}{r} 8\ 4 \\ \times\quad 2 \\ \hline 8 \\ 1\ 6\ 0 \\ \hline 1\ 6\ 8 \end{array}$$

십의 자리 수와의 곱에서 올림한 수는 백의 자리에 써.
$$\begin{array}{r} 7\ 2 \\ \times\quad 2 \\ \hline 4 \\ 1\ 4 \\ \hline 1\ 8 \end{array}$$

㉡
$$\begin{array}{r} 7\ 2 \\ \times\quad 2 \\ \hline 4 \\ 1\ 4\ 0 \\ \hline 1\ 4\ 4 \end{array}$$

4 $53\times2=106$, $62\times2=124$, $71\times2=142$

5 $61>51>31>6>3$이므로 가장 큰 수는 61, 가장 작은 수는 3입니다.
➡ $61\times3=183$

6 ㉠$=52\times3=156$, ㉡$=92\times4=368$
➡ ㉠+㉡$=156+368=524$

7
$$\begin{array}{r} 6\ ㉠ \\ \times\quad ㉡ \\ \hline 1\ 2\ 6 \end{array}$$
$6\times$㉡$=12$이므로 ㉡$=2$입니다.
㉠$\times$㉡$=6$이므로 ㉠$\times2=6$, ㉠$=3$입니다.

8 $43\times3=129$이므로 $31\times\square<129$입니다.
$31\times5=155$, $31\times4=124$이므로 □ 안에는 4와 같거나 작은 수가 들어갈 수 있습니다.
➡ 1, 2, 3, 4

+9 (전체 쿠키의 수)$=62\times3=186$(개)
(먹고 남은 쿠키의 수)$=186-50=136$(개)

+10 두 사람이 4일 동안 만든 종이학의 수는 종욱이와 지혜가 4일 동안 만든 종이학의 수를 각각 구해서 더합니다.

본책 094~097쪽

21일 (몇십몇)×(몇)(3)

확인 094쪽

❶ (1) 1, 6 / 1, 5, 6 (2) 4, 5 / 4, 9, 5
❷ (1) 12, 72 (2) 8, 30 / 76

기본기 다지는 교과서 문제 095쪽

1 (1) 30, 18, 48 (2) 60, 14, 74
2 3, 72
3 20
4 (1) 81 (2) 60

2 24자루씩 3상자 ➔ $24 \times 3 = 72$(자루)

3 일의 자리 계산 $8 \times 3 = 24$에서 올림한 2이므로 20을 나타냅니다.

4 (1) $\begin{array}{r} {\scriptstyle 2}\ \ \\ 2\ 7 \\ \times\ \ \ 3 \\ \hline 8\ 1 \end{array}$ (2) $\begin{array}{r} {\scriptstyle 2}\ \ \\ 1\ 5 \\ \times\ \ \ 4 \\ \hline 6\ 0 \end{array}$

스스로 풀어내는 도전 10 문제 096~097쪽

1 예 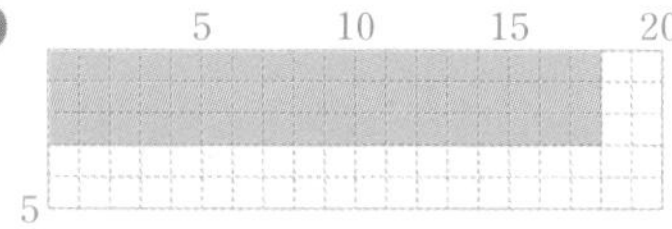

, 54

2 (1) 85 (2) 87 **3** $\begin{array}{r} {\scriptstyle 1}\ \ \\ 1\ 5 \\ \times\ \ \ 3 \\ \hline 4\ 5 \end{array}$ **4** 65, 91

5 < **6** 68 cm **7** ㉢, ㉡, ㉠

8 7 **+9** 4

+10 예 오리 17마리의 다리의 수는 $17 \times 2 = 34$(개)입니다.
강아지 16마리의 다리의 수는 $16 \times 4 = 64$(개)입니다.
따라서 다리 수의 합은 $34 + 64 = 98$(개)입니다. / 98개

1 18×3을 색칠하면 54칸이므로 $18 \times 3 = 54$입니다.

2 (1) $\begin{array}{r} {\scriptstyle 3}\ \ \\ 1\ 7 \\ \times\ \ \ 5 \\ \hline 8\ 5 \end{array}$ (2) $\begin{array}{r} {\scriptstyle 2}\ \ \\ 2\ 9 \\ \times\ \ \ 3 \\ \hline 8\ 7 \end{array}$

힌트북 42쪽

3 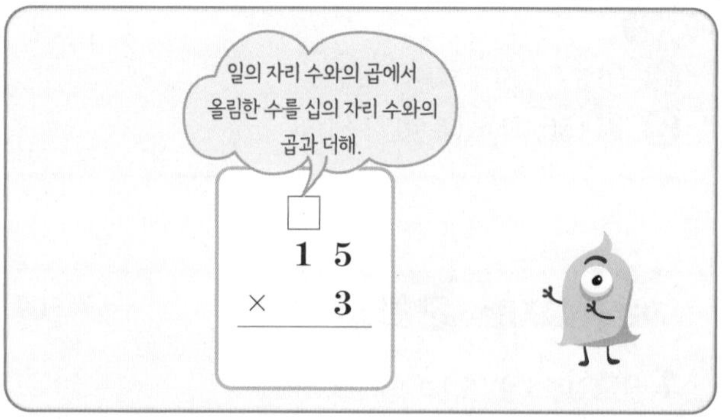

십의 자리를 계산할 때 일의 자리에서 올림한 1을 더해야 합니다.

4 $13 \times 5 = 65$, $13 \times 7 = 91$

5 $19 \times 4 = 76$, $16 \times 5 = 80$
➔ $76 < 80$

6 (색 테이프 전체의 길이)
=(색 테이프 1장의 길이)×(색 테이프의 수)
$= 17 \times 4 = 68$ (cm)

7 ㉠ $25 \times 3 = 75$ ㉡ $16 \times 4 = 64$ ㉢ $28 \times 2 = 56$
$56 < 64 < 75$이므로 곱이 작은 것부터 차례로 쓰면 ㉢, ㉡, ㉠입니다.

8 $\begin{array}{r} {\scriptstyle 3}\ \ \ \\ 1\ \square \\ \times\ \ \ \ 5 \\ \hline 8\ \ 5 \end{array}$

십의 자리 계산: $1 \times 5 = 5$인데 8이므로 일의 자리에서 올림한 수는 3입니다.

일의 자리 계산: $\square \times 5 = 35$이므로 $\square = 7$입니다.

+9 $14 \times 3 = 42$, $14 \times 4 = 56$
따라서 50에 가장 가까운 곱셈식은 $14 \times 4 = 56$이고 $\square = 4$입니다.

+10 오리의 다리 수는 2개, 강아지의 다리 수는 4개입니다.

22일 (몇십몇)×(몇) (4)

확인 098쪽

❶ (1) 3, 0 / 3, 1, 8, 0 (2) 1, 6 / 1, 2, 1, 6

❷ (1) 120, 138 (2) 5, 20 / 200

기본기 다지는 교과서 문제 099쪽

1 (1) 360, 12, 372 (2) 150, 21, 171
2 5, 175
3 3, 228
4 (1) 5, 4, 7, 6 (2) 1, 4, 6, 5

2 35개씩 5상자 ➜ $35\times5=175$(개)

3 $76+76+76=76\times3=228$

4 (1)
$$\begin{array}{r} {}^{5}\ \ \\ 6\ 8 \\ \times\ \ \ 7 \\ \hline 4\ 7\ 6 \end{array}$$
(2)
$$\begin{array}{r} {}^{1}\ \ \\ 9\ 3 \\ \times\ \ \ 5 \\ \hline 4\ 6\ 5 \end{array}$$

스스로 풀어내는 도전 10 문제 100~101쪽

1 (1) 342 (2) 384 **2** 144

3
$$\begin{array}{r} {}^{3}\ \ \\ 6\ 6 \\ \times\ \ \ 6 \\ \hline 3\ 9\ 6 \end{array}$$

4 $45\times8=360$, 360

5 6, 444 **6** 189명 **7** 3

8 ㉢ **+9** 138 m

+10 예 $12\times7=84$이므로 ◆는 84입니다. ◆$\times4=84\times4=336$이므로 ♥는 336입니다. / 336

1 (1)
$$\begin{array}{r} {}^{4}\ \ \\ 5\ 7 \\ \times\ \ \ 6 \\ \hline 3\ 4\ 2 \end{array}$$
(2)
$$\begin{array}{r} {}^{6}\ \ \\ 4\ 8 \\ \times\ \ \ 8 \\ \hline 3\ 8\ 4 \end{array}$$

2 $24\times6=144$

힌트북 44쪽

3

$$\begin{array}{r} {}^{③}\ \ \\ 6\ 6 \\ \times\ \ \ 6 \\ \hline \square\ \square\ 6 \end{array}$$

주의해!
일의 자리에서 올림한 수는 십의 자리를 계산할 때 빠뜨리지 말고 더해야 해.

십의 자리를 계산할 때 일의 자리에서 올림한 3을 더해야 합니다.

4 $45+45+45+45+45+45+45+45$
$=45\times8=360$

5 74×5는 74를 5번 더한 수이므로
$74\times5+74$는 74를 6번 더한 수입니다.
➜ $74\times5+74=74\times6=444$
따라서 ㉠$=6$, ㉡$=444$입니다.

6 (3학년 학생 수)
=(한 반의 학생 수)×(학급 수)
$=27\times7=189$(명)

7
$$\begin{array}{r} {}^{3}\ \ \\ \square\ 4 \\ \times\ \ \ 8 \\ \hline 2\ 7\ 2 \end{array}$$

일의 자리 계산: $4\times8=32$이므로 3을 십의 자리로 올림합니다.
십의 자리 계산: $\square\times8+3=27$, $\square\times8=24$, $\square=3$

8 ㉠ $86\times4=344$ ㉡ $48\times6=288$ ㉢ $64\times8=512$
곱이 가장 큰 것은 ㉢입니다.

참고 (몇십몇)×(몇)에서 곱하는 수에 가장 큰 수를 놓고, 곱해지는 수의 십의 자리에 두번째로 큰 수를 놓을 때 곱이 가장 큽니다.

+9 (나무 사이 간격 수)=(나무 수)−1이므로 나무 7그루를 심으면 간격이 6군데입니다.
(나무 사이의 거리)$=23\times6=138$ (m)

+10 ◆, ♥의 순서로 구합니다.

18~22일 단원평가 102~103쪽

01 69, 69　02 $<$　03 25
04 72자루　05 106　06 54, 162
07

$$\begin{array}{r} {}^{4} \\ 2\,8 \\ \times\quad 5 \\ \hline 1\,4\,0 \end{array}$$

08 ㉢　09 9, 2
10 풀이 참조, 150마리

02 $40\times2=80$, $10\times9=90$ ➜ $80<90$

03 $50\times$㉠$=250$에서 $50\times5=250$이므로 ㉠$=5$입니다.
㉡$\times8=160$에서 $20\times8=160$이므로 ㉡$=20$입니다.
➜ ㉠$+$㉡$=5+20=25$

04 (6타의 연필 수)$=$(1타의 연필 수)$\times6$
$=12\times6=72$(자루)

05 • 10이 5개, 1이 3개인 수 ➜ 53
• 1보다 1만큼 더 큰 수 ➜ 2
(두 수의 곱)$=53\times2=106$

06 $27\times2=54$, $54\times3=162$

07 일의 자리 계산에서 올림한 수를 십의 자리 계산에 더하고, 십의 자리에서 올림한 수는 백의 자리에 씁니다.

08 ㉠ 30의 9배 ➜ $30\times9=270$
㉡ 55씩 4묶음 ➜ $55\times4=220$
㉢ $72+72+72$ ➜ $72\times3=216$

09

$$\begin{array}{r} 6\ ㉠ \\ \times\quad ㉡ \\ \hline 1\,3\,8 \end{array}$$

십의 자리 계산: $6\times$㉡에 일의 자리 계산에서 올림한 수를 더하여 13이 되었으므로 ㉡은 2이고 일의 자리에서 1을 올림하였습니다.
일의 자리 계산: ㉠$\times2$의 곱의 일의 자리 수가 8이므로 ㉠은 4 또는 9인데 십의 자리에 올림이 있으므로 ㉠은 9입니다.

10 예시 답안 빨간색 물고기는 $15\times3=45$(마리)입니다. 노란색 물고기는 $45\times2=90$(마리)입니다. 수족관에 있는 물고기는 모두 $15+45+90=150$(마리)입니다.

채점 기준	
	❶ 빨간색 물고기 수를 구해야 함.
	❷ 노란색 물고기 수를 구해야 함.
	❸ 수족관에 있는 물고기 수를 모두 구해야 함.

본책 104~107쪽

23일 1 cm보다 작은 단위

확인 104쪽

❶ (1) 1 (2) 10 (3) 1 밀리미터
❷ (1) 3 (2) 2, 3 (3) 23

기본기 다지는 교과서 문제 105쪽

1 10
2 (1) 6 mm, 6 밀리미터
(2) 8 cm 2 mm, 8 센티미터 2 밀리미터
3 (1) 50 (2) 36 (3) 2, 8 (4) 16

1 1 cm를 10칸으로 똑같이 나누었을 때의 1칸이 1 mm이므로 1 cm$=$10 mm입니다.

3 (1) 1 cm$=$10 mm이므로 5 cm$=$50 mm입니다.
(2) 3 cm 6 mm$=$30 mm$+$6 mm$=$36 mm
(3) 28 mm$=$20 mm$+$8 mm$=$2 cm 8 mm
(4) 160mm$=$16 cm

스스로 풀어내는 도전 10 문제 106~107쪽

1 (1) 6 (2) 11, 3　2 5, 8　3 6, 2, 62
4 (위에서부터) 35 mm, 22 cm 4 mm, 130 mm, 15 cm
5 　6 ㉣, ㉢, ㉠, ㉡　7 5, 3
8 59, 5, 5　+9 ㉠, ㉢
+10 예 파란 막대의 길이는 6 cm 3 mm이고, 노란 막대의 길이는 6 cm 8 mm입니다. 6 cm 3 mm$<$6 cm 8 mm이므로 노란 막대의 길이가 더 깁니다. / 노란 막대

1 작은 눈금 한 칸은 1 mm를 나타냅니다.

2 5 cm보다 8 mm 더 긴 길이므로 5 cm 8 mm입니다.

3 6 cm보다 2 mm 더 길므로 6 cm 2 mm$=$62 mm입니다.

4 1 cm=10 mm이므로
3 cm 5 mm=30 mm+5 mm=35 mm,
224 mm=220 mm+4 mm=22 cm 4 mm,
13 cm=130 mm,
150 mm=15 cm

힌트북 46쪽

5

■ cm ▲ mm = ■▲ mm

2 cm 1 mm=20 mm+1 mm=21 mm
20 cm 1 mm=200 mm+1 mm=201 mm
21 cm=210 mm

6 길이를 mm 단위로 나타내어 비교합니다.
㉠ 180 mm ㉡ 10 cm 8 mm=108 mm
㉢ 80 cm=800 mm ㉣ 810 mm
➡ 810 mm>800 mm>180 mm>108 mm이므로 ㉣>㉢>㉠>㉡입니다.

7 시작 눈금이 6 cm이므로 연필의 길이는 5 cm 3 mm입니다.

8 작은 눈금 한 칸은 1 mm를 나타냅니다.

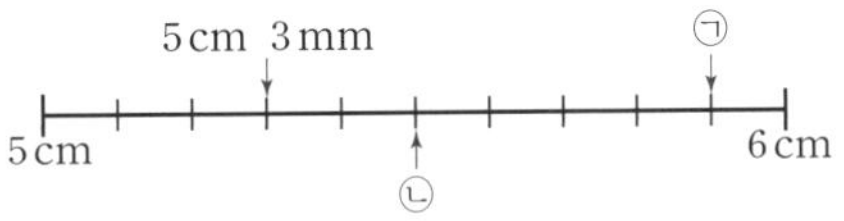

㉠은 5 cm보다 9 mm 더 길므로 5 cm 9 mm=59 mm, ㉡은 5 cm보다 5 mm 더 길므로 5 cm 5 mm입니다.

+9 ㉡ 지우개의 두께로 약 8 cm는 너무 두꺼워 알맞지 않습니다.

+10 파란 막대와 노란 막대의 길이를 각각 몇 cm 몇 mm로 나타내어 길이를 비교합니다.

본책 108~111 쪽

24일 1 m보다 큰 단위

확인 108쪽

❶ (1) 1 (2) 1 킬로미터
❷ (1) 3, 500 (2) 3000, 3500

기본기 다지는 교과서 문제 109쪽

1 (1) 7 km, 7 킬로미터
(2) 3 km 600m, 3 킬로미터 600 미터
2 (1) 5, 340 (2) 3, 208
3 (1) 6 (2) 2650 (3) 7, 400

3 (1) 1 km=1000 m이므로 6000 m=6 km입니다.
(2) 2 km 650 m=2000m+650 m=2650 m
(3) 7400 m=7000 m+400 m=7 km 400 m

스스로 풀어내는 도전 10 문제 110~111쪽

1 (1) 1 (2) 1 2 600 m, 750 m
3 (1) 4, 520 (2) 7, 935
4 (위에서부터) 1950 m, 1 km 915 m, 1708 m
5  6 8, 200 / 8800
7 ㉠, ㉢, ㉡ 8 ㉢ +9 2 km 900 m
+10 예 민호가 학교에서 소방서까지 간 거리 2 km를 m로 나타내면 2000 m입니다. 따라서 민호가 자전거를 타고 간 거리는 2000+645=2645 (m)입니다. / 2645 m

1 (1) 1 km=1000 m이므로 900 m보다 100 m 더 간 곳은 1000 m=1 km입니다.
(2) 100 m씩 10번 뛰어 세면 1000 m=1 km입니다.

2 1 km=1000 m
=800 m+200 m
=600 m+400 m
=250 m+750 m

3 ■km보다 ▲m 더 먼 거리는 ■km ▲m입니다.

4 1 km=1000 m이므로
1 km 950 m=1000 m+950 m=1950 m,
1915 m=1000 m+915 m=1 km 915 m,
1 km 708 m=1000 m+708 m=1708 m

5 7 km 4 m=7000 m+4 m=7004 m
7 km 40 m=7000 m+40 m=7040 m
7 km 400 m=7000 m+400 m=7400 m

6 작은 눈금 한 칸은 100 m를 나타냅니다.

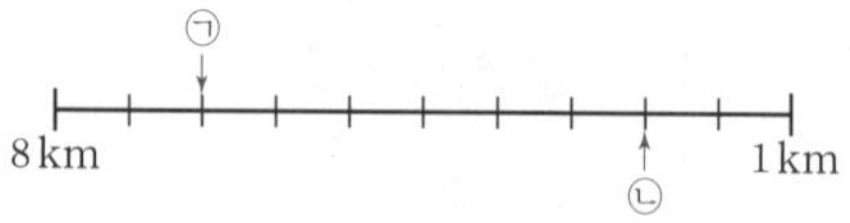

㉠은 8 km보다 200 m 더 길므로 8 km 200 m, ㉡은 8 km보다 800 m 더 길므로 8 km 800 m=8800 m입니다.

7 길이를 m 단위로 나타내어 비교합니다.
㉠ 6600 m
㉡ 5 km=5000 m보다 1000 m 더 긴 길이
→ 6000 m
㉢ 6 km 60 m=6060 m
→ 6600 m>6060 m>6000 m이므로 ㉠>㉢>㉡입니다.

다른 풀이 길이를 km와 m 단위로 나타내어 비교합니다.
㉠ 6600 m=6 km 600 m
㉡ 5 km보다 1000 m=1 km 더 긴 길이 → 6 km
㉢ 6 km 60 m
→ 6 km 600 m>6 km 60 m>6 km

8 ㉢ 3003 m=3000 m+3 m=3 km 3 m

+9 '가장 짧은 거리'이므로 집 방향으로 되돌아오지 않고 곧장 병원 방향으로만 가야 합니다.

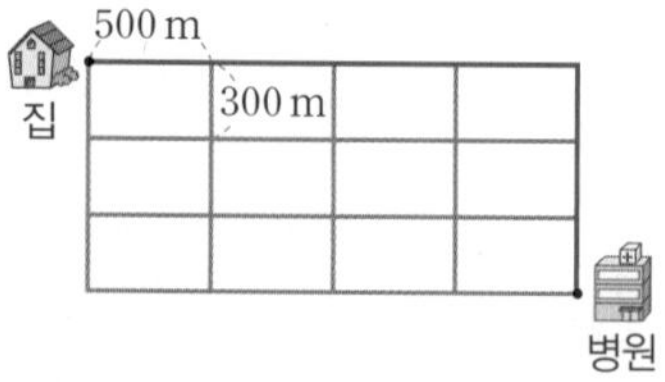

(가장 짧은 거리)
=500 m+500 m+500 m+500m
+300 m+300 m+300 m
=2000m+900m=2 km 900m

+10 민호가 자전거를 타고 간 거리는 학교에서 소방서까지의 거리와 소방서에서 영화관까지의 거리의 합입니다.

본책 112~115 쪽

25일 길이와 거리를 어림하고 재어 보기

확인 112쪽
❶ 5 ❷ 400

기본기 다지는 교과서 문제 113쪽

1 예 6
2 (1) 2 (2) 90
3 (1) cm에 ○표 (2) m에 ○표 (3) km에 ○표
4 ㉠

1 1 cm의 6배쯤 되므로 약 6 cm입니다.

2 (1) 약 500 m의 4배는 약 2000 m=2 km입니다.
(2) 30 km의 3배쯤인 거리는 약 90 km입니다.

4 길이가 1 km보다 긴 것은 ㉠ 한라산의 높이입니다.

스스로 풀어내는 도전 10 문제 114~115쪽

1 ㉠
2 (1) cm (2) m
3 ㉠
4 (1) 5 mm (2) 1 km
5 ㉢
6 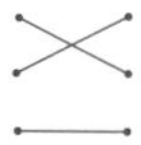
7 ㉠, ㉢
8 미술관, 놀이공원
+9 약 3 km
+10 슬기 / 예 교실 책상의 가로의 길이는 약 70 cm야.

1 75 mm=7 cm 5 mm이므로 ㉠ 면봉의 길이가 알맞습니다.

2 cm와 m를 넣어서 문장이 알맞은지 확인합니다.

3 우체통까지의 거리를 기준으로 어림하면 ㉠이 ㉡보다 더 깁니다.

4 (보기)의 길이를 넣어서 문장이 알맞은지 확인합니다.

5 ㉢ 한 뼘의 길이는 약 18 cm입니다.

7 ㉡ 교실 문의 짧은 쪽의 길이는 약 150 cm입니다.
㉣ 수학책의 두께는 약 10 mm입니다.

힌트북 51쪽

8
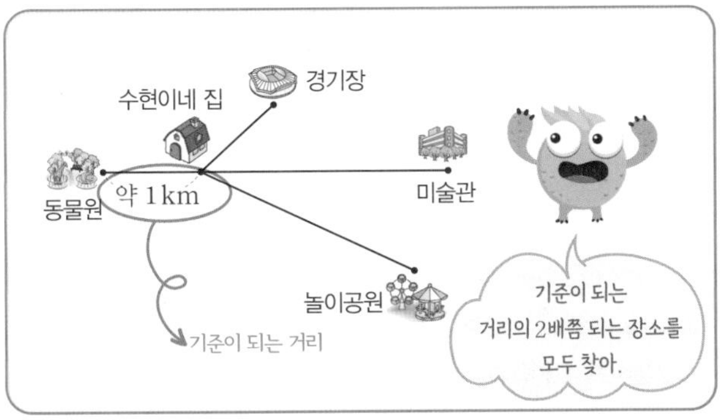

동물원에서 수현이네 집까지의 거리가 약 1 km이므로 2배쯤 되는 거리를 찾아보면 미술관과 놀이공원입니다.

힌트북 51쪽

+9
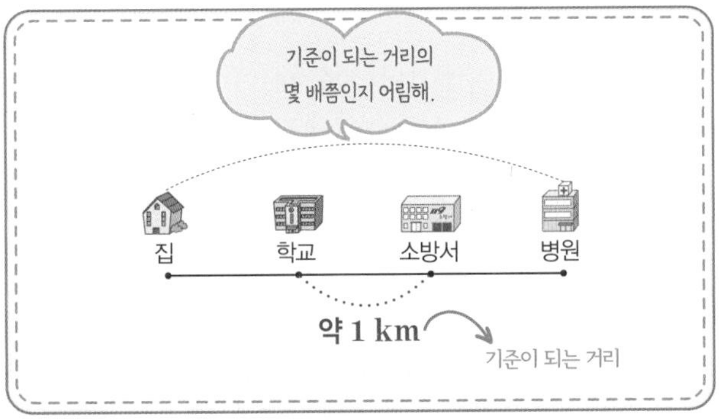

집에서 병원까지의 거리는 학교에서 소방서까지 거리의 3배쯤 되므로 약 3 km입니다.

+10 교실 책상의 가로의 길이는 1 m보다 짧으므로 약 70 cm가 알맞습니다.

본책 116~119쪽

26일 1분보다 작은 단위

기본기 다지는 교과서 문제 117쪽

1 1초에 ○표
2 (1) 60 (2) 60
3 (○)( )(○)
4 (1) 10, 25, 40 (2) 9, 20, 35

2 (1) 초바늘이 시계를 한 바퀴 돌면 작은 눈금 60칸을 지나므로 걸리는 시간은 60초입니다.
(2) 초바늘이 시계를 한 바퀴 도는 동안 긴바늘은 작은 눈금 한 칸을 지나므로 1분은 60초입니다.

3 노래 한 곡 부르기는 1초 동안 할 수 없습니다.

4 (1) 짧은바늘이 10과 11 사이에 있으므로 10시, 긴바늘이 숫자 5를 지났으므로 25분, 초바늘이 8을 가리키므로 40초입니다.

스스로 풀어내는 도전 10 문제 118~119쪽

1 1초
2 (5초 다음부터 시계 방향으로) 10, 30, 45, 55
3 
4 (1) 4시 42분 5초 (2) 5시 1분 35초
5 
6 (1) 초 (2) 시간 (3) 분
7 (위에서부터) 3분 7초, 252초
8 10시 15분 25초
+9 민호, 영민, 서준
+10 예 308초=300초+8초=5분+8초=5분 8초이므로 로운이는 바르게 말하였습니다. 7분 12초=7분+12초 =420초+12초=432초이므로 수현이는 잘못 말하였습니다. / 수현

1 초바늘이 작은 눈금 한 칸을 지나는 데 걸리는 시간은 1초입니다.

2 초바늘이 가리키는 숫자가 1씩 커질 때마다 초는 5초씩 늘어납니다.

가리키는 숫자	1	2	3	4	5	6
초	5	10	15	20	25	30

가리키는 숫자	7	8	9	10	11	12
초	35	40	45	50	55	60

3 2분 40초=120초+40초=160초
5분 10초=300초+10초=310초
7분 20초=420초+20초=440초

4 (1) 초바늘이 1을 가리키므로 5초입니다.
(2) 전자시계는 왼쪽에서부터 시, 분, 초 단위로 끊어서 읽습니다.

힌트북 52쪽

5

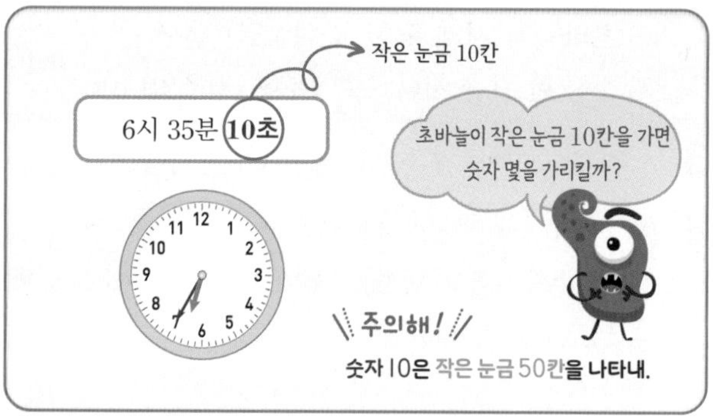

10초이므로 초바늘이 2를 가리키게 그립니다.

6 □ 안에 시, 분, 초를 각각 넣어 상황에 맞는지 확인합니다.

7 슬기: 187초=180초+7초=3분 7초
윤하: 4분 12초=240초+12초=252초

8 • 10시와 11시 사이의 시각 → 10시
• 긴바늘이 숫자 3을 막 지난 시각 → 15분
• 초바늘이 숫자 5를 가리키는 시각 → 25초
→ 10시 15분 25초

+9 기록이 짧을수록 빨리 달린 학생입니다.
서준: 150초=2분 30초
민호: 1분 42초
영민: 2분 4초
빨리 달린 학생부터 차례로 쓰면 민호, 영민, 서준입니다.

본책 120~123쪽

27일 시간의 덧셈과 뺄셈

확인 120쪽

❶ (1) 4, 28, 30 (2) 4, 28, 30
❷ (1) 3, 2, 25 (2) 3, 2, 25

기본기 다지는 교과서 문제 121쪽

1 (1) 35, 45 (2) 1, 38, 7
2 (1) 25, 8 (2) 51, 60, 21, 55
3 3, 50, 45
4 4, 50, 20

1 (2) 초 단위끼리의 합이 60이거나 60보다 크면 60초를 1분으로 받아올림합니다.

2 (2) 초 단위끼리 뺄 수 없으면 1분을 60초로 받아내림합니다.

스스로 풀어내는 도전 10 문제 122~123쪽

1 (1) 30분 45초 (2) 24분 20초
2 (1) 8시간 35분 40초 (2) 2시간 16분 16초
3 9, 31, 57
4 14분 35초
5 10, 2 / 10, 9
6 너튜브 탐사대
7 3, 15 / 2, 36, 41
8 2시간 38분
+9 ② 모둠
+10 예 윤하는 할머니 댁에 도착해야 하는 시각보다 1시간 25분 전에 집에서 나와야 합니다. 12시−1시간 25분=10시 35분이므로 늦어도 10시 35분에 집에서 나와야 합니다.
/ 10시 35분

1 분은 분끼리, 초는 초끼리 더하거나 뺍니다.

2 (1)

	시간	분	초
	2시간	25분	33초
+	6시간	10분	7초
	8시간	35분	40초

(2)

	시간	분	초
	11시간	40분	26초
−	9시간	24분	10초
	2시간	16분	16초

3 현재 시각은 8시 26분 37초이므로 1시간 5분 20초 후의 시각은 8시 26분 37초+1시간 5분 20초=9시 31분 57초입니다.

4

	24	60
	~~25~~ 분	25 초
−	10 분	50 초
	14 분	35 초

➔ 분 단위 계산에서 초 단위로 받아내림한 수를 빼야 합니다.

5 100번 버스: 9시 58분+4분=10시 2분
350번 버스: 9시 58분+11분=10시 9분

힌트북 54쪽

6

만화 영화가 끝난 시각에서 시작한 시각을 빼면 재생 시간을 알 수 있어.

	시	분	초	
	4 시	1 분	15 초	← 영화가 끝난 시각
−	3 시	25 분	30 초	← 영화가 시작한 시각
	□시	□분	□초	← 영화의 재생 시간

(만화 영화 재생 시간)
=4시 1분 15초−3시 25분 30초=35분 45초
따라서 슬기가 본 만화 영화는 너튜브 탐사대입니다.

7 □분 □초+9분 17초=12분 32초이므로
□분 □초=12분 32초−9분 17초=3분 15초
12분 32초+2시간 24분 9초=2시간 36분 41초

8 출발 시각: 14시 45분, 도착 시각: 17시 23분
(걸린 시간)=17시 23분−14시 45분=2시간 38분

힌트북 55쪽

+9

두 기록을 더했을 때 시간이 짧은 모둠이 이겨.

① 모둠	87초	+	1분 25초	→ □
② 모둠	1분 17초	+	92초	→ □

60초=1분임을 이용하여 모두 몇 분 몇 초로 나타낸 후 모둠별로 더해.

① 모둠 기록: 87초=1분 27초이므로
1분 27초+1분 25초=2분 52초
② 모둠 기록: 92초=1분 32초이므로
1분 17초+1분 32초=2분 49초
따라서 기록이 더 짧은 ② 모둠이 이겼습니다.

23~27일 단원평가

124~125쪽

01 6, 4 **02** (1) < (2) > **03** ㉣
04 ㉢ **05** 1 km **06** ③
07 (1) 50분 17초 (2) 4시간 6분 35초
08 5시 49분 38초 **09** 4시 51분 48초
10 풀이 참조, 31분 40초

01 작은 눈금 한 칸은 1 mm를 나타냅니다. 6 cm보다 4 mm 더 간 곳은 6 cm 4 mm입니다.

02 (1) 4 cm 8 mm=48 mm<51 mm
(2) 5000 m=5 km>3 km

03 같은 단위로 나타내어 비교합니다.
㉠ 7 km 40 m ㉡ 7300 m=7 km 300 m
㉢ 7090 m=7 km 90 m ㉣ 7 km 390 m
따라서 길이가 가장 긴 것은 ㉣입니다.

04 ㉢ 한 뼘의 길이는 약 15 cm입니다.

05 330m+670m=1000m=1 km

06 초바늘이 작은 눈금 1칸을 지나는 데 걸리는 시간은 1초이므로 작은 눈금 10칸을 지나는 데 걸리는 시간은 10초입니다.

07 (1)

	1	
	37 분	42 초
+	12 분	35 초
	50 분	17 초

(2)

		23	60
	9 시간	~~24~~ 분	30 초
−	5 시간	17 분	55 초
	4 시간	6 분	35 초

08 시계가 나타내는 시각은 6시 10분 30초입니다.
➔ 6시 10분 30초−20분 52초=5시 49분 38초

09 (텔레비전을 보기 시작한 시각)
=(텔레비전을 보고 난 시각)−(본 시간)
=5시 32분 10초−40분 22초=4시 51분 48초

10 예시 답안 (슬기가 잔 시간)−(로운이가 잔 시간)=8시간 15분 30초−7시간 43분 50초=31분 40초입니다.
따라서 슬기는 로운이보다 31분 40초를 더 잤습니다.

채점 기준	
	❶ 슬기가 로운이보다 더 잔 시간을 구하는 식을 세워야 함.
	❷ 식을 계산하여 답을 구해야 함.

본책 126~129 쪽

28일 똑같이 나누기

확인 126쪽

❶ (1) 가, 나, 라, 마 (2) 가, 라

❷ (1) ( )( )(○) (2) ( )(○)( )

기본기 다지는 교과서 문제 127쪽

1 다, 마, 바

2 4, 6, 6, 8

3 예

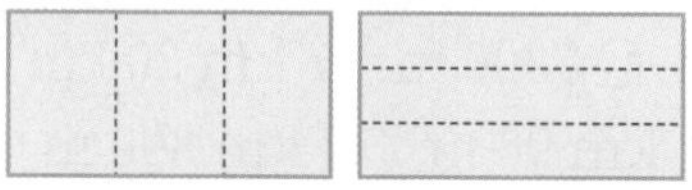

1 나누어진 조각의 크기와 모양이 같은 것을 모두 찾으면 다, 마, 바입니다.

3 나누어진 세 조각의 크기와 모양이 같으면 정답입니다.

스스로 풀어내는 도전 10 문제 128~129쪽

1 나, 라, 마 **2** 다 **3** 가, 바

4 ㉣ **5** 나

6

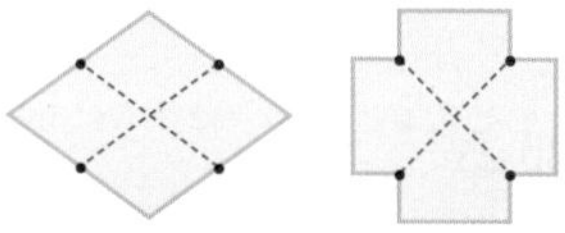

7 예

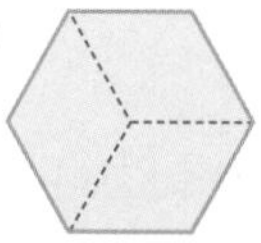

8 예

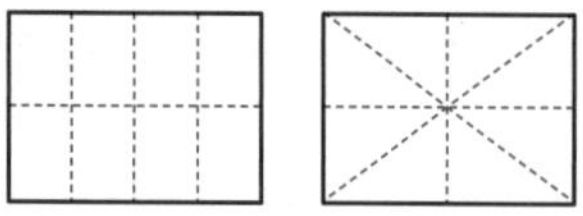

+9 6조각

+10 슬기 / 예 슬기가 나눈 모양으로 자른 조각을 겹쳐 보면 크기와 모양이 똑같기 때문입니다.

1 나누어진 조각의 크기와 모양이 같은 것을 모두 찾으면 나, 라, 마입니다.

2 나누어진 세 조각의 크기와 모양이 같은 것을 찾으면 다입니다.

힌트북 56쪽

3

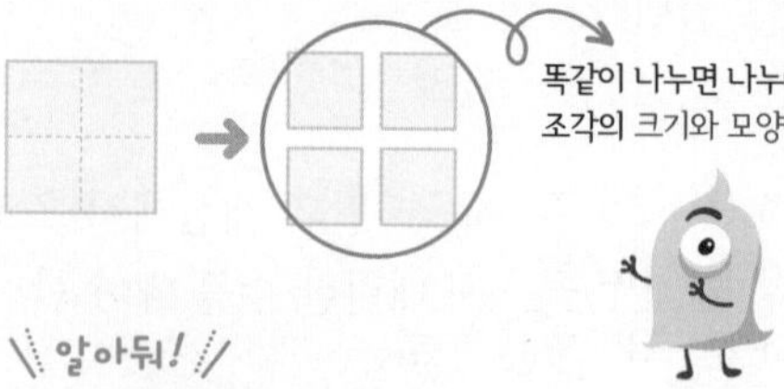

알아둬!

먼저 넷으로 나눈 것을 찾은 후, 똑같은지 확인하면 편리해.

나누어진 네 조각의 크기와 모양이 같은 것을 찾으면 가, 바입니다.

4 선을 따라 나누었을 때 생기는 부분의 크기와 모양이 같으면 똑같이 나눈 것입니다.

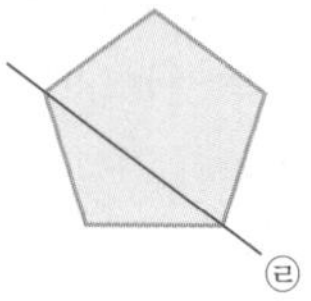

→ 똑같이 나누어지지 않습니다.

5 나는 나누어진 조각이 삼각형과 사각형으로 모두 같지 않습니다.

6 주어진 점을 연결하여 크기와 모양이 같도록 나눕니다.

7 도형의 꼭짓점끼리 연결하여 똑같이 여섯으로 나눈 다음 나누어진 조각들을 2개씩 붙여 똑같이 셋으로 나눌 수 있습니다.

8 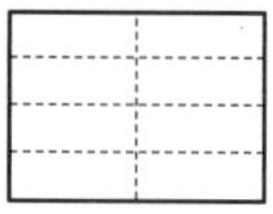 등과 같이 여러 가지 방법으로 나눌 수 있습니다.

힌트북 57쪽

+9

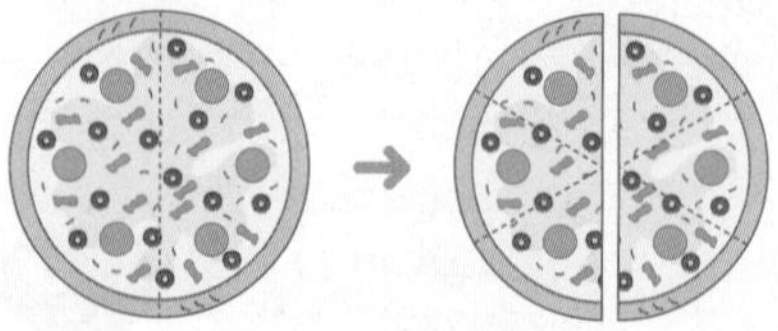

똑같이 둘로 나눈 각각을 똑같이 셋으로 나누면 모두 6조각이 됩니다.

본책 130~133 쪽

29일 분수 알아보기 (1)

확인 130 쪽

❶ 3, 1

❷ (1) 1, 4 / 4, 1 (2) 3, 6 / 6, 3

기본기 다지는 교과서 문제 131 쪽

1 (1) 4, 2, 2, 4 (2) 3, 2, 2, 3

2 (1) 1, 2 (2) 1, 3

2 (1) 전체를 똑같이 2로 나눈 것 중의 1이므로 $\frac{1}{2}$입니다.

(2) 전체를 똑같이 3으로 나눈 것 중의 1이므로 $\frac{1}{3}$입니다.

스스로 풀어내는 도전 10 문제 132~133 쪽

1 (1) 2, 3 (2) 4, 6 **2** $\frac{4}{8}$, 8분의 4 **3**

4 왼쪽 도형에 ○표 / 오른쪽 도형에 ○표

5 예

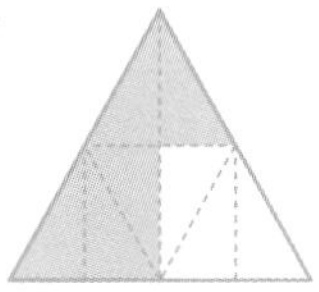

6 $\frac{3}{12}$ **7** ( )(○)( )

8 나 **+9** 다

+10 예 영민이가 먹은 케이크의 양을 분수로 나타내면 $\frac{4}{5}$입니다.

1 (1) 전체를 똑같이 3으로 나눈 것 중의 2이므로 $\frac{2}{3}$입니다.

(2) 전체를 똑같이 6으로 나눈 것 중의 4이므로 $\frac{4}{6}$입니다.

2 전체를 똑같이 8으로 나눈 것 중의 4이므로 $\frac{4}{8}$입니다.

힌트북 58쪽

3

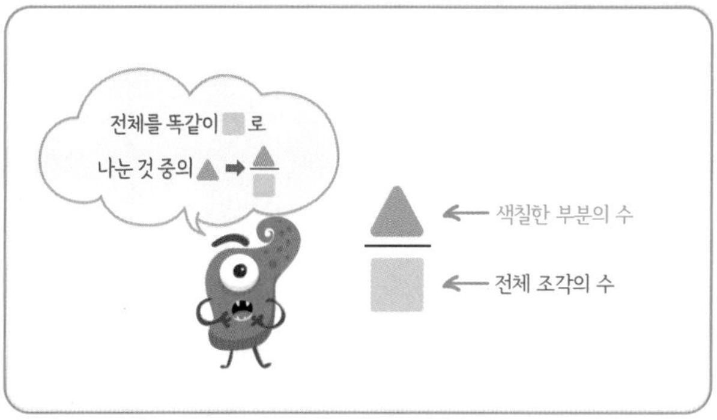

쓰기: $\frac{3}{4}$, 읽기: 4분의 3

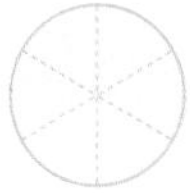

쓰기: $\frac{5}{6}$, 읽기: 6분의 5

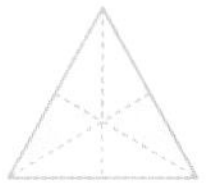

쓰기: $\frac{4}{6}$, 읽기: 6분의 4

4 $\frac{3}{5}$: 전체를 똑같이 5로 나눈 것 중의 3만큼 색칠한 것을 찾습니다.

$\frac{4}{6}$: 전체를 똑같이 6으로 나눈 것 중의 4만큼 색칠한 것을 찾습니다.

5 $\frac{5}{8}$는 전체를 똑같이 8로 나눈 것 중의 5이므로 5칸에 색칠합니다.

6 전체를 똑같이 12로 나눈 것 중의 3이므로 $\frac{3}{12}$입니다.

7 $\frac{3}{7}$은 전체를 똑같이 7로 나눈 것 중의 3입니다.

8 가는 $\frac{5}{9}$, 나는 $\frac{6}{9}$, 다는 $\frac{5}{9}$를 나타냅니다.

따라서 나타내는 분수가 다른 하나는 나입니다.

+9 전체를 똑같이 8로 나눈 것 중의 6은 $\frac{6}{8}$이므로 색칠한 부분이 $\frac{6}{8}$을 나타내는 것을 찾습니다.

가: $\frac{4}{8}$, 나: $\frac{4}{6}$, 다: $\frac{6}{8}$

다른 풀이 전체를 똑같이 8로 나눈 것은 가와 다입니다. 이 중에서 6만큼 색칠한 것은 다입니다.

+10 전체를 똑같이 5조각으로 나눈 것 중의 4조각이므로 $\frac{4}{5}$입니다.

본책 134~137쪽

30일 분수 알아보기 (2)

확인 134쪽

❶ (1) 1, 1, 4 (2) 3, 3, 4

기본기 다지는 교과서 문제 135쪽

1 5, 8 / 3, 8

2 (1) $\frac{2}{6}$ (2) $\frac{5}{9}$, $\frac{4}{9}$

3 예

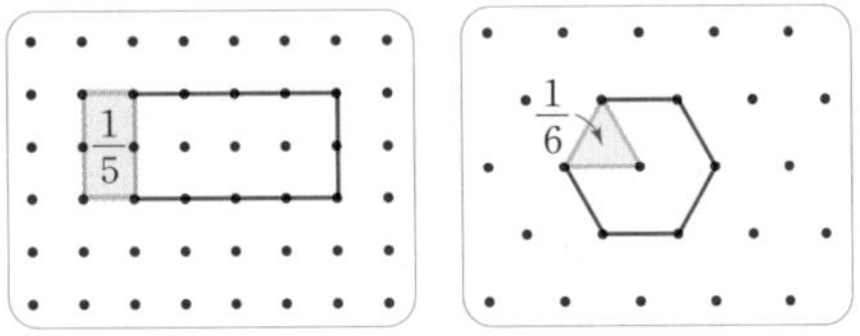

1 남은 부분은 전체를 똑같이 8로 나눈 것 중의 5이므로 $\frac{5}{8}$입니다.
먹은 부분은 전체를 똑같이 8로 나눈 것 중의 3이므로 $\frac{3}{8}$입니다.

2 (1) 색칠하지 않은 부분은 전체를 똑같이 6으로 나눈 것 중의 2이므로 $\frac{2}{6}$입니다.
(2) 색칠한 부분은 전체를 똑같이 9로 나눈 것 중의 5이므로 $\frac{5}{9}$입니다.
색칠하지 않은 부분은 전체를 똑같이 9로 나눈 것 중의 4이므로 $\frac{4}{9}$입니다.

3 (1) 부분이 $\frac{1}{5}$이므로 전체는 똑같은 부분이 4개 더 있도록 그립니다.
(2) 부분이 $\frac{1}{6}$이므로 전체는 똑같은 부분이 5개 더 있도록 그립니다.

스스로 풀어내는 도전 10 문제 136~137쪽

1 $\frac{3}{8}$, $\frac{5}{8}$

2 $\frac{3}{6}$, $\frac{3}{6}$

3 ( )(○)( )

4 

5 예

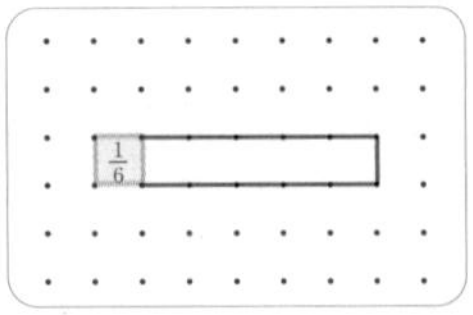

6 예

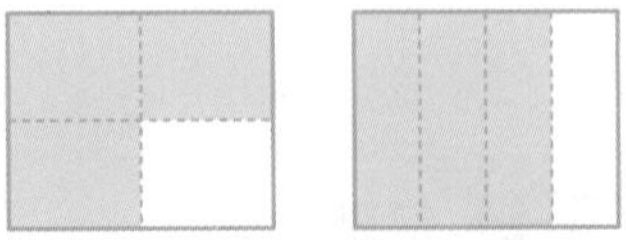

7 $\frac{2}{12}$

8 예 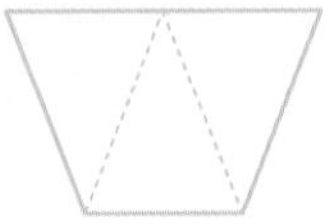

+9 9

+10 예 파이를 똑같이 6조각으로 나눈 것 중의 $\frac{1}{2}$은 3조각입니다. 따라서 영민이는 파이를 3조각 먹었습니다. / 3조각

1 남은 부분은 전체를 똑같이 8로 나눈 것 중의 3이므로 $\frac{3}{8}$입니다. 먹은 부분은 전체를 똑같이 8로 나눈 것 중의 5이므로 $\frac{5}{8}$입니다.

힌트북 60쪽

2

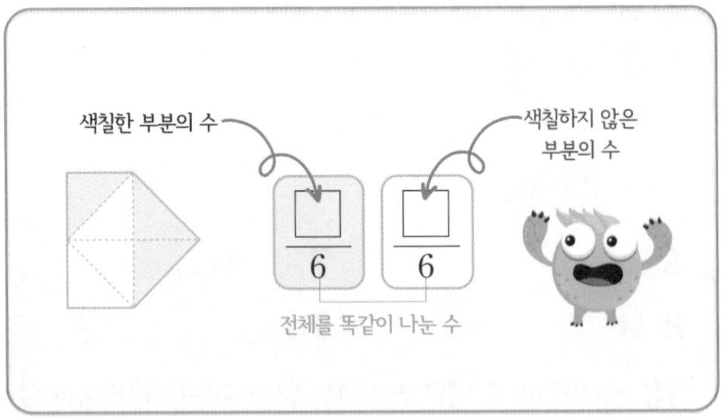

색칠한 부분과 색칠하지 않은 부분은 각각 전체를 똑같이 6로 나눈 것 중의 3이므로 $\frac{3}{6}$입니다.

3 주어진 조각이 전체를 똑같이 5로 나눈 것 중의 1이므로 전체는 주어진 조각 5개로 이루어진 도형입니다.

4 부분은 전체의 $\frac{3}{4}$이므로 전체는 부분에서 $\frac{1}{4}$만큼이 더 있는 도형입니다.

5 부분이 $\frac{1}{6}$이므로 전체는 똑같은 부분이 5개 더 있도록 그립니다.

6 전체를 똑같이 4부분으로 나눈 것 중의 3부분에 색칠합니다.

7 남은 부분은 전체를 똑같이 12로 나눈 것 중의 2이므로 $\frac{2}{12}$입니다.

8 왼쪽 도형은 전체를 똑같이 3으로 나눈 것 중의 1입니다. 따라서 오른쪽 도형을 똑같이 셋으로 나눕니다.

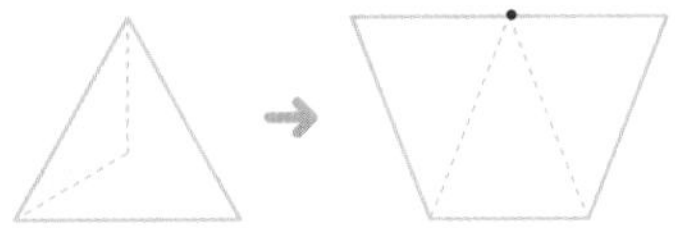

힌트북 61쪽

+9

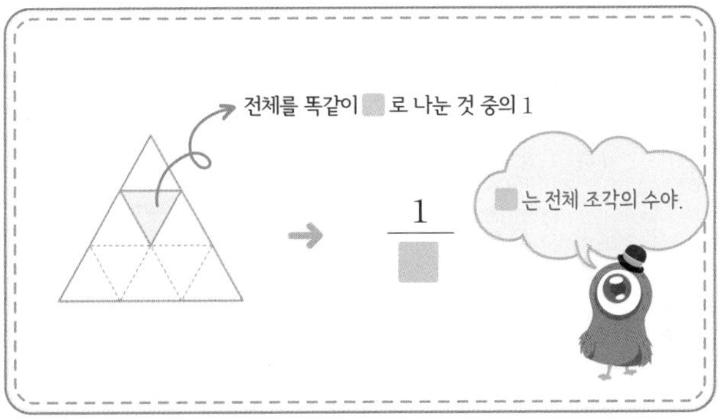

색칠한 부분은 전체를 똑같이 9로 나눈 것 중의 1이므로 ■는 9입니다.

힌트북 61쪽

+10

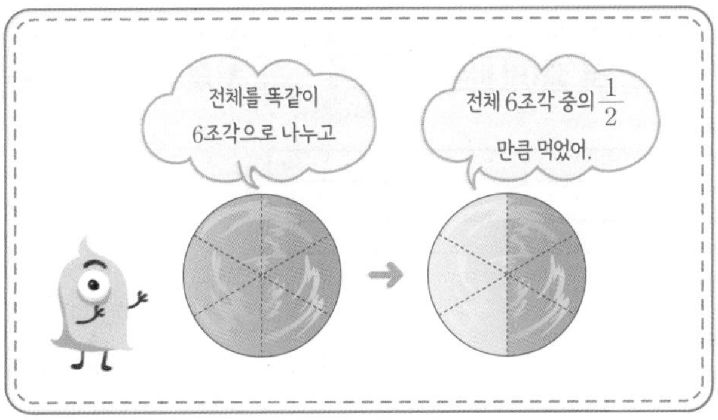

먹은 파이는 3조각입니다.

본책 138~141 쪽

31일 분모가 같은 분수의 크기 비교

확인 138쪽

❶ (1) 4 (2) 2 (3) 큽니다에 ○표

❷ (1) 3 (2) 5 (3) <, <

기본기 다지는 교과서 문제 139쪽

1 예 (1)

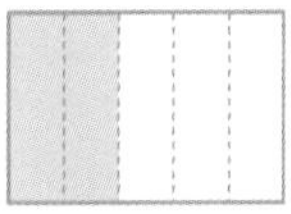 $\frac{2}{5}$ < $\frac{3}{5}$ 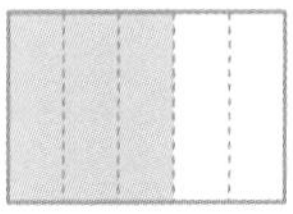

(2)

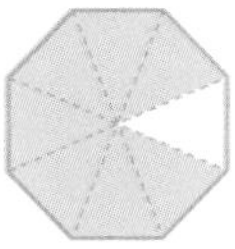 $\frac{7}{8}$ > $\frac{4}{8}$ 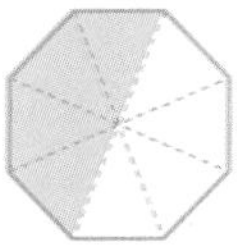

(3)

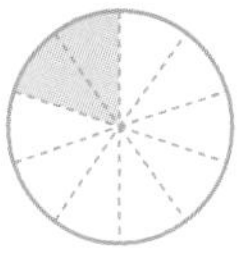 $\frac{2}{10}$ < $\frac{8}{10}$ 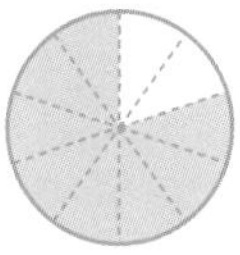

2 (1) > (2) < (3) > (4) <

1 색칠한 부분이 넓을수록 크기가 큰 분수입니다.

2 분모가 같은 분수는 분자가 클수록 더 큰 분수입니다.

스스로 풀어내는 도전 10 문제 140~141쪽

1 다 **2** 4, 6, < **3** (1) < (2) >

4 10 **5** $\frac{9}{12}$, $\frac{10}{12}$

6 $\frac{13}{14}$에 ○표, $\frac{2}{14}$에 △표 **7** 5, 6, 7, 8, 9

8 $\frac{9}{12}$, $\frac{10}{12}$, $\frac{8}{12}$ / 2모둠 **+9** 소방서

+10 예 서준이가 마신 주스는 전체의 $\frac{3}{7}$이므로 종욱이는 전체의 $\frac{4}{7}$를 마셨습니다. $\frac{3}{7}<\frac{4}{7}$이므로 주스를 더 많이 마신 사람은 종욱입니다. / 종욱

1 $\frac{1}{5}$이 3개인 수는 $\frac{3}{5}$이므로 다입니다.

2 $\frac{6}{7}$이 $\frac{4}{7}$보다 $\frac{1}{7}$의 개수가 더 많으므로 $\frac{4}{7}<\frac{6}{7}$입니다.

3 (1) $4<8$ ➜ $\frac{4}{9}<\frac{8}{9}$

(2) $7>6$ ➜ $\frac{7}{11}>\frac{6}{11}$

4 • $\frac{3}{8}$은 $\frac{1}{8}$이 3개입니다. ➜ ㉠=3

• $\frac{5}{7}$는 $\frac{1}{7}$이 5개입니다. ➜ ㉡=7

따라서 ㉠과 ㉡의 합은 $3+7=10$입니다.

5 분모가 같은 분수는 분자가 클수록 더 큰 분수이므로 $\frac{8}{12}$보다 큰 분수는 $\frac{9}{12}$, $\frac{10}{12}$입니다.

6 분모가 같은 분수는 분자가 클수록 더 큰 분수이므로 $\frac{2}{14}<\frac{7}{14}<\frac{9}{14}<\frac{11}{14}<\frac{13}{14}$입니다.

7 분모가 같은 분수는 분자가 클수록 더 큰 분수이므로 $4<\square<10$입니다.

따라서 □ 안에 들어갈 수 있는 수는 5, 6, 7, 8, 9입니다.

8 1모둠: 전체를 똑같이 12로 나눈 것 중의 9조각을 먹었으므로 $\frac{9}{12}$입니다.

2모둠: 전체를 똑같이 12로 나눈 것 중의 10조각을 먹었으므로 $\frac{10}{12}$입니다.

3모둠: 전체를 똑같이 12로 나눈 것 중의 8조각을 먹었으므로 $\frac{8}{12}$입니다.

➜ $\frac{8}{12}<\frac{9}{12}<\frac{10}{12}$이므로 가장 많이 먹은 모둠은 2모둠입니다.

+9 거리를 나타내는 수가 작을수록 '더 가까운 곳'입니다. $\frac{7}{9}>\frac{5}{9}$이므로 수현이네 집에서 더 가까운 곳은 소방서입니다.

본책 142~145쪽

32일 단위분수의 크기 비교

확인 142쪽

❶ 1, 단위분수

❷ 큽니다에 ○표

기본기 다지는 교과서 문제 143쪽

1 예 (1) 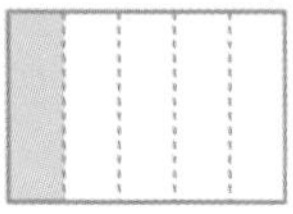 $\frac{1}{5}$ ⃝> $\frac{1}{7}$ 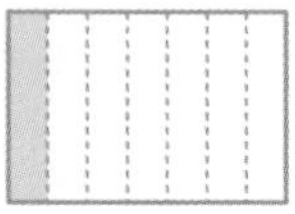

(2) 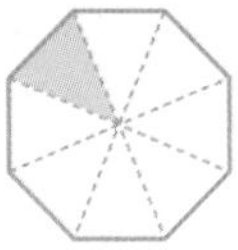 $\frac{1}{8}$ ⃝< $\frac{1}{4}$ 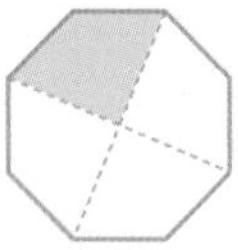

(3) 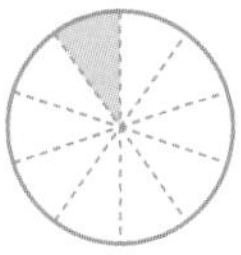 $\frac{1}{10}$ ⃝> $\frac{1}{12}$ 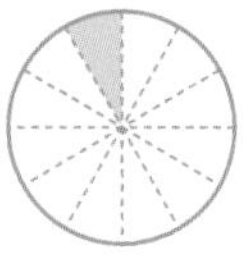

2 (1) < (2) > (3) > (4) <

1 색칠한 부분이 넓을수록 크기가 큰 분수입니다.

2 단위분수는 분모가 작을수록 더 큰 분수입니다.

스스로 풀어내는 도전 10 문제 144~145쪽

1 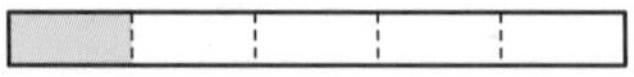

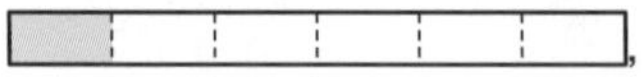, >

2 (1) >, < (2) <, >

3 (1) < (2) >

4 $\frac{1}{13}$, $\frac{1}{15}$

5 $\frac{1}{14}$, $\frac{1}{12}$, $\frac{1}{10}$, $\frac{1}{8}$, $\frac{1}{3}$

6 2, 3, 4, 5

7 $\frac{1}{6}$, $\frac{1}{7}$, $\frac{1}{8}$

8 $\frac{1}{4}$

+9 3개

+10 예 $8>6>5$이므로 $\frac{1}{8}<\frac{1}{6}<\frac{1}{5}$입니다. 따라서 우유를 가장 많이 마신 사람은 민호입니다. / 민호

1 색칠한 부분을 비교하면 $\frac{1}{5}>\frac{1}{6}$입니다.

2 단위분수는 분모가 작을수록 더 큰 분수입니다.

3 (1) $12>2 \rightarrow \frac{1}{12}<\frac{1}{2}$

(2) $11<13 \rightarrow \frac{1}{11}>\frac{1}{13}$

힌트북 64쪽

4
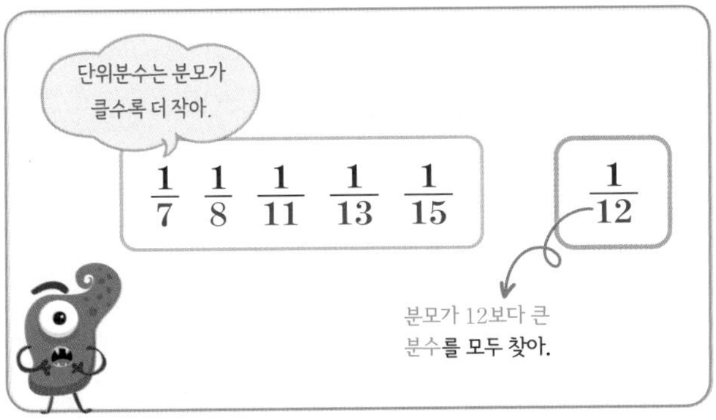

단위분수는 분모가 클수록 더 작은 분수이므로 $\frac{1}{12}$보다 작은 분수는 $\frac{1}{13}$, $\frac{1}{15}$입니다.

5 단위분수는 분모가 클수록 더 작은 분수이므로 $\frac{1}{14}<\frac{1}{12}<\frac{1}{10}<\frac{1}{8}<\frac{1}{3}$입니다.

6 $\frac{1}{6}<\frac{1}{\square}$이므로 $6>\square$입니다.
따라서 □ 안에 들어갈 수 있는 수는 2, 3, 4, 5입니다.

7 • 단위분수입니다. → $\frac{1}{\square}$

• $\frac{1}{9}$보다 큰 분수입니다. → $\frac{1}{9}<\frac{1}{\square}$

• 분모는 5보다 큽니다. → $\frac{1}{9}<\frac{1}{\square}<\frac{1}{5}$

따라서 주어진 조건에 알맞은 분수는 $\frac{1}{6}$, $\frac{1}{7}$, $\frac{1}{8}$입니다.

8 단위분수는 분모가 작을수록 더 큰 수이므로 1을 제외한 가장 작은 수인 4를 분모에 놓습니다.

+9 분자가 1인 분수는 $\frac{1}{\square}$이므로 $\frac{1}{7}<\frac{1}{\square}<\frac{1}{3}$입니다.
$3<\square<7$이므로 $\square=4, 5, 6$입니다.
따라서 $\frac{1}{7}$보다 크고 $\frac{1}{3}$보다 작은 단위분수는 $\frac{1}{4}$, $\frac{1}{5}$, $\frac{1}{6}$로 모두 3개입니다.

본책 146~149쪽

33일 소수 알아보기 (1)

확인 146쪽

① (1) 1, 10 (2) 0.1, 영 점 일

② (1) 3 (2) 0.3, 영 점 삼

기본기 다지는 교과서 문제 147쪽

1 (위에서부터) $\frac{3}{10}$, $\frac{6}{10}$, $\frac{8}{10}$ / 0.1, 0.4, 0.9

2 $\frac{7}{10}$, 0.7 3 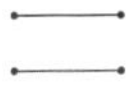 4 (1) 4 (2) 0.6

1 $\frac{1}{10}=0.1$, $0.3=\frac{3}{10}$, $\frac{4}{10}=0.4$, $0.6=\frac{6}{10}$, $0.8=\frac{8}{10}$, $\frac{9}{10}=0.9$

2 전체를 똑같이 10으로 나눈 것 중의 7이므로 $\frac{7}{10}=0.7$입니다.

4 0.1이 ■개이면 0.■입니다.

스스로 풀어내는 도전 10 문제 148~149쪽

1 $\frac{8}{10}$, 0.8 2 

3 (1) 5 (2) 7 (3) 6 (4) 1, 10

4 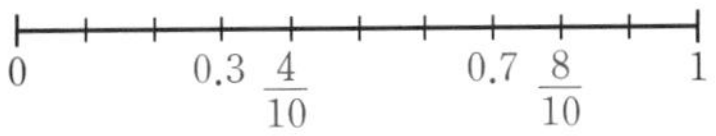

5 0.2, 영 점 이 / $\frac{5}{10}$, 영 점 오 / 0.7 6 예 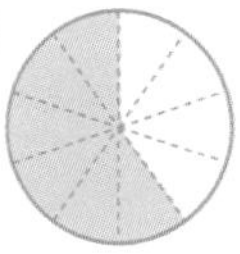

7 10 8 0.8 +9 ㉡, ㉣

+10 예 1 m를 똑같이 10조각으로 나누었으므로 한 조각은 0.1 m입니다. 슬기가 사용한 끈은 0.1 m가 3개이므로 0.3 m이고, 로운이가 사용한 끈은 0.1 m가 5개이므로 0.5 m입니다. / 0.3 m, 0.5 m

1 색칠한 부분은 전체를 똑같이 10으로 나눈 것 중의 8이므로 $\frac{8}{10}=0.8$입니다.

2 $\frac{■}{10}=0.■$

힌트북 66쪽

3

$\frac{■}{10}$	→	0.■	→	0.1이 ■개
$\frac{3}{10}$	→	0.3	→	0.1이 3개

(3) $\frac{1}{10}=0.1$입니다.

4 수직선에서 작은 눈금 한 칸은 $\frac{1}{10}=0.1$입니다.

5 $\frac{■}{10}$는 0.■라 쓰고, 영 점 ■라고 읽습니다.

6 $0.6=\frac{6}{10}$이므로 전체를 똑같이 10칸으로 나눈 것 중의 6칸만큼 색칠합니다.

7 • 0.6은 0.1이 6개입니다. → ㉠=6
• 0.1이 4개이면 0.4입니다. → ㉡=4
따라서 ㉠+㉡=6+4=10입니다.

8 $\frac{7}{10}<\frac{■}{10}<\frac{9}{10}$이므로 조건에 맞는 분수는 $\frac{8}{10}$입니다.
→ $\frac{8}{10}=0.8$

+9 ㉡ 0.1이 3개이면 0.3입니다.
㉣ 0.6은 $\frac{1}{10}$이 6개입니다.

힌트북 67쪽

+10
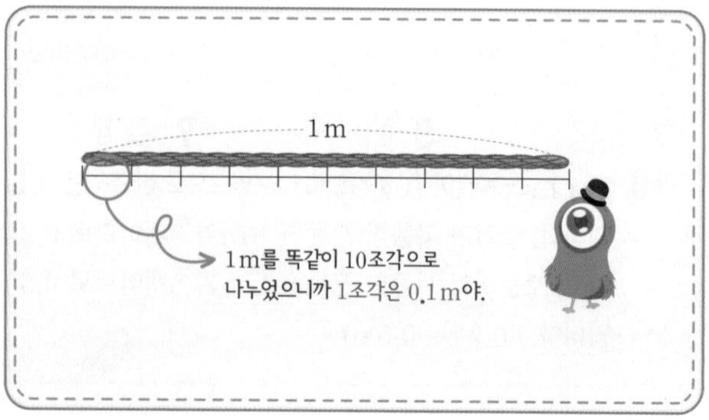

본책 150~153 쪽

34일 소수 알아보기 (2)

확인 150쪽

❶ (1) 0.4 (2) 14 (3) 1.4
❷ (1) 7 (2) 0.7 (3) 4.7

기본기 다지는 교과서 문제 151쪽

1 2.6, 이 점 육
2 2.8, 이 점 팔
3 (1) 1.5 (2) 32 (3) 53 (4) 0.1
4 (1) 4.8 (2) 6.3

1 2와 0.6만큼이므로 2.6이라 쓰고, 이 점 육이라고 읽습니다.

2 2와 0.8만큼이므로 2.8이라 쓰고, 이 점 팔이라고 읽습니다.

3 0.1이 ■개이면 0.■입니다.

4 (1) 1 mm=0.1 cm이므로
4 cm 8 mm=4 cm+0.8 cm=4.8 cm입니다.
(2) 10 mm=1 cm이므로
63 mm=60 mm+3 mm=6 cm+0.3 cm
=6.3 cm입니다.

스스로 풀어내는 도전 10 문제 152~153쪽

1 1.6
2 
3 (1) 7.3 (2) 4.5
4 3.4
5 2.4, 3.8
6 영민
7 0.1, 1.7, 2.8
8 7.4, 59
+9 3.7
+10 예 이번 달 내린 비의 양은 지난달보다 16 mm 더 많으므로 73+16=89 (mm)입니다. 89 mm를 cm로 나타내면 8.9 cm입니다. / 8.9 cm

1 1과 0.6만큼이므로 1.6입니다.

3 (1) 7과 0.3만큼인 수 ➜ 7.3

(2) $\frac{5}{10}=0.5$이므로 4와 0.5만큼인 수 ➜ 4.5

힌트북 68쪽

4

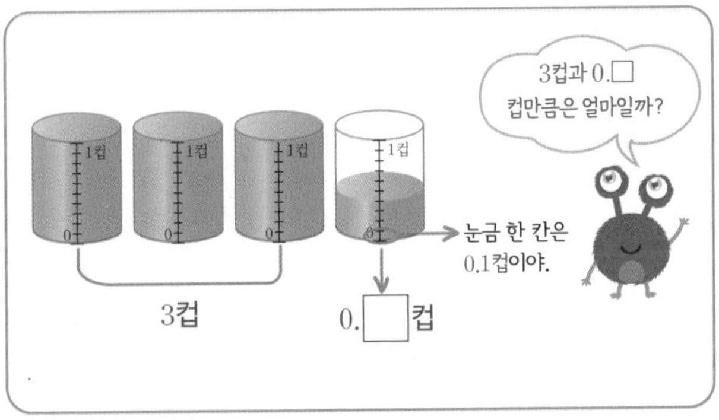

3과 0.4만큼이므로 3.4컵입니다.

5 2 cm 4 mm=2 cm+0.4 cm=2.4 cm

38 mm=30 mm+8 mm=3 cm+0.8 cm

=3.8 cm

6 영민: 0.1이 63개이면 6.3입니다.

7 수직선에서 작은 눈금 한 칸은 1 km를 똑같이 10으로 나눈 것 중의 1이므로 $\frac{1}{10}$ km=0.1 km입니다.

8 • $\frac{1}{10}$이 74개인 수는 0.1이 74개인 수이므로 7.4입니다. ➜ ㉠=7.4

• 5.9는 0.1=$\frac{1}{10}$이 59개인 수입니다. ➜ ㉡=59

힌트북 69쪽

+9

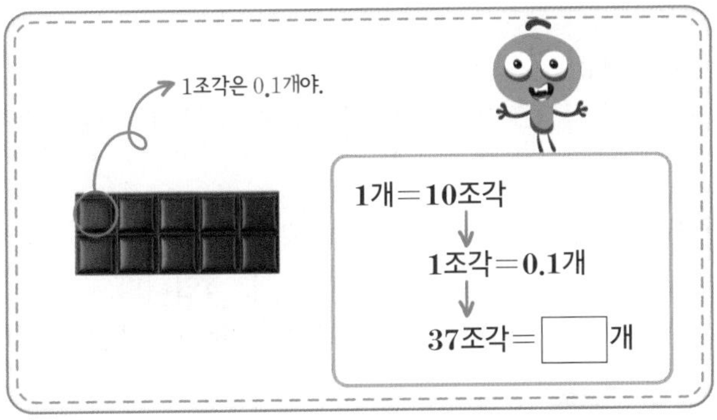

초콜릿 1개를 10조각으로 나누었으므로 1조각은 $\frac{1}{10}$=0.1개입니다. 따라서 초콜릿 37조각은 3.7개입니다.

+10 계산한 결과를 cm로 나타내야 합니다.

본책 154~157쪽

35일 소수의 크기 비교

확인 154쪽

❶ 많으므로, 큽니다에 ○표

❷ 17, 24, <

기본기 다지는 교과서 문제 155쪽

1

, 나

2

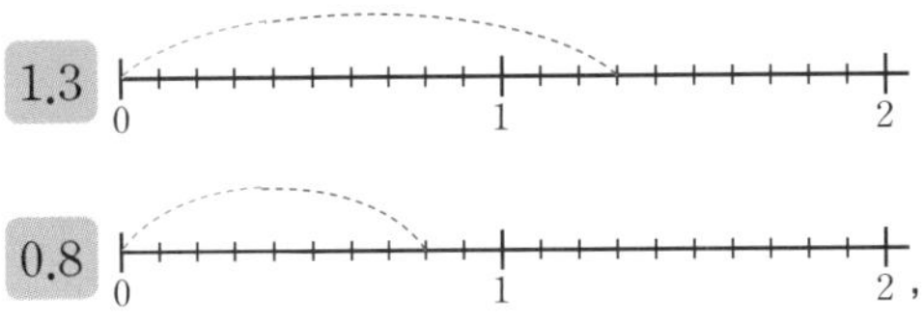

, >

3 47, 42, 4.7

1 색칠한 칸 수가 더 많은 나 해바라기가 더 많이 자랐습니다.

2 수직선에 나타낸 길이가 더 긴 1.3이 0.8보다 더 큽니다.

3 0.1의 개수가 더 많은 4.7이 4.2보다 더 큽니다

스스로 풀어내는 도전 10 문제 156~157쪽

1

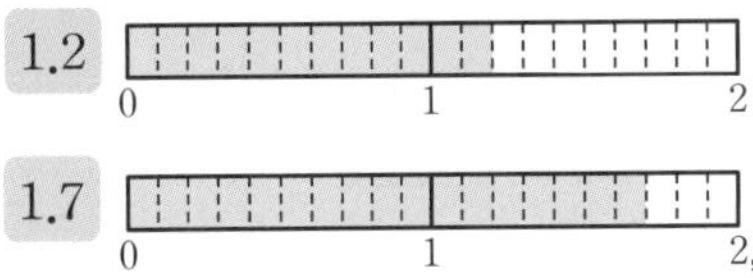

, <

2 (1) < (2) > **3** (1) > (2) < **4** 5.2, 6.1

5 ㉠, ㉢, ㉡ **6** 학교 **7** ㉣, ㉡, ㉠, ㉢

8 6.4 **+9** 목요일

+10 예 자연수가 7로 같으므로 소수의 크기를 비교하면 4<□입니다. 따라서 □ 안에 들어갈 수 있는 수는 5, 6, 7, 8, 9 로 모두 5개입니다. / 5개

1 색칠한 칸 수가 더 많은 1.7이 1.2보다 더 큽니다.

2 (1) $0.8 < 0.9$ → $8 < 9$ (2) $5.1 > 4.9$ → $5 > 4$

3 (1) 0.1이 9개인 수는 0.9 → $1.1 > 0.9$
(2) 0.1이 32개인 수는 3.2 → $3.2 < 3.5$

4 자연수의 크기가 클수록 더 큰 소수입니다.
$1.8 < 2.9 < 3.7 < 4.7 < 5.2 < 6.1$

5 자연수의 크기가 같으면 소수의 크기가 클수록 더 큰 소수입니다.
$8.1 < 8.4 < 9.2$이므로 가장 긴 것부터 차례로 기호를 쓰면 ㉠, ㉢, ㉡입니다.

6 거리가 짧을수록 집에서 가깝습니다.
$2.5 < 2.8 < 3.3$이므로 집에서 가장 가까운 곳은 학교입니다.

7 ㉠ 0.1이 33개인 수 → 3.3
㉡ $\frac{1}{10}$=0.1이 41개인 수 → 4.1
㉢ $\frac{1}{10}$=0.1이 29개인 수 → 2.9
㉣ 0.1이 54개인 수 → 5.4
$5.4 > 4.1 > 3.3 > 2.9$이므로 가장 큰 수부터 차례로 쓰면 ㉣, ㉡, ㉠, ㉢입니다.

힌트북 71쪽

8

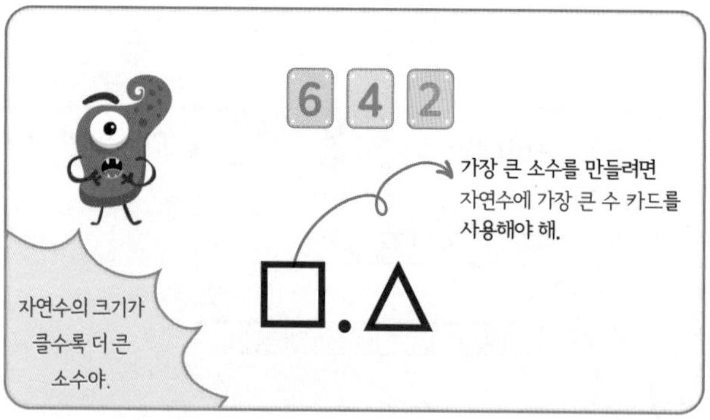

자연수의 크기가 클수록 큰 소수이므로 만들 수 있는 가장 큰 소수는 6.4입니다.

+9 분수를 소수로 또는 소수를 분수로 바꾸어 통일한 후 생각합니다. $\frac{9}{10}=0.9$, $\frac{8}{10}=0.8$이므로
$1.4 > 1.2 > 0.9 > 0.8$입니다. 따라서 가장 많이 달린 요일은 목요일입니다.

28~35일 단원평가 158~159쪽

01 ③	02 슬기	03 9, 10, 11
04 (△)(○)( )( )		05 $\frac{6}{10}$, 0.6
06 ④	07 (1) 7.8 (2) 5.6	08 ㉢, ㉠, ㉡
09 0, 1, 2, 3, 4에 ○표	10 풀이 참조, 0.3, 0.6	

01 똑같이 5조각으로 나눈 것입니다.

02 색칠한 부분은 전체를 똑같이 9로 나눈 것 중의 3이므로 $\frac{3}{9}$이라 쓰고, 9분의 3이라고 읽습니다.

03 분모가 같은 분수는 분자가 클수록 더 큰 분수이므로
$\frac{8}{13} < \frac{\square}{13} < \frac{12}{13}$에서 $8 < \square < 12$입니다.
따라서 □ 안에 들어갈 수 있는 자연수는 9, 10, 11입니다.

04 단위분수는 분모가 작을수록 더 큰 분수입니다.
→ $\frac{1}{4} > \frac{1}{9} > \frac{1}{14} > \frac{1}{16}$

05 전체를 똑같이 10으로 나눈 것 중의 6이므로 $\frac{6}{10}=0.6$입니다.

06 1 mm=0.1 cm이므로 36 mm=3.6 cm입니다.

07 (1) 7 cm 8 mm=7 cm+0.8 cm=7.8 cm
(2) 56 mm=50 mm+6 mm
=5 cm+0.6 cm=5.6 cm

08 ㉠ 0.1이 11개인 수 → 1.1
㉡ 0.1이 9개인 수 → 0.9
㉢ $\frac{1}{10}$=0.1이 12개인 수 → 1.2
$1.2 > 1.1 > 0.9$이므로 가장 큰 수부터 차례로 기호를 쓰면 ㉢, ㉠, ㉡입니다.

09 자연수의 크기가 클수록 더 큰 소수입니다.
□=5일 때 $5.3 < 5.8$이므로 $\square < 4$입니다.
따라서 □ 안에 들어갈 수 있는 수는 0, 1, 2, 3, 4입니다.

10 예시 답안 영민이는 10조각 중 7조각을 먹었으므로 3조각이 남았습니다. → 남은 떡은 0.3개입니다.
수현이는 10조각 중 4조각을 먹었으므로 6조각이 남았습니다. → 남은 떡은 0.6개입니다.

채점 기준	
	❶ 영민이가 먹고 남은 떡의 수를 구해야 함.
	❷ 수현이가 먹고 남은 떡의 수를 구해야 함.

수학이 만만해지는 힌트의 힘!

정답 · 풀이